科学出版社“十三五”普通高等教育研究生规划教材
食品科学与工程学科新型研究生系列教材

现代食品微生物学

主编　宁喜斌（上海海洋大学）
编者（按姓氏汉语拼音排序）
陈炳智（福建农林大学）
董庆利（上海理工大学）
黄现青（河南农业大学）
李晓晖（上海海洋大学）
宁喜斌（上海海洋大学）
沈　玥（河南农业大学）
张　鹭（复旦大学）
张　翼（广东海洋大学）
赵　莉（华东理工大学）

科学出版社
北京

内 容 简 介

本书主要包括食品中微生物的种类、影响其生长的因素、控制与预测等理论知识；微生物取样、分离、保藏、计数、鉴定、育种等食品微生物学技术；食品微生物的环境适应性；食品微生物及其代谢产物的检测技术；组学技术在食品微生物学中的应用；微生物在食品生产中的应用等内容。全书力求对食品微生物学新理论、新技术、新方法、新进展等进行系统的介绍。本书内容精炼、前沿、实用。

本书适合作为食品科学与工程类及相关专业研究生的教材，同时可供从事食品微生物学教学和科研的人员，以及食品研发、食品质量安全监管人员参考。

图书在版编目（CIP）数据

现代食品微生物学 / 宁喜斌主编. —北京：科学出版社，2021.11
科学出版社“十三五”普通高等教育研究生规划教材　食品科学与工程学科新型研究生系列教材
ISBN 978-7-03-070091-9

Ⅰ. ①现…　Ⅱ. ①宁…　Ⅲ. ①食品微生物-微生物学-高等学校-教材
Ⅳ. ①TS201.3

中国版本图书馆 CIP 数据核字（2021）第 210139 号

责任编辑：席　慧　韩书云 / 责任校对：严　娜
责任印制：张　伟 / 封面设计：蓝正设计

科 学 出 版 社出版
北京东黄城根北街 16 号
邮政编码：100717
http://www.sciencep.com

北京虎彩文化传播有限公司 印刷
科学出版社发行　各地新华书店经销

*

2021 年11月第　一　版　开本：787×1092　1/16
2022 年　1月第二次印刷　印张：14 3/4
字数：360 000

定价：59.00 元

（如有印装质量问题，我社负责调换）

前　言

现代食品微生物学是食品科学与工程类专业研究生重要的学位课程之一。不同于基础微生物学，现代食品微生物学是一门理论与实践相结合的课程，在食品加工、贮藏、食品安全与人类健康、资源开发与利用等领域的作用越来越大，对于学生从事食品科学研究及食品相关的实际工作都具有较好的指导作用。

编者从事研究生食品微生物学课程教学二十余载，深感没有一本合适的教学参考书带来的不便。因此，编者不揣浅陋，结合自己多年的教学体会组织编写了本书，以供需要者参考。鉴于研究生课程受学时的限制，本书编写针对食品及相关专业研究生的实际需要，力求理论联系实际、内容精炼，注重前沿性和实用性，避免百科全书式的罗列，学生学习后可批判性地继续阅读相关文献，进一步丰富相关的知识。

本书编写人员均为从事微生物教学和科研的一线教师，熟悉食品微生物学理论与技术，了解食品微生物学的研究前沿，具有丰富的专业知识和实践能力。具体分工如下：第一章、第四章由宁喜斌编写；第二章第一节、第二节由陈炳智编写，第三节由董庆利编写；第三章由黄现青、沈玥编写；第五章第一节由李晓晖编写，第二节由张翼编写；第六章由张鹭编写；第七章由赵莉编写。全书最后由宁喜斌统稿、校正。研究生刘可玉参与了图表、文献等的整理与修改工作，特此感谢。

本书可作为食品科学与工程类及相关专业研究生的教材，同时可供从事食品微生物学教学和科研的人员，以及食品研发、食品质量安全监管人员参考。

本书的编写得到了上海海洋大学研究生院和食品学院的关心与支持，在此表示由衷的感谢。本书编写过程中参考和引用了大量的文献资料，在此也向这些资料的作者表示感谢。由于本书只是列出了主要参考文献，也对引用但未列出文献的作者表示感谢。

由于编者水平有限，本书的内容可能还不全面，甚至存在一些疏漏，欢迎广大读者提出宝贵意见，以便我们在今后的修订过程中加以改正。

编　者

2021 年 8 月

目　　录

第一章 绪 论

第一节 食品微生物学概述

食品工业是国家经济发展水平和人民生活质量的重要标志，是国民经济支柱产业之一。除极少数食品无菌外，几乎所有的食品都含有一种或多种微生物，微生物在现代食品工业中发挥了重要的作用，除利用微生物进行食品发酵，或将微生物产生的活性物质作为食品添加剂外，很多微生物本身就可用作食品或保健品。食品的微生物污染是食品工业、经销商和消费者面临的一大主要问题。特别是近年来人们对食品安全问题越来越关注，而引起食品安全的主要因素是微生物，特别是致病性细菌。因此，深入开展食品微生物学研究，可为人类提供健康营养的食品，避免有害微生物的污染而保障食品安全，同时对提升食品工业的附加值，提高国际竞争力，具有十分重要的意义。Giovanna 和 Aldo（2020）发现过去 10 年发表的食品微生物学论文具有多学科综合的特点，越来越多的证据表明微生物学已渗透到食品的不同领域，包括食品技术、食品安全与卫生、食物中毒、食品基因组学，以及更广泛的食品组学、功能性食品和益生菌，此外还包括已应用于食品分析的新方法。Marta 等（2019）总结了出版的食品微生物学专辑，发现由 15 个国家的作者提供的研究论文内容主要集中在食品中细菌的抗药性；食品致病菌的遗传多样性；食品加工技术、保藏技术、包装、运输，以及其他因素对食品微生物组的调节对食品安全的影响；食品发酵的微生物；益生菌。

微生物（microorganism）是一群形体微小、结构简单，必须借助光学显微镜或电子显微镜才能看清的低等生物的统称。其包括属于原核类的细菌、放线菌、蓝细菌、支原体、立克次氏体和衣原体；属于真核类的真菌（酵母、霉菌和蕈菌）、原生动物和显微藻类；以及属于非细胞类的病毒和亚病毒（类病毒、拟病毒、卫星病毒和朊病毒）。微生物不仅种类繁多，而且在自然界中分布广泛，土壤、空气、水及人和动物体内外都有数量不等的微生物存在，微生物学知识已涉及人类生产、生活的方方面面。随着人们对微生物认识的日益增加，微生物学科研究成果的积累越来越多、内容越来越庞杂，因此，在特定领域中专门而深入地研究微生物已显得越来越重要，这就导致逐步形成了众多的微生物学分支学科，如依据所研究微生物学的基本问题分为普通微生物学、微生物分类学、微生物生理学、微生物生态学、微生物遗传学等；依据研究对象分为细菌学、真菌学、病毒学等；依据微生物学应用研究情况分为农业微生物学、工业微生物学、医学微生物学、兽医微生物学、食品微生物学、石油微生物学、海洋微生物学、土壤微生物学等（图 1-1）。各分支学科相互融合、相互促进，推动了微生物学全面而深入的发展。

食品中微生物菌群的分布与其原料来源、加工方式、保藏条件等有关，人们认为其中有些微生物是安全的、食品级的，可以用来生产发酵食品或者作为食品配料。而另一些微生物则会引起食品变质甚至引起食源性疾病，需要进行有效的检验和控制。因此，食品微生物学一方面研究如何开发、利用食品相关的有益微生物，为人类提供更多营养丰富、安全健康的食品；另一方面，研究与食品腐败、食品安全相关的微生物的特性、危害及检验、监测、预防、控制技术，建立起食品质量与安全微生物学指标及预防控制体系，以保证人们身体健康。作为微生物学的一个应用分支学科，食品微生物学研究的是与食品有关的微生物特性、微生物与食品之间的相互关系，必将在食品原料资源利用、食品加工、食品保藏、食品检验、食品质量与安全等方面发挥重要作用。

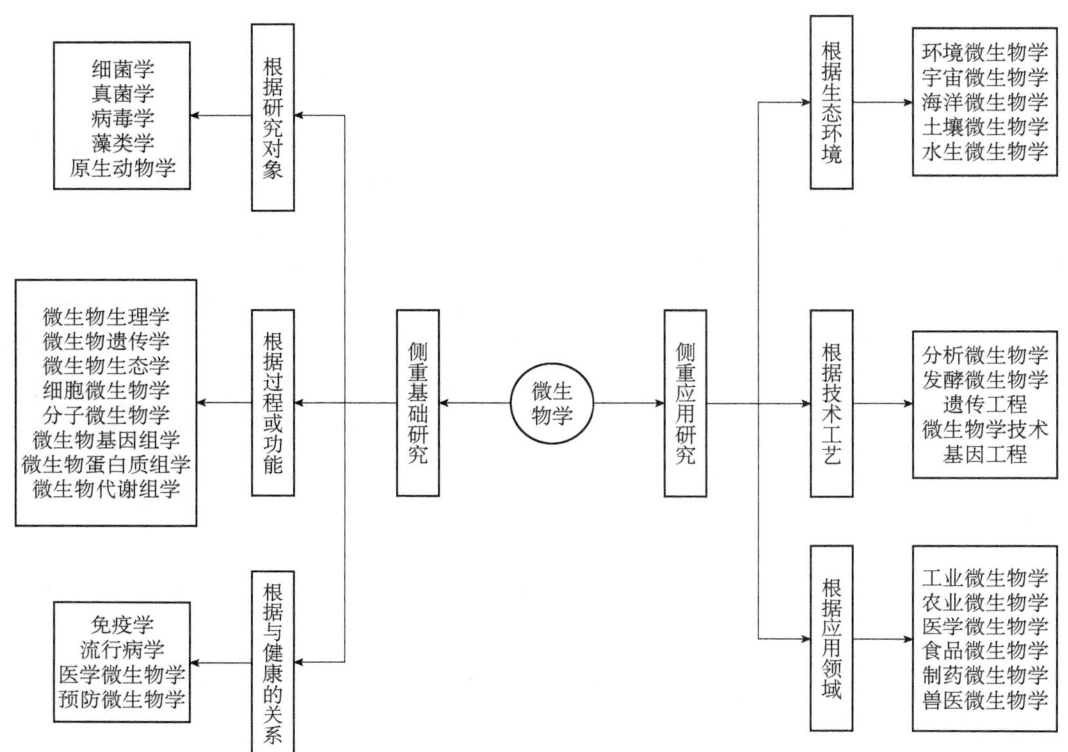

图 1-1　微生物学的主要分支学科

第二节　食品微生物学发展史

远古时代人类的祖先，那些狩猎者和食物采集者，已经逐渐无意识地学会利用微生物生产食物，并逐步掌握食物的腐烂和食源性疾病的一些知识。尽管当时他们并不知道微生物的存在，但能酿出美酒，还能利用冰和火来保存食物，表明人类已逐步掌握了一些微生物利用和控制的技术。

一、食品生产

人类利用微生物历史悠久，啤酒酿造可以追溯到6000年前苏美尔人时代，我国白酒的制造历史悠久，起源时间尚不明确，4000年前我国酿酒已十分普遍，从我国龙山文化遗址出土的陶器中有不少饮酒用具。殷代甲骨文中记载有不少的“酒”字。公元前14世纪《书经》中有“若作酒醴，尔惟曲蘖”的记载，这里的意思是酿造酒类，必须用曲蘖。同样，4000年前埃及人也已学会烘制面包和酿制果酒，2500年前我国人民已发明了酿酱、醋，知道了用曲治疗消化道疾病，很早以前就应用茯苓、灵芝等真菌治疗疾病（表1-1）。

表 1-1 食品生产大事记

时间	重大事件
公元前 4000 年	通过发酵法生产人类食物
1659 年	Kircher 证实了牛奶中含有细菌
1680 年	列文虎克（van Leeuwenhoek）发现了酵母细胞
1780 年	Scheele 发现酸奶中主要的酸是乳酸
1857 年	巴斯德（Pasteur）证实乳酸发酵是由微生物引起的
1837 年	Theodor Schwann 把参与糖发酵的微生物称为酵母属（*Saccharomyces*）
1860 年	巴斯德证明乙醇发酵是由酵母引起的
1861 年	Solomon 把盐水浴的方法传到了美国
1864 年	巴斯德建立了巴氏杀菌法
1880 年	在德国开始对乳制品进行巴氏杀菌
1883 年	Hansen 利用酵母的纯培养物发酵生产啤酒
1890 年	美国对牛乳采用工业化巴氏杀菌工艺
1890 年	英国对牛乳采用工业化巴氏杀菌工艺；芝加哥开始机械化冷藏水果
1894 年	Russell 首次对罐藏食品进行细菌学研究
1895 年	荷兰的 von Geuns 首次对牛奶中的细菌进行计数
1897 年	Bucher 用无菌细胞存在的酵母抽提液，对葡萄糖进行乙醇发酵成功
1898 年	Beijerinck 将酿醋细菌命名为醋化醋杆菌（*Acetobacter aceti*）
1902 年	Schmidt-Nielsen 首次提出嗜冷菌的概念，即 0℃条件下能够生长的微生物
1907 年	Metchnikoff 及合作者分离并命名德氏乳杆菌保加利亚变种；Barker 提出苹果酒生产中醋酸菌的作用
1912 年	Richter 首次用嗜高渗微生物来描述高渗透压环境下的酵母
1915 年	Hammer 首次从凝结牛乳中分离出凝结芽孢杆菌（*Bacillus coagulans*）
1917 年	Donk 首次从奶油状的玉米中分离出嗜热脂肪芽孢杆菌（*Bacillus stearothermophilus*）
1990 年	第一个超高压果酱食品在日本问世
1999 年	美国超高压处理技术在肉制品加工中得到商业化应用

二、食品腐败与保藏

人类在公元前 8000～前 1000 年就有许多食物贮藏的方法，如干燥、烹饪、烘焙、烟熏、盐渍、糖渍（用蜂蜜）、低温贮藏（冰中）、隔绝空气贮藏（地洞中）、发酵（水果、谷物、牛乳）、酸浸、加香辛料等。随着人类知识的积累，预防食品腐败的贮藏方法越来越多（表 1-2）。

表 1-2 食物保藏大事记

时间	重大事件
1782 年	瑞典化学家开始使用罐藏的醋
1804 年	Appert 发明了将食物放入密封瓶中加热保藏食物的方法
1810 年	Appert 在法国获得了罐藏食物的专利
1813 年	Donkin、Hall 和 Gamble 介绍了对罐藏食品采用后续工艺保温的技术，认为可使用 SO_2 作为防腐剂
1819 年	Durand 发明了将食品保存在钢罐中的保藏方法
1825 年	Kensett 和 Daggett 用锡杯保藏食物在美国获得了专利

续表

时间	重大事件
1837 年	Winslow 首次将玉米制成罐头
1839 年	Kircher 研究发黏的甜菜汁，发现了可在蔗糖液中生长并使其发黏的微生物
1840 年	首次将鱼和水果制成罐头
1843 年	Winslow 首次使用蒸汽杀菌
1853 年	Chevallier-Appert 因食品的高压灭菌获得了专利
1861 年	巴斯德用曲颈瓶实验，证实微生物会引起腐败，推翻了“自然发生说”
1867～1868 年	巴斯德证明葡萄酒的腐败是由微生物引起的，将加热法去除不良微生物引入工业化实践
1873 年	Cayon 首次发表鸡蛋由微生物引起变质的研究成果，Lister 首次分离出乳酸乳球菌
1874 年	在海上运输肉的过程中首次广泛使用冰；高压蒸汽装置和曲颈瓶得到了应用
1876 年	Tyndall 发现腐败物质中的细菌总是可以从空气、物质或容器中检测到
1882 年	Krukowitsch 首次提出臭氧对腐败菌具有毁灭性作用
1895 年	Russell 首次对罐头贮藏食品进行细菌学研究，发现豌豆罐头胀罐并伴有恶臭气味是由耐热菌引起的
1908 年	美国官方批准苯甲酸钠作为一些食品的防腐剂
1920 年	Bigelow 和 Esty 发表了关于芽孢在 100℃耐热性的系统研究。Bigelow、Bohart、Richard-Son 和 Ball 提出计算反应热效应的一般方法，1923 年 Ball 简化了这个方法
1922 年	Esty 和 Meyer 提出肉毒梭状芽孢杆菌（*Clostridium botulinum*）的芽孢在磷酸缓冲液中的 z 值为 18°F
1928 年	在欧洲首次采用气调方法贮藏苹果（1940 年开始在纽约使用）
1929 年	使用高能辐射处理食品的专利在法国签署
1933 年	英国的 Oliver 和 Smith 提出了由纯黄丝衣霉（*Byssochlamys fulva*）引起的腐败
1943 年	美国的 Proctor 首次采用离子辐射保存汉堡肉
1954 年	乳酸链球菌素（nisin）在奶酪加工中控制梭状芽孢杆菌腐败的技术在英国获得专利
1955 年	山梨酸钾被批准作为食品添加剂；抗生素金霉素被批准用于家禽的保鲜（1 年后土霉素也被批准），1966 年该批准被撤销
1985 年	美国认可对猪肉进行 0.3～1.0 kGy 的辐射能够控制旋毛虫
1988 年	在美国，乳酸链球菌素被列为“一般公认安全”（GRAS）

三、食源性疾病

据世界卫生组织（WHO）估计，全球每年发生的食源性疾病病例约 10 亿人次，据估计在美国每年大概有 7600 万人感染食源性疾病，食源性疾病造成的相关损失大概在 100 亿～830 亿美元。在已知致病因子引起的食源性疾病中，微生物性食物中毒仍是首要危害。古代虽然没有食源性疾病的记载，但一些宗教典籍的戒律暗示那个时代人们已经认识到了疾病与某种食物的联系，其中有些规定最后发展成为人们为保持健康、预防食源性疾病的通用准则，如不吃患病动物的肉或被肉食动物杀死的动物，不吃外观不好的食品或由不卫生的人员制作的食品。在我国，2500 年前孔子就提出著名的食品“五不食”原则：“鱼馁而肉败，不食。色恶，不食。臭恶，不食。失饪，不食。不时，不食。”在漫长的历史进程中，人类逐渐认识了食源性疾病的病因，并对预防措施进行了不断的探索（表 1-3）。

表 1-3 食物中毒大事记

时间	重大事件
1820 年	Kerner 描述了“香肠中毒”及其致死率
1849 年	Snow 认为饮用污水会导致霍乱的传播；1854 年，Facini 命名了霍乱弧菌（*Vibrio cholerae*）；1884 年，Koch 分离出霍乱弧菌菌株
1856 年	Budd 认为患者粪便污染的水会传播伤寒症，主张在供水系统中使用氯来解决这一问题
1867～1877 年	Koch 证明炭疽病是由炭疽菌引起的
1878 年	Cienkowski 首次对糖的黏液进行微生物学研究，并从中分离出肠膜明串珠菌（*Leuconostoc mesenteroides*）
1881 年	Koch 等首创明胶固体培养基分离细菌；巴斯德制备了炭疽杆菌（*Bacillus anthracis*）疫苗
1882 年	科赫发现结核分枝杆菌（*Mycobacterium tuberculosis*），从而获得诺贝尔生理学或医学奖
1884 年	科赫法则被提出
1885 年	Escherich 从粪便中分离出 *Bacterium coli*，后被命名为大肠埃希氏菌（*Escherichia coli*），并认为有些菌株与婴儿腹泻有关
1888 年	Cartner 首次从导致 57 人食物中毒的肉食中分离出肠炎沙门氏菌（*Salmonella enteritidis*）
1894 年	Denys 将化脓性葡萄球菌与食用病牛肉引起的死亡联系起来
1896 年	van Ermengem 首次发现了肉毒梭状芽孢杆菌，并于 1904 年鉴定出 A 型和 E 型，1937 年鉴定出 B 型
1906 年	确认了蜡状芽孢杆菌（*Bacillus cereus*）食物中毒和裂头绦虫病
1926 年	Linden、Turner 和 Thom 报道了首例链球菌引起的食物中毒
1938 年	发现了弯曲菌肠炎暴发的原因是牛乳
1939 年	Schleifstein 和 Coleman 确认了小肠结肠炎耶尔森氏菌（*Yersinia enterocolitica*）引起的肠胃炎
1945 年	Mcclung 首次证实食物中毒中产气荚膜梭状芽孢杆菌（*Clostridium perfringens*）的致病机理
1951 年	日本的 Fujino 提出副溶血性弧菌（*Vibrio parahaemolyticus*）引起食物中毒
1960 年	Moller 和 Scheibel 鉴定出 F 型肉毒梭状芽孢杆菌；首次报告黄曲霉产生黄曲霉毒素
1965 年	确认了食物传播的贾第鞭毛虫病
1969 年	Duncan 和 Strong 确定产气荚膜梭状芽孢杆菌的肠毒素；Gimenez 和 Ciccarelli 首次分离得到 G 型肉毒梭状芽孢杆菌
1971 年	美国马里兰州首次暴发由副溶血性弧菌引发的肠胃炎；美国第一次暴发食品传播的由大肠杆菌引起的胃肠炎
1975 年	Koupal 和 Deibel 证实了沙门氏菌肠毒素
1978 年	澳大利亚首次暴发食品传播的由诺沃克（Norwalk）病毒引发的胃肠炎
1981 年	美国暴发了食品传播的李斯特病
1982～1983 年	英国暴发了食品传播的李斯特病
1982 年	美国首次暴发了由食品引发的出血性结肠炎
1983 年	Ruiz-Palacios 等描述了空肠弯曲杆菌肠毒素
1986 年	在英国发现第一例疯牛病（牛海绵状脑病）
1988 年	上海毛蚶甲肝病毒事件
1990 年	美国对海鲜食品实施危害分析与关键控制点（HACCP）体系
1995 年	英国已证实 10 万～15 万例疯牛病病例，且蔓延到欧洲其他一些国家和日本
1996 年	大肠杆菌 O157:H7 在日本流行
1997 年	Prusiner 发现了朊病毒

四、食品分子生物学时代

20 世纪 90 年代以后，以微生物为基础的 DNA 克隆和测序技术成为人类基因组计划的支撑，而人类基因组计划，是以大肠杆菌和酿酒酵母为基因组测序和注释的模式，微生物基因组技术促进了基因组学的迅速发展。基因组学的迅速发展使人类可以从宏观和全局的角度观察构成生命的所有基本信息，从而极大地开拓了人类的视野。基因组还是其他现代生命科学与技术的研究基础，转录组学、蛋白质组学、代谢组学、调控网络都极大地受惠于基因组学中得到的海量数据。因此，微生物学的研究已率先从分子生物学时代进入“组学”时代，在此数据基础上，全面进入认识生命规律的系统生物学时代（表 1-4）。

表 1-4　现代食品微生物大事记

时间	重大事件
1982 年	Mullis 建立了 PCR 技术
1986 年	基因组概念被首次提出
1989 年	微阵列雏形被提出
1994 年	蛋白质组学概念被首次提出
1995 年	第一个独立生活的流感嗜血杆菌全基因组测序完成
1996 年	第一个自养生活的古菌基因组序列测定完成
1997 年	第一个真核生物酵母基因组测序完成；大肠杆菌基因组测序完成；发现纳米比亚珍珠硫细菌，这是已知的最大细菌
1999 年	代谢组学概念被首次提出
2000 年	发现霍乱弧菌有 2 个独立的染色体
2005 年	高通量测序技术诞生
2007 年	启动人类微生物组计划
2016 年	美国启动国家微生物组计划

第三节　食品微生物学研究范围

食品微生物学研究范围广泛，且随着微生物学理论研究的深入，其研究内容不断扩大，主要包括研究与食品有关的微生物的活动规律；如何利用有益微生物制造食品；如何控制有害微生物，防止食品发生腐败变质；食品中的微生物检测方法，制定食品微生物指标。下面对食品微生物研究与应用做一简单概述，后续章节中将详细叙述。

一、各种食品生产

（一）发酵食品

发酵食品（fermented food）是指原料经过微生物或微生物酶作用后，加工制成的一种食品。世界各地都有发酵食品的消费，并呈现出不断增长的趋势。发酵食品中的微生物扮演着许多角色，从食品保存到食品安全，以及改善营养和社会福利；并且不同的微生物参与不同的发酵过程，在这个过程中，微生物组的多样性很高。发酵食品在人体健康方面的用途众所周知，在从一般的肠道健康，到免疫支持、皮肤健康、胆固醇控制和乳糖不耐症等慢性疾病预防方面都发挥着有利作用。

传统发酵食品多是自然接种或辅以微生物强化的自然接种，发酵过程由多种微生物共同作用完成。近些年来，由于以聚合酶链反应-变性梯度凝胶电泳（PCR-DGGE）技术和高通量测序技术为基础的现代分子微生物学技术的广泛应用，人们对传统发酵食品制造过程中微生物种类和微生物演替的认识有了较大变化（表 1-5）。

表 1-5　传统发酵食品微生物组成与功能研究进展（引自王慧琳等，2018）

传统发酵食品	技术手段	主要研究内容	主要发酵微生物
白酒	DGGE，扩增子测序，宏基因组测序，宏转录组测序	大曲，窖泥，酒醅的微生物群落结构，酿造过程的核心功能微生物	霉菌：*Rhizopus*，*Mucor*，*Rhizomucor*，*Penicillium* 酵母：*Saccharomyces cerevisiae*，*Pichia*，*Zygosaccharomyces*，*Schizosaccharomyces*，*Saccharomycopsis* 细菌：*Lactobacillus*，*Bacillus*，*Petrimonas*，*Caproiciproducens*，*Proteiniphilum*，*Christensenellaceae*，*Caldicoprobacter*，*Olsenella*，*Pediococcus*，*Acidithiobacillus*，*Syntrophomonas*，*Sedimentibacter*，*Aminobacterium* 古菌：*Methanobrevibacter*，*Methanobacterium*
酱油	扩增子测序，宏基因组测序	酱油曲微生物群落结构，酱油醪微生物群落	霉菌：*Aspergillus* 酵母：*Zygosaccharomyces rouxii*，*Candida* 细菌：*Weissella*，*Lactobacillus*
醋	DGGE，扩增子测序，宏基因组测序	微生物群落结构动态变化，风味产生相关核心功能微生物，建立与微生物关联的风味代谢网络	霉菌：*Eurotium*，*Monascus*，*Aspergillus* 酵母：*Pichia*，*Saccharomyces*，*Saccharomycopsis* 细菌：*Acetobacter*，*Saccharopolyspora*，*Bacillus*，*Weissella*，*Lactobacillus*，*Lactococcus*，*Gluconacetobacer*
酸面团	DGGE，扩增子测序	微生物群落结构动态变化	酵母：*Saccharomyces cerevisiae* 细菌：*Lactobacillus*，*Acinetobacter*，*Pantoea*
泡菜	扩增子测序，宏基因组测序，宏转录组测序	微生物群落结构动态变化，主要功能乳酸菌代谢特征	酵母：*Pichia*，*Saccharomyces cereviae* 细菌：*Lactobacillus*，*Pediococcus*，*Leuconosto*，*Weissella*
发酵茶	宏基因组测序，宏转录组测序，宏蛋白质组学，代谢组学	微生物群落结构，风味相关核心功能微生物	霉菌：*Penicillium*，*Aspergillus* 酵母：*Saccharomycetes*，*Saccharomyces*，*Yarrowia*
开菲尔	宏基因组测序	微生物群落结构	细菌：*Lactobacillus*
奶酪	DGGE，扩增子测序，宏基因组测序，宏转录组测序	微生物群落结构动态变化，与功能、风味相关核心功能微生物	酵母：*Kluyveromyces*，*Torulaspora* 细菌：*Lactobacillus*
腐乳	扩增子测序	微生物群落结构动态变化	霉菌：*Mucor* 细菌：*Acinetobacter*，*Lactococcus*
发酵香肠	DGGE，扩增子测序	微生物群落结构	酵母：*Debaryomyces hansenii* 细菌：*Staphylococcus*，*Lactobacillus*，*Streptococcus*
可可豆	DGGE，扩增子测序，宏基因组测序	微生物群落结构与功能	酵母：*Hanseniaspora opuntiae*，*Hanseniaspora warum*，*Saccharomyces cerevisiae* 细菌：*Lactobacillus fermentum*，*Acetobacter pasterianus*

1. 酒类　酒是人类重要的饮品之一，其历史悠久。自古及今，还没有任何一种饮品能像酒一样深受不同民族、不同地区、具不同习俗的人们的普遍喜爱，此外，酒除了作为一种饮品外，还被赋有很强的文化意义，无数的传说、诗歌及各类文学作品对酒送上了美好的赞美。

（1）白酒：我国白酒种类很多，不同的品种生产工艺有很大的差异（图 1-2），生产出的酒风味各有特色，深受不同区域、不同人群的喜爱。

（2）啤酒：啤酒是以麦芽（包括特种麦芽）和水为主要原料，加啤酒花（包括酒花制品），经酵母发酵而成，含有二氧化碳、起泡沫、低酒精度的发酵酒。传统的游离酵母发酵啤酒周期为 20～30 d；酵母在固定化载体中增殖快、生长良好，具有较高的稳定性，使用寿命可达 2 个月，采用固定化酵母发酵周期为 1 周，生产周期大大缩短（图 1-3）。

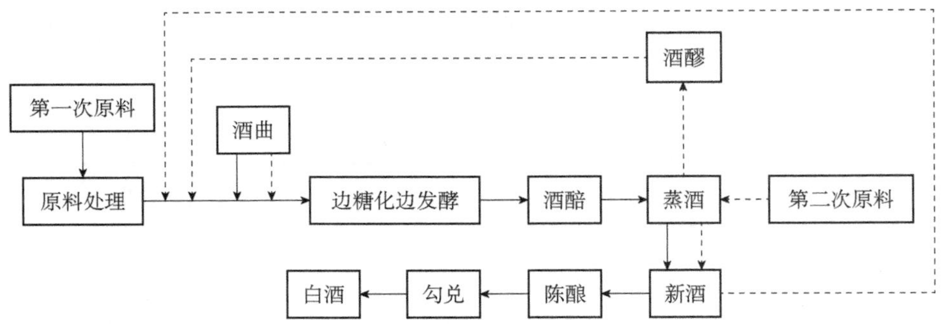

图 1-2　酱香型大曲白酒的酿造工艺流程（引自韩晗，2018）

虚线头代表可能存在的工艺流程

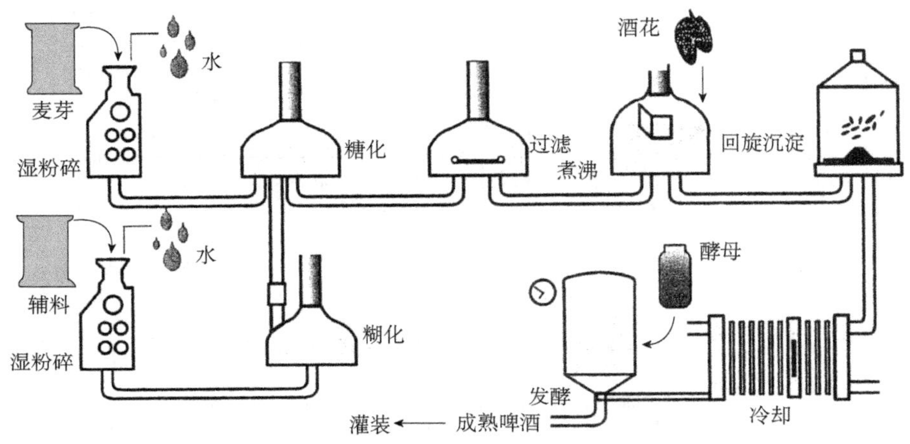

图 1-3　典型啤酒发酵工艺流程（引自赵述淼，2018）

（3）葡萄酒：根据国际葡萄与葡萄酒组织的定义，葡萄酒是破碎或未破碎的新鲜葡萄果实或葡萄汁经完全或部分乙醇发酵后通过除杂、澄清、过滤等工序获得的酒精饮料，其乙醇含量不低于 8.5%（体积分数）。但依据气候条件、土壤条件、葡萄品种和一些葡萄产区特殊的质量因素或传统，在一些特定地区，葡萄酒的最低总酒精度可降低至 7.0%（体积分数）。不同种类的葡萄酒发酵工艺不同（图 1-4）。

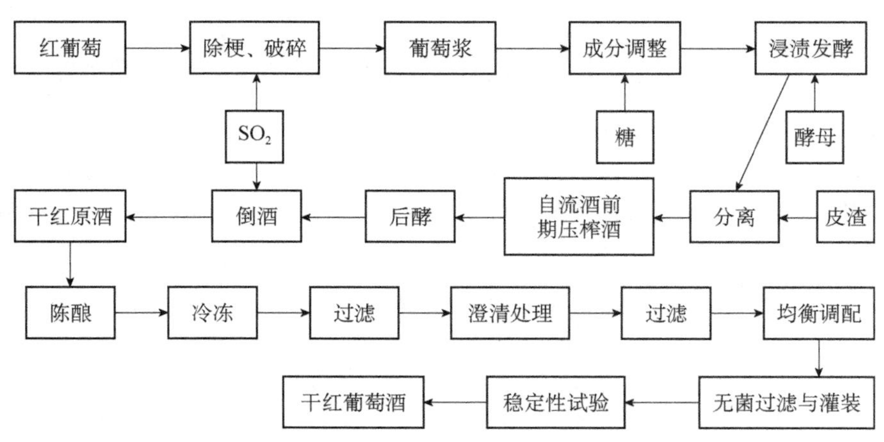

图 1-4　干红葡萄酒工艺流程（引自樊明涛和张文学，2014）

2. 发酵乳制品 按照国际乳品联合会的定义，发酵乳是指乳或乳制品在特征菌的作用下发酵而成的酸性凝乳状产品。在保质期内，其特征菌须大量存在并能继续存活且具有活性。发酵乳是一类乳制品的综合名称，种类很多，包括酸奶、开菲尔、发酵酪乳、酸性奶油、乳酒（以马乳为主）（图 1-5）。

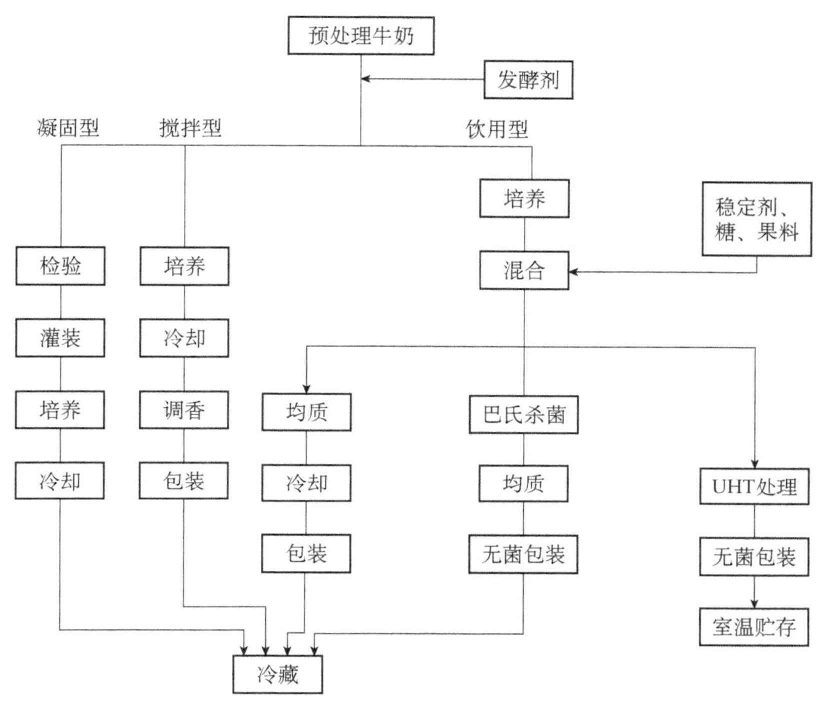

图 1-5 凝固型、搅拌型、饮用型酸奶生产的工艺流程（引自樊明涛和张文学，2014）
UHT. 超高温瞬时灭菌

发酵乳生产中常用微生物有嗜温菌和嗜热菌。嗜温菌通常能在 10～40℃的温度内生长，最适生长温度为 20～30℃；嗜热菌的最适生长温度为 40～45℃（表 1-6）。

表 1-6 常用乳酸菌的形态、特征及培养条件（引自张兰威，2015）

细菌名称	形状	菌落	最适生长温度/℃	最适温度下乳凝固时间/h	极限酸度/°T*	凝块性质	滋味	组织形态	适用的乳制品
乳酸乳球菌（*Lactococcus lactis*）	双球菌	光滑、微白、有光泽	30～35	12	120	均匀稠密	微酸	针刺状	酸奶、酸稀奶油、牛乳酒、酸性奶油、干酪
乳油链球菌（*Streptococcus cremoris*）	链状	光滑、微白、有光泽	30	12～24	110～115	均匀稠密	微酸	酸稀奶油状	酸奶、酸稀奶油、牛乳酒、酸性奶油、干酪

续表

细菌名称	形状	菌落	最适生长温度/℃	最适温度下乳凝固时间/h	极限酸度/°T*	凝块性质	滋味	组织形态	适用的乳制品
产生芳香物质的细菌：柠檬明串珠菌、戊糖明串珠菌、丁二酮乳酸链球菌	单球状、双球状、长短不同的细长链状	光滑、微白、有光泽	30	不凝结、48～72、18～48	—、70～80、100～105	—、均匀、均匀	—、—、微酸	—、—、钉状刺	酸奶、酸稀奶油、牛乳酒、酸性奶油、干酪
嗜热链球菌（*Streptococcus thermophilus*）	链状	光滑、微白、有光泽	37～42	12～24	110～115	均匀	微酸	酸稀奶油状	酸奶、干酪
嗜热性乳酸杆菌：保加利亚乳杆菌、干酪杆菌、嗜酸杆菌	长杆状，有时呈颗粒状	无色的小菌落，如絮状	42～45	12	300～400	均匀稠密	酸	针刺状	酸牛乳、马乳酒、干酪、乳酸菌制剂

* 1°T 指滴定 100 mL 牛乳样品消耗 0.1 mol/L NaOH 的体积（mL）

3. 发酵蔬菜制品　发酵蔬菜是将新鲜的蔬菜经腌制后放置，再经乳酸发酵而制成的一类带有酸味的产品，如韩国泡菜、四川泡菜（图 1-6）、中国酸菜等，一般含盐量不超过 6%。用于发酵蔬菜的原料种类甚多，包括白菜、甘蓝、橄榄、黄瓜、莴苣、竹笋、芹菜等，以肉质肥厚、组织致密、质地脆嫩、不易软化为佳。

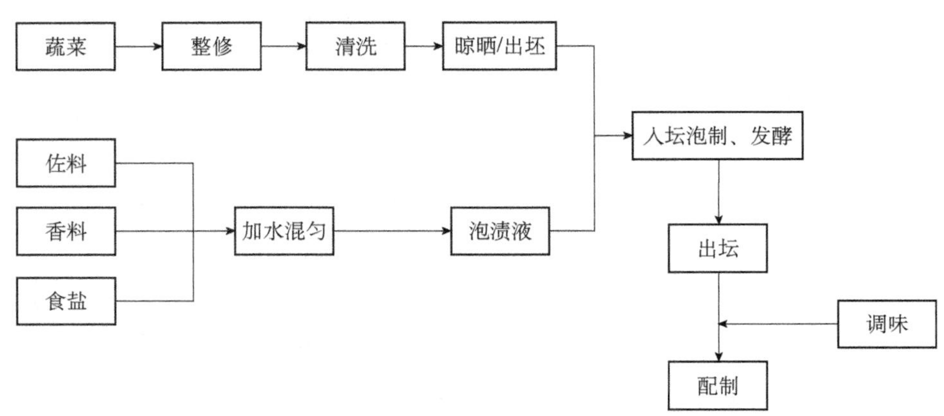

图 1-6　四川泡菜的生产工艺流程

4. 调味品

1）食醋　酿造食醋是单独或混合使用各种含有淀粉、糖的物料或乙醇，经微生物发酵酿制而成的液体调味品。食醋能增进食欲，有助消化。按照醋的工艺分为酿造醋和调配醋；按照原料的处理方法分为生料醋（粮食原料不经过蒸煮糊化处理，直接用来制醋）和熟料醋（经过蒸煮糊化处理后酿制的醋）；按制醋用糖化曲分为麸曲醋和老法曲醋；按乙酸发酵方式分为固态发酵醋、液态发酵醋和固稀发酵醋（我国传统食醋大多采用固态发酵，产品风味好，但需辅料多、原料利用率低，劳动强度大）；按食醋的颜色分为浓色醋、淡色醋和白醋；按风味分为陈醋（醋香味较浓）、熏醋（具有特殊的焦香味）和甜醋（添加有中药材、植物性香料等）（图 1-7）。酿造醋涉及的微生物种类有曲霉菌、酵母、醋酸菌，曲霉菌使淀粉水解为糖、使蛋白质水解为氨基酸，酵母使糖转变为乙醇，醋酸菌使乙醇转化为乙酸。

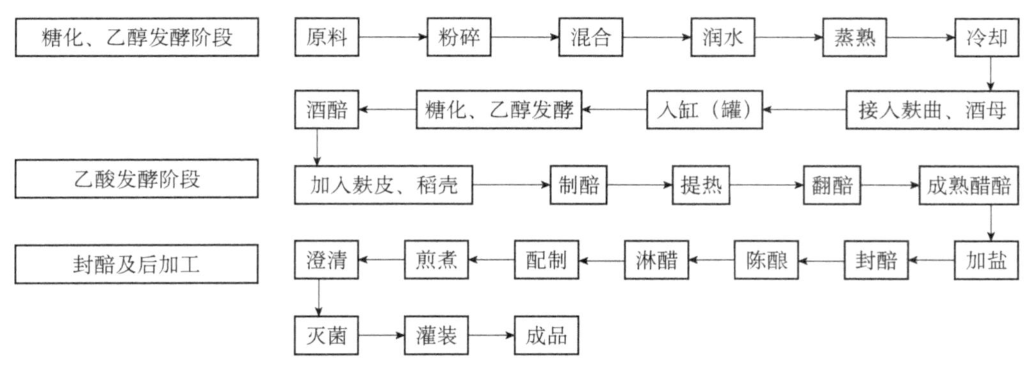

图 1-7 食醋的酿造工艺流程（引自贺稚非和霍乃蕊，2018）

2）酱油 酱油是以富含蛋白质的豆类和富含淀粉的谷类及其副产品为主要原料，在微生物酶的作用下分解并经浸滤提取的调味汁液。酱油的生产就是将无味的蛋白质、淀粉质原料等，经过制曲和发酵，在微生物分泌的各种酶的作用下，将大分子的原料分解成氨基酸、糖分、有机酸等呈味物质，再经过后熟作用形成独特的风味，加入食盐构成鲜、咸、甜、酸、苦五味调和的红棕色、营养价值丰富的复合调味品的过程（图 1-8）。目前，我国大部分酿造厂普遍采用提取大豆油后的大豆饼粕作为主要的蛋白质原料，酿造所用的菌种主要是沪酿 3.042。

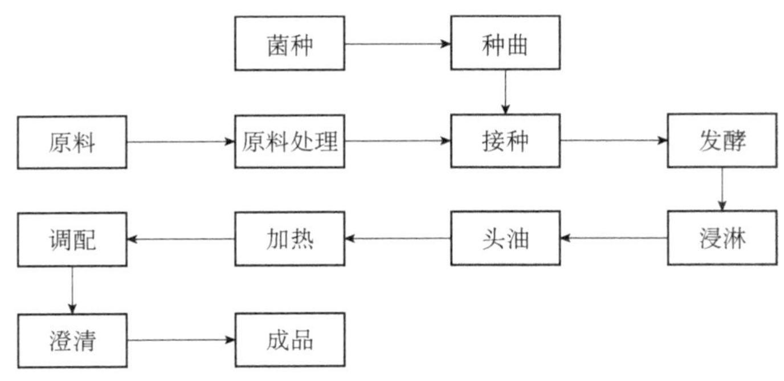

图 1-8 酱油的酿造工艺流程

3）鱼露 也称鱼酱油，是一种利用价值较低的鱼发酵制成的传统调味品。由于它制作简单，取材方便，在沿海一带相当流行，是一种日常的调味料。传统鱼露的生产方法是采用高盐发酵，将这些鱼类按照一定的比例与食盐混合后，在水泥池或木桶中进行腌渍，使得鱼体内脏的蛋白质在水解酶作用下自然消化，发酵后经灭菌调配就可制成鱼露。鱼露发酵的时间根据鱼体大小和食盐浓度而有所不同，一般常常需要 1～3 年。在此期间，鱼肉蛋白质分解成肽和氨基酸，发酵后的鱼露具有大量营养成分和呈味性。加曲速酿法就是将经过培养的曲种，在产生大量繁殖力强的菌株后，接种到盐渍的原料鱼上，利用曲种分泌的蛋白酶来进行水解发酵。加曲速酿法可以大大缩短鱼露发酵周期，且种曲发酵时能分泌多种酶系，如蛋白酶、淀粉酶、果胶酶等，因此发酵所得的鱼露呈味更好，风味更佳。一般根据菌种适宜生长的不同培养基将曲种分为液体曲和固体曲。鱼露发酵中主要依靠蛋白酶的作用，因此加曲速酿主要选用的是蛋白酶活力较高的菌种，如酿造酱油用的米曲霉（*Aspergillus oryzae*）。

（二）食品添加剂

1. 氨基酸 几乎所有的氨基酸都能通过微生物发酵生产。例如，谷氨酸、赖氨酸、苯丙氨酸等十几种氨基酸已经实现了工业化生产。这些氨基酸作为调味料或营养强化剂添加到食品中，可以增强食品的风味，改善食品的品质。

日本人 Ikeda 于 1908 年发现谷氨酸钠是鲜味的强化剂，自此开始了工业化生产氨基酸的历史。第二次世界大战后不久，美国农业部农业研究所的 L. B. Lockwood 发现在葡萄糖培养基中，好气培养荧光杆菌时能积累α-酮戊二酸，并采用酶法或化学法将此酮酸转化为 L-谷氨酸。日本科学家 Kinoshita 等于 1957 年发现，在培养某些微生物，如谷氨酸棒杆菌（*Corynebacterium glutamicum*）时会产生谷氨酸的积累，自 1957 年起正式使用发酵法进行味精商业化生产。谷氨酸是第一种应用发酵法进行工业化生产的氨基酸，也是目前产量最高的氨基酸，中国已经成为世界上最大的谷氨酸钠（味精）生产国和消费国。

2. 微生物多糖 微生物多糖是一些特殊微生物的代谢产物，因其具有独特的物化特性和生物活性，可作为乳化剂、增稠剂、稳定剂、凝胶剂、成膜剂、悬浮剂和润滑剂等应用于食品、石油、化工和制药等多个领域（表 1-7）。微生物代谢产生的多糖主要有细菌多糖和真菌多糖，在细菌多糖中最具代表性的有黄原胶和葡聚糖；真菌多糖种类较多，如灵芝多糖、香菇多糖，它们的主要功能在于促进细胞和体液免疫，具有独特的保健功能。

表 1-7 一些主要多糖的应用及相关微生物（引自贺稚非和霍乃蕊，2018）

多糖名称	微生物	应用
右旋糖酐	醋杆菌、肠膜明串珠菌	用于制药，作为人造血浆的成分
短梗霉多糖	出芽茁霉（*Pullularia pullulans*）	可生产成不透氧的薄膜，能被生物降解
凝胶多糖	土壤杆菌	加热或酸化成凝胶，用于胶冻食品，在酸及盐中稳定
小核菌多糖	小核菌（*Sclerotium glucanicum*）	高黏假塑性，用于去除钻孔中的淤泥
纤维素	醋杆菌	纤维素直径小，持水力强，可用于食品、化工和干旱农业的改良
果聚糖	芽孢杆菌、肠膜明串珠菌、黏质沙雷氏菌、假单胞菌	高黏假塑性
藻酸盐	铜绿假单胞菌、维涅兰德固氮菌	属于带钙的一系列不同黏度的凝胶，用于食品和纺织品印染
黄原胶	黄单胞菌	高黏假塑性，热酸性，可生物降解，用于食品和石油工业
磷酸甘露聚糖	汉逊氏酵母	高浓度下摇溶，可制备成带硼的凝胶
热凝多糖	琼脂杆菌属、粪产碱杆菌	食品工业赋形剂
葡聚糖	大多数大型食用真菌	保健食品的原料

3. 抗生素 一些细菌能够产生抑制其他种类微生物生长的物质，称为细菌素，它们是一种多肽或多肽与糖、脂的复合物。目前已发现有几十种细菌素，其中乳酸链球菌素（nisin）作为一种天然的食品防腐剂，在乳制品、罐头制品、鱼类制品和酒精饮料中应用，具有很好的防腐效果。乳酸链球菌素由 34 个氨基酸残基组成，含有 5 个硫醚键形成的分子内环，其中一个是 Ala-*S*-Ala，称为羊毛硫氨酸（第 3～7 位残基），其他 4 个是β-甲基羊毛硫氨酸（分别位于 8～11、13～19、23～26 和 25～28 位残基）（图 1-9）。乳酸链球菌素的分子质量为 3510 Da，但经常出现二聚体或四聚体，分子质量分别为 7000 Da 和 14 000 Da。

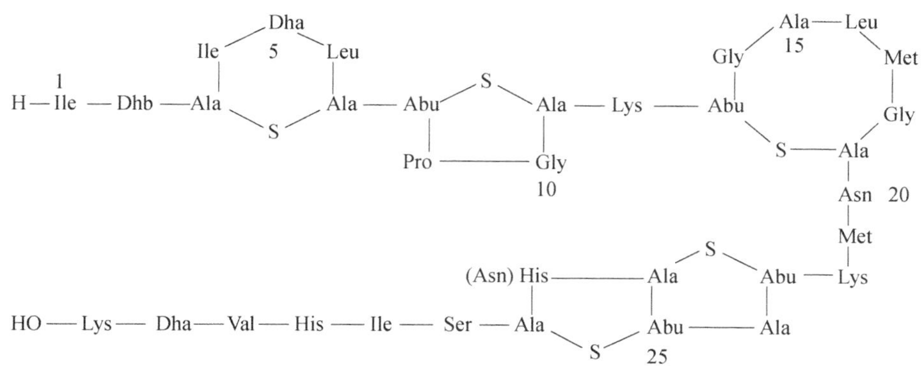

图 1-9 乳酸链球菌素的分子结构

乳酸链球菌素 A：第 27 位氨基酸为组氨酸（His）；乳酸链球菌素 Z：第 27 位氨基酸为天冬酰胺（Asn）；Abu. 氨基丁酸；Dha. 脱氢丙氨酸；Dhb. 甲基脱氢丙氨酸

乳酸链球菌素是乳酸乳球菌（*Lactococcus lactis*）的代谢产物，在一定范围内具有抑菌作用。乳酸链球菌素不抑制革兰氏阴性菌、酵母和霉菌，而对许多革兰氏阳性菌，如葡萄球菌属、链球菌属、小球菌属、乳杆菌属的某些种，大部分梭菌属和芽孢杆菌属的孢子有强烈的抑制作用。

纳他霉素是纳塔尔链霉菌产生的一种四烯大环内酯抗真菌抗生素，分子式为 $C_{33}H_{47}NO_{13}$，相对分子质量为 665.75。其在 pH 中性水中溶解性最差，随 pH 的降低，其溶解度增加。纳他霉素对温度不敏感，但对光照、氧化剂、重金属敏感。纳他霉素是一种广谱的霉菌、酵母、原生动物的抗生素，对人体无毒，不具有致突变、致癌、致畸的“三致”作用，难以被消化道吸收，难溶于水和油脂，因而大部分摄入体内的纳他霉素会随粪便排出。由于溶解度低，纳他霉素可用作食品表面防腐剂以增加货架期，主要在奶酪、肉制品、葡萄酒、茶饮料、果汁、水果、焙烤食品中添加。

（三）微生物酶制剂

食品工业需要大量且种类繁多的酶。绝大多数酶是由微生物产生的，且随着食品加工种类的增加，需要不断开发出新特性的酶来满足食品原料和加工过程的要求，如高温、低温、高盐、高压、酸性、碱性等条件，因此开发适应各种食品加工条件的新型高效能酶具有重要的意义。酶制剂的生产工艺流程见图 1-10。

（四）发酵法生产保健食品

（1）维生素：利用微生物发酵方法可以生产多种维生素，如维生素 A、维生素 C、维生素 B_2、维生素 B_{12} 等。例如，维生素 C 的二步发酵法是由中国科学院微生物研究所首先研制成功的，它克服了传统的化学合成法的一些缺点，具有原料简单、生产过程易控制、产率较高等优点。这些维生素多用来强化食品，提高食品的营养价值。

（2）食用菌：食用菌的蛋白质丰富、多糖含量高，营养均衡，且味道鲜美，有的还具有保健功能，因此食用菌是一种深受人们喜爱的食疗补品。食用菌一般是指可食用的有大型子实体的高等真菌，分类上主要属于担子菌亚门（Basidiomycotina），其次为子囊菌亚门（Ascomycotina）。我国已知的食用菌有 720 多种，全世界仅有 20 种左右食、药用菌进行了商业化生产，95%以上仍处于野生状态，因而这类大型真菌的开发利用潜力巨大。

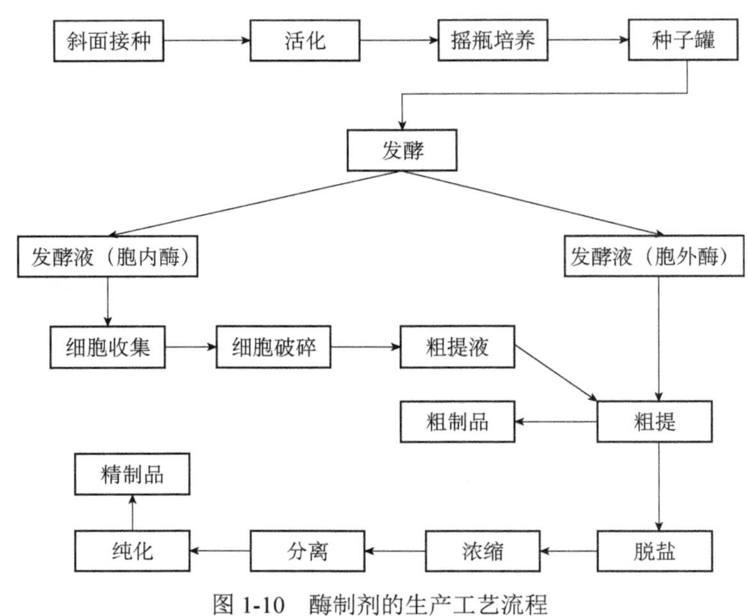

图 1-10　酶制剂的生产工艺流程

食用菌的生产绝大多数是采用固体栽培，培养原料为木材、木屑、棉籽壳、玉米芯、稻草、麸皮、麦秆、畜粪等农副产品或废渣料。食用菌培养应因地制宜，可用严格的培养室，也可用简易的塑料菇房。目前在食用菌液体发酵生产活性物质方面已做了大量的研究工作。例如，杜娇等（2019）利用猴头菌（*Hericium erinaceus*）经液体发酵产生的α-半乳糖苷酶活性达到 1.178 U/mL。

二、食品微生物的快速检测

食品微生物检测关系到产品安全、人类健康和食品企业的发展。食品微生物检测是指按照一定的检测程序和质量控制措施，确定单位样品中某种或某类微生物的数量或存在状况。其一直以来都是食品微生物学的重要内容。传统食品微生物学检测方法以培养法为主，由于检测时间过长，效率低，难以满足现在食品安全控制的需要，开发新的快速检测方法十分必要。随着食品微生物检测技术的日新月异，检测方法也逐渐增多，在多种方法中择优选择以提高检测的精准度，达到微生物检测的规范化、制度化。定量的检测过程要严格按照制度进行操作，确保食品安全。例如，基于细菌计数法的固相细胞计数法（solid phase cytometry，SPC）；流式细胞术（flow cytometry，FCM）；基于电化学原理的生物传感器精确识别食品中的微生物技术；基于 PCR 的微生物快速检测技术，如实时 PCR（real-time PCR）；环介导等温扩增检测（loop-mediated isothermal amplification，LAMP）；基于免疫学的微生物快速检测技术，如酶联免疫吸附分析（ELISA）、酶联荧光分析法（ELFA）、免疫磁珠分离（IMS）等均有广阔的开发前景。

三、控制有害微生物，防止食品腐败变质

自然界中微生物种类多、数量大。食品在原料来源地、加工、贮藏、运输等过程中都可能受到各类微生物及其代谢产物的污染。

1）栅栏技术　　目前，在食品加工、贮藏中常采用高温或低温、酸度调节、降低水分活度、脱氧、添加防腐剂等方法，每种方法可以看作食品质量、安全控制的一个因子（factor）。食品微生物稳定性、安全性及质量特性取决于产品内不同抑菌、防腐和保质因子的相互作用。德国肉类食品专家 Leistner 在 1978 年将这些因子称为栅栏（hurdle），将这些因子在食品内的相互影响称为栅栏效应（hurdle effect）（表 1-8），将通过不同的栅栏效应而达到有效抑菌、防腐、保质目的的作用命名为栅栏技术（hurdle technology）。详细介绍见第二章相关内容。

表 1-8　食品中主要防腐保质方法及其防腐保质栅栏分类（引自王卫，2015）

编号	防腐保质栅栏	相应的方法
1	F 或 t	高温加工、处理，或低温冷却、冻结
2	pH	高酸度（碱化）或低酸度（酸化）
3	A_w	降低水分活度（干燥脱水或添加水分活度调节剂）
4	Eh	高氧化还原值（充氧）或低氧化还原值（真空脱氧，二氧化碳、氮气等气调阻氧或添加抗氧剂）
5	c. f.	自然或添加发酵菌发挥乳酸菌等有益性优势菌群作用
6	Pres.	添加防腐剂［有机酸、乳酸盐、乙酸盐、山梨酸盐、抗坏血酸盐、异抗坏血酸盐、葡萄糖酸内酯（GDL）、磷酸盐、丙二醇、联二苯、游离脂肪酸、碳酸、甘油月桂酸酯、螯合物、美拉德反应生成物、乙醇、香辛料、亚硝酸盐、硝酸盐、臭氧、次氯酸盐、纳他霉菌素、乳杆菌素等］或烟熏
7	特型包装	活性包装、无菌包装、涂膜包装等
8	压力	高压或低压
9	辐照	紫外线、微波、放射性辐照等
10	物理加工法	阻抗热处理、高电场脉冲、高频能量、振动磁场、荧光灭活、超声处理等
11	微结构	乳化法、固态发酵等

注：F 为高温加工因子；t 为低温加工因子；A_w. 水分活度；Eh. 氧化还原电位；c.f. 为自然或添加发酵菌发挥乳酸菌等有益性优势菌群作用；Pres.为添加防腐剂或烟熏

2）预测微生物学技术　　研究预测食品中微生物的方法，制定食品中微生物的指标，为判断食品的卫生质量提供科学依据。在食品微生物学中，将微生物科学应用和控制与期望能够有效联系起来的是以微生物生长为基础而建立起来的数学模型，即预测微生物学。随着相关技术的发展，将微生物生理与分子信息引入模型建立中，显得更加必要与重要。由此，预测微生物学不但在今后的食品微生物学中将应用更加广泛，而且可由食品微生物学扩及其他生态系统。

3）组学技术　　组学技术包括基因组学、转录组学、蛋白质组学和代谢组学等，它们针对的对象分别是 DNA、RNA、蛋白质和代谢物，自 1990 年人类基因组计划实施后，组学技术逐步完善并快速发展，现已成为食品微生物学研究中一门新的技术。基因组学是研究一种生物全部的遗传容量和表达调控过程的科学，微生物基因组学是基因组学的一个分支学科，通过高通量测序技术，得到微生物全基因组序列信息，解释基因的结构、功能和进化，阐明基因调控和互作的原理。代谢组学是对生物细胞内所有代谢物进行定量分析，并寻找代谢物与生理等变化的相互关系，从而能为新型功能性物质开发提供基础和保证。蛋白质组学以蛋白质组为研究对象，在整体水平上大规模、高通量、系统性地分析研究蛋白质组中的蛋白质特性、表达量及功能的动态变化，包括蛋白质的组分、蛋白质的定性及定量、蛋白质的结构与功能、蛋白质翻译后加工修饰的状态及各种蛋白质之间的相互作用等。

4）HACCP 体系　食品中的微生物等危害存在于许多环节中，可以采取各种措施予以控制。因此，预先采取措施来防止这些危害和确定控制点是 HACCP 的关键因素。该体系提供一种有科学逻辑的控制食品微生物等危害的方法，避免了单纯依靠检验进行控制的方法的诸多不足。一旦建立 HACCP 体系，质量保证主要是针对各关键控制点（CCP）而避免了无尽无休的成品检验，以较低的成本保证较高的安全性。

HACCP 体系与传统监督管理方法的最大区别是将预防和控制的重点前移，通过对食品原料和生产加工过程进行危害分析，找出控制产品卫生质量的关键环节，并采取有效措施加以控制，做到有的放矢，提高监督、检查的针对性。HACCP 是一种适用于各类食品企业的简便、易行的控制体系。HACCP 体系不是固定的、死板的系统，而是会随着设备设计的革新、加工工艺或技术的发展而变化，当生产线的某一部分发生变化时，HACCP 体系也应做相应调整。实践证明，HACCP 体系可以有效地控制食品中致病微生物的危害。

第四节　食品微生物学教育

食品微生物学作为与人类生活关系极为密切的学科，其任务范围是极为广泛的。现代食品微生物学主要利用微生物学知识理解并有效地解决与食品有关的微生物学问题，其中主要包括研究食品中存在的微生物种类、分布及特性；监测食品的微生物污染，提高食品的安全水平；研究微生物与食品保藏间的关系；预防微生物性食物中毒的发生，保证人体健康；研究微生物的有益作用，充分利用食品微生物资源，为人类服务。

1949 年以前，我国的食品工业，尤其是发酵工业十分落后，除了小规模生产一些传统的发酵食品外，数量有限的大型发酵工厂都掌握在外国人手中。20 世纪 30 年代开始在高等学校设立酿造科目和农产制造系，以酿造为主要课程，创建了一批与应用微生物学有关的研究机构，但高等院校中很少有开设“食品微生物学”课程的。

1949 年以后，我国的食品发酵工业发展十分迅速，已成为食品工业的重要组成部分，如酒类酿造、乙醇生产、氨基酸发酵、有机酸发酵等均已处于世界前列。当然，总体上与国际先进水平相比，我国的发酵工业仍然存在一定的差距，如有一定的模仿能力但新产品开发能力弱，创新性基础研究不多，很多研究内容在低水平上重复，生产设备和技术老化，研究和生产资金投入相对不足等。我国从 20 世纪 50 年代开始，即对沙门氏菌、葡萄球菌、链球菌、变形杆菌等食物中毒菌进行调查研究，并建立了各种食物中毒的细菌学分离鉴定方法，随后在霉菌毒素如黄曲霉毒素等的污染和预防方面做了比较系统的研究。1952 年全国院系调整后，我国轻工业部创办了 6 所轻工业院校，建立了食品、发酵等专业，培养了大批专业人才。1985 年后，我国许多高等农业院校也相继创办了食品院系，目前我国已有 300 余所高校开设了食品科学与工程专业，250 余所高校开设了食品质量与安全专业，此外尚有一些院校开设了粮食工程、乳品工程、酿酒工程、葡萄与葡萄酒工程、食品营养与检验教育、烹饪与营养教育、食品安全与检测、食品营养与健康等专业，在这些专业中食品微生物学都是重要的专业基础课程之一，相应地也开展了广泛的教学与科研工作，取得了许多成果。

食品微生物学在许多领域中是十分重要的，如食品工程、食品科学与技术、营养、烹饪、兽药、医药及其他领域。食品微生物学教学主要包括微生物在食品安全与卫生中的作用、食品污染的预防、通过发酵或其他微生物过程的食品生产，以及微生物在营养方面的有关内容，同时还包括食源性微生物对食品的技术的、感官的、营养方面的影响。此外，益生菌及其对人类和动物健康的可能作用也愈来愈引起人们的兴趣。

通过食品微生物学的学习，学生可掌握：①微生物学的基本知识、基本理论和有关操作技能；②了解微生物在食品中的生长条件、规律；③掌握发酵食品的基本原理，熟悉各种发酵工艺；④确定与食品腐败及危害健康有关的微生物的种类并确认其来源；⑤了解食源性致病菌的致病机制；⑥了解并掌握控制腐败微生物和病原微生物活动的方法；⑦掌握从食品及环境中分离和鉴定腐败菌及致病菌的快速方法。

随着食品微生物学研究的深入，专业知识积累得越来越多，传统教学方法的改革势在必行。圣保罗大学 Finger 等（2020）对巴西本科高等院校的食品微生物学课程的教学进行了调查，在收到的 117 位从事食品微生物学教学教授的反馈中发现，教学方法在传统教学方法基础上有了很大的变化（不包括反转课堂）（表 1-9），不同的教学方法已被广泛采用或尝试，特别是在当今新的食品微生物知识不断补充的形势下，教学方法的改革势在必行。

表 1-9 食品微生物学教学采用的方法

教学方法	比例/%	反馈数
讨论式讲座（discussed lecture）	95.7	112
讨论班（seminar）	76.1	89
导学课（directed study）	64.1	75
案例教学法（case study）	59.0	69
技术考察（technical visit）	43.6	51
教研活动（teaching with research activity）	41.9	49
问题导向学习法（PBL）	39.3	46
项目教学法（project development）	28.2	33
推广活动教学（teaching with extension work activity）	20.5	24
对话（exposed dialog class）	17.9	21
概念图（conceptual map）	15.4	18
头脑风暴（brainstorming）	11.1	13
实践课（workshop）	11.1	13
网上问答（resolution of online questionnaire）	11.1	13
讨论表（discussion list）	10.3	12
言语与观察小组（group of verbalization and observation）	9.4	11
学习文件夹（portfolio）	4.3	5

第二章 食品微生物学基本理论

第一节　食品中的主要微生物及其来源

一、食品和食品原料中的微生物

（一）动物性食品

1. 肉类中的微生物　动物的皮毛和胃肠道中活跃着大量微生物。此外，被病原菌感染的牲畜，在其组织内部有时也会有病原菌存在，如淋巴结。宰杀时放血、脱毛、去内脏、分割等过程中，用到的工具、接触到的空气都会造成鲜肉污染。因此，宰杀后的肉体表面即有微生物附着，如不及时使肉体表面干燥冷却和及时冷藏，会造成微生物的数量增加。

鲜肉的微生物主要包括细菌——假单胞菌属、埃希氏杆菌属、芽孢杆菌属、产碱杆菌属、无色杆菌属、小球菌属和葡萄球菌属；酵母和霉菌——假丝酵母菌属、毛霉属、交链孢霉属、丝孢酵母菌属、青霉属和枝霉属；病原微生物——结核杆菌、炭疽杆菌、沙门氏菌和布氏杆菌。

鲜肉在不同温度放置以后，普通变形杆菌、奇异变形杆菌、摩根菌和碱化普罗威登菌均出现生长。如果放置在10℃以下，主要出现的是碱化普罗威登菌。

很多疾病是人畜共患病，疾病会在动物与人类之间相互传播，因此在屠宰前后要仔细鉴别，剔除患有疾病的牲畜。健康牲畜的新鲜肌肉中的微生物总量一般少于10 CFU/kg，而它们的皮毛和胃肠道中还活跃着大量微生物，皮毛中主要有假单胞菌、微球菌、葡萄球菌、酵母和霉菌等，这些微生物可能来源于土壤和排泄物。屠宰中肉的污染主要发生在剥皮、分割、剔骨等过程中，加工工具及操作者对肉的污染相对较少。因此，屠宰前清洁动物、屠宰中有效而卫生地剥除皮毛是很重要的，还要避免内脏破损而导致的内容物外泄，因为内脏中也携有大量微生物，其中有不少为病原体。剔除皮毛后，用80℃热水、加漂白粉（150 mg/L）的水或1%～2%乳酸溶液清洗动物身体，可以使动物体表微生物数量减少。随后的冷冻会继续减少微生物的数量，在冰冻温度下仅嗜冷微生物微弱生长，并由最初仅占微生物区系的一小部分发展为优势菌群，数量为10^2～10^4 CFU/cm^2。由于加工处理方式不同，猪肉和羊肉表面微生物数量要高于牛肉。

家禽加工厂往往1 h内可处理12 000羽家禽，加工处理方式与红肉动物（猪、羊、牛等）不同，因此，不同个体间通过加工器具相互污染的问题比较严重。在运输和屠宰过程中，家禽个体间接触导致了不同个体间的污染。屠宰后可采用逆向流水作业使每一个体都在50℃净水中去除羽毛，从而避免大量微生物进入水中而传播。热水烫洗去除羽毛不会导致寄居在表皮上的微生物传播，因为家禽的表皮在50℃条件下仍是完好的。虽然升高水温有助于杀死细菌营养体，但易导致表皮脱落。家禽的去内脏过程与其他动物类似，但个体和结构的差异导致符合卫生标准的操作更加困难。家禽消化道中存在大量微生物，如沙门氏菌和弯曲杆菌等病原菌，高速的自动加工速率难以避免肠内容物的污染，因为其被加工去肠后冲洗内腔较牛、羊等动物困难。处理后的家禽被冰冻在水中更增加了交叉污染的可能性，可通过水中加漂白粉、逆流烫洗及足够的流速减少污染。

2. 鱼类中的微生物　一般认为活的鲜鱼组织内是无菌的，但鱼的体表、鳃及消化道都有一定数量的微生物存在。据测定，鱼体表黏液中细菌为 10^2～10^7 CFU/cm^2，肠液中为 10^3～10^8 CFU/mL。鱼的带菌量还受不同水质条件的影响，一般海水鱼常见的微生物有假单胞菌属、黄杆菌属、小球菌属、弧菌属、无色杆菌属和摩氏杆菌属。淡水鱼还有产碱杆菌、短杆菌属等细菌。由于鱼是冷血动物，故其寄生菌群的适温范围与鱼生活水域的温度相符。北方水域的水温为−2～12℃，嗜冷菌占优势。大多数嗜冷菌的最适生长温度是 15～18℃。

因海水盐分的存在，海洋鱼类的微生物需具有一定的抗盐特性才能在鱼类中生长。这些微生物大多数在 2%～3%的盐分中生长得最好，但对那些非专性嗜盐微生物，它们可在较宽的盐浓度范围内生活，不受鱼表面盐浓度变化的影响。鱼被捕捞后，一般立即贮存于冰或冰冷的海水中直至靠岸，要采用干净的冷冻剂，避免重复使用，不然易导致嗜冷微生物的污染，使冻存的鱼腐败。由于靠岸与捕捞的时间间隔一般较短，因此很少在捕捞后即去内脏，虽然这有助于去除微生物污染源，但若渔具划破鱼体会使鱼更易腐败。同样的，加工中对鱼切片或绞碎也会加剧腐败的发生。

3. 禽蛋中的微生物　新鲜蛋内部一般是无菌的，除非在产蛋的过程中被肠道内微生物污染。另外，在蛋壳膜和蛋白中有一定的溶菌酶，可杀死链球菌属、伤寒沙门氏菌、葡萄球菌属和炭疽杆菌等病原菌。蛋白 pH 在蛋刚产下时为 7.4～7.6，室温贮藏 1 周后即上升至 9.4～9.5，这种环境不利于微生物的生长。

虽然蛋壳表面有一层黏液胶质层，有防止水分蒸发、阻止外界细菌侵入的作用，但鲜蛋仍有微生物存在，这是因为蛋产出时受到排泄腔的污染，在运输贮藏过程中也会遭受外界微生物的污染，尤其是贮藏期长和贮藏时洗涤过的蛋，微生物更容易侵入。蛋壳表面微生物有时很多，据调查 1 个蛋壳表面细菌数可达 400 万～500 万个，污染严重的可达 1.4 亿～9 亿个。这些微生物可通过蛋壳微孔进入蛋内致使蛋污染而变质。

4. 原料乳中的微生物　水分活度高、pH 合适（6.4～6.6）及营养丰富的特点，使牛奶成为非常适合微生物生长的食品之一，这就要求在牛奶的生产加工过程中要执行严格的卫生标准。在许多国家，牛奶都是现代食品安全立法所针对的首选目标。

牛奶中微生物的来源有 3 个：乳房内部、乳头外侧及周围和外环境。乳头外侧的细菌能侵入乳头和乳房内部，通过无菌操作从健康奶牛得到的牛奶通常仅有少量微生物，为 10^2～10^3 CFU/mL（最常见的有微球菌和链球菌），有时甚至是无菌的。奶牛一旦患上乳腺炎，牛奶中的细菌数就会上升。在英格兰和威尔士，1%～2%的奶牛都有乳腺炎，每年会造成 9000 万英镑的损失。除患急性乳腺炎外，牛群中还存在一定比例的乳腺亚临床感染奶牛，这些奶牛尽管没有肉眼可见的症状，但它们分泌的牛奶中含有的病原微生物数可达 10^5 CFU/mL，并污染整批牛奶。

许多微生物可导致乳腺炎，最重要的有金黄色葡萄球菌、大肠杆菌、无乳链球菌（*Streptococcus agalactiae*）、乳房链球菌（*S. uberis*）、绿脓假单胞菌（*Pseudomonas aeruginosa*）和化脓棒状杆菌（*Corynebacterium pyogenes*），前 3 种也是潜在的人类致病菌。其他人类致病菌，如沙门氏菌、单增李斯特菌（*Listeria monocytogenes*）、牛型结核杆菌（*Mycobacterium bovis*）和结核分枝杆菌（*M. tuberculosis*）在牛奶中也偶有发现。

患病奶牛一般用抗生素注射乳房进行治疗，治疗后的牛所产的牛奶必须延迟销售，以及用于以牛奶为原料的发酵产品的制作，以免残留抗生素危害过敏者。挤奶时注意卫生、使用消毒乳套、注射抗生素等措施可有效减少链球菌属（*Streptococci*）和葡萄球菌属（*Staphylococcus*）对奶牛的感染，但对大肠杆菌的作用并不大。

奶牛乳房及其周围部分可被奶牛的饲养环境所污染。夏天由于在户外牧养污染很轻，但圈养在潮湿的室内时污染较为严重。污染的乳头可使牛奶中微生物数量达 10^5 CFU/mL。垫草和排泄物中的大肠杆菌、弯曲杆菌（*Campylobacter*）和土壤中的沙门氏菌、芽孢杆菌都是人类的病原体，都可以进入牛奶。梭状芽孢杆菌，如丁酸梭状芽孢杆菌（*Clostridium butyricum*）和干酪丁酸梭状芽孢杆菌（*C. tyrobutyricum*）则可通过青贮饲料污染牛奶。

取奶工具卫生与否与牛奶的质量关系也很大。如果取奶工具未能有效清洁，残留在上面的牛奶就会滋生大量细菌而污染下一批牛奶。特别是若取奶工具长期不洁，其表面易形成疏水且矿物质丰富的奶石，一方面会保护微生物抵抗各种消毒措施，另一方面会促进生长缓慢的微生物如微球菌和肠球菌（*Enterococcus* spp.）繁殖，而这类微生物多是耐热的，不能被巴氏消毒法杀灭，从而引起微生物的污染。

为了减少牛奶的污染，乳畜舍及牧场应保持清洁，可采取措施包括：时刻保持垫草清洁；1 日至少 2 次清除排泄物；尽可能地避免地面泥泞；修剪尾巴，清洁乳房；挤奶前用消毒水清洗乳头并擦干；一切挤奶工具，特别是机械挤乳器，应先行充分洗净，再进行严格的灭菌并保持干燥。在大多数发达或发展中国家，牛奶在挤出后一般立即低温储存，运输也是用冷藏车，整个过程温度低于 7℃，仅嗜冷微生物可以生长。原料牛奶中常见的嗜冷微生物有革兰氏阴性杆菌，如假单胞菌、不动杆菌属（*Acinetobacter*）、产碱杆菌属、黄杆菌属、链球菌属等和革兰氏阳性菌芽孢杆菌（*Bacillus* spp.）（朱萍等，2014）。

冷藏技术的广泛使用使牛奶的微生物区系以嗜冷菌为主。嗜冷菌数量较少，使得还原亚甲蓝及刃天青等氧化还原染料的能力很弱，从而使得传统的利用亚甲蓝和刃天青等染料还原进行微生物检测的方法显得过时了。

（二）植物性食品

1. 谷类　谷类作物在生长、收获、贮藏中涉及的微生物主要是霉菌，农田里的霉菌能适应衰老的作物组织表面迅速变化的环境。虽然霉菌在高水活度时生长较好，但一些属，如枝孢属（*Cladosporium*）、格链孢属（*Alternaria*）和附球菌属（*Epicoccum*）的种既能在酷日曝晒后干枯的作物表面存活，也能适应夜晚低温和潮湿的环境。镰刀菌属（*Fusarium*）包括一些致病和腐生的种类。例如，大刀镰刀菌（*F. culmorum*）和禾谷镰刀菌（*F. graminearum*）会导致小麦和大麦的茎秆腐烂，顶部枯萎，如收获后储存于高水活度环境中，它们会直接导致作物腐烂。在潮湿环境中，与腐烂关系最大的种属有青霉菌属（*Penicillum*）、曲霉菌属（*Aspergillus*）及镰刀菌属。

2. 豆类、坚果和油料种子　大豆和花生在收获后一般都会长期贮存，但如贮存不当，很容易发霉。某些豆类的种子如大豆和花生还是植物油的来源，现在其他一些种属的植物如向日葵、橄榄、一些十字花科等植物（油菜花的油菜籽）及种类繁多的坚果也作为食用植物油的来源。它们在贮藏方面都面临着类似的微生物污染问题。花生等含油多的种子的含水量较低，水分活度比谷类低得多。花生含水 7.2%，相当于 25℃时的水分活度 0.65～0.70。

霉菌除在油料种子中生长繁殖产生毒素外，还能降解其中的脂肪，使游离脂肪酸氧化而导致油脂酸败。最常见的分解脂肪的霉菌是曲霉属，如黑曲霉（*Aspergillus niger*）、溜曲霉（*A. tamarii*）和拟青霉属（*Paecilomyces*）及高水活度时的根霉属（*Rhizopus*）。在完整的坚果中游离脂肪酸的含量随含水量的上升而上升，这是因为坚果组织自身也含有脂肪裂解酶。

收获的谷类、豆类、坚果、油料种子只要表皮完好，贮存环境湿度小，温度合适，就能储存很长一段时间。但如果仓库设计不当，或者通风不畅导致温度上升，湿气无法排出，霉菌孢子就会很快萌发形成菌丝体，并在局部营造一个适合霉菌生长的小环境，进而导致霉变。刚入库时的贮存条件良好，还要注意的是昆虫与啮齿目小动物的侵入也会带入霉菌和其他病原体，污染粮食，给人类健康带来威胁。

3. 水果和水果制品

1）新鲜水果　水果有很高的水分活度，但pH较低，故其微生物污染主要来自酵母和霉菌，尤其是霉菌。水果收获后引起霉变的往往是生长时的病原体或内寄生菌。对水果危害最大、最广的是灰葡萄孢霉（*Botrytis cinerea*），它会导致草莓腐败，污染葡萄藤后会使葡萄发干。导致橘子、柠檬等柑橘类水果发生变质的霉菌为意大利青霉（*Penicillium italicum*）和指状青霉（*P. digitatum*）。导致苹果发软腐烂，并产生棒曲霉毒素的霉菌为扩展青霉（*P. expansum*）。使苹果和梨发生黑斑和褐斑的霉菌分别为苹果黑星菌（*Venturia inaequalis*）和果生链核盘菌（*Monilinia fructigena*）。苹果表面这些斑点仅影响外观，不会导致深层组织的腐变，但褐色发软的腐败会深入果实内部。

2）罐装水果　因为罐装水果的pH较低，所以在灭菌处理时采用的温度不高，虽然大多数霉菌繁殖体可被杀死，但有些耐热的微生物可能残留下来，如嗜热的芽孢杆菌、丝衣霉属（*Byssochlamys*）等。

4. 蔬菜和蔬菜制品　蔬菜具有较高的pH，含水量高，因此比水果更易受细菌侵染，还有一些真菌也会使蔬菜贮存时发生腐败。造成蔬菜腐败的细菌主要是一些分解果胶的革兰氏阴性菌，如欧文氏菌属（*Erwinia*）、假单胞菌属和黄单胞菌属，以及在某些情况下导致马铃薯腐败的梭菌属和腐烂棒杆菌（*Corynebacterium sepedonicum*）。

5. 果蔬汁制品　果蔬汁，顾名思义是以新鲜果蔬为原料经压榨或浸提等方法制得的只含果蔬可溶性固形物的汁类产品，或是将果蔬的可食部分加水经破碎加工而成的浆状制品。

在新鲜果蔬汁的生产过程中，容易受到新鲜果蔬表面带有的微生物污染，因而果蔬汁中存在一定数量的微生物。再者，在果蔬压榨与破碎、均质时的高速剪切过程中，氧气大量溶入果蔬汁中，这就为微生物的生长繁殖提供了有利的条件。但微生物进入果蔬汁后能否生长繁殖，主要取决于果蔬汁的pH和糖分含量的高低。果汁中pH较低，一般为2.4（柠檬汁）～4.2（番茄汁），且果蔬汁中还含有一定的糖分，高含量的糖分形成高渗透压，对某些微生物类群有抑制作用，因此在果蔬汁中能生长繁殖的微生物仅是一些酵母、霉菌和少数细菌而已。其中酵母主要以柠檬形克勒克酵母、葡萄酒酵母和啤酒酵母为主，其次为路氏酵母、卵形酵母；霉菌主要以青霉为主，其次是曲霉，如扩展青霉和烟曲霉等；细菌主要以乳酸菌为主，一般pH在3.5以上能生长。

而在浓缩果汁中由于含糖量高（60%以上）且酸度高，只有少数酵母（耐渗酵母）能生长，如鲁氏酵母和蜂蜜酵母，它们生长后会引起浓缩果汁的变质，可将果汁置于4℃条件下贮藏以抑制它们的生长。

二、食品中微生物的主要来源

食品从产地、运输、生产加工到食用以前，都有可能受到微生物的污染，其污染源主要来自土壤、空气、水体和人，以及动植物体。

1. 来自土壤中的微生物　土壤是微生物的大本营（表 2-1）。土壤中存在着大量的有机质和无机质，为微生物生长提供了极为丰富的营养；土壤具有一定的持水性，能够满足微生物对水分的要求；不同土壤的酸碱度具有一定差异，但多数近中性，适合大部分微生物的生长；土壤渗透压为 3～6 个大气压①，基本能满足微生物的需要；土壤的团粒结构调节了空气和水分的含量，适合多种好氧和厌氧微生物的生长；在表面土壤以下的土壤温度一年四季变化幅度不大，一般为 10～30℃，适于微生物生长；土壤的覆盖保护了微生物免遭太阳紫外线的杀害，为微生物生长繁殖提供了有利条件。因此，土壤素有“微生物的天然培养基”之称。土壤中微生物数量最大，1 g 表层泥土可含有微生物 10^7～10^9 CFU。土壤中的微生物种类也最多，有细菌、放线菌、霉菌、酵母、藻类、原生动物，其中细菌占有比率最大，占土壤微生物数量的 70%～90%，是危害性最大的食品污染源。除细菌外，土壤中微生物含量较多的还有霉菌、放线菌、酵母，它们主要生存于土壤表层，其中酵母和霉菌在偏酸土壤中活动较为显著。

表 2-1　土壤中的微生物菌落数（引自沈萍和陈向东，2016）

深度/cm	微生物数/（×10^3 CFU/g 土壤）				
	好气性细菌	厌氧性细菌	放线菌	霉菌	藻类
3～8	7800	1950	2080	119	25
20～25	1800	379	245	50	5
30～40	472	98	49	14	0.5
65～75	10	1	5	6	0.1
135～145	1	0.4	—	3	—

土壤微生物除了自我繁殖以外，分布在空气、水和人及动植物体中的微生物也会不断地传入土壤中。各种病原微生物随着植物病株残体、患者和患病动物的排泄物、尸体或废物、污水使土壤污染，但土壤并不适合它们生存，因此多数病原菌进入土壤后会迅速死亡。不同种类差异很大，一般无芽孢的病原菌在土壤中生存的时间较短，有芽孢的病原菌在土壤中生存的时间较长。例如，沙门氏菌（*Salmonella* spp.）只能生存数天至数周，炭疽芽孢杆菌却能生存数年或更长时间。土壤中还存在着能够长期生活的土源性病原菌，如肉毒梭菌等。

2. 来自空气中的微生物　空气中不具备微生物生长繁殖所需要的营养物质、水和各种生活条件，室外还有日光中的紫外线辐射，因此空气并不是微生物生存的良好场所，微生物对空气来说只是来去匆匆的过客。但是，空气中也含有不少的微生物，这些微生物主要来自随风飘扬的微生物芽孢和孢子、飞扬起来的尘埃或飞溅起来的水滴、人和动物体表的干燥脱落物及呼吸道、消化道的排泄物。它们随空气传播，有的成为呼吸道的病原菌，有的成为

① 1 个大气压＝1.013 25×10^5 Pa

食品腐败变质的污染源。不同环境的空气中所含微生物量具有很大差异，一般海洋、乡村、城郊、高山和森林上空的微生物数量较少，而在闹市区、通气不良的房屋内空气微生物含量较高，空气极为污浊。空气中常见的微生物是一些抵抗力较强、耐干燥、耐紫外线能力强的类群。革兰氏阴性杆菌如大肠杆菌在空气中易死亡，只能短期生存，革兰氏阳性球菌、芽孢杆菌，以及酵母、霉菌的孢子在空气中普遍存在而且检出率较高。它们附着在尘埃上或在微小水滴中悬浮，因此贮藏食品场地空气中的尘埃越多，微生物就越多，造成食品污染的概率越大。室内污染严重的空气，微生物可高达 10^6 CFU/m^3 以上。

在空气中，有时也存在一些病原微生物，有的间接来自土壤，有的直接来自人或动物呼吸道、皮肤干燥脱落物，如金黄色葡萄球菌（*Staphylococcus aureus*）、结核杆菌（*Mycobacterium tuberculosis*）和流感嗜血杆菌（*Hemophilus influenzae*）等。例如，患者口腔喷出的小滴飞沫就含有 1 万～2 万个细菌，这些是造成食物污染、引起人类疾病的微生物，但它们在空气中经过较短时间就会死亡。而在空气通畅的空间，病原微生物的数量是很少的。

3. 来自水体中的微生物　自然界的水源中都含有一定量的无机物质和有机物质，因此各种水域如海洋、湖泊、江河具有微生物生存的一定条件，但不同性质的水源中可有不同类群的微生物在其中活动和生存。例如，水的表面含氧量较多，适合好氧型微生物生长；淡水的 pH 在 6.8～7.4，适合大多数的微生物生长；而水的温度会随水的深浅、外界气温的变化而改变，适宜生长的微生物种类也不一样。一般来说，水中微生物的数量取决于水中有机质的含量。有机质含量越多（即污浊越严重），微生物数量也就越大。淡水域微生物根据其生态特点可分为两大类：一类是清水型水生微生物，习惯于洁净水中生活，是“土生土长”的微生物类群，如硫细菌、铁细菌，以及含光合色素的蓝细菌、绿硫细菌和紫硫细菌等光能自养型微生物；另一类是腐败性的水生微生物，它们是随腐败的有机质进入水域，获得营养而大量繁殖的微生物类群，是造成水体污染、疾病传播的重要原因，主要包括革兰氏阴性杆菌如变形杆菌（*Proteus* spp.）、大肠杆菌（*Escherichia coli*）、产气杆菌（*Enterobacter aerogenes*）及各种芽孢杆菌、弧菌和螺菌。土壤中的微生物是水源污染的主要来源，它们主要随雨水的冲洗而流入水中。来自污水、废物、人畜排泄物中的微生物，如大肠杆菌、粪链球菌（*Streptococcus faecalis*）和魏氏梭菌（*Clostridium welchii*）等人畜肠道的正常寄生菌和变形杆菌、梭状芽孢杆菌（*C.* spp.）等腐生菌也常常污染水体。有些情况下还会出现一些病原菌，如沙门氏菌、产气荚膜梭状芽孢杆菌（*C. perfringens*）、炭疽芽孢杆菌（*C. anthracis*）、破伤风梭菌（*C. tetani*）等。

清水型水生微生物能够在淡水水体中生长繁殖，但对生活于其他环境中的微生物来说，淡水水体不适于其长期进行生命活动。由于阳光的照射、河水的流动、水中有机质因细菌的消耗而减少、浮游生物及噬菌体的吞噬作用等自净作用，这些微生物数量会逐渐降低。例如，一些病原微生物在淡水水体中完全不能生长，如能生长也是暂时的，而且是很微弱的，但也有少数病原菌可在淡水中生存达数月之久，如鸡白痢沙门氏菌可存活达 200 d，结核杆菌可存活达 5 个月。受气候、地形条件、营养物质的多少、含氧量、水中含有的浮游生物、噬菌体及其他一些拮抗微生物的影响，在水中活动的微生物种类和数量经常变动。下雨后的河水中含有的菌落总数可高达 10^7 CFU/mL，但隔一定时间，微生物数量明显下降，这是由于水体具有自净作用。

矿泉水、深井水中的微生物含量很少，甚至是无菌的。

海洋中也存在大量水生微生物，主要为细菌，它们均具有嗜盐的特性。近海中多见的细菌有假单胞菌属（*Pseudomonas*）、噬纤维菌属（*Cytophaga*）、无色杆菌属（*Achromobacter*）、黄杆菌属（*Flavobacterium*）、微球菌属（*Micrococcus*）和芽孢杆菌属，它们具有嗜盐的特性，能引起海产及动植物的腐败，有的直接是海产鱼类、蟹类等的致病菌。其中有些微生物还能引起人类食物中毒，如副溶血性弧菌（*Vibrio parahaemolyticus*）。还有一些藻类能产生某些藻类毒素，污染部分贝壳类水产品，使其带有毒素。

4. 来自人和动植物的微生物 人及动植物因生活在一定的自然环境中，一方面体表会受到周围环境中微生物的污染，另一方面即使健康人体和动物的消化道、上呼吸道也均会有一定种类微生物存在。当人和动物生病时，会有病原微生物寄生，患者体内就会有大量的病原微生物通过呼吸道或消化道排泄物向体外排出。其中少数菌是人畜共患病原微生物，如沙门氏菌、结核杆菌、布氏杆菌（*Bacterium burgeri*），它们污染食品和饲料造成人畜疾患或食物中毒。

有些菌可造成食品原料的污染，引起食品腐烂变质或人的食物中毒。例如，食品被蚁、蝇及蟑螂等各种有害昆虫接触，而这些昆虫一般都会携带大量的微生物，其中可能含有多种病原微生物，从而造成食品的微生物污染，引起食品腐败变质或人的食物中毒。果蔬上的乳酸菌、酵母和醋酸菌则会造成果蔬的腐烂变质，甚至有些植物病原微生物的代谢产物具有毒性，则可引起人食物中毒。

5. 来自食品加工过程的微生物 食品的加工需要多道工序，而在加工过程中，加工的机械及设备、包装材料等也可能成为食品的微生物污染源。

第二节 影响微生物生长的食品内外因素

影响食品中微生物生长的因素可分为内在因素和外在因素。其中内在因素主要是指食品内在的特性，如食品的营养成分、pH、水分、渗透压、存在状态和抗菌成分等。外在因素主要是指环境因素，包括贮藏温度、环境相对湿度、环境中的气体及其浓度、其他微生物的存在和活性等。

研究食品环境内外因素对微生物生长的影响，人们可以凭借控制和调节各种环境条件，创造有利环境条件，促进有益微生物的生长繁殖，或利用对微生物不利的环境因素，抑制或杀灭病原微生物或有害微生物，达到食品消毒灭菌的目的，保证食品的安全性，延长食品的货架期。

一、食品内在因素

（一）食品的营养成分

食品除含有一定量的水分外，主要由蛋白质、碳水化合物、脂肪、无机盐和维生素等营养物质组成。食品的原料大多为动物、植物的组织或组织制品，成分各异，但均是微生物污染后的天然培养基。由于不同的微生物分解各类营养物质的能力不同，也就是说不同的微生物分解蛋白质、碳水化合物和脂肪的能力各不相同，因而引起不同食品腐败变质的微生物也不相同。而微生物污染食品后，能否在食品上生长，与微生物能否利用食品中所含的营养物质密切相关。

因此，可以根据食品组分的特点，大致推测引起该食品腐败变质的主要微生物类群。食品中蛋白质被微生物分解造成败坏称为腐败；食品中碳水化合物或脂肪被微生物分解产酸而败坏则称为酸败。

（二）食品的 pH

1. 食品的 pH 与微生物生长的适应性　食品（包括动物性和植物性）的 pH 几乎都在 7.0 以下，有的 pH 低达 2.0～3.0，很少有碱性的食品。

根据食品 pH 范围可将食品分为酸性和非酸性两类。凡是 pH 低于 4.5 的食品均称为酸性食品，如苹果、橘子等各种水果；凡是 pH 大于 4.5 的食品均称为非酸性食品，如猪、牛、羊、鱼等各种肉类，乳及蔬菜等。

非酸性食品适合绝大多数微生物的生长，尤其最适合细菌生长，主要的原因是绝大多数细菌生长的最适 pH 在 7.0 左右。除了少数细菌如乳酸杆菌、乳链球菌和大肠杆菌，大多数腐败细菌在 pH 5.5 以下的食品中，生长基本上被抑制。

由于酸性食品的 pH 过低，细菌的生长受到抑制，仅有酵母或霉菌能够生长。通常酵母生长的最适 pH 在 5.0～6.0，霉菌生长的最适 pH 在 3.0～6.0（表 2-2）。

表 2-2　不同微生物生长的 pH 范围

微生物	最低 pH	最适 pH	最高 pH
乳杆菌	4.8	6.2～6.4	7.0
嗜酸乳杆菌	4.0～4.6	5.8～6.6	6.8
枯草芽孢杆菌	4.5	6.0～7.5	8.5
醋化醋杆菌	4.0～4.5	5.4～6.3	7.0～8.0
金黄色葡萄球菌	4.2	7.0～7.5	9.3
大肠杆菌	4.3	6.0～8.0	9.5
伤寒沙门氏菌	4.0	6.8～7.2	9.6
放线菌	5.0	7.0～8.0	10.0
一般酵母	3.0	5.0～6.0	8.0
黑曲霉	1.5	5.0～6.0	9.0
大豆根瘤菌	4.2	6.8～7.0	11.0

由此可见，由于食品的酸度不同，引起食品变质的微生物类群也呈现一定的差异性和适应性。

2. 微生物生长引起食品 pH 变化　食品的 pH 会影响微生物的生长，反之，微生物在食品中生长繁殖也会引起食品的 pH 发生变化。这些变化是由食品的成分、微生物的种类及其他一些因素决定的。有些微生物能分解食品中的糖产酸，使食品的 pH 降低；有些微生物能分解食品中的蛋白质产碱（氨或胺），使 pH 上升。

有些食品的成分对食品的 pH 变化有一定的缓冲作用，一般来说，肉类食品的缓冲作用比蔬菜类食品大，因肉类中蛋白质含量较蔬菜多，蛋白质分解产生的氨类物质能与酸性物质起中和作用，从而能保持一定的 pH。

在含糖和蛋白质的食品中，由于微生物分解其中的糖产生酸，使 pH 呈下降趋势，随后分解蛋白质，产生氨等又使 pH 回升。因此，pH 总的变化趋势是先下降后上升。

（三）食品的水分

1. 微生物生长与食品水分活度的关系　食品有固体状、半固体状和液体状 3 种。它们不论是原料、半成品或是成品都含有一定量的水分。食品中的水分以结合态（结合水）和游离态（自由水）两种不同的状态存在。微生物在食品上生长繁殖，除需要适宜的营养物质外，还必须有足够的水分。微生物仅能利用游离态水分。为了确切地反映食品中水分被微生物利用的状况，不能以食品中含水量的百分比来表示，而要用水分活度（A_W）来表示。细菌、酵母、霉菌三大类微生物比较，细菌生长所需要的 A_W 最大，霉菌生长所需要的 A_W 最小，酵母生长所需要的 A_W 介于两者之间。因此，食品中的含水量决定了生长微生物的种类，一般含水量较多的食品，容易生长繁殖细菌；含水量少的食品，容易生长繁殖酵母和霉菌。

2. 食品的水分活度　新鲜的食品原料均含有大量水分，它们的 A_W 多数在 0.98～0.99，适合多种微生物的生长，因此，新鲜的食品较容易变质。微生物一般在食品表层生长繁殖使食品败坏。表层水分虽因蒸发减少，但内层水分不断移向表层，所以一定时期内，食品的表层可以始终保持较高的 A_W，这就有助于微生物不断向深层发展。降低食品表面的 A_W 也是保存食品的重要手段，如表面已形成了“皮”的肉则较不易败坏。

干制食品的 A_W 较高，通常为 0.80～0.85，1～2 周可被霉菌等微生物侵染引起变质败坏。若食品的 A_W 保持在 0.70 以下就可以较长期防止微生物生长。若食品的 A_W 为 0.65，仅有极少数微生物能够生长，且生长非常缓慢。因此，脱水加工的干制食品可以较长期地保藏，要使食品贮藏期保持 3 个月以上，就必须控制食品的 A_W 在 0.72 以下，若要求保藏有效期为 2～3 年，则食品的 A_W 必须控制在 0.65 以下（食品安全贮藏的防霉含水量）。

对于干制食品，如奶粉、蛋粉、面粉，还得注意贮藏环境的相对湿度，某些干制食品具有很高的吸湿性，易使其 A_W 与空气的相对湿度相平衡，因此要密闭放置，注意防潮。

（四）食品的渗透压

食品的渗透压对于微生物的生长具有一定的影响，低渗透压的食品中绝大多数微生物都能够生长，而在高渗透压的食品中，许多种霉菌和少数种的酵母仍能够生长。绝大多数的细菌不能在较高渗透压的食品中生长，仅能在其中生存一段时间或迅速死亡。盐腌和糖渍是食品常用的加工方法，在食品中添加较大量的食盐或糖，提高了食品的渗透压，可以防止绝大多数微生物的生长。但一些嗜盐微生物、耐盐微生物和耐糖微生物仍可以在这些食品中生长，引起食品腐败变质。其中高度嗜盐菌，如盐杆菌属和小球菌属的一些菌种，最适宜在含 20%～30%食盐的食品中生长繁殖。中度嗜盐菌，如假单胞菌属、八叠球菌属、有色杆菌属、弧菌属、芽孢杆菌属和微球菌属等属的一些菌种，适宜在含 5%～18%食盐的食品中生长繁殖，最典型的是盐脱氮微球菌（*Micrococcus halodenitrificans*）和肋生盐水弧菌肋生亚种（*Salinivibrio costicola* subsp. *costicola*）。低度嗜盐菌，如无色杆菌、弧菌属、黄杆菌属和假单胞菌属中的一些菌种，适宜在含 2%～5%食盐的食品中生长繁殖，这些微生物多发现于海产品中。

耐盐菌是指能在 2%以上食盐中生长的微生物。少数细菌菌种，如肠膜状明串珠菌（*Leuconostoc mesenteroides*）能够在高浓度的含糖食品中生长，这些细菌称为耐糖细菌。少数酵母和霉菌，如鲁氏酵母、蜂蜜酵母能耐较高的糖浓度，经常引起高浓度糖分的糖浆、果浆、浓缩果汁等食品败坏。耐糖霉菌本身很少对人有害，但发霉使食物外观变色或变难看。

因为这些微生物都是好气型的微生物，所以一般使用无氧的办法贮藏就可以控制它们的污染。

（五）食品的存在状态

完好无损的食品，一般不易发生腐败，如没有受损的番茄、苹果、梨等可以放置较长时间，如果食品组织溃破或细胞膜碎裂，则易受到微生物的污染而发生腐败。

（六）食品的抗菌成分

一些食品中含有抗菌成分，可对微生物的生长起到抑制作用。例如，新鲜的乳液中含有溶菌酶、乳铁蛋白等抗菌物质，对微生物具有抑制生长的作用；竹荪中含有丰富的酚类物质，具有很强的抑菌作用，其加工食品不易腐败变质。

二、食品外在因素

微生物在食品上能否生长繁殖，从而造成食品腐败变质，除基质条件外，还要取决于外界环境因素，如温度、气体和湿度。通常影响食品微生物生长的环境因素有物理因素、化学因素和生物因素。在介绍环境因素前，需要介绍几个常用的术语。

（1）无菌（asepsis）：是指让食品中不含有任何微生物，即杀死所有的微生物，如发酵工业中菌种制备的无菌操作技术、食品加工中的无菌罐装技术等。

（2）灭菌（sterilization）：是指利用物理或化学因素，使物体内所有活微生物永久丧失生存能力。

（3）商业灭菌（commercial sterilization）：这是一种从商品角度对一些食品进行灭菌的方法。食品经过灭菌后，按照规定的微生物检验方法，食品中没有检测到活的微生物，或者只能检测到少数非致病性微生物，且它们在食品贮藏过程中不能生长繁殖，这种灭菌方法称为商业灭菌。在食品工业中，常用的“杀菌”一词实际上就是商业杀菌。例如，罐头食品的灭菌就是指商业灭菌。

（4）防腐（antisepsis）：是指使用一些物理和化学因素来抑制微生物在个体内外生长和繁殖，但是微生物未被灭活。常见的防腐剂有苯甲酸钠、山梨酸钾和脱氢乙酸钠。

（5）消毒（disinfection）：是指杀灭所有病原微生物，达到预防传染病目的的措施。具有消毒效果的物质称为消毒剂，比如乙醇、过氧化氢和次氯酸钠等。

不同微生物的生物学特性不同，对各种环境因素的敏感性也不同，同一因素的不同剂量对微生物的影响也不同，因此，在理解和应用任何环境因素对微生物的抑制或致死作用时，还应考虑各种因素的综合作用。

外在因素包括温度、氧气、干燥、辐射、氧化剂、超声波和重金属盐类等。

1. 温度 温度是影响微生物生命活动的重要因素之一。在一定的温度范围内，随着温度的升高，机体的代谢活动和生长繁殖都会增加。当温度上升到一定程度时，就开始对菌体产生不利影响，微生物细胞的蛋白质、核酸和细胞群将受到不可逆的破坏。如果温度继续升高，细胞功能会急剧下降甚至死亡。

任何微生物的生长温度都有三个重要指标：最低生长温度、最适生长温度和最高生长温度，这三个指标是生长温度的三个基本点。它反映了每种微生物的特性，但并不是完全固定的，因为它们可能会随着其他环境因素（如微生物的培养基组成）的轻微变化而改变。

（1）最低生长温度：是指微生物生长繁殖的最低温度界限。在这个温度下，微生物的生长速率很低，低于这个温度，微生物就会进入休眠或代谢活动处于极弱的状态。不同微生物的最低生长温度不同，这与原生质的物理状态和化学组成有关，也因环境条件而异。

（2）最适生长温度：是指微生物生长速率最高时的培养温度。同一生物体的不同生理生化过程有不同的最适温度。因此，根据微生物不同生理代谢过程的温度特点，在生产中应采用分段变温培养或发酵。例如，嗜热链球菌的最适生长温度为 37℃，最适发酵温度为 47℃，最适累积产物温度为 37℃。

（3）最高生长温度：是指微生物生长繁殖的最高温度界限，超过这个温度，微生物就会停止生长。微生物的最高生长温度与细胞内酶的性质有关。例如，细菌的最高生长温度往往与细胞色素氧化酶和各种脱氢酶的最低破坏温度有关（表 2-3）。

表 2-3　细胞色素氧化酶和各种脱氢酶的最低破坏温度与该菌最高生长温度的关系（引自何国庆等，2016）

细菌	最高生长温度/℃	最低破坏温度/℃		
		细胞色素氧化酶	过氧化氢酶	琥珀酸脱氢酶
蕈状芽孢杆菌	40	41	41	40
单纯芽孢杆菌	43	55	52	40
蜡状芽孢杆菌	45	48	46	50
巨大芽孢杆菌	46	48	50	47
枯草芽孢杆菌	54	60	56	51
嗜热芽孢杆菌	67	65	67	59

（4）致死温度：可以杀死微生物的最低温度称为致死温度。致死温度与处理时间有关，在一定温度下，处理时间越长，微生物的死亡率越高。通常情况下，标准时间为 10 min，微生物在 10 min 内被完全杀死的最低温度称为致死温度。微生物根据其生长温度范围可分为低温型微生物、中温型微生物和高温型微生物三类（表 2-4）。

表 2-4　不同温型微生物的生长温度范围（引自何国庆等，2016）（单位：℃）

微生物类型		生长温度范围			分布的主要处所
		最低	最适	最高	
低温型	专性嗜冷	−12	5～15	15～20	两极地区
	兼性嗜冷	−5～0	10～20	25～30	海水及冷藏食品上
中温型	室温	10～20	20～35	40～45	室温环境及食品上
	体温	10～20	35～40	40～45	人及温血动物
高温型		25～45	50～60	70～95	温泉、堆肥、土壤表层等

微生物根据其最适生长温度，可以分为嗜热微生物、嗜冷微生物和嗜温微生物三大类群。每一类群微生物都具有一定的适宜生长的温度范围。在一定范围内温度高则生长发育快，相反，温度低则生长发育迟缓。但在以上三类微生物各自不同的适宜生长温度范围内可以找到一个能共同适应的温度范围，即 25～30℃。在这个温度范围内绝大多数细菌、酵母和霉菌都能够良好生长，因此，在 25～30℃，各种微生物都有可能在食品上生长并引起食品腐败变质。温度高于或低于 25～30℃，食品上的微生物类群生长量及种类就会减少。在

细菌可以生长的最低温度到最适生长温度范围内，温度升高则细菌生长及增殖速率均加快，引起食品变质的时间较短，食品较容易腐败。

1）低温型微生物　低温型微生物又称嗜冷微生物，能在较低的温度下生长。它们经常分布在地球极地的水域和土壤中，甚至在其微小的液态水间隙中也有微生物。常见的有产碱菌、假单胞菌、黄杆菌、微球菌等。

耐冷微生物的最适生长温度为20～40℃。耐冷微生物比嗜冷微生物分布得更广。其在温和的环境中可以从土壤、水、肉、奶和乳制品中被分离出来，也可以从冰箱中储存的苹果汁、蔬菜和水果中被分离出来。虽然耐冷微生物能在0℃生长，但它们并不能很快很好地生长，在培养基中常常要几周才能用肉眼观察到。细菌、真菌、藻类及原核微生物的许多种属中都存在耐冷微生物。

低温也能抑制微生物的生长。当温度低于0℃时，细胞内的水被冻结，各类代谢反应不能进行。有些微生物会在冰点以下死亡，究其原因是细胞内的水变成冰晶，造成细胞脱水或细胞膜被物理损伤。因此，低温保鲜是生产中常用的食品保鲜方法之一。根据各种食品的保存温度不同，可将其分为冷藏温度和冷冻温度。食品冷藏过程中，低温尽管可抑制大多数微生物生长，但仍有一些嗜冷微生物能够生长繁殖，引起食品变质。食品在冻藏时，如在−10℃左右的低温下，仍有少数种类的微生物能够生长。能在低温食品中生长的细菌，多数属于革兰氏阴性的无芽孢杆菌，如假单胞菌。例如，在低温保藏的金针菇上，假单胞菌为生长的主要微生物。其他能在低温食品中生长的细菌还有革兰氏阳性菌，如微球菌属（*Micrococcus*）、链球菌属（*Streptococcus*）等；酵母有假丝酵母属（*Candida*）、圆酵母属（*Torula*）、隐球酵母属（*Cryptococcus*）、酵母属（*Saccharomyces*）等；霉菌有青霉属（*Penicillium*）、枝孢属（*Cladosporium*）、念珠霉属（*Monilia*）、毛霉属（*Mucor*）。据报道，低温下也有放线菌存在的情况。

嗜冷机制：嗜冷微生物产生的酶，在寒冷条件下功能最好，而在温和的温度下往往变性或失活。嗜冷微生物的细胞膜结构与普通微生物不同，它们含有较高的不饱和脂肪酸，一些嗜冷细菌的细胞膜中含有较多的不饱和脂肪酸和多个双键的碳氢化合物，即使在低温下也能保持半流动状态（由饱和脂肪酸组成的细胞膜在很低的温度下会变成固体并失去功能），因此，嗜冷微生物在低温下仍能进行主动运输，吸收外界的营养，进行物质交换。

2）中温型微生物　最适生长温度在20～40℃，最低生长温度为10～20℃，最高生长温度为40～45℃，大多数微生物属于这一类。它们也可分为两类：嗜室温和嗜体温性微生物。嗜体温性微生物是人和温血动物的主要病原菌，其生长极限温度为10～45℃，最适生长温度接近寄主温度。中温型微生物与食品工业密切相关，如用于发酵工业的微生物菌株、引起食品原料和成品腐败的微生物都属于这类微生物。

3）高温型微生物　最适生长温度为45℃以上的微生物称为嗜热微生物，80℃以上称为嗜高温微生物。嗜热微生物适宜在45℃以上生长，它们在自然界的分布仅限于某些地区，如温泉、阳光充足的表面土壤、堆肥发酵等腐朽有机物。常见的嗜热微生物有芽孢杆菌属（*Bacillus*）、梭状芽孢杆菌属（*Clostridium*）、嗜热脂肪芽孢杆菌（*B. stearothermophilus*）、高温放线菌属（*Thermoactinomyces*）、甲烷杆菌属（*Methanobacter*ium）等，有的可在接近于100℃的高温环境中生长。这类高温型微生物，在灭菌的过程中经常难以被杀灭，给罐头工业、发酵工业等带来了一定难度。在超过45℃的高温条件下，嗜热微生物仍能生长繁殖而造成食品变质，它们主要引起糖类的分解而产酸。此时，嗜热微生物的新陈代谢活动加快，产生的酶对蛋白质和糖类等物质的分解速度较快，因而食品变质的过程，从时间上比嗜温菌引起的变质过程要短。由于它们在食品中经过旺盛的生长繁殖，很快死亡，若不及时进行分离培养，就会失去检出的机会。

嗜热机制：嗜热微生物细胞内的蛋白质和酶更耐热，特别是蛋白质对热更稳定。嗜热微生物中酶的氨基酸序列与催化嗜热微生物中相同反应的酶的氨基酸序列仅略有不同，由一个关键的氨基酸代替了存在于此酶中的一个或几个氨基酸，使酶可以以不同的方式折叠，使其能抵抗热变性；同时，嗜热微生物的组分也更耐高温；细胞膜饱和脂肪酸（较不饱和脂肪酸能形成更强的疏水键）含量高，因此在高温下能保持稳定。

微生物对热抵抗力的影响因素通常包括菌种、菌龄、菌体数量和基质等。不同微生物具有不同的细胞结构和生物学特性，所以对热的抵抗力也不同。相同条件下，菌体处于对数生长期时，其抗热力较差，而在稳定期的老龄菌体呈现出较强的抗热力，所以老龄的细菌芽孢抗热力强于幼龄的细菌芽孢。而且菌体数量越多，抗热力越强，加热杀死所有微生物所需的时间也越长；此外，微生物群集在一起，菌体能分泌的保护物质（蛋白质）也越多，抗热性也就越强。基质中的其他物质，如脂肪、糖、蛋白质等对微生物有保护作用，微生物的抗热力随着这些物质的增加而增大，当 pH 在 7 左右时，微生物的抗热力最强，随着 pH 升高或下降，微生物的抗热力都会减小，特别是酸性环境，对微生物的抗热力减弱作用更明显。

2. 氧气　氧气对于微生物生长繁殖也具有相当重要的影响。依据微生物与氧气的关系，可将其分为好氧菌（aerobe）与厌氧菌（anaerobe）两大类。其中，好氧菌分为专性好氧菌、兼性厌氧菌和微好氧菌；厌氧菌分为专性厌氧菌和耐氧菌（图 2-1）。一般绝大多数微生物都是专性好氧菌或兼性厌氧菌。厌氧菌的种类相对较少，但近年已发现越来越多的厌氧菌。

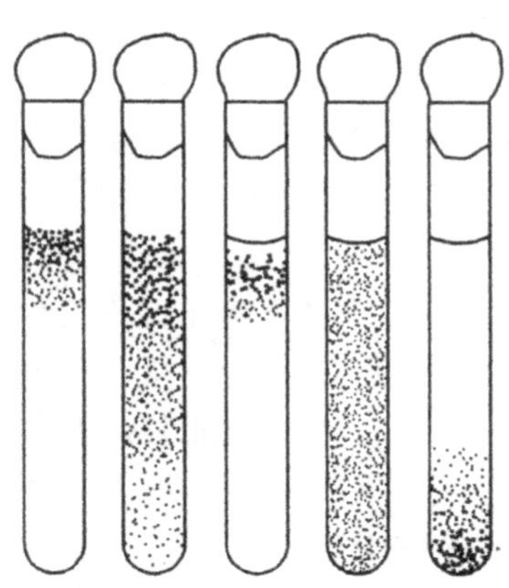

图 2-1　氧气对微生物的影响
从左至右依次为专性好氧菌、兼性厌氧菌、微好氧菌、耐氧菌、专性厌氧菌

专性好氧菌（strict aerobe）是有完整的呼吸链，只能生活在正常大气压，以有氧呼吸获取生命活动所需能量的微生物。专性好氧菌大部分是真菌和许多细菌，如米曲菌、枯草芽孢杆菌和白喉棒杆菌等。

兼性厌氧菌（facultative anaerobe）是在有氧或无氧条件下均可以生长的一类菌，而在有氧环境下生活得更好。许多酵母及细菌都为兼性厌氧菌，如酿酒酵母、大肠杆菌和反硝化细菌等。

微好氧菌（microaerophile）是一类只能生存于较低的氧分压（1～3 kPa，正常大气压为 20 kPa）的微生物，如霍乱弧菌、拟杆菌属和发酵单胞菌属等。

耐氧菌（aerotolerant anaerobe）是一类生长不需要氧气的菌。它们生长不需要氧气，但是氧气的存在对其也没有什么影响。常见的耐氧菌有雷氏丁酸杆菌和大多乳酸菌如乳杆菌、乳链球菌等。

专性厌氧菌（obligate anaerobe）是一类只能在深层无氧或者是低氧化还原态的环境下才可以生长的菌。氧气会导致其中毒死亡，因此其能量是通过无氧呼吸、发酵获得的。常见的厌氧菌如肉毒梭状芽孢杆菌、拟杆菌属、双歧芽孢杆菌及各种光合细菌等。

因此，把食品贮藏在含有高浓度CO_2的环境中可防止好氧细菌和霉菌所引起的变质。但乳酸菌和酵母等对CO_2有较大的耐受力。在储存环境中含有10%的CO_2可以抑制水果、蔬菜在贮藏中的霉变。但在果汁瓶/袋中充入CO_2对酵母的抑制作用却很差。少量的臭氧（O_3）对空气起到消毒、杀菌作用，也可有效延长一些食品的保藏期，如水中臭氧浓度为0.3～2 mg/L 时，0.5～1 min 内就可以使细菌死亡。

真空包装或抽除食品包装袋中空气而充入氮气也可延长食品保藏时间。现有的小包装塑料袋内充入CO_2、氮气或氢气等混合气体（99% N_2或15% CO_2的气体），不但能使肉品保持鲜红色，而且可延长货架寿命。

3. 干燥 水分是维持微生物正常生命活动必不可少的物质，在干燥状态下微生物会出现失水、代谢停止，甚至死亡等现象。不同微生物对干燥的抵抗力是不同的，其中细菌芽孢的抵抗力最强，霉菌和酵母的孢子次之，然后依次为革兰氏阳性球菌、酵母的营养细胞、霉菌的菌丝，能够在极干燥环境中生长的为嗜干性微生物。微生物对干燥抵抗力的影响因素较多。例如，温度，如果干燥时温度升高，微生物则容易死亡，但在低温下干燥时，抵抗力强，因此在干燥后仍能存活的微生物，若处于低温下，即可用于菌种保藏。干燥速度快时，微生物的抵抗力强，当缓慢干燥时，微生物出现死亡的情况多；在真空干燥条件下，在菌悬液中加入保护剂（如血清、血浆、肉汤、蛋白胨或脱脂牛乳），分装在安瓿管内，在低温下，微生物可保持长达数年，甚至10年的生命力。食品工业中常用该干燥方法进行食品保藏。

4. 辐射 电磁辐射主要应用可见光、紫外线、X射线、红外线和γ射线等，其均具有杀菌作用。在辐射能中无线电波最长，但对生物的效应最弱；红外辐射波长为800～1000 nm，可作为光合细菌的能源；可见光的波长为380～760 nm，是蓝细菌等微生物进行光合作用的主要能源；紫外线的波长为136～400 nm，有杀菌作用。可见光、红外线和紫外线的最强来源是太阳，但由于大气层的吸收作用，紫外线与红外线不能全部到达地面；而波长更短的X射线、γ射线、β射线和α射线（由放射性物质产生），能引起水与其他物质发生电离，因此对微生物起有害作用，故常用作灭菌。

紫外线灭菌为食品工业中常用的一种辐照灭菌方法，当紫外线波长为265～266 nm时，其杀菌力最强，但杀菌机理复杂。核酸及其碱基对紫外线的吸收能力强，吸收峰为260 nm，而蛋白质的吸收峰为280 nm，当紫外线作用于核酸时，就能引起核酸发生变化，进而破坏其分子结构，特别是DNA，最显著作用是形成胸腺嘧啶二聚体，抑制了微生物蛋白质和酶的合成，导致细胞死亡。紫外线的杀菌效果因菌种及生理状态而异，照射时间、距离和剂量的大小也会产生一定影响，由于紫外线的穿透能力差，且不易透过不透明物质，即使薄层玻璃也能滤掉大部分紫外线，在食品工业主要用于厂房内空气及物体表面的消毒，也可用于饮用水的消毒。另外，紫外线常常作为诱变剂用于育种工作中，用适量的紫外线照射，便可引起微生物DNA的结构发生变化，培育新性状的菌种。

5. 氧化剂 氧化剂一般通过氧化机理杀菌，其同细胞壁中的脂蛋白或细胞膜中的蛋白质发生反应，导致其凝固变性，从而杀死微生物。常见的强氧化剂有氯、漂白粉、臭氧和过氧乙酸等。

1）氯 氯具有较强的杀菌作用，一般认为主要通过次氯酸（HClO）起作用，见下式。

$$Cl_2+H_2O \longrightarrow HCl+HClO \longrightarrow 2HCl+[O]$$

液氯的价格低廉、操作方便，因此常常用于生活用水的消毒。

2）漂白粉　漂白粉［$Ca(ClO)_2$］是氢氧化钙、氯化钙、次氯酸钙的混合物。其中有效氯占28%～35%。漂白粉对组织的刺激性较大，因此不能用于创面的消毒，主要用于物品及生活消毒。

3）臭氧　臭氧（O_3）以氧原子的氧化作用破坏微生物细胞膜的结构，使细胞凋亡，从而实现杀菌。近年来，该方法用于纯净水的消毒，灭菌效果与臭氧的浓度有关。

4）过氧乙酸　过氧乙酸杀虫剂是一种强氧化剂，会散发刺激性气味，性质不够稳定，腐蚀性较强，通常需要稀释后使用，但是可以快速杀死大肠杆菌、金黄色葡萄球菌等细菌，还可杀死酵母和霉菌等真菌，通常用于食品加工厂、桌椅等的消毒。

6. 超声波　超声波是一种频率高于20 kHz的声波，具有很强烈的生物学作用。超声波的杀菌效力主要是通过超声破坏微生物的细胞壁，使内含物渗出。其优点是速度快，易操作，对人体及食品无害。

7. 重金属盐类　重金属盐类对微生物具有一定的毒害作用。低浓度情况下，重金属对微生物有利，如有些重金属是酶活性的必需成分，但是当浓度高的情况下，重金属会与微生物中的蛋白质结合，导致蛋白质变性，从而抑制微生物的生长繁殖，损害其呼吸作用。重金属对人体有害，因此禁止在食品加工过程中使用在食品上。

8. 其他微生物的存在和活性　一些发酵食品含有丰富的微生物，如发酵乳、泡菜中的乳酸菌等微生物会与腐败菌形成竞争、拮抗作用，从而抑制腐败菌的生长。有些食品微生物的代谢产物，如细菌素、过氧化氢等能抑制或杀死其他微生物。

第三节　食品微生物控制与预测技术

一、食品腐败与食物中毒

（一）微生物引起的食品腐败

当食品受到自然界中存在的一定种类和数量的微生物的污染，且环境条件适宜时，微生物就会迅速生长繁殖，使食品的原有物理、化学性质发生变化，降低其营养价值和商品价值，造成食品腐败。

1. 食品中营养成分与微生物的分解作用

1）食品中蛋白质的分解　蛋白质在酶的作用下首先水解成多肽，进而裂解形成氨基酸，进一步分解成相应的氨、胺类、有机酸类和各种碳氢化合物，食品即表现出腐败特征。蛋白质分解后所产生的胺类具有挥发性和特异的臭味。

（1）分解蛋白质的细菌：具有分解蛋白质能力的细菌是通过分泌胞外蛋白酶来完成的，其中分解能力较强的有芽孢杆菌属、梭状芽孢杆菌属、假单胞菌属、变形杆菌属、黄杆菌属、产碱杆菌属、沙雷氏菌属、肠球菌属等，此外微球菌属、葡萄球菌属、无色杆菌属、埃希氏菌属等细菌也有分解蛋白质的能力，但相对较弱。

（2）分解蛋白质的霉菌：毛霉属（总状毛霉、微小毛霉）、曲霉属（黑曲霉、米曲霉、黄曲霉、红曲霉等）、青霉属（沙门柏干酪青霉、娄地青霉等）、根霉属、木霉属等。

（3）分解蛋白质的酵母：多数酵母对蛋白质的分解能力极弱。但酵母属、毕赤氏酵母属、汉逊氏酵母属、红酵母属、假丝酵母属、球拟酵母属等能使凝固的蛋白质缓慢分解，不过在某些食品上，在酵母与细菌的竞争作用中，往往是细菌占优势。

2）食品中碳水化合物的分解 在微生物及动植物体内各种酶及其他因素的作用下，食品中的碳水化合物被分解成单糖、醇、醛、酮、羧酸、二氧化碳和水等简单化合物。发生此类变质的主要特征为酸度升高、产气和稍带有甜味、醇类气味等。

（1）分解碳水化合物的细菌：具有分解淀粉能力的细菌是通过分泌胞外淀粉酶来完成的，主要包括芽孢杆菌属和梭状芽孢杆菌属的某些种，如枯草杆菌、巨大芽孢杆菌、马铃薯芽孢杆菌、蜡样芽孢杆菌、淀粉梭状芽孢杆菌、地衣芽孢杆菌等；能够分解纤维素的细菌包括芽孢杆菌属、梭状芽孢杆菌属、八叠球菌属、纤维素单胞菌属；能够分解果胶的细菌主要有芽孢杆菌属、欧式植病杆菌属的个别种，梭状芽孢杆菌中的多酶梭菌等。

（2）分解碳水化合物的霉菌：分解淀粉能力强的有根霉属、毛霉属、曲霉属；分解纤维素能力强的有青霉属、曲霉属、木霉属等，其中分解能力特强的是绿色木霉、康氏木霉和里氏木霉；分解果胶能力强的有曲霉属、毛霉属、枝孢属中的蜡叶枝孢霉等。

（3）分解碳水化合物的酵母：多数酵母能利用单糖或双糖、有机酸，只有拟内孢霉属的个别种能分解多糖；极少数酵母，如脆壁酵母能分解果胶。

3）食品中脂肪的分解 食品中油脂酸败的化学反应，主要是油脂自身氧化过程，其次是加水水解。油脂的自身氧化是一种自由基的氧化反应，而水解则是在微生物或动物组织中的解脂酶作用下，使食物中的中性脂肪分解成甘油和脂肪酸等。脂肪发生变质的特征是产生酸和刺激的“哈喇”气味。

（1）分解脂肪的细菌：一般对蛋白质分解能力强的好氧性细菌，大多也能分解脂肪。细菌中的假单胞菌属、无色杆菌属、黄色杆菌属、产碱杆菌属、沙雷氏菌属、微球菌属和芽孢杆菌属中的许多种均具有分解脂肪的特性。其中分解脂肪能力特强的是荧光假单胞菌。

（2）分解脂肪的霉菌：分解能力强的有黑曲霉、白地霉、代氏根霉、娄地青霉和枝孢属等。

（3）分解脂肪的酵母：只有少数种，如解脂假丝酵母分解脂肪能力较强，但对糖类不发酵。

2. 食品腐败变质的鉴定 食品腐败变质一般是从感官、物理、化学和微生物4个方面确定其合适指标进行鉴定。

1）感官鉴定 感官鉴定是以人们的感觉器官对食品的感官性状进行鉴定的一种简便、灵敏、准确的方法，具有相当的可靠性。轻微的食品腐败变质会产生腐败臭味，发生颜色的变化（褪色、变色、着色、失去光泽等）。固体食品变质时，在微生物酶的作用下，食品中的组织细胞损坏，细胞内容物外溢，出现组织变软、变黏等现象；液态食品变质后会出现浑浊、沉淀，表面出现浮膜、变稠等现象。判断一种食品是否变质，首先应进行感官检查。

2）物理鉴定 食品腐败的物理指标，主要是根据蛋白质分解时低分子物质增多的现象，先后测定食品浸出物量、浸出液电导度、折光率、冰点下降、黏度及pH等指标。

3）化学鉴定 测定微生物的腐败产物可以作为判断食品质量的依据。对于蛋白质、氨基酸含量高的食品，在需氧性败坏时，常以挥发性盐基氮含量的多少作为评定的化学指标。此外，鱼贝类还可通过细菌分泌的组氨酸脱羧酶作用生成的组胺而发生腐败变质，可通过圆形滤纸色谱法对组胺进行定量。对于含氮量少但碳水化合物丰富的食品，在缺氧条件下，以有机酸的含量或 pH 变化作为食品腐败的指标。

4）微生物鉴定　对食品进行微生物菌数测定，可以反映其被微生物污染的程度及是否发生变质。其也是判定食品生产的一般卫生状况和食品卫生质量的一项重要依据。在国家卫生标准中常用细菌菌落总数和大肠菌群近似值来评定食品卫生质量，一般活菌数达到 10^8 CFU/g 时，则可认为处于初期腐败阶段。

3. 食品防腐保藏技术

1）低温保藏　微生物的代谢反应本质上是酶的催化反应，低温能够显著降低酶的催化反应率，以此减缓或防止食品的变质，是最常用的食品保藏方法。低温保藏主要分为冷藏和冷冻两种方式。

冷藏无冻结过程，适合保存新鲜果蔬类和短期贮藏的食品，但一些嗜冷微生物在此条件下仍可缓慢生长。冰箱中较高的湿度虽然可以抑制水分的散失，但高湿度也容易引起微生物的繁殖，且食品的具体贮藏期限，还与食品的种类、卫生状况、受损程度等有关。

冷冻分为速冻与缓冻。在 30 min 内将温度降低至−20℃的速冻形成的冰晶小、晶核多，对食品组织的破坏程度较小，解冻后复原情况也较好，有利于保持生鲜食品的品质。相反，缓冻的肉类在肌细胞外生成大冰晶，导致细胞破裂，细胞质外流形成渗出液，肉类营养与风味均降低，而果蔬制品因含水量较高，更容易受到物理损伤而使风味损失。

2）气调保藏　气调保藏旨在给食品创造一个升高 CO_2、N_2，降低 O_2 比例的气体环境，降低果蔬的呼吸强度与对乙烯的敏感性，抑制食品微生物的活动，特别适用于鲜肉、果蔬等的保鲜，但要注意防止氧气浓度过低造成的厌氧性发酵。

3）加热杀菌保藏　加热杀菌保藏可按照是否为传统加热方式、是否加压等进行分类。

（1）常压杀菌：常压杀菌即 100℃以下的杀菌操作，巴氏杀菌法只能杀死微生物的营养体，不能完全灭菌。对于使用高温灭菌会改变营养与风味的食品，可采用巴氏杀菌法以达到防腐、延长保存期的目的。

（2）加压杀菌：加压杀菌是指灭菌温度在 100～121℃（绝对压力为 0.2 MPa）的灭菌，其中加压蒸汽灭菌法在生产上最常用，主要用于肉类制品、中低酸性罐头食品的杀菌。

（3）超高温瞬时杀菌：对热处理敏感的食品，可考虑采用超高温瞬时杀菌法，简称 UHT。

（4）微波杀菌：污染的微生物细胞在微波场的作用下产生热效应，蛋白质结构变性导致菌体死亡，微波还能导致细胞 DNA 和 RNA 分子结构中的氢键松弛、断裂和重新组合，诱发基因突变。微波杀菌具有快速、节能、对食品的品质影响很小的特点。

（5）远红外线加热杀菌：不需经过热媒，照射在待杀菌的物品上，所加热量直接由表面渗透到内部，已广泛应用于食品的杀菌和灭酶。

（6）欧姆杀菌：利用电极，将电流直接导入食品，由食品本身介电性质所产生的热量达到直接杀菌的目的，不需要传热面，适合于处理含大颗粒固体产品和高黏度的物料。

4）非加热杀菌保藏　分为辐射保藏、高压保藏、磁场保藏等方式。

（1）辐射保藏：利用射线照射食品，使菌体细胞内分子发生电离，引起各种化学变化，使细胞直接死亡。辐射保藏能够很好地保持食品性质与风味，应用范围广泛，无残留，且具有低能耗、高效率的特点。

（2）高压保藏：高压导致微生物的形态、生物化学反应和细胞膜等均发生变化，对微生物生理机能造成不可逆的破坏，导致微生物失活。高压处理后，食品仍能较好地保持原有的风味与营养成分，灭菌效果均匀、瞬时、高效。

（3）磁场保藏：磁场会影响微生物细胞内分子移动的方向，还会使DNA合成发生变化，改变细胞膜上的离子流速，从而使细胞的繁殖速度发生变化。磁场保藏不会明显改变食品的性质，但要求食品具有较高的电阻率，食品厚度越大、电阻率越小，所需的磁通密度就越大。

5）生物保藏　生物保藏方式各异，但原理都是将具有抑菌或杀菌活性的天然物质应用于食品中，或可隔离食品与空气的接触，达到防腐保鲜的效果。其中具有较好应用前景的主要有涂膜保鲜技术、生物保鲜剂保鲜技术、抗冻蛋白保鲜技术和冰核细菌保鲜技术等。

6）干燥保藏　通过降低A_w，限制酶的活性及微生物的生长，以防止食品腐败变质。各种微生物生长所需要的最低A_w是不同的，细菌所需要的最低A_w较高，一般为0.94～0.99，霉菌所需的最低A_w为0.73～0.94，酵母所需的最低A_w为0.88～0.94。新鲜食品中A_w一般为0.98～0.99，适合大部分微生物的生长，因此根据微生物所需A_w来调节干制食品，以达到防腐的目的。

7）化学保藏　通过使用化学保藏剂提高食品的耐藏性和尽可能保持食品原有质量，仅能推迟微生物的生长，在有限时间内保持食品原来的品质状态，但方法简便经济。具体方法分为利用高渗透压抑制微生物活动的盐藏和糖藏、利用高酸度与乙醇抑制微生物的醋藏和酒藏，以及抑制微生物酶活性与破坏微生物细胞膜结构的防腐剂保藏。常见的有机防腐剂包括苯甲酸及其盐类、山梨酸及其盐类、脱氢乙酸及其盐类、对羟基苯甲酸酯类、丙酸盐类等；无机防腐剂包括过氧化氢、硝酸盐与亚硝酸盐、亚硫酸盐、二氧化碳等；天然细菌素包括乳酸链球菌素（nisin）、溶菌酶、海藻糖、甘露聚糖、壳聚糖等。

（二）微生物引起的食物中毒

1. 食物中毒概述　食物中毒是指摄入了含有生物性、化学性有毒有害物质的食品或将有毒有害物质当作食品摄入后，引起的非传染性的急性、亚急性疾病的总称。

有毒食物进入人体内发病与否、潜伏期、病程、病情轻重和愈后的效果主要取决于食入有毒食物的种类、毒性和数量，同时也与进食者胃肠空盈度、年龄、体重、抵抗力、健康与营养状况等有关。食物中毒常集体性暴发，其种类很多，病因也很复杂，一般具有以下共同特点：潜伏期短、来势急剧，短时间内有很多人同时发病；发病与食入某种共同的有毒食品有关，凡进食者大都发病，未进食者不发病，或停止食用此种食品后，发病很快控制；患者临床症状大致相同，多见急性肠胃炎；发病率高且集中，人与人之间不直接传染。

2. 细菌性食物中毒　根据致病原因，可将细菌性食物中毒分为感染型、毒素型和混合型。感染型食物中毒是指食品污染并繁殖了大量致病菌和条件致病菌，人体摄入这种含有大量活菌的食物后，引起消化道感染而导致的食物中毒。毒素型食物中毒是食品中的致病菌在适宜条件下大量繁殖并产生毒素，食用后引起的中毒性疾病。混合型食物中毒是由毒素型和感染型两种食物中毒协调作用所致。下面介绍几种常见而重要的细菌性食物中毒。

1）沙门氏菌食物中毒　沙门氏菌属的细菌引起中毒的比例占细菌性食物中毒的42.6%～60.0%，是最重要的食源性致病菌之一。沙门氏菌属根据抗原构造分类，至今已发现数千种血清型菌株，分为6个亚属。不同血清型菌株的致病力均不相同，其中以鼠伤寒沙门氏菌、猪霍乱沙门氏菌、肠炎沙门氏菌造成人类食物中毒事件最多。

（1）中毒的原因、机理与症状。杀菌不彻底或受到重复污染的食品在适宜的条件下放置较久，沙门氏菌大量繁殖并被食入即可导致食物中毒，为感染型食物中毒。当食物中含菌量在10^5～10^8 CFU/g时可引起食用者中毒，具体视食入活菌的致病力强弱而定。沙门氏菌进入消化道后，在小肠和结肠内继续繁殖，附于肠黏膜或侵入黏膜及黏膜下层，引起肠黏膜的充血、水肿、组织炎症，再经淋巴系统进入血液，出现菌血症，引起全身感染。经12～24 h潜伏期后，表现急性胃肠炎症状，并引起头疼、发热，严重者出现昏迷，一般预后良好，病死率通常低于1%。

（2）引起中毒的食品与污染途径。引起中毒的多是动物性食品，主要是肉类，也可由鱼类、乳类、蛋类及其制品引起。沙门氏菌污染肉类的途径分为两种：一种是动物生前感染；另一种是宰后感染，即在屠宰后各环节被带沙门氏菌的粪便、容器、污水等污染。蛋类的沙门氏菌感染除原发和继发感染使卵巢、卵黄、全身带菌外，禽蛋经泄殖腔排出时也会导致蛋壳表面被污染，而后通过气孔污染禽蛋内部。

2）致病性大肠埃希氏菌食物中毒　致病性大肠埃希氏菌可产生肠毒素、肠细胞出血毒素等致病因子，引起食物中毒。

（1）中毒的原因、机理与症状。只有食品中致病性大肠埃希氏菌活菌数在10^7 CFU/g以上，才可使人致病，其中毒原因同沙门氏菌。当该菌进入人体消化道后，部分菌株可在小肠内产生肠毒素，改变细胞的分泌功能，导致Na^+、Cl^-与水在肠管潴留而引起腹泻，部分菌株导致肠壁溃疡，影响水与电解质的吸收而引起腹泻。其中毒症状均与胃肠道不适相关，以腹泻与急性胃肠炎为主。

（2）引起中毒的食品与污染途径。引起中毒的食品基本与沙门氏菌相同，主要是动物性制品与豆类、蔬菜（凉拌菜）。致病性大肠埃希氏菌主要寄居于动物肠道中，随粪便污染水源、土壤，进而污染器具等导致食品带菌。

3）葡萄球菌食物中毒　葡萄球菌属中与食品关系最密切的是金黄色葡萄球菌，半数以上的菌株能产生两种或两种以上的肠毒素。其致病力取决于产生毒素和酶的能力。

（1）中毒的原因、机理与症状。葡萄球菌污染食品后，在适宜生长的条件下长时间放置，大量繁殖使菌数达到10^5～10^6 CFU/g时，才能产生足够数量的肠毒素引起食物中毒，而肠毒素的产生与食品受污染程度、存放温度、食品的种类与性质等有关系。肠毒素经消化道吸收后进入血液，会刺激中枢神经系统而致呕吐，作用于肠道则使水分的分泌与吸收失去平衡而致腹泻，其潜伏期一般为1～5 h，其间伴有头痛、发热等。

（2）引起中毒的食品与污染途径。以奶类为主的动物性食品是葡萄球菌主要污染的食品。该菌分布于空气、土壤、水和食具中，多数葡萄球菌食物中毒来源于患某些皮肤与黏膜炎症的食品从业人员，或饮用了患乳房炎奶牛的乳汁所致。

4）肉毒梭菌食物中毒　肉毒梭菌（*Clostridium botulinum*）属于梭状芽孢杆菌属，在厌氧环境中分泌极强烈的神经毒素（肉毒毒素），引起毒素性细菌性食物中毒，病死率极高。

（1）中毒的原因、机理与症状。食品被肉毒梭菌的芽孢污染，在适宜条件下，芽孢萌发、生长时产生肉毒毒素，食用前不经加热或杀菌不彻底，即可引起中毒。肉毒毒素随食物进入肠道吸收后，通过血液循环作用于神经和肌肉的接触点及植物神经末梢，抑制神经传导介质乙酰胆碱的释放，导致肌肉麻痹和神经功能不全。潜伏期一般为12～48 h，表现为对称性颅神经损害症状，最终因呼吸衰竭而死亡，死亡率为30%～65%，潜伏期越短，病死率越高。

（2）引起中毒的食品与污染途径。在我国，91.48%的肉毒梭菌食物中毒由植物性食品引起，8.52%由动物性食品引起，以豆类发酵制品引起的中毒事件最多。肉毒梭菌为一种腐生性细菌，土壤为重要污染源。

5）单核细胞增生李斯特氏菌食物中毒　单核细胞增生李斯特氏菌（*Listeria monocytogenes*）简称单增李斯特氏菌，属于李斯特氏菌属，该属下仅单增李斯特氏菌能引起食物中毒。

（1）中毒的原因、机理与症状。本菌毒株能够产生溶血素O（LLO），若食用了未彻底杀死该菌的消毒乳、冷藏熟食品及乳制品则会导致单增李斯特氏菌食物中毒，为感染型食物中毒。该菌被摄入后在肠道内快速繁殖，并通过淋巴转移至其他器官，能够穿透人体的血脑屏障与胎儿的胎盘屏障，故存在免疫缺陷或围产期人群对该菌抵抗力差。中毒症状以脑膜炎、败血症最常见，伴恶心、发热，孕妇感染常造成流产、死胎，病死率高达20%～50%。

（2）引起中毒的食品与污染途径。引起中毒的食品主要是乳与乳制品、新鲜和冷冻的肉及肉制品、海产品、果蔬等，因该菌生长温度较低，软干酪、冰淇淋及即食食品尤易污染。带菌人类与动物的粪便是主要污染源，可通过粪口传播造成食物中毒，对于胎儿与婴儿来说，感染源多为母体中的细菌与带菌乳制品等。

6）副溶血性弧菌食物中毒　副溶血性弧菌是一种分布极广的海洋性细菌，嗜盐。沿海地区夏秋季节常暴发食用大量被此菌污染的海产品导致的食物中毒。

（1）中毒的原因、机理与症状。食入了含有10^6 CFU/g以上的致病性活菌和一定量溶血毒素即导致食物中毒。被污染的水产品在较高温度下存放几小时即可达到引起中毒的活菌数，若食用前加热不彻底，或熟制品受到污染，活菌进入肠道就会侵入黏膜引起炎症反应与溃烂，毒素进一步由黏膜受损部位侵入体内，毒害心脏，是一种混合型食物中毒。潜伏期一般为11～18 h，表现为急性胃肠炎症状与发热，一般死亡率很低，少数重症者发生休克，抢救不及时可死亡。

（2）引起中毒的食品与污染途径。引起中毒的食物主要是海产品，其次是腌制品与肉蛋类、蔬菜等。该菌存在于海洋、海产品及海底沉淀物中，因此接触过海产鱼、虾的带菌厨具若不经洗刷消毒也可污染到其他食品。人和动物被该菌感染后也可成为病菌的传播者。

7）空肠弯曲菌食物中毒　空肠弯曲菌（*Campylobacter jejuni*）隶属于弯曲菌属，其中空肠弯曲菌空肠亚种（*C. jejuni* subsp. *jejuni*）可引起暴发性细菌性肠炎。

（1）中毒的原因、机理与症状。受污染的用具未经彻底洗刷、消毒，交叉污染熟制品，或受该菌污染的牛乳和水源被人食入后，会导致腹泻的暴发性流行。该菌侵入机体肠黏膜，有时也进入血液中，同时某些种产生的肠毒素又促进了食物中毒的发生，导致感染性多发性神经炎及格林巴利综合征（GBS）。潜伏期一般为3～5 d，主要症状表现为突发腹痛、腹泻水样便或黏液便至血便，发热38～40℃，头痛，有时导致感染后1～3周内出现GBS等后遗症。

（2）引起中毒的食品与污染途径。该菌存在于温血动物的粪便中，以家禽粪便中含量最高。因此生的或未煮熟的家禽、家畜肉、原料牛乳，以及蛋类和海产品为主要的受污染食物。该菌也可以通过多种方式从动物宿主传播给人，如直接接触污染的动物胴体，或摄入污染的食物和水等。

8）其他细菌性食物中毒

（1）小肠结肠炎耶尔森氏菌食物中毒。小肠结肠炎耶尔森氏菌（*Yersinia enterocolitica*）的某些血清型菌株能产生耐热性肠毒素，食用未彻底加热食品而食入具有侵袭力的活菌及其肠毒素会导致胃肠炎、腹膜炎、结节性红斑、反应性关节炎、肠系膜淋巴结炎和败血症等，为混合型食物中毒。引起中毒的食品主要是乳与乳制品、蛋制品、肉与肉制品、豆腐及其制品、海产品和蔬菜等。该菌为人畜共患病原菌，猪为此菌的主要宿主。

（2）志贺氏菌食物中毒。志贺氏菌属（*Shigella*）隶属于肠杆菌科，某些志贺氏菌能够产生内毒素与Vero毒素。当该菌进入胃肠后侵入肠黏膜组织，释放作用于肠黏膜与植物性神经的内毒素或具有肠毒素作用的Vero毒素，引起剧烈腹痛、呕吐、频繁水样腹泻、脓血与黏液便，还可引起毒血症，致高热与休克。引起中毒的食品主要是生食果蔬及其制品，以及肉类、奶类及其熟制品。带菌者的粪便是污染源，可通过粪口传播造成食物中毒。

（3）蜡样芽孢杆菌食物中毒。蜡样芽孢杆菌（*Bacillus cereus*）可产生腹泻毒素与呕吐毒素而导致食物中毒。食物中的活菌量越多，产生的肠毒素越多，带菌量达到10^6～10^8 CFU/g时，即可使食用者中毒。本菌极易在大米饭中繁殖，污染该菌的剩饭菜贮存于较高温度下时，菌体大量繁殖产毒，食用前又未充分加热，则会引起中毒。其中毒症状分为腹泻型与呕吐型两种，国内报道的该菌食物中毒多为呕吐型。

（4）产气荚膜梭菌食物中毒。大量产气荚膜梭菌（*Clostridium perfringens*）活菌随食物进入肠道，在小肠碱性环境中产生芽孢并释放肠毒素，引起肠腔内积累大量体液而导致腹泻，并有大量气体产生。引起中毒的食品主要是肉类、禽肉类、鱼贝类和植物蛋白食品。该菌广泛分布在生活环境及人与动物的粪便中。

3. 霉菌毒素食物中毒　已发现可产生毒素的霉菌主要有曲霉属（*Aspergillus*）、青霉属（*Penicillium*）、镰刀菌属（*Fusarium*）、交链孢霉属（*Alternaria*）等中的一些霉菌，见表2-5。

表2-5　主要产毒霉菌毒素名称及其毒性类别（引自刘慧，2011）

主要产毒霉菌	毒素名称	毒性类别
黄曲霉（*A. flavus*）	黄曲霉毒素	肝脏毒
寄生曲霉（*A. parasiticus*）	黄曲霉毒素	肝脏毒
杂色曲霉（*A. versicolor*）	杂色曲霉毒素	肝脏毒、肾脏毒
构巢曲霉（*A. nidulans*）	杂色曲霉毒素	肝脏毒、肾脏毒
赭（棕）曲霉（*A. ochraceus*）	赭曲霉毒素A	肝脏毒、肾脏毒
岛青霉（*P. islandicum*）	岛青霉素	肝脏毒、肾脏毒
扩展青霉（*P. patulum*）	展青霉素	肝脏毒
黄绿青霉（*P. citreoviride*）	黄绿青霉素	神经毒
橘青霉（*P. citrinum*）	橘青霉素	肾脏毒
圆弧青霉（*P. cyclopium*）	青霉酸	致突变作用
禾谷镰刀菌（*F. graminearum*）	玉米赤霉烯酮	类雌性激素作用
玉米赤霉菌（*Gibberella zeae*）	脱氧雪腐镰刀菌烯醇	致吐作用
串珠镰刀菌（*F. moniliforme*）	伏马菌素	肝脏毒、肾脏毒
三线镰刀菌（*F. tricinctum*）	T-2毒素	造血器官毒
交链孢霉（*Alternaria* spp.）	交链孢霉毒素	致畸、致突变作用

影响霉菌产毒的因素众多，最关键的是菌种本身的遗传特性，其次是霉菌产毒的条件。霉菌只有少数菌种中的部分菌株产毒，且产毒菌株的产毒能力表现出可变性与易变性。一个种或菌株可产生几种不同的毒素，同一种霉菌毒素也可由不同的几种霉菌产生。对于产毒菌株来说，其产毒能力也随培养条件的变化以及培养基的不同，在传代培养中发生变化。霉菌生长的营养素来源主要是碳源，以及少量氮源与无机盐，且食品 A_w 越小越不利于霉菌的繁殖，不同霉菌生长与产毒的温度范围也有差异。此外，通风条件也对霉菌生长产毒有较大影响，霉菌为专性好氧微生物，因此多数霉菌只在有氧条件下产毒。

1）黄曲霉毒素　黄曲霉毒素（aflatoxin，AF）是由黄曲霉、寄生曲霉的某些菌株产生的一类强毒性的次级代谢产物，对热非常稳定，易溶于有机溶剂，对碱不稳定。其主要污染粮食、油料作物的种子、饲料及其制品，此外在动物性食品中也有污染现象，家庭自制的发酵食品中也检出过该毒素。黄曲霉产毒的最适温度为 24～30℃，最适 A_w 为 0.93～0.98，因此粮食贮藏的温度与粮食水分含量对黄曲霉产毒有着综合影响。

AF 可使多种动物发生急性中毒，其对动物毒害作用的靶器官主要是肝脏。中毒症状分为三种类型：短时间内摄入大剂量的 AF 导致肝脏损伤衰竭的急性和亚急性中毒；持续摄入亚致死剂量的 AF 使肝脏出现慢性损伤的慢性中毒；长期摄入小剂量或大剂量一次性摄入 AF 可诱发实验动物肝癌。

去除黄曲霉毒素的方法分为物理方法、化学方法、生物方法三类。物理去毒法包括挑选法、搓洗法、吸附剂吸附法、加热法和紫外线处理；化学去毒法包括碱处理、有机溶剂提取、氧化剂处理与醛类处理；生物去毒一般采用乳酸发酵等方法。

2）镰刀菌毒素　多种镰刀菌能够产生对人畜健康威胁极大的镰刀菌毒素，现已发现十几种，主要包括伏马菌素、单端孢霉烯族化合物、玉米赤霉烯酮和丁烯酸内酯等。

伏马菌素（fumonisin）易溶于水，对热较稳定，其分布比 AF 更广泛，含量水平也远高于 AF，对人和动物危害极大。该毒素多存在于玉米及其制品中，能够引起神经性中毒导致马患脑白质软化病，与实验鼠患原发性肝癌及人患食管癌也有较强的相关性。单端孢霉烯族化合物菌素（trichothecenes）中与人畜中毒关系较大的有 8 种，其中脱氧雪腐镰刀菌烯醇引起人以呕吐为症状的赤霉病麦中毒，T-2 毒素导致人的食物中毒性白细胞缺乏症。玉米赤霉烯酮（zearelenone）会使动物产生雌性激素亢进毒性反应。丁烯酸内酯（butenolide）导致牛的烂蹄病与人的大骨节病。

3）黄变米毒素　稻谷贮存时含水量过高，被青霉属的一些霉菌污染发生霉变使米粒变黄，食用这样的黄变米引起的食物中毒称为黄变米中毒。按照污染霉菌的不同，黄变米毒素分为黄绿青霉素、橘青霉素与岛青霉素三种。

（1）黄绿青霉素（citreo-viride）：为橙黄色结晶，不溶于水，为黄绿青霉污染大米后产生的。该毒素为强烈神经毒，中毒特征为中枢神经麻痹，进而心脏及全身麻痹而死亡。

（2）橘青霉素（citrinin）：为柠檬色针状结晶，不溶于水，已在霉变的面包、小麦、燕麦等基质中发现该种毒素，为肾脏毒，引起肾慢性实质性病变，并已被认为具有致癌性。

（3）岛青霉素（islandito xin）：白色针状结晶，脂溶性，也可溶于水，为岛青霉污染大米后产生的，为肝脏毒和肾脏毒，急性中毒可造成动物发生肝萎缩现象，慢性中毒导致肝纤维化、肝硬化与出现肿瘤。

4）杂色曲霉毒素　杂色曲霉毒素（sterigmatocystin）是杂色曲霉、构巢曲霉和离蠕孢霉产生的，不溶于水，易溶于有机溶剂。杂色曲霉毒素导致动物肝癌、肾癌、皮肤癌和肺癌，致癌性仅次于黄曲霉毒素。

5）赭曲霉毒素　赭曲霉毒素（ochratoxin）是由赭曲霉、纯绿青霉、圆弧青霉和产黄青霉产生的，易溶于碱性溶液，溶于甲醇、氯仿。适宜其生长产毒的食品是玉米、大米、小麦和大麦，最适产毒温度为20～30℃，A_W为0.953～0.997。该毒素及其衍生物中毒性最强的是赭曲霉毒素A，可导致多种动物肝脏、肾脏等内脏器官的病变。

4. 由病毒引起的食物中毒　存在于食品中的病毒随食物进入肠道后，在组织中聚集并增殖，通过淋巴进入血液中，高浓度病毒能够通过机体防御机制并最终随血液到达靶器官或中枢神经系统，造成病毒性食物中毒。部分常在人类胃肠道中检出的病毒与对应疾病或症状见表2-6。

表2-6　部分常在人类胃肠道中检出的病毒与对应疾病或症状（引自Albert et al.，2018）

病毒属别	通俗名称	引发疾病/症状
肠道病毒属（*Enterovirus*）	脊髓灰质炎病毒（poliovirus） 柯萨奇病毒（Coxsackie virus） 埃可病毒（Echovirus）	麻痹、脑膜炎、发热 疱疹性咽峡炎、脑膜炎、发热、呼吸道疾病、手足口病、心肌炎、胸膜痛等 脑膜炎、发热、呼吸道疾病、肠胃炎等
肝病毒属（*Hepatovirus*）	甲型肝炎病毒（hepatitis A virus）	肝炎
戊肝病毒属（*Hepevirus*）	戊型肝炎病毒（hepatitis E virus）	肝炎
嵴病毒属（*Kobuvirus*）	爱知病毒（Aichi virus）	肠胃炎
副肠孤病毒属（*Parechovirus*）	人类副肠孤病毒（human parechovirus）	呼吸道疾病、肠胃炎、中枢神经系统感染
轮状病毒属（*Rotavirus*）	人类轮状病毒（human rotavirus）	肠胃炎
诺如病毒属（*Norovirus*）	人类诺如病毒（human norovirus）	肠胃炎
札幌病毒属（*Sapovirus*）	人类札幌病毒（human sapovirus）	肠胃炎
哺乳动物星状病毒属（*Mamastrovirus*）	人类星状病毒（human astrovirus）	肠胃炎、中枢神经系统感染

对病毒性食物中毒的研究进展相对缓慢，主要是因为食物中的病毒无法繁殖，病毒粒子浓度水平较低、分布不均匀，缺乏对其准确有效的分离与检测方法。且病毒无法在培养基上生长，只能以动物组织细胞与鸡胚胎等进行培养，使得精准定量食品被病毒污染的程度存在困难。导致食物中毒的几类常见病毒如下。

1）肠道病毒　肠道病毒包括脊髓灰质炎病毒、柯萨奇病毒、埃可病毒和新型肠道病毒。它们对酸稳定，耐脂溶剂、去污剂及低温，但对紫外线、干燥与热敏感。肠道病毒主要经被粪便污染的食品传播至人体，人体多为隐性感染而不出现症状，只有少数人因严重感染而发病，多出现脑膜炎、发热和一些呼吸道症状，其中脊髓灰质炎病毒可引起身体麻痹。

2）肝炎病毒　与食品相关的人肝炎病毒分为甲型肝炎病毒（HAV）和戊型肝炎病毒（HEV）。HAV主要通过粪便污染水源与水生贝类及餐具等传播，摄入后使人体出现发热、头痛、呕吐、腹痛与腹泻等症状。其发病率随年龄增长而递减，少见重型，愈后良好，对同型病毒的再感染一般能获得终生免疫力。HEV的传播途径与疾病临床表现类似于甲型肝炎，黄疸型肝炎是该病的主要特征。

3）引起胃肠炎的病毒　诺如病毒与轮状病毒是引起重度肠胃炎型食物中毒的重要病原体，对外界环境的抵抗力较强。在发展中国家，约1/5的重度肠胃炎是由诺如病毒引起的，对已经实施轮状病毒疫苗接种的国家来说，诺如病毒造成的儿童急性肠胃炎数量已经超过了轮状病毒。最易造成此类食物中毒的食品包括水生贝类、绿叶蔬菜、果蔬等，但任何食物都可成为其载体。人体感染后出现恶心、呕吐、腹泻和腹部绞痛等症状。

二、食品质量安全微生物指标

（一）食品微生物学指标

食品微生物学指标可以反映食品的微生物质量，它与食品的有效保质期有关，同时可作为食品被微生物污染程度的标志，也与由食品传播的病原微生物引起的食物中毒或传染病的安全性密切相关，这些指标也常用于评价食品加工场所环境卫生情况。在我国规定的食品卫生标准中，食品微生物学指标包括细菌菌落总数、大肠菌群数和致病菌等。

1. 细菌菌落总数　细菌菌落总数是指食品检验样品经过处理，在一定条件下培养后，1 g、1 mL 或 1 cm^2 待检样品中所含细菌菌落的总数，通常采用平板计数法（SPC）进行测定。它反映出食品的新鲜度、被细菌污染的程度、生产过程中食品是否变质和食品生产的一般卫生状况等。因此，这是判断食品卫生质量的重要依据之一。

2. 大肠菌群数　大肠菌群包括大肠杆菌和产气肠杆菌及一些生理上比较接近的细菌（如柠檬酸杆菌、阴沟肠杆菌、克雷伯氏菌等），它们均为能在 24 h 内发酵乳糖而产酸产气的革兰氏阴性无芽孢杆菌。这些细菌常存在于人和温血动物的肠道中，并随粪便排出体外，造成可能的污染。食品中大肠菌群的检出就表明食品直接或间接受到了粪便的污染，故以大肠菌群数作为粪便污染食品的卫生指标来评价食品的质量具有广泛意义。

3. 致病菌　致病菌引起人体的食物中毒，对不同的食品及在不同的场合下，应选择对应的参考菌群进行检验。例如，海产品以副溶血性弧菌、沙门氏菌、志贺氏菌、金黄色葡萄球菌等作为参考菌群；蛋与蛋制品以沙门氏菌、志贺氏菌等作为参考菌群等。

4. 霉菌及其毒素　许多霉菌会产生毒素而引起急性或慢性疾病，我国已开始重视对产毒霉菌的检验工作。霉菌的检验工作目前主要是对霉菌或同酵母一起进行计数，或对黄曲霉毒素等真菌毒素进行检测，以此了解和判断食物被真菌毒素污染的程度。

（二）食品微生物质量指标

食品微生物质量指标反映的是微生物及其代谢产物在某一食品中的存在情况，包括某一特定微生物生长数量、与食品微生物质量相关的代谢产物、食品中的总活菌数等，可用其预测食品的有效保质期和评价食品的微生物质量。

食品微生物质量指标应满足以下条件：在食物中能够检测到微生物的存在，并可通过对微生物的检测来评价食品微生物质量；微生物的生长和数量应与食品微生物质量有某种直接的相互对应的关系；容易检测和计数，并能从杂菌中明确区分；在短时间（1 d）内可以计数；微生物的生长不应受食品微生物群落里其他成员的负面影响。

1. 食品质量指示菌　由于食品的腐败与特定微生物的生长数量相关，因此针对食品中某一特定微生物生长数量进行检测较为可靠。在评价食品微生物质量时，如果检测到腐败微生物的数量增加，则说明被检食品的微生物质量下降。一般来说，产品质量最可靠的指示微生物基本上都有产品特异性（表 2-7）。

表 2-7　与产品质量密切相关的微生物（引自 James et al.，2008）

微生物	产品
醋酸杆菌（*Acetobacter* spp.）	苹果汁
芽孢杆菌（*Bacillus* spp.）	面团
丝衣霉（*Byssochlamys* spp.）	罐装果汁
梭菌（*Clostridium* spp.）	干奶酪
平酸孢子（flat-sour spore）	罐装蔬菜
地霉属（*Geotrichum* spp.）	水果罐装车间的环境卫生
乳酸菌（lactic acid bacteria）	啤酒、白酒
乳酸链球菌（*Lactococcus lactis*）	生牛奶（未消毒）
肠膜状明串珠菌（*Leuconostoc mesenteroides*）	蔗糖（精制过程）
嗜啤酒梳状菌（*Pectinatus cerevisiiphilus*）	啤酒
腐败假单胞菌（*Pseudomonas putrefaciens*）	黄油
酵母（yeast）	浓缩果汁
拜耳接合酵母（*Zygosaccharomyces bailii*）	蛋黄酱、色拉

2. 应用微生物的代谢产物作为食品微生物质量指标　微生物在食品中生长代谢，会引起食品化学组成的变化，因此可用微生物的代谢产物评价食品的微生物质量（表 2-8）。当某一代谢产物的存在和数量多少显著影响到食品质量时，它可作为评价该食品微生物质量的指标。在不同的食物中，针对常见污染菌的不同，测定不同代谢物产量以鉴定食品的腐败变质情况。其中对于黄油、奶油等通常测定其挥发性脂肪酸含量，海产品中测定总挥发性碱与总挥发性氨，罐装蔬菜则测定其乳酸浓度等。在各种腐败代谢产物中，二胺（戊二胺和丁二胺）、组胺和聚酰胺对食品微生物质量的检测具有重要意义。

表 2-8　与食品质量相关的微生物代谢产物

代谢物	应用的食品	代谢物	应用的食品
戊二胺和丁二胺	罐装啤酒	乳酸	罐装蔬菜
丁二酮	冷冻浓缩果汁	三乙胺	鱼
乙醇	苹果汁、水产品	总挥发性碱、总挥发性氨	海产品
组胺	罐装金枪鱼	挥发性脂肪酸	黄油、奶油

3. 应用微生物的总活菌数作为食品微生物质量指标　一些情况下，食品最终腐败产物的特定微生物数量很难确定，可采用微生物的总活菌数作为评价食品微生物质量的依据。

（三）食品安全性指标

使用食品安全指示菌类作为食品安全性指标应满足以下重要条件：检测快速；指示菌类易与其他食品微生物区分；与检测的致病菌相关性较强；与相关致病菌同时存在，两者对不良环境的抵抗应一致；指示菌类在食品中的数量应与相关致病菌有关；具有与相关致病菌等同的生长要求和生长速率；具有类似于相关致病菌的死亡率，并且最好比相关致病菌不易死亡。通常使用的指示菌类有以下几种。

1. 大肠菌群　大肠菌群开始是作为饮用水致病菌污染指标的，现在其作为指示菌的应用已扩展到所有食品种类。同时大肠菌群因其来源、生存时间等与其他主要肠道致病菌一致，因此大肠菌群也作为肠道致病菌污染食品的指示菌。当然食品中检出大肠菌群，只能说明有肠道病原菌存在的可能性，两者并非一定平行存在，但只要食品中检出大肠菌群，则说明有粪便污染，即使无病原菌，该食品仍可被认为是不卫生的。

1）大肠菌群的规定和标准　对于水和乳制品而言，有关大肠菌群数量与安全性的规定和标准已经建立了很长时间，国际食品微生物标准委员会（International Committee on Microbiological Specification for Food，ICMSF）对某些食品建议的大肠菌群/大肠杆菌标准见表 2-9。此标准只表明食品中的大肠菌群或大肠杆菌的可接受和不可接受的数量范围。

表 2-9　建议的大肠菌群/大肠杆菌标准（引自刘慧，2011）

指标	产品	计划水平	*m*	*n*	*c*	*M*
大肠菌群	乳粉	3	10	5	1	10^2
大肠菌群	巴氏消毒的液体、冷冻和蛋粉制品	3	10	5	2	10^3
大肠菌群	营养食品、外裹或夹心饼干	3	10	5	2	10^2
大肠菌群	需要复水的干燥速溶制品	3	10	5	1	10^2
大肠菌群	在食用前需要加热至沸的干制品	3	10	5	3	10^2
大肠菌群	熟的即食蟹肉	3	500	5	2	5×10^3
大肠菌群	熟的即食小虾	3	100	5	2	10^3
大肠杆菌	新鲜、冷冻、冷熏的鱼，冷冻的生甲壳动物	3	11	5	3	5×10^2
大肠杆菌	冷冻的熟甲壳动物	3	11	5	2	5×10^2
大肠杆菌	熟的、冷却的、冷冻的蟹肉	3	11	5	1	5×10^2
大肠杆菌	冷冻果蔬，pH＞4.5；脱水蔬菜	3	10^2	5	2	10^3
大肠杆菌	新鲜、冷冻甲壳类软体动物	2	16	5	0	—
大肠杆菌	瓶装水	2	0	5	0	—

注：*m*、*n*、*c*、*M* 含义具体见第三章第一节内容

2）大肠菌群作为食品安全性指标的局限性　大肠菌群在贝类中的检验结果并不是总能很好地反映贝类的卫生质量，比如牡蛎中的大肠菌群与副溶血性弧菌、小肠结肠炎耶尔森氏菌等致病菌间没有密切关系，因此检测牡蛎中的大肠菌群指标就失去了意义。对于禽肉制品来说，由于其中的沙门氏菌可能来源于生前污染，并不是宰杀后从环境中污染的，因此检测粪便大肠菌群阳性时可能与宰杀后的污染无关。

2. 肠球菌　典型肠球菌（粪肠球菌和屎肠球菌）通常在水中不繁殖，死亡率比大肠菌群低，且更能准确反映肠道致病菌的数量，因此可用其作为水的污染指标菌。对于冷冻与干燥食品来说，肠球菌更强的耐冷与耐干燥能力也使其比大肠杆菌更适合作为食品安全性指标使用。

3. 双歧杆菌　双歧杆菌除了来自人类和猪的粪便外，还分布于含粪便的水的沉积物中，其数量比大肠杆菌和肠球菌高数十倍。双歧杆菌在水中生长不良，更可能作为肉和水产品的粪便污染指示菌。但由于它们严格厌氧且生长缓慢，实际应用受到限制。

4. 大肠杆菌噬菌体　人类肠道菌噬菌体在水中比大肠菌群的抗性更强，且大肠杆菌噬菌体与大肠杆菌和粪便大肠杆菌的相关性较高，因此可以将大肠杆菌噬菌体作为食品中大肠粪便菌群，或作为检测肠道病毒的直接指标。

三、栅栏技术

（一）栅栏效应与栅栏技术

当今可用于食品防腐保质的技术和方法多种多样，但无论是传统的还是现代的，按其基本原理大致可以分为高温或低温、降低 A_w、调节 pH、调节氧化还原电势、添加防腐剂和竞争型微生物等几类，可将每一类方法看作食品防腐保质的一个因子。随着对食品防腐保质研究的深入，人们发现没有任何一种单一的保质方法是完全有效的，食品的微生物稳定性和卫生安全性都是基于各种保质方法的综合使用而实现的。1978 年，德国肉类食品专家 Leistner 将这些因子比作微生物生长过程中所遇到的“栅栏”（hurdle），将这些因子在食品内的相互作用称为栅栏效应（表 1-8），将通过不同的栅栏效应而达到有效抑菌、防腐、保质目的的技术命名为栅栏技术。

（二）栅栏技术及其防腐保质机制

经过大量研究后，Leistner 认为栅栏效应是食品防腐保质的根本所在，不同的食品又有其独特的栅栏效应来达到防腐保质的目的。当在某一食品中使用两个或两个以上的栅栏因子时，这些栅栏因子的作用并不仅仅是单一栅栏的累加，而是呈现出一定的协同（synergistic）作用。食品的可贮性可通过两个或更多栅栏因子的相互作用而得到保证，这些因子任一单一存在时都不足以抑制食品中有害微生物的生长，并且多种低强度的栅栏因子组合使用往往比单一高强度的栅栏因子要更加有效。Leistner 将栅栏技术防腐保质机制总结如下。

1. 微生物的内平衡　内平衡是指微生物内部环境保持稳定和统一的一种趋势。例如，无论是对细菌还是其他微生物而言，将内部环境 pH 自我调节在一个相对小的变化范围内，是保持其活性的先决条件。在食品防腐中，微生物的内平衡是一种值得关注的重要现象，因为一旦内平衡被食品中的各种栅栏因子所打破，微生物就会失去生长繁殖的能力，在其内环境重建之前，它们将处于迟滞期甚至死亡。因此，食品的防腐保质就是通过临时或永久性地打破微生物生长的内平衡而实现的。

2. 微生物的代谢衰竭　代谢衰竭现象最早是于中温肉制品肝肠（liver sausage）的加工实验中观察到的。先将肉毒梭状芽孢杆菌接种于肝肠产品中，并热加工至中心温度 95℃；然后再通过添加不同量的食盐和脂肪调节产品 A_w，并将其在 37℃下贮存。研究人员发现，在经过这样一系列处理后仍残存的芽孢逐渐死亡。梭状芽孢杆菌的这种在产品贮存阶段因代谢衰竭而逐步死亡的现象，在耐贮存食品（SSP），特别是以热加工作为主要抑菌防腐因子的耐贮存肉制品中经常被观察到。对中国传统肉干制品的研究也证实了微生物代谢衰竭现象普遍存在。将葡萄球菌、沙门氏菌或酵母等接种于优质可贮的肉干成品中，当在非冷却贮藏条件下，接种菌的数量迅速减少，尤其在 A_w 接近于细菌不利生长值的成品中，接种菌数量下降得更快。

对微生物的代谢衰竭现象，Leistner 给出了如下解释：可贮性栅栏技术食品内的各种残存微生物都在通过每一种可能的修复机制调节自身的内平衡，以试图克服外界的不利环境条件（栅栏因子），但这样必然会使微生物迅速消耗自身能量，从而代谢衰竭甚至死亡。换言之，如果食品内环境接近于微生物生长限，提高贮藏温度，细菌通过热处理等方式受到亚致死损伤，同时食品中有抗菌物质的存在，则细菌死亡速度将更快。

因此，通过利用微生物的代谢衰竭现象可使栅栏技术食品在贮藏期间，尤其是在常温贮藏时，更具安全性。其中一个典型的例子是发酵香肠中残存的沙门氏菌在常温下的死亡速度比在冷藏下更快。另一个例子是蛋黄酱中的沙门氏菌，在冷藏时更易残存。联合利华实验室曾在人造黄油中接种李斯特氏菌，结果发现，常温、低 pH、无氧及高乳化细度是导致代谢衰竭的最适条件。以上三个例子都说明，在食品防腐保质过程中，低温冷藏并不总是有益于食品的微生物安全。同时也再次证实，食品中设置的栅栏因子越多，微生物在应激下维持内平衡所需要的能量也越多，代谢衰竭的速度也越快。

3. 微生物的应激反应　微生物的应激反应是栅栏技术成功应用到食品防腐保质中的另一限制因素。在应激条件下，一些可产生抗应激蛋白的细菌便展现出对环境条件更强的抵抗力或更强的毒性。而保护性抗应激蛋白又是细菌在热、酸、碱、A_w、乙醇、氧化物等不利环境，或者处于饥饿状态下诱导产生的。由于在某种应激条件下，微生物可能还会对其他应激条件产生耐受性，即获得“交叉耐受”（cross-tolerance）的能力，因此应激反应可能并不具有特异性。微生物的应激反应可能会影响食品的防腐保质，并且成为栅栏技术应用的一大障碍。另外，当微生物同时面临多种应激条件时，负责合成抗应激蛋白的基因的激活将会受到影响，此时微生物需要合成数倍于正常状态下的抗应激蛋白，因此需要消耗更多的能量，进而又促进了微生物的代谢衰竭。

4. 多靶共效防腐　多靶共效防腐是食品防腐保质方法中最有效的手段，同时也是食品生产者的最终目标。食品中不同栅栏因子对微生物稳定性的作用并不仅仅是简单的累加效应，而是呈现出一定的协同性。这种协同效应可以通过栅栏因子同时影响微生物细胞的不同部位（如细胞膜、DNA、酶系统、胞内 pH、A_w、氧化还原电位等）而实现，并从多方面使微生物的内平衡被破坏，也让抗应激蛋白的合成变得更难。而采用单一的高强度栅栏因子时会阻止内平衡机制的启动，从而不会使微生物的代谢能量耗尽，并且存活下来的微生物细胞耐受能力会提高。因此，在食品内应用多种不同类型且强度较低的栅栏因子，比应用单一但强度较高的栅栏因子效果更好。研究人员在设计栅栏技术食品时科学合理地选择并组合不同类别的栅栏因子，发挥它们的协同作用，在不同方面抑制引起食品腐败的微生物，形成“多靶攻击”。这样的方法已被证实不仅对传统的食品保藏工艺有效，对现代防腐保质技术（如辐照、超高压、特型包装、微结构、脉冲技术等）的成功应用也至关重要。

关于多靶效应的研究，食品领域典型的例子是关于杀菌剂杀菌机理的研究，已有至少 12 种杀菌剂对微生物细胞的多靶效应被揭示。其中，细胞膜常常是杀菌剂攻击的首要目标。例如，目前在农畜产品消毒杀菌过程中常用的氯基杀菌剂的主要作用位点就是微生物的细胞膜。它们可以与膜中的脂质、蛋白质等物质发生反应，增加细胞膜通透性，导致胞内物质外泄甚至细胞破裂。同时氯基杀菌剂还可阻止酶、蛋白质、DNA 等物质的合成。深入了解多靶共效防腐机制，将有助于栅栏技术的应用和食品防腐保质工艺的发展。

5. 栅栏因子的天平式效应　近年的研究表明，各种食品内都有不同的栅栏因子共同作用，以达到一种保证微生物稳定性的平衡。这一平衡如同天平一样，哪怕是其中一个栅栏因子发生微小变化，都可对食品中总的微生物稳定性的平衡产生影响。这些栅栏因子相互作用达到一个平衡状态，天平的其中一端是栅栏作用的结果，另一端是产品的可贮性。栅栏作用端某一栅栏因子的微小提高或者降低，都会使天平的另一端产品在可贮性上发生变化。实现对食品中温度、A_w、pH 等各栅栏因子的微调，可能会在实际生产中产生重大成果和显著效益。

实现食品生产的天平式控制，需要食品加工工艺学家和微生物学家的密切合作。例如，在使用添加剂提高食品中抑制微生物生长的栅栏时，工艺学家必须从毒理学、感官质量、营养特性及饮食习惯上判断此法是否可行。而微生物学家则要考虑，对于某一食品，各“栅栏”应达到怎样的高度，才能保证其微生物的稳定性。

6. 栅栏因子的魔方式效应　某种栅栏因子在栅栏食品中的应用可能会大大降低另一种栅栏因子的使用强度，甚至不采用另一种栅栏因子也可达到同样的防腐保质效果，此即栅栏因子的魔方式效应。这一理论观点最早是由 Fox 和 Loncin 提出的，Leistner 后将其发展并比拟为“魔方式控制”。德国最常见的蒸煮香肠罐头就是依此原理生产的，此类产品只经过中热处理，就能有效抑制所有营养性微生物的活性，而无损于肉制品的感官质量。氧化还原电位（Eh）也是影响栅栏食品微生物稳定性的重要因素之一，当 Eh 较低时，不仅好氧菌，甚至兼性厌氧菌也不会很好地生长。因此在 Eh 很低的情况下，一些在 A_w 为 0.86、中度有氧的实验室培养基中仍可生长的微生物，在 A_w 为 0.97～0.96 的香肠中便可受到抑制。通常，热处理、pH、A_w、氧化还原电位为食品防腐保质过程中必需的栅栏因子，它们如同魔方变换般对食品的整体微生物稳定性产生重大影响。

7. 栅栏因子的作用序列性　栅栏作用不仅与栅栏因子的种类、强度有关，还受到其作用次序的影响。例如，在生熏火腿和发酵香肠中，其栅栏因子使用次序则是按一定程序固定不变的，在这些肉制品生产和贮藏的各阶段，各栅栏相继发挥作用。为了使生熏火腿的可贮性更好，必须满足：初始菌量低、pH 低于 6，加工开始时的温度低于 5℃。在使用腌制剂腌制前，低温是主要的栅栏因子，随后盐分逐渐渗透到火腿内，使内部的 A_w 降至 0.96 以下，然后再通过发酵、烟熏、酶解等工艺，使产品产生独特的风味。发酵香肠萨拉米（Salami）的栅栏因子次序相比之下要复杂得多，萨拉米香肠在早期发酵阶段最重要的抑菌栅栏是防腐剂（亚硝酸盐、食盐），跨过防腐剂这道“栅栏”的细菌生长耗氧又使氧化还原电势逐渐下降，进而利于好氧菌的抑制和乳酸菌的生长。随着乳酸菌数量逐渐增加，在食品体系中形成 c.f.栅栏（自然或添加发酵菌发挥乳酸菌等有益性优势菌群作用），对其他细菌产生竞争性抑制作用。同时，由于乳酸菌产酸导致酸化，pH 栅栏强度开始上升。对长期发酵生产的萨拉米香肠，随 Eh 和 pH 的逐渐下降（Eh、pH 栅栏逐渐上升），亚硝酸盐逐渐耗尽，乳酸菌数量开始下降，防腐剂和乳酸菌栅栏随时间推移而减弱，唯独 A_w 栅栏始终呈现上升状态，因此 A_w 是香肠长期发酵过程中最重要的栅栏因子。其他发酵食品（如干酪）也很可能存在某种特异性的栅栏应用顺序，深入探究并揭示这些顺序将有助于推进栅栏技术在食品安全控制中的应用。

8. 栅栏效应与食品的总质量　栅栏技术看似只侧重于保证食品的微生物安全性，实际上栅栏技术还与食品的总质量密切相关。有的栅栏，如美拉德反应的产物就对产品可贮性的延长、感官质量的改善、营养价值的增强、经济效益的提高有着重要意义。当然，存在的栅栏因子对产品的质量并不总是呈现出积极作用，也可能是负面影响，同一栅栏但强度不同对食品的作用也可能是相反的。例如，温度作为水果保藏的栅栏因子时，过快降低将有损于水果质量，而温和缓慢的冷却则有利。在发酵香肠中，pH 需要下降到一定限度才能有效抑制腐败菌，但过低则对感官性状不利。为了保证食品总体质量，栅栏因子数量、使用次序及使用强度都应调控在最适范围内。

（三）栅栏技术在食品质量控制中的应用

1. 栅栏技术在鲜切果蔬加工中的应用　鲜切果蔬（fresh-cut fruit and vegetable）是食品工业中一种新兴产品，指的是新鲜果蔬原料经过挑选、清洗、去皮、切分、消毒、包装等生产工艺形成的速食果蔬制品。鲜切果蔬自20世纪50年代问世后，因其具有品质新鲜、营养卫生和食用方便等优点而迅速发展。鲜切果蔬的加工操作（如去皮、切割及切片等）会破坏果蔬的组织结构，使营养成分外流，极有利于微生物生长繁殖。微生物污染可使鲜切产品品质降低，货架期缩短，从而影响产品的经济价值，也会产生食源性疾病危害公共健康。随着对鲜切果蔬杀菌技术研究的深入，人们逐渐认识到单一的杀菌措施通常存在一定的缺陷，采用栅栏技术科学合理地组合各种杀菌措施，发挥其协同效应，形成对微生物的多靶攻击，才能有效抑制微生物的生长繁殖，保证鲜切果蔬的卫生质量和食用安全。下面介绍鲜切果蔬中常用的栅栏因子及其组合方式。

1）温度　微生物的生长、代谢和繁殖与环境温度具有密切相关性。适度的热处理可以在保证杀菌效果的基础上，降低鲜切果蔬呼吸率，延长货架期，且不会破坏产品的感官和营养品质。另外，低温可以抑制微生物的生长繁殖。在生产实践中，合理地降低温度对于鲜切果蔬加工很有必要。通常原料果蔬收获后多置于5℃冷藏；在修整和剥皮过程中，环境温度一般保持在10～15℃；加工后的鲜切产品冷却到2～5℃贮藏为宜。但需要注意的是，即使在低温条件下，也会有部分嗜/耐冷微生物可以生长繁殖，如单增李斯特氏菌。因此，低温贮藏还需与其他栅栏因子相结合，来延长鲜切果蔬的货架期。

2）pH　微生物的生长繁殖都需要一定的pH条件，过高或过低的pH均会抑制微生物的生长。一般来说，把食品体系的pH降低到3.0～5.0就可以限制多种微生物的生长。鲜切果蔬常采用柠檬酸、苯甲酸、山梨酸、乙酸等有机酸抑菌剂降低pH，再联合气调包装等栅栏因子来有效控制微生物污染。鲜切香瓜在气调包装之前在低浓度的柠檬酸溶液中浸泡30 s，能够抑制微生物的生长并且避免透明化和变色。需要注意的是，有机酸的添加可能会使鲜切水果的风味受到不良影响，所以在使用时应十分注意有机酸的浓度和处理时间。

3）化学杀菌措施　在食品工业中使用的化学杀菌剂一般可分为液体和气体两种。液体杀菌剂可以添加在原料果蔬的清洗去污及鲜切后的二次洗涤用水中，处理方式可以是浸泡、喷雾或喷淋等，也可以涂擦在原料果蔬或鲜切产品的表面，起到杀菌的作用。目前食品工业常用的液体杀菌剂主要是传统含氯杀菌剂（氯水、次氯酸及其盐类等），这些杀菌剂价格低廉且具有良好的杀菌效果，但在使用的过程中容易产生对人体有害的副产物（主要为三卤甲烷）。因此许多欧洲国家已严令禁止将次氯酸钠用于鲜切果蔬的杀菌中。二氧化氯作为一种新型含氯杀菌剂，其水溶液凭借强氧化性、对产品感官品质影响较小、有毒副产物较少等特性，现已成为次氯酸盐类的理想替代品。除了传统的氯杀菌剂外，过氧化氢、过氧乙酸、酸性电解水等也是鲜切果蔬生产中常用的液体杀菌栅栏因子。其中的酸性电解水主要通过电解食盐或稀盐酸水溶液得到，其良好的杀菌效果与较低的pH、高Eh及一定的有效氯浓度密切相关。当然，电解水也有着稳定性差、生产成本高等缺点，所以其在我国的推广和产业化应用较少。二氧化氯是气态杀菌剂的典型代表，气态二氧化氯由于其良好的扩散性和渗透性，杀菌效果要优于液态二氧化氯。但无论是气态还是液态化学杀菌剂对食品的感官性状都有着一定的负面影响，且现如今消费者更容易接受未经杀菌剂处理的，或极少量杀菌剂处理的食品。所以，与其他栅栏因子结合以降低化学杀菌剂栅栏强度已成为目前的大趋势。

4）天然杀菌剂　天然杀菌剂是一类从自然界中提取、纯化获得的抗菌物质，包括动物源（如壳聚糖、溶菌酶）、植物源（如中草药、香辛料）和微生物源天然杀菌剂（如苯乳酸、聚赖氨酸、乳酸链球菌素）。这些天然抗菌物质可以采用浸蘸、熏蒸、喷洒或与保鲜纸及涂膜剂等载体结合的方式应用于鲜切果蔬，有些还可以作为可食用涂膜材料对鲜切果蔬进行涂膜处理来控制微生物污染。鲜切菠萝采用壳聚糖涂膜处理后，微生物总量在贮藏期间明显降低，在壳聚糖膜中加入香草醛（一种植物源天然抗菌剂）后，抗菌效果增强，但会使其营养物质含量降低，10℃贮藏 8 d 后，其维生素 C 的含量仅为初始的 10%。此外，乳酸链球菌素分别与乙二胺四乙酸（EDTA）、山梨酸钾和乳酸钠联合清洗香瓜还能够有效清除接种的沙门氏菌，且能够降低沙门氏菌转移到鲜切产品的数量。

5）气调包装　气调包装（modified atmosphere packaging，MAP）是根据不同果蔬产品的生理特性，用两种或多种气体组成的混合气体取代包装体内的气体，借助果蔬产品的呼吸作用与包装材料的选择性渗透，创造更适合产品保藏的环境条件，有效地降低果蔬的生理消耗，防止无氧呼吸所引起的发酵、腐烂，以延长果蔬产品的保鲜贮运周期。低 O_2 和高 CO_2 的贮藏环境，能够抑制鲜切果蔬中大多数好氧微生物的生长繁殖。一般情况下，1～8 kPa O_2 和 10～20 kPa CO_2 的 MAP 结合冷藏技术（0～5℃）能够显著延长鲜切果蔬的货架期。鲜切哈密瓜采用 4 kPa O_2 和 10 kPa CO_2 的 MAP，置于 5℃贮藏，能有效降低微生物数量，使货架期延长至 9 d。在实践应用中，通常将 MAP 与其他栅栏因子相结合来控制鲜切果蔬中微生物的生长，即在鲜切加工过程中采用物理或化学方法进行杀菌处理后，选择适宜的 MAP 条件进行低温贮藏。例如，鲜切香蕉在保鲜过程中，运用 0.75%维生素 C、1%氯化钙、0.75%半胱氨酸混合液浸泡 3 min，角叉菜胶涂膜处理后，在 3% O_2、10% CO_2、5℃的条件下可以贮藏 5 d，在此期间微生物的总量可控制在可接受的范围内，且颜色、硬度、pH 等感官品质没有发生明显变化。

2. 栅栏技术在水产品中的应用　鱼体本身具有较高的水分含量，富含多不饱和脂肪酸，具有中性的 pH，并且内源性组织蛋白酶含量丰富，鱼肉组织鲜嫩，使得其较其他畜禽肉制品更容易腐败变质。这就突出了在水产品加工中使用栅栏技术以抑制微生物生长、延长货架期的必要性。栅栏技术在水产品加工贮藏中的应用在国内外已经有相关研究，而且效果显著。应用常规的栅栏技术即可得到长期贮藏的即食水产品和海鲜调味料等。表 2-10 总结了水产品中常见的几种栅栏因子。

表 2-10　水产品中常见的几种栅栏因子（引自郭燕茹等，2014）

栅栏因子	简介	控制方式
温度	低温可以抑制水产品体内酶活性和微生物的新陈代谢速率，故可以延缓食品腐败	水产品中一般通过低温贮藏从而获得较长保质期，包括冰温和冻结贮藏。冰温在保持食品固有品质，减少产品失水和其他物理变化方面效果更佳
A_w	水产品高含水量使得体内蛋白质和多不饱和脂肪酸易发生化学变化，自身携带的和加工过程中感染的微生物也易于生长繁殖，提高其腐败速率	一般控制 A_w 的方法是漂洗、加盐、脱水等
防腐剂	防腐剂是通过改变细胞壁或者细胞膜的结构、钝化酶、抑制遗传物质转录和翻译等方式达到阻止微生物生长繁殖的目的	添加到食品中的防腐剂应严格按照国家标准执行，天然防腐剂如乳酸链球菌素、壳聚糖、茶多酚和植物精油等的使用比较普遍

续表

栅栏因子	简介	控制方式
包装	食品包装是阻碍环境中的气体和微生物与食品直接接触的屏障，能够抑制食品腐败变质，从而延长食品的货架期	水产品中普遍使用玻璃、金属罐头、塑料包装等，包装方式主要包括真空和气调两种

除了上述传统栅栏因子外，还有一些可用于水产品中的新型栅栏因子。

1）抗菌包装技术　抗菌包装就是在包装材料中添加抗菌剂，通过包装膜的渗透性将抗菌剂缓慢释放到食品中。由于在食品包装中的抗菌剂浓度远远大于被包裹食品，因此抗菌剂由高浓度的包装膜中向低浓度的食品中缓慢迁移。使抗菌剂在食品中不超过最高限制使用量，实现抗菌剂对食品的长期补充。最新研究表明，将控释技术应用于包装体系的新型抗菌包装材料的制备不仅可以达到抑制微生物生长和抗氧化的效果，而且保鲜效果更持久。新型抗菌包装材料中的抗菌剂主要选择天然抗菌剂，如姜黄素、乳酸链球菌素和植物精油等。植物精油是一种具有高效抗菌性的天然防腐剂，主要成分是酚及酚的衍生物和黄酮类物质。已有研究表明，高压与含有植物精油的功能性可食用膜结合应用时，鱼肌肉具有很强的抗氧化性，若在可食用膜中结合控释技术，则抗菌效果更加显著。

2）冷杀菌工艺　由于受热会使热敏性营养成分损失严重，食品固有的感官、色泽、风味和质构等方面也会受到不同程度的影响，近年来水产品杀菌更倾向于使用尽量保持食品固有性状不发生改变的冷杀菌技术。冷杀菌主要通过物理方式（生物杀菌除外）达到杀死微生物的目的，主要包括超高压杀菌、辐照杀菌、磁力杀菌、脉冲强光杀菌和二氧化钛杀菌等技术。基于冷杀菌操作强度大，对操作人员技术要求比较高，目前相关研究学者将栅栏技术的理念运用到冷杀菌工艺中，提出联合冷杀菌技术的概念，既降低两种杀菌工艺的强度，又减少如热处理等杀菌技术对水产品自身营养、感官性状的不良影响，并达到更好的杀菌效果。

3. 栅栏技术在肉制品加工中的应用　肉制品的腐败变质主要由微生物污染增殖和脂肪酸败造成。通过对原料肉、辅料及加工工艺流程中微生物消长情况的研究，可以确定保障肉制品卫生质量的各个关键控制点，然后据此对栅栏因子进行选择，从而既能使产品加工工艺过程简化，又能达到卫生标准。栅栏技术最早便是应用于肉制品的加工，现已开发出多种类型的肉制品，在意大利传统的蒙特拉香肠、德国的布里道香肠加工中，就是采用降低 A_W 为主要栅栏因子来保证其可贮性的，其中 A_W 约为 0.95。荷兰的格德斯香肠是通过添加葡糖醛酸内酯使 pH 降至 5.4～5.6 再真空包装来实现其可贮性的。在中式肉制品中，传统的中国腊肠是一种在常温下可较长时间存放的发酵型生肉制品，也是通过迅速降低 A_W 为主要栅栏因子来保证产品质量的，其 A_W 是 0.75 左右，pH 约为 5.9。从目前研究情况来看，可用于肉制品的栅栏因子有 A_W、pH、防腐剂、低温处理、较高温灭菌、真空包装等。

4. 新型栅栏因子在食品加工中的应用　由于传统栅栏因子，如高温、pH、防腐剂等可能会对食品的感官性状和安全性产生不利影响，并且消费者对不含添加剂的最低限度加工食品更感兴趣，因此越来越多的研究者开始关注各种新型栅栏因子在食品加工中的应用（图 2-2）。

射频和微波加热同为电介质加热技术，它们都可以通过介质实现对物体的快速、均匀、无接触式加热。无论是在节能、渗透深度还是产品感官质量方面，使用射频加热对乳化型香肠进行巴氏杀菌，都被证明要优于传统加热方式。另外，已有多项研究表明将射频技术与其他栅栏因子结合可以显著减少食源性致病菌的污染，提高产品质量和货架期。例如，为了减少苹果汁中大肠杆菌的污染量，研究人员发现将射频加热与紫外线处理相结合比单独使用射频加热要更加有效。绿茶提取物与射频加热的联合使用，可以降低鲜切火龙果中大肠杆菌、沙门氏菌、单增李斯特氏菌等致病菌的含量。

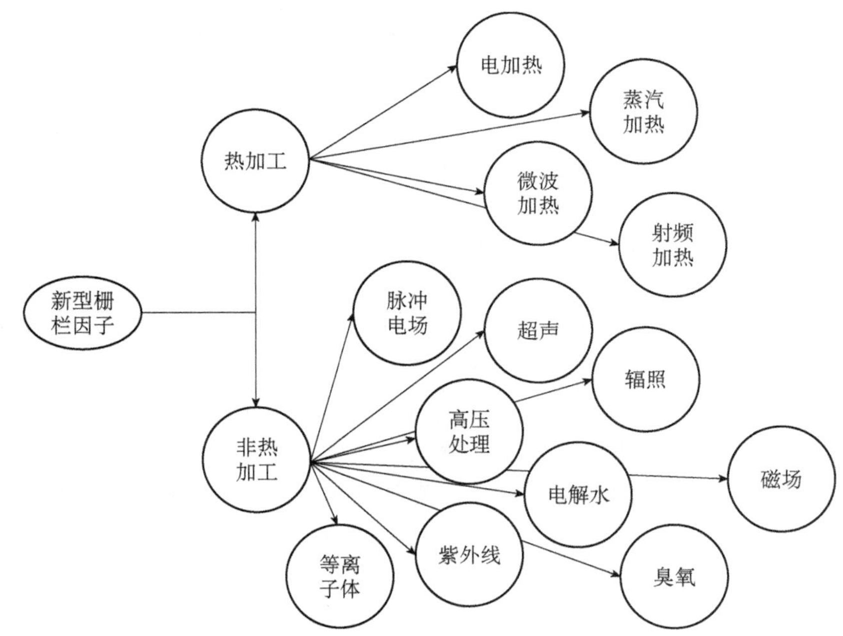

图 2-2　食品工业中的新型栅栏因子

微波与射频类似，均通过选择性加热、电穿孔、细胞膜破裂和磁场耦合等方式在亚致死温度下杀灭微生物。使用微波技术对食品进行巴氏杀菌，在食品加工领域具有巨大的商业价值。例如，在不影响蛋壳完整性的情况下，微波加热可以对鸡蛋表面进行有效的巴氏杀菌以消灭鼠伤寒沙门氏菌。虽然利用微波技术加工食品具有许多优点，但其多应用于水分和脂肪含量高的食品，并且微波技术可能会破坏食品中的维生素 C、类胡萝卜素等营养物质。为了把微波技术在食品加工中的负面效应降到最低，通常将其与其他栅栏因子相结合，以减少其作用时间与作用强度。在微波技术完全取代传统热处理方式之前，还有必要再深入了解其加热机理和杀菌方式，并且在技术上克服其成本高、操作复杂、缺乏合适包装材料等缺点。

辐照可能是食品加工中被研究得最多的技术。根据放射源的不同（X 射线、γ 射线、β射线等），辐照的种类也不同。但无论是何种辐照类型，其消毒杀菌机理都是引发 DNA/RNA 解螺旋，通过直接或间接作用破坏遗传物质，并最终导致细胞功能丧失。食品辐照技术作为一种安全可靠的食品加工方法，已在世界范围内得到了广泛的应用。全世界 50 多个国家已经批准了 60 多种辐照食品。由于高剂量辐照可能给食品质量和人体健康带来潜在的未知危害，各国也制定了相应的辐照剂量限定标准。目前，为了降低在食品杀菌加工中的辐照剂量，辐照技术常与其他杀菌技术联合使用。例如，低剂量的 γ 射线辐照和冷冻相结合可以有效保持对虾在长期贮藏过程中的感官性状和微生物安全性。在即食肉制品中，γ 射线辐照联合肉桂精油对单增李斯特氏菌存在明显的抑制作用，有效地延长了货架期。

高压处理技术（high pressure processing，HPP）在过去的50年里，被认为是食品加工业中最优秀的技术之一。HPP因其使用温和的处理条件来灭活食品病原体，延长保质期，且不影响食品的感官和营养特性，所以在食品工业中获得了广泛的应用。当然，在压力强度过大时，食品中的某些营养成分可能也会被破坏。例如，将苹果汁和葡萄汁在75℃、600 MPa下处理40 min后，总维生素C含量下降均超过50%。因此，食品加工业中高压处理的压强一般控制在200～600 MPa。HPP的抑菌机理相对复杂，并且其抑菌活性受多种因素影响，如加压时间、压力大小、微生物种类、温度等。此外，包括大肠杆菌和单增李斯特氏菌在内的多种食源性致病菌已被证明对HPP的抗性存在显著差异。那么，在实际生产中想要HPP达到最佳抑菌活性，需要考虑的因素就很多，操作也相对复杂，并且可能需要极端的压强才能消灭对HPP具有抗性的微生物。另外，由于嗜热芽孢杆菌、蜡样芽孢杆菌等微生物容易形成芽孢，且芽孢的抗热性要强于营养体，普通的热处理可能并不能杀死这类易形成芽孢的细菌，所以现代食品加工业常常将热处理和高压处理相结合。这样既可以降低两种栅栏因子的强度，减少高强度带来的负面影响，又可以通过两栅栏因子的协同作用保证食品的微生物安全。

臭氧是一种高效的抗菌剂和抗氧化剂，其抑菌机理大致可以分为以下两种：臭氧氧化巯基、蛋白质、多肽和氨基酸；臭氧将多不饱和脂肪酸氧化为过氧化物。作为新型栅栏因子的臭氧除了具有少量高效和高氧化电位等特点之外，其最主要的优势是对致病菌细胞具有多个作用位点（如细胞膜、核酸、酶），并且处理之后可以快速分解，在食品中的残留量较低。然而，由于臭氧存在对孢子、病毒和寄生虫的杀灭效率较低，易与食品中其他有机成分反应，高浓度时具有腐蚀性，使用成本较高等缺点，其推广应用受到了一定限制。研究人员现利用臭氧受热易分解的特性，将其与热处理结合使用，形成前后两道栅栏，以降低臭氧的使用量和残留量。除上述对食品微生物安全的积极作用外，臭氧还可以降解食品中的一些有害物质，如黄曲霉毒素。

随着消费者对新鲜食物需求的不断增加，作为新型非热加工技术的脉冲电场逐渐进入人们的视野。脉冲电场（pulsed electric field，PEF）在食品加工中的应用可以追溯到1960年德国香肠生产专利。通常，PEF技术由脉冲发生器、流体处理系统、处理室和监测系统组成，其中处理室是整个技术发展过程中的关键。PEF的抗菌活性与多种因素有关，如处理强度、温度、微生物种类和培养基等。利用PEF控制微生物一般需要在相对短的时间里采用较高的脉冲电场强度（大于18 kV/cm）。然而，过高的脉冲电场强度又会反过来影响食品的感官性状，因此多将脉冲电场技术与其他加工技术组合使用。表2-11列出了部分针对不同食品腐败微生物和食源性致病菌的消毒杀菌技术组合。从表2-11中可以看出，脉冲电场技术多与热处理组合，并应用于液体食品（果汁、牛乳等）的微生物控制过程中。

表2-11　不同食品腐败微生物和食源性致病菌的消毒杀菌技术组合（引自Khan et al.，2017）

杀菌技术组合	食品基质	涉及的微生物	对数减少量	处理参数
脉冲电场与热处理	脱脂牛乳	蜡样芽孢杆菌芽孢	3 CFU/mL	35 kV/cm，50℃
	橙汁	大肠杆菌	5 CFU/mL	30 kV/cm，50℃
		鼠伤寒沙门氏菌	＞5 CFU/g	30 kV/cm，60℃
	草莓果泥	大肠杆菌	7.3 CFU/g	24 kV/cm，52.5℃

续表

杀菌技术组合	食品基质	涉及的微生物	对数减少量	处理参数
脉冲电场与热处理	液体全蛋	大肠杆菌 O157:H7	4 CFU/mL	9～15 kV/cm，60℃
		肠炎沙门氏菌	9 CFU/mL	25 kV/cm，60℃
	啤酒	酿酒酵母子囊孢子	1.8 CFU/mL	45 kV/cm，53℃
高压与热处理	番茄酱	嗜热芽孢杆菌	4.5 CFU/g	700 MPa，90℃
	橙汁	沙门氏菌	7 CFU/mL	600 MPa，20℃
	液体全蛋	肠炎沙门氏菌	8 CFU/mL	350 MPa，50℃
臭氧与热处理	苹果醋	沙门氏菌	4.75 CFU/mL	2.4 L/min，50℃
	牛肉	产气荚膜梭菌	1.28 CFU/g	3 mg/L，55℃
		单增李斯特氏菌	1.09 CFU/g	3 mg/L，55℃
微波与 γ 射线辐照	鲜牛肉	总菌量	2.28 CFU/g	3 kGy，微波 20 s
电解水与有机酸	胡萝卜丝	好氧菌	3.71 CFU/g	1%有机酸，电解水
		酵母与真菌	3.69 CFU/g	1%有机酸，电解水
		单增李斯特氏菌	3.97 CFU/g	1%有机酸，电解水
		大肠杆菌 O157:H7	4.0 CFU/g	1%有机酸，电解水
	卷心菜	好氧菌	3.98 CFU/g	1%有机酸，电解水
		酵母与霉菌	3.45 CFU/g	1%有机酸，电解水
		单增李斯特氏菌	3.99 CFU/g	1%有机酸，电解水
		大肠杆菌 O157:H7	4.19 CFU/g	1%有机酸，电解水

新型栅栏因子并不局限于以上所介绍的各种加工技术，还包括等离子体、超声、磁场、电解水等。随着人类技术的发展与进步，越来越多的新型食品加工技术层出不穷。然而，每一种技术都存在着一定的缺点。所以为了使加工技术对食品的不良影响最小化，基于栅栏技术的思想，将新型加工技术与其他加工技术联用已是大势所趋。目前，发展栅栏技术的难点可能并不在于开发各种新的栅栏因子，而是如何将各种已有的栅栏因子智能、精确地设定并结合起来。例如，如何设定各种栅栏因子的强度与作用顺序才能在保障食品微生物安全的同时，将加工对食品自身营养价值和感官性状的影响降到最低。

（四）栅栏技术的应用前景

研究与生产实践表明，栅栏技术可被应用于食品加工控制中，也可被用于食品设计中，栅栏技术有助于按照需要设计新食品。例如，人们如果需要减少肉制品在贮存过程中的能耗，就可考虑使用耗能少的因子（如 A_w、pH 等）来替代高耗能的因子（如冷藏），因为保证食品微生物稳定性和可贮性的栅栏因子在一定程度上是可以相互置换的。人们在开发低硝酸盐肉制品时，可运用栅栏技术，通过加大 A_w、pH 或高温等栅栏强度来代替防腐剂栅栏的防腐抑菌作用，从而大大降低肉制品中亚硝酸盐或硝酸盐的用量。在食品加工控制中，可应用栅栏技术快速评估食品的稳定性。若某一食品的栅栏因子及其相互作用模式已知，则可结合预测微生物学及相关模型，准确地预测食品的货架期。

在食品设计中，栅栏因子的合理组合既能保证食品的微生物稳定性，又可改进产品的感官质量和营养特性，提高经济效益。根据栅栏效应的原理，应用栅栏技术加工的食品称为栅栏技术食品（HTF）。栅栏技术食品的开发前景广阔，深入研究栅栏技术对食品发展的影响具有非常重要的意义。在食品设计步入计算机化的进程中，甚至可将现有的可利用的理化和微生物数据都收集起来，以便为栅栏技术的应用提供一个可依赖的数据库，再通过带有这些数据库的计算机程序来提出加工配方、工艺流程和包装方式相结合的合理化建议，并至少在理论上使该产品的微生物稳定性得到保证。

四、食品微生物预测技术

预测食品微生物学（predictive food microbiology）是由 Roberts 和 Jarvis 于 1983 年提出的，现在已成为食品微生物领域最活跃的研究方向之一。预测食品微生物学是一门结合微生物学、化学、数学、统计学和应用计算机技术的交叉性学科，它采用数学模型描述不同环境条件下，细菌数变化和外部环境因素之间的响应关系，并对微生物的生长/失活动力学做出预测。但其实预测模型在微生物学中的应用最早可以追溯到 20 世纪 20 年代初，人们认识到孢子的热失活行为表现出动力学趋势，由此开发了阿伦尼乌斯方程（Arrhenius equation）和 Bigelow 模型来描述温度对耐热微生物的影响。

预测食品微生物学的主要目的是运用数学模型对食品微生物进行定量分析，定量描述在特定环境条件下食源性微生物的生长、残存和死亡动态。当描述能力达到预测能力时，预测微生物学揭示特定微生物的生长、残存和死亡动态是由其所处的环境因子所决定的。环境因子包括内在的 pH、A_w 等，外在的温度、气体浓度及时间等。许多因子会影响微生物的生长，然而只有几个因子起决定作用。无论在肉汤培养基还是其他食品中，每个单一因子对微生物的影响可以看作独立的。在建立大量的微生物动力学生长模型后，通过计算机和配套软件，无须进行传统的分析检测就可快速地对食品的货架期和安全性做出评估。

（一）预测微生物学的核心——数学模型

微生物的生长、死亡和毒素的产生等行为可用数学模型进行定量描述和预测，数学模型的运用使得食品货架期的预测和食品中微生物安全性的评价更加快速与便捷。根据不同的分类标准可将预测模型分为不同的类别：根据微生物的行为，预测模型可分为生长模型和失活模型；根据变量的类别，预测模型可分为一级模型、二级模型和三级模型；根据模型建立的基础，预测模型可分为动力学模型和概率模型；根据模型中参数的意义，预测模型可分为机械模型和经验模型等。

预测微生物学的生长模型用于描述微生物在不同环境的生长情况。Whiting 和 Buchanan 划分的一级、二级和三级模型在预测微生物学中应用较为广泛，且分类较为准确。一级模型主要描述的是微生物量（如微生物细胞的数目、浊度、形成的毒素浓度等响应值）与时间之间的函数关系。由于单细胞微生物呈指数生长的特性，一般用细胞相对数的对数对时间作图得到生长曲线。常用的一级生长模型有逻辑斯谛模型（Logistic model）、Gompertz 模型、Baranyi 模型、指数生长模型和三相线性模型等。其中，S 形函数是最常用于拟合微生物生长曲线的函数，因为其 4 个阶段的曲线与微生物生长极为相似，如修正的逻辑斯谛方程和 Gompertz 方程分别为

$$\lg x(t) = A + \frac{C}{1+\mathrm{e}^{[-B(t-M)]}}$$

$$\lg x(t) = A + C\exp\{-\exp[-B(t-M)]\}$$

式中，$x(t)$ 为时间 t 时的细胞数量；A 为 t 降至 0 的渐近线数值；C 为向上和向下渐近线之间的差值；B 为时间为 M 时的相对生长速率；M 为绝对生长速率最大的时间。

Gompertz 方程最初不是用来描述微生物生长的，只是模型中的参数被赋予了物理含义来解释微生物的生长参数，而这些参数在建立和解释模型时都发挥了重要作用。由 Baranyi 等在 1994 年提出的 Baranyi 模型得到了广泛的应用，其最大优点就是拟合性较高，而且是真正意义上的动力学模型，可以描述环境因素随时间变化的微生物生长情况（Y），即

$$Y = Y_0 + \frac{Y_1}{\ln 10} + \frac{Y_2}{\ln 10}$$

$$Y_1 = \mu_{\max} t + \ln\left[\mathrm{e}^{-\mu_{\max} t} - \mathrm{e}^{-\mu_{\max}\left(t+t_{\text{lag}}\right)} + \mathrm{e}^{-\mu_{\max} t_{\text{lag}}}\right]$$

$$Y_2 = \ln\left\{1 + 10^{\left(y_0 - y_{\max}\right)}\left[\mathrm{e}^{\mu_{\max}\left(t-t_{\text{lag}}\right)} - \mathrm{e}^{-\mu_{\max} t_{\text{lag}}}\right]\right\}$$

式中，Y_0 为初始菌落数；$y_{\max}$ 为最终菌落数；$\mu_{\max}$ 为最大表观生长率；t_{lag} 为生长迟滞期。

二级模型也称次级模型，主要表达一级模型中的各项参数与环境条件之间的函数关系。微生物在食品系统中的生长受多种变量的影响，包括温度、pH、A_{w}、O_2 浓度、CO_2 浓度、氧化还原电位、营养物质浓度和利用率，以及防腐剂等。最早模拟温度对微生物的影响源于基于反应速率的阿伦尼乌斯模型（Arrhenius model），目前这一方程及其变形仍在很多预测微生物学研究中使用，其表达式为

$$\ln 速率 = \ln A \times \frac{\Delta E}{RT}$$

$$\ln 速率 = A + \frac{\Delta E}{R} \times \frac{1}{T}$$

式中，A 为与每个单位时间内反应物的碰撞数目相关的常数；E 为活化能，J/mol；R 为气体常数，R=8.314 J/（K · mol）；T 为热力学温度，K。

Ratkowsky 平方根模型也是预测微生物学中常用的二级生长模型之一：

$$\sqrt{\mu_{\max}} = b \times \left(T - T_{\min}\right)$$

式中，b 为常数；T 为温度；$T_{\min}$ 为微生物生长的理论最低温度，为模型和温度坐标轴间的截距。

Zwietering 等提出了 γ 方程用来描述影响微生物生长率的独立因素系列方程：

$$\gamma = \frac{微生物在实际条件下的最大表观生长率}{微生物在最适条件下的最大表观生长率} = \frac{\mu_{\max}\left(T, A_{\mathrm{w}}, \mathrm{pH}等\right)}{\mu_{\max\,\text{opt}}}$$

又

$$\gamma(T) = \frac{T - T_{\min}}{T_{\text{opt}} - T_{\min}}$$

$$\gamma\left(A_{\mathrm{w}}\right) = \frac{A - A_{\mathrm{w}\,\min}}{1 - A_{\mathrm{w}\,\min}}$$

$$\gamma(\mathrm{pH}) = \frac{\left(\mathrm{pH} - \mathrm{pH}_{\min}\right)\cdot\left(\mathrm{pH}_{\max} - \mathrm{pH}\right)}{\left(\mathrm{pH}_{\text{opt}} - \mathrm{pH}_{\min}\right)\cdot\left(\mathrm{pH}_{\max} - \mathrm{pH}_{\text{opt}}\right)}$$

所以
$$\mu_{\max} = \mu_{\max\,\mathrm{opt}} \cdot \gamma(T) \cdot \gamma(A_{\mathrm{w}}) \cdot \gamma(\mathrm{pH})$$
式中，$\mu_{\max\,\mathrm{opt}}$ 为微生物在最适条件下的最大表观生长率；T 为微生物在实际条件下所处的温度；$T_{\min}$ 为微生物生长的最低温度；T_{opt} 为微生物生长的最适温度；A_{w} 为微生物在实际条件下所处的水分活度；$A_{\mathrm{w\,min}}$ 为微生物生长的最低水分活度；pH 为微生物在实际条件下所处的 pH；$\mathrm{pH}_{\min}$ 为微生物生长的最低 pH；$\mathrm{pH}_{\max}$ 为微生物生长的最高 pH；$\mathrm{pH}_{\mathrm{opt}}$ 为微生物生长的最适 pH。

主参数模型（cardinal parameter model，CPM）在 1993 年被引入预测微生物学的研究中，现已成为一个主要的经验二级生长模型的类型。当应用非线性回归拟合实验数据时，主参数模型建模的优点是易于确定模型的初始赋值。主参数模型同样假定环境因素的抑制作用是倍增的，这与 γ 模型相似。因此，主参数模型的通式应对不同的环境因素都有一个离散区间，即每个区间表达非最适条件下的生长率，或者说在 0～1 有一取值，在最适生长条件下等于 1，因此 $\mu_{\max}$ 等同于 μ_{opt}。

另外，基于多元回归方法的响应曲面模型在二级生长模型中也常被应用，其优点是易于拟合、精确度高；缺点是引入的许多参数缺乏生物学意义。生长边界模型（growth/non-growth model，G/NG model）是基于栅栏效应提出的模型形式。在实际应用中，可利用多种环境因素对微生物的影响来维持微生物的安全性和保持食品的质量。G/NG 分界的确定比生长率更加重要，因为哪怕有一点生长都会对消费者的安全造成不利影响。

与上述生长模型类似，失活模型也可分为一级、二级、三级模型。一级失活模型有线性模型、Weibull 模型、Shoulder/Tail 模型等。二级失活模型有完全二次式方程、修正的阿伦尼乌斯方程、修正的 Bigelow 方程等。其中，线性模型和 Weibull 模型应用较为广泛。线性模型（指数失活模型）的建立最早是为了量化罐头工业中微生物的失活情况。通常，细胞的死亡是体内关键酶的失活导致的结果，一般遵循一阶动力学。线性模型最早是由 Chick 等在研究植物细胞时提出的，随后 Katzin 等在 1943 年首次定义了与之相关的十倍降低时间（decimal reduction time），Ball 等又将十倍降低时间命名为 D 值（在一定温度下，将微生物杀灭 90%所需的时间或微生物对数值下降 1 所需的时间）。一般来说，线性模型的表达式为
$$\lg N_t = \lg N_0 - \frac{t}{D}$$
式中，N_0 为细胞的初始数量；N_t 为经过加热处理时间 t 后的剩余细胞数量；D 为十倍降低时间，即 D 值。

Weibull 模型一般用于营养细胞的热失活过程的建模，该模型由尺度参数（时间）和无量纲的形状参数组成。尺度参数的对数值与温度呈线性关系，形状参数与存活曲线的形状和细胞的生理效应有关。当形状参数小于 1 时，存活曲线呈凹型，存活的细胞有能力适应现有的环境压力；当形状参数等于 1 时，存活曲线是线性的；当形状参数大于 1 时，存活曲线呈凸型，存活的细胞逐渐受到破坏。已有研究表明：基于形状参数和尺度参数的变化，Weibull 模型与线性模型相比更灵活，适用性更广泛。Weibull 模型的一般表达式为
$$\lg N_t = \lg N_0 - \left(\frac{t}{D}\right)^p$$
式中，p 为形状参数。

图 2-3 展示了不同形状参数下 Weibull 模型的存活曲线。

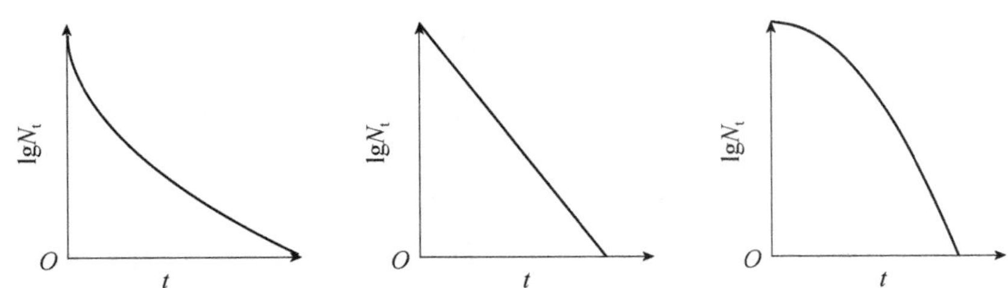

图 2-3　不同形状参数下 Weibull 模型的存活曲线（从左至右分别为 $p<1$，$p=1$，$p>1$）

三级模型主要指建立在一级生长/失活模型和二级生长/失活模型之上的电脑应用软件程序，目前世界上已开发的预测软件多达十几种，其中以美国农业部开发的病原菌模型程序（pathogen modeling program，PMP）、加拿大开发的微生物动态专家系统（microbial kinetics expert system，MKES），以及英国农业渔业及粮食部开发的食品微生物模型（food micromodel，FM）、美国和英国的研究者合作开发的世界上最大的预测微生物数据库 ComBase 最为著名。

（二）预测微生物学模型的评价与统一化

1. 预测微生物学模型的评价　一般来说，预测微生物学中的数学模型在构建完成之后，需要采用一定的方法进行拟合度的评估，并且在应用之前需要经过验证来对该模型的可靠性做出评价。预测微生物学模型的验证是将实际的实验数据或者他人文献中的数据代入已经建立的模型中，将得到的预测值和实际数值进行比较，判断所得模型的可靠性和适用性。模型的验证有两种形式，即内部验证和外部验证。内部验证（internal validation）或自我验证（self validation）是指采用建立模型时的实验数据和模型预测值进行比较来验证模型的适用性和可靠性。外部验证（external validation）有两种情况，一种是指额外做一些类似建立模型时环境条件的实验，采用新的实验数据进行模型验证；另一种是引用参考文献中具有相同或相似实验环境的实验数据，并将其代入所建预测模型中，根据相关评价参数来评估预测模型的适用性和可靠性。一般情况下，预测模型内部验证的结果要好于外部验证的结果，但是外部验证的结果更具有说服力，更能显示出所建预测模型的适用性和可靠性。预测模型适用性和可靠性的评价可以通过图表或者基于数学或统计学的参数完成。

图形分析比较是模型验证中常用的一个方法，它可以通过图表很直观地反映预测值是否在合理的范围之内，并且通过对代表预测值的散点进行线性回归分析，判断模型预测值可以解释实验观测值的程度。除图形分析比较法外，通常还采用基于数学或统计学参数的方法进行模型评价，下面介绍评价时常用的一些参数。

相关系数 R 是衡量两个变量线性相关密切程度的量，用于模型验证时，可以衡量模型预测值和实验观测值之间线性密切程度。

$$R=\frac{n\sum xy-\left(\sum x\right)\left(\sum y\right)}{\sqrt{n\left(\sum x^2\right)-\left(\sum x\right)^2}\sqrt{n\left(\sum y^2\right)-\left(\sum y\right)^2}}$$

R 的值为−1～+1（负号代表两个变量呈负相关），当 $0.8\leqslant R\leqslant 1$ 或 $-1\leqslant R\leqslant -0.8$ 时，说明实际值和预测值具有很强的相关性；当 R 值为 0.5～0.8 或−0.8～−0.5 时，说明实际值和预测值具有一般的相关性；当 $-0.5\leqslant R\leqslant 0.5$ 时，说明实际值和预测值之间相关性较差。

决定系数 R^2 表示在因变量 Y 的总平方和中，由自变量 X 引起的平方和所占的比例。决定系数一般用来对预测模型拟合程度做一个总的评价。决定系数的大小决定了自变量与因变量相关的密切程度，即决定了模型预测值和实验数据的相关程度。R^2 的值为 0～1，当 R^2 越接近 1 时，表示相关的预测模型的参考价值越高；相反，越接近 0 时，表示该模型的参考价值越低。

$$R^2 = 1 - \frac{\mathrm{SSE}}{\mathrm{SST}}$$

式中，SSE 为误差平方和；SST 为总离差平方和。

修正决定系数 R_{Adj}^2 是在决定系数 R^2 的基础上考虑了样本大小和变量参数数目对模型的影响，避免了因变量参数数目的增加所引起的 R^2 值增大，但模型拟合度并没有得到提高的情况。R_{Adj}^2 可以用来评价预测模型的拟合程度，R_{Adj}^2 的取值为小于或等于 1，R_{Adj}^2 越接近 1，预测模型对实验数据的拟合度越高。当模型包含的变量参数对模型预测没有帮助时，有可能出现负值。

$$R_{\mathrm{Adj}}^2 = 1 - \frac{\left(1 - R^2\right)\left(n - 1\right)}{n - N - 1}$$

式中，n 为观测值的个数；N 为预测模型中变量的个数。

均方根误差（root mean square error，RMSE）可作为衡量预测准确度的一种数值指标，可以说明模型预测值的离散程度。对于同一组实验数据，可以建立多个预测模型，得到不同的模型预测值，而平均误差的大小通常用来评价预测模型的优劣。均方误差（mean square error，MSE）是衡量“平均误差”的一种较方便的方法，MSE 可以评价数据的变化程度，MSE 的值越小，说明预测模型描述实验数据具有越好的精确度。均方根误差和均方误差的表达式分别为

$$\mathrm{RMSE} = \sqrt{\frac{\sum\left(\mu_{\mathrm{observed}} - \mu_{\mathrm{predictived}}\right)^2}{n}}$$

$$\mathrm{MSE} = \frac{\sum\left(\mu_{\mathrm{observed}} - \mu_{\mathrm{predictived}}\right)^2}{n}$$

式中，μ_{observed} 为实验观测值；$\mu_{\mathrm{predictived}}$ 为预测值；n 为观测值的个数。

A_{f} 和 B_{f} 是预测模型验证中比较常用的两个参数，通常用于预测模型的外部验证。精确因子 A_{f} 一般用来验证预测模型的准确度。A_{f} 代表了每一个预测值的点与等值线之间的平均距离，可以衡量预测值和观测值之间的接近程度。如果是一个完美的预测模型，则 $A_{\mathrm{f}}=1$，表明所有的预测值和观测值均相等；当 $A_{\mathrm{f}}>1$ 时，A_{f} 值越大，表明该模型预测的平均精确度越低。偏差因子 B_{f} 一般作为判断预测模型偏差度的参数。B_{f} 用来判断预测值在等值线的上方还是下方，以及评价预测值偏离等值线的程度。它表明了所建预测模型的结构性偏差。对于微生物代时（generation time，GT），如果 $B_{\mathrm{f}}<1$，说明该模型是失效保护模型，即 GT 预测平均值比观测值要小，这样预测模型可以给出一个安全的预测界限。A_{f} 和 B_{f} 的表达式分别为

$$A_{\mathrm{f}} = 10^{\left[\frac{\sum\left|\lg\left(\mu_{\text{predictived}} / \mu_{\text{observed}}\right)\right|}{n}\right]}$$

$$B_{\mathrm{f}} = 10^{\left[\frac{\sum\lg\left(\mu_{\text{predictived}} / \mu_{\text{observed}}\right)}{n}\right]}$$

中位数相对误差（median relative error，MRE）是指各个预测值和实验观测值相对误差的中位数，相对误差（relative error，RE）的计算公式如下。

$$\mathrm{RE} = 10\frac{\mu_{\text{predictived}} - \mu_{\text{observed}}}{\mu_{\text{observed}}}$$

相对误差则是绝对预测误差与实验观测值的比值，一般来说，相对误差更能反映预测值的可信度，而 MRE 在一定程度上可以反映预测模型的准确度。MRE 越接近于 0，说明预测模型的可信度越高。MRE 的不足之处是对没有典型性的异类预测值或极端预测值不敏感。

平均相对误差绝对值（mean absolute relative error，MARE）一般用来验证预测模型的偏差度。MARE 值越小，说明预测模型的预测偏差越小，同时 MARE 避免了类似 MRE 对极端预测值不敏感的不足。平均相对误差绝对值的计算公式如下。

$$\mathrm{MARE} = \frac{1}{n}\sum_{i=1}^{n}|\mathrm{RE}|$$

预测标准误差（standard error of prediction，SEP）是指预测模型预测值和实验观测值差异的标准偏差，它可以衡量和验证预测模型的准确度。SEP 越小，说明预测模型能够越好地描述实验数据。预测标准误差的计算公式如下。

$$\mathrm{SEP} = \frac{\sqrt{\frac{\sum\left(\mu_{\text{observed}} - \mu_{\text{predictived}}\right)^2}{n}}}{\bar{\mu}_{\text{observed}}} \times 100\%$$

式中，$\bar{\mu}_{\text{observed}}$ 为实验观测值的均值。

由于环境因素的多变，环境因素与微生物生长动力学之间的关系更复杂。所以，加强对建立预测微生物学模型后的评价工作的研究显得尤为重要。对于微生物预测模型的建立，模型评价是在模型应用前十分必要且关键的一步。模型评价方法和参数有很多种，在实际应用中应该选择恰当的方法和参数来评价模型的拟合度及验证模型，以最大限度地衡量所建立模型的适用性和可靠性，使其具有更高的可信度。

2. 预测微生物学模型的统一化　微生物失活和生长过程一直被认为是不同的现象，故选用不同的动力学模型进行建模，而实现预测模型的统一化是基础研究方向之一。预测模型的统一化研究是指应用一个统一的模型来表述所有微生物的生长、失活和残存的形式；或者将微生物生长或死亡函数整合到同一个模型中，从而实现微生物行为的预测，有利于解决“一菌一模型”的混乱局面。近年来，曾有一些研究者尝试运用 Gompertz 模型或 Baranyi 模型将微生物的失活过程“镜像化”为生长过程，实现微生物生长和失活的统一化，并取得一定的成果。Linton 等运用 Gompertz 模型分别成功地拟合了单增李斯特氏菌在不同温度、pH 和 A_{w} 的缓冲溶液中及婴儿食品中的失活曲线。Baranyi 等运用 Baranyi 模型拟合了热死环丝菌在不同温度下的生长曲线，并将 Baranyi 模型“镜像化”，成功地预测了热死环丝菌在不同温度下的失活情况。Baranyi 模型也在描述肠炎沙门氏菌在不同精油浓度、pH 和温度下的失活情况中得到了较好的应用。但是，由于生长和失活在本质上是微生物的两种完全不同的行为，“生长是失活的逆过程”这一假说一直受到质疑，但这将是预测微生物学发展中一次十分有意义的尝试。

（三）预测微生物学在食品安全中的应用及其发展前景

1. 预测微生物学的应用 食品货架期研究已应用预测微生物学手段，通过科学、合理地运用预测微生物学手段可以评估食品中包括腐败菌在内的绝大多数微生物生长繁殖的速度、生长极限、失活率等指标，从而确定食品的储藏条件和货架期，为贮藏、运输和零售等环节中的监控管理提供依据。

预测微生物学在食品质量安全管理中也得到了广泛的应用。20 世纪 80 年代中期，新西兰肉品工业研究所（MIRINZ）的工作者建立了一种温度函数积分模型（TFI 模型）。通过对微生物生长参数和温度进行积分，来测定肉冷却过程中大肠杆菌的潜在增殖情况。在屠宰后肉的冷却过程中，有两个冷却阶段，要求深层肉的温度在 24 h 内降低到 7℃。根据 TFI 模型，计算并比较了 5 个不同处理过程中大肠杆菌在肉表面的潜在生长程度。结果表明，第一阶段采用 10℃、18 h 冷却方法，大肠杆菌生长最少，为 7.6 代。以此为依据，新西兰肉品工业研究所对屠宰后肉的处理标准进行了规范，以保证屠宰肉的微生物安全性。HACCP 通过对食品加工过程中各个步骤可能产生的危害进行分析，确定关键控制点并制定关键限值，并对整个生产过程进行监控，以确保食品的安全。在相关条件已知的情况下，预测模型可以确定某个食品工艺步骤能否导致有关微生物的生长或繁殖及其生长或繁殖程度，由此可以定量地评估该工艺过程对该食品安全的影响程度，并建立该食品生产过程的关键控制点，确定其关键限值。20 世纪 90 年代中期，澳大利亚肉品工业以预测微生物学为依据，制定了一系列肉制品在加工、运输、销售、零售及贮存环节的标准，作为其 HACCP 体系的管理标准。例如，在肉的冷却过程中，由于整箱肉中心温度下降速度比较慢，在此过程中有可能导致某些有害微生物的繁殖，因此确定此冷却过程为一个关键控制点。大肠杆菌数目的对数值低于 10～100 CFU/g 不会造成危害，根据预测模型的计算，原料肉必须冷却到 7℃。这是一个制定关键限值的例子。

暴露评估是微生物风险评估的重要环节，而预测微生物学是暴露评估的一个强有力的工具。通过建立数学模型来描述不同环境下微生物的生长、存活及失活的变化，从而对致病菌在整个暴露过程中的变化进行预测，并最终估计出各个阶段及食品食用时致病菌的浓度水平，然后将这一结果输入剂量-效应模型，即可得出该致病菌在消费食品中的分布及消费者的摄入剂量，再由风险特征描述将这些定量、定性的信息综合到一起，即可得出某种食品安全性的一个评价。FAO 和 WHO 于 2002 年对鸡蛋及肉鸡中的沙门氏菌的危害进行了风险评估。在鸡蛋中沙门氏菌的暴露评估中，沙门氏菌的摄入量取决于“从农场到餐桌”这一段时间肠炎沙门氏菌的生长情况，以及鸡蛋烹制方式。受感染鸡蛋上肠炎沙门氏菌的生长情况随储存的时间和温度而变化。在肉鸡中沙门氏菌的暴露评估中，关于沙门氏菌的生长情况，采用肉鸡胴体的零售店储存时间、运输时间、家庭存放时间和温度等随机指标加以推断。关于烹制过程中沙门氏菌的死亡情况，用肉鸡没有充分煮熟的概率、附着在不能直接受热部位沙门氏菌的比例、因不能直接受热而被保护病菌的受热温度、受热的时间长短等随机指标加以推断。然后将这些数据输入有关预测微生物生长、存活或失活模型，将得出的预测数据输入剂量-效应模型，就可得出食用一份食物可引发疾病的风险。

2. 预测微生物学的发展前景　预测微生物学对食品贮藏流通过程中的质量和安全能做出合理判断，大大增加了产品货架期预测的可信度，其快速发展将有利于食品质量控制和市场的开拓，有利于积累食品微生物消长的数量化信息，有利于在产品开发及改良过程中对工艺参数、产品配方的修订及微生物安全性的控制，有利于确定加工、贮存、流通过程中可能导致食品腐败的关键点和缺陷，从而进行改良，控制微生物的数量，为 HACCP 等质量保证体系的实施和发展提供重要手段。预测微生物学在完成由基础微生物学向综合应用的飞跃后，预测技术的发展趋势将转向开发具有智能、用户友好等特点的综合预测软件，以快速、便捷的方式向不同知识背景的用户提供微生物行为的定量信息。预测是预测微生物学永恒的魅力，而预测精度的提高取决于所建立的数学模型，数学模型的完善及建立具有自我思考判断功能的模型将成为预测微生物学发展的动力源。同时还应看到尽管微生物预测模型在食品货架期和风险评估上具有上述非常突出的优势，其依靠数个变量建立的模型，较为可靠地预测了食品内微生物的生长和残存情况，但是真实食品的组分相当复杂，各种细菌的特性千差万别，许多不确定性和变异性尚未纳入预测模型的开发和整个风险评估体系中。所以，预测微生物学未来的发展方向还应包括对能够反映变异性的随机模型的构建。随着我们进入系统生物学时代及组学技术的快速发展，越来越多分子层面的信息将会被运用到预测模型中，以更加精确地描述复杂的微生物行为，预测微生物学家也因此将面临试验方法及数据处理等方面的新挑战。

第三章 食品微生物学基本技术

第一节 样品的采集和处理技术

应用食品微生物检验技术确定食品中是否存在微生物及微生物的数量，甚至微生物的种类，是评估食品质量安全的一种科学手段。正确的样品采集和处理直接影响到检验结果，是食品微生物检验工作非常重要的环节。如果样品在采集、运送、保存或制备等过程中的任一环节出现操作不当，都可能使微生物的检验结果出现错误。对特定批次食品所抽取样品的数量、样品的状态、样品的代表性及随机性等，对产品质量的评价及质量控制具有重要意义。

一、采样前准备

为保证检验的顺利完成及检验结果的准确性，在对食品进行采集之前，必须做好充分的前期准备工作。否则，会造成检验结果不能反映真实情况，甚至造成整个检验工作无效。

检验前的准备工作通常包括以下几个方面。

1. 检验用品 常规检验用品主要有接种环（针）、酒精灯、镊子、剪刀、药匙、消毒棉球、硅胶（棉）塞、微量移液器、吸管、吸球、试管、培养皿、微孔板、广口瓶、量筒、玻棒及L形玻棒等。这些检验用品在使用前应保持清洁和无菌。需要灭菌的检验用品应放置在特定容器内或用合适的材料（如专用包装纸、铝箔纸等）包裹或加塞，以保证灭菌效果。目前也可选择适用于微生物检验的一次性用品来替代反复使用的物品与材料（如培养皿、吸管、吸头、试管、接种环等）。检验用品的贮存环境应保持干燥和清洁，已灭菌与未灭菌的用品应分开存放并明确标识。对灭菌检验用品应记录灭菌/消毒的温度与持续时间。

2. 所需各种试剂、药品的准备及培养基的制备 食品检验时，试剂的质量、各种培养基的配方及制备应适用于相关检验，需严格按照国标要求进行，对检验结果有重要影响的关键试剂应进行适用性验证。科学研究时，培养基的制备可以按照具体需要做改动，但是检验结果仅为科研所用。通常，使用不在国标之内的培养基进行的检验，不能作为检验机构提供检验报告的依据。

3. 防护用品 对于食品微生物的检验样品，取样时防护用品主要是用于对样品的防护，即保护生产环境、原料、成品等不会在取样过程中被污染。主要的防护用品有工作服、口罩、工作帽、手套、雨鞋等。这些防护用品应事先消毒灭菌备用或使用无菌的一次性物品。工作人员进入无菌室时，须更换工作服，实验没有完成之前不得随便出入无菌室。

二、样品的采集原则及方案

在食品微生物检验中，样品的采集是一个极其重要的环节。因为微生物检验的特点是以小份样品的检验结果来说明一大批食品卫生质量，即样品的数量、大小和性质对结果判定产生重大影响，因此，所采集的样品必须具有代表性。要保证样品的代表性首先要有一套科学的取样方案，其次是使用正确的取样技术，并在样品的保存和运输过程中保持样品原有的状态。这就要求检验人员不仅要选择正确的采样方法，而且要了解食品加工的批号、原料的来源、加工方法、保藏条件、运输及销售中的各个环节。

目前最为流行的取样方案为ICMSF推荐的取样方案和随机取样方案，有时也可参照同一产品的品质检验抽样数量进行抽样，或按单位包装件数 *n* 的开平方值抽样。无论采取何种方法抽样，每批货物的抽样数量不得少于5件。对于需要检验沙门氏菌等致病菌的食品，抽样数量应适当增加，最低不少于8件。

采样时使用的器械和容器必须灭菌，严格进行无菌操作，不得添加防腐剂；液体样品应搅拌均匀后才能采样；固体样品应在不同部位采取以使样品具有代表性。取样后及时送检，最多不超过4 h，不能及时送检时要冷藏。

1. 取样原则

（1）根据检验目的、食品特点、批量、检验方法、微生物的危害程度等确定采样方案。

（2）应采用随机原则进行采样，确保所采集的样品具有代表性。

（3）采样过程遵循无菌操作程序，防止一切可能的外来污染。

（4）样品在保存和运输的过程中，应采取必要的措施防止样品中原有微生物的数量变化，保持样品的原有状态。

2. 常用的取样方案

1）ICMSF的取样方案　　国际食品微生物标准委员会（ICMSF）所建议的取样计划是目前世界各国在食品微生物工作中常用的取样计划。该方案是依据事先给食品进行的危害程度划分来确定的，并将所有的食品分成三种危害度：Ⅰ类危害，老人和婴幼儿食品及在食用前危害可能会增加的食品；Ⅱ类危害，立即食用的食品，在食用前危害基本不变；Ⅲ类危害，食用前经加热处理、危害减小的食品。另外，将检验指标按对食品卫生的重要程度分成一般、中等及严重，并根据危害度的分类，又可以将取样方案分为二级法与三级法。

ICMSF取样方案是从统计学原理角度来考虑的，针对一批产品，采用统计学抽样进行检验分析，使得分析结果更具有代表性，也更能客观地反映该产品的质量，从而避免了以个别样品检验结果来评价整批产品质量的不科学做法。该取样方案分为二级和三级取样方案。二级取样方案设有 *n*、*c* 和 *m* 值，三级取样方案设有 *n*、*c*、*m* 和 *M* 值。*n*：同一批次产品应采集的样品件数；*c*：最大可允许超出 *m* 值的样品数；*m*：微生物指标可接受水平的限量值；*M*：微生物指标的最高安全限量值。值得注意的是，按照二级取样方案设定的指标，在 *n* 个样品中，允许有≤*c* 个样品的相应微生物指标检验值大于 *m* 值；按照三级取样方案设定的指标，在 *n* 个样品中，允许全部样品中相应微生物指标检验值≤*m* 值；允许有≤*c* 个样品的相应微生物指标检验值在 *m* 值和 *M* 值之间；不允许有样品的相应微生物指标检验值大于 *M* 值。例如，*n*=5，*c*=2，*m*=100 CFU/g，*M*=1000 CFU/g 的含义是从一批产品中采集5个样品，若5个样品的检验结果均小于或等于 *m* 值（＜100 CFU/g），则这种情况是允许的；若≤2个样品的结果（*X*）位于 *m* 值和 *M* 值之间（100 CFU/g＜*X*≤1000 CFU/g），则这种情况也是允许的；若有3个及以上样品的检验结果位于 *m* 值和 *M* 值之间，则这种情况是不允许的；若有任一样品的检验结果大于 *M* 值（>1000 CFU/g），则这种情况也是不允许的。

1986年ICMSF把严格的抽样计划与食品危害程度联系起来。在中等或严重危害的情况下使用二级取样方案，对健康危害低的则建议使用三级取样方案。ICMSF按微生物指标的重要性和食品危害度分类后确定的取样方法见表3-1。

表 3-1　ICMSF 按微生物指标的重要性和食品危害度分类后确定的取样方法

取样方法	指标重要性	指标菌	食品危害度		
			Ⅲ（轻）	Ⅱ（中）	Ⅰ（重）
三级法	一般	菌落总数 大肠菌群 大肠杆菌 葡萄球菌	n=5 c=3	n=5 c=2	n=5 c=1
	中等	金黄色葡萄球菌 蜡样芽孢杆菌 产气荚膜梭菌	n=5 c=2	n=5 c=1	n=5 c=1
二级法	中等	沙门氏菌 副溶血性弧菌 致病性大肠杆菌	n=5 c=0	n=10 c=0	n=20 c=0
	严重	肉毒梭菌 霍乱弧菌 伤寒沙门氏菌 副伤寒沙门氏菌	n=15 c=0	n=30 c=0	n=60 c=0

2）随机取样方案　在现场取样时，可利用随机抽样表进行随机取样。随机取样表是用计算机随机编制而成的，包括 10 000 个数字。其使用方法如下。

（1）先将一批产品的各单位产品（如箱、包、盒等）按顺序编号。例如，将一批 600 包的产品编为 1、2、…、600。

（2）随意在表上点出一个数。查看数字所在原行和列。例如，点在第 48 行、第 10 列的数字上。

（3）根据单位产品编号的最大位数（如 A1，最大为三位数），查出所在行的连续数字（如 A2 在第 48 行的第 10、11 和 12 列，其数字为 245），则编号与该数相同的那一份单位产品，即一件应抽取的样品。

（4）继续查下一行的相同连续数字（如 A3，即第 49 行的第 10、11 和 12 列的数字，为 608），该数字所代表的单位产品为另一件应抽取的样品。

（5）依次按 A4 所述方法查下去。当遇到所查数超过最大编号数量（如第 50 行的第 10、11 和 12 列数字为 931，大于 600）则舍去此数，继续查下一行相同列数，直到完成应抽样品件数为止。

3）FDA 的取样方案　美国食品药品监督管理局（FDA）的取样方案与 ICMSF 的取样方案基本一致，所不同的是危害严重指标菌所取的 15、30、60 个样品可以分别混合，混合的样品量最大不超过 375 g。也就是说所取的样品每个为 100 g，从中取出 25 g，然后将 15 个 25 g 混合成一个 375 g 样品，混匀后再取 25 g 作为试样检验，剩余样品妥善保存备查。各类食品检验时的混合样品的最低数量见表 3-2。

表 3-2　各类食品检验时的混合样品的最低数量

食品危害度	混合样品的最低数量
Ⅰ	4
Ⅱ	2
Ⅲ	1

三、常见的食品微生物检验样品的采集及处理

1. 肉与肉制品　肉与肉制品微生物检验，采用棉拭取样法。

1）取样

（1）检验受污染程度取样：用板孔 5 cm^2 的金属制规板压在受检物上，将灭菌棉棒稍蘸湿，在板孔 5 cm^2 的范围内擦拭多次，然后将规板移压另一点，用另一棉棒擦拭，如此共移压擦拭 10 次，总面积 50 cm^2，共有 10 只棉棒拭样。

（2）检验致病菌取样：不必用规板，直接在可疑部位用棉棒擦拭即可。

2）处理　每支棉拭在揩抹完毕后应立即剪断或烧断后投入盛有 50 mL 灭菌水的三角烧瓶或大试管中，立即送检。检验时先充分振摇三角烧瓶或管中的液体，作为原液，再按要求作 10 倍递增稀释。

2. 乳及乳制品

1）取样

（1）生乳：用无菌取样工具分别从相同批次中采集多个样品，使取样量满足微生物指标检验要求。

（2）液态乳制品：取相同批次最小零售原包装 1 件或多件。

（3）半固态乳制品：炼乳，原包装小于或等于 500 g（mL）时，应取相同批次的最小零售原包装 1 件或多件；原包装大于 500 g（mL）的制品，在取样前应摇动或使用搅拌器搅拌均匀后取样。如果样品无法混合均匀，就从样品容器中的各个部位取代表性样品。

（4）固态乳制品：干酪与再制干酪，原包装小于或等于 500 g 时，取相同批次的最小零售原包装。原包装大于 500 g 时，根据干酪的形状和类型，可分别使用下列方法：在距边缘不小于 10 cm 处，把取样器向干酪中心斜插到一个平表面，进行一次或几次；或把取样器垂直插入一个面，并穿过干酪中心至对面；或从两个平面之间，将取样器水平插入干酪的竖直面，插向干酪中心。若干酪是装在桶、箱或其他大容器中，或是将干酪制成压紧的大块时，将取样器从容器顶斜穿到底进行取样。

乳粉、乳清粉、乳糖、酪乳粉，原包装小于或等于 500 g 时，取相同批次的最小零售原包装 1 个或多个。原包装大于 500 g 时，将洁净、干燥的取样钻沿包装容器切口方向往下，匀速穿入底部后，将取样钻旋转 180°，抽出取样钻并将采集的样品转入样品容器。

2）处理

（1）乳及液态乳制品：将检样摇匀，玻璃瓶装酸奶用无菌操作方法去掉纸盖，瓶口经火焰灭菌；包装盒（袋）装液态乳制品以无菌操作开启包装盒（袋），用 75%酒精棉球消毒盒盖或袋口。用灭菌吸管吸取 25 mL（液态乳中添加固体颗粒状物的，应均质后取样）检样，放入装有 225 mL 灭菌生理盐水的锥形瓶内，振摇均匀。

若酸奶有澄清现象，应先除去水分再作处理。

（2）半固态乳制品：炼乳，清洁罐（瓶）表面后，用酒精棉球消毒瓶或罐的上表面，然后用灭菌的开罐器打开罐（瓶），以无菌操作称取 25 g（mL）检样，放入装有 225 mL 灭菌生理盐水的锥形瓶内，振摇均匀。

（3）固态乳制品：干酪与再制干酪，以无菌操作打开外包装，用灭菌刀削去部分表面封蜡，再用灭菌刀切开干酪，以无菌操作切取表层和深层检样各少许，置于灭菌研钵内切碎。称取 25 g 磨碎的样品，放入装有 225 mL 45℃灭菌生理盐水（或其他稀释液）的锥形瓶中，振摇均匀（1～3 min），分散过程中温度不超过 40℃，且尽可能避免泡沫产生。

乳粉、乳清粉、乳糖、酪乳粉、罐装奶粉的开罐取样法同炼乳处理，袋装奶粉应用 75%

酒精棉球涂擦消毒袋口，以无菌操作开封取样，称取检样 25 g，放入装有适量玻璃珠的灭菌三角烧瓶内，将 225 mL 45℃的灭菌生理盐水慢慢加入（先用少量生理盐水将奶粉调成糊状，再全部加入，以免奶粉结块），振摇使充分溶解和混匀。对于经酸化工艺生产的乳清粉，应使用 pH8.4±0.2 的磷酸氢二钾缓冲液稀释。对于含较高淀粉的特殊配方乳粉，可使用 α-淀粉酶降低溶液黏度，或将稀释液加倍以降低溶液黏度。

3. 蛋与蛋制品样品

1）取样

（1）鲜蛋、皮蛋：用流水冲洗外壳，再用 75%酒精棉球涂擦消毒后放入灭菌袋内，加封做好标记后送检。

（2）全蛋粉、巴氏消毒全蛋粉、蛋黄粉、蛋白片：将包装开口处用 75%酒精棉球消毒，然后将盖开启，用灭菌的金属制双层旋转式套管取样器斜角插入箱底，使套管旋转收取检样，再将取样器提出箱外，用灭菌小匙自上、中、下部收取检样，装入灭菌广口瓶中，每个检样质量不少于 100 g。

（3）冰全蛋、巴氏消毒冰全蛋、冰蛋黄、冰蛋白：先将包装开口处用 75%酒精棉球消毒，然后将盖开启，用灭菌电钻由顶到底斜角钻入，徐徐钻取检样，然后抽出电钻，从中取出 20 g 检样装入灭菌广口瓶中送检。

2）处理

（1）鲜蛋外壳：用灭菌生理盐水浸湿的棉拭充分擦拭蛋壳，然后将棉拭直接放入培养基内增菌培养，也可将整只鲜蛋放入灭菌小烧杯或平皿中，按检样要求加入定量灭菌生理盐水或液体培养基，用灭菌棉拭将蛋壳表面充分擦洗后，以擦洗液作为检样检验。

（2）全蛋粉、巴氏消毒全蛋粉、蛋白片、冰蛋黄：将检样放入带有玻璃珠的灭菌瓶内，按比例加入灭菌生理盐水充分摇匀。

（3）冰全蛋、巴氏消毒冰全蛋、冰蛋白、冰蛋黄：将装有冰蛋检样的瓶子放至自来水下冲洗，待检样融化后取出，放入带有玻璃珠的灭菌瓶内充分摇匀。

4. 水产食品样品

1）检验水产食品肌肉细菌含量

（1）取样：现场采取水产食品样品时，应按检验目的和水产品种类确定取样量。除个别大型鱼类和海兽只能割取其局部作为样品外，一般都采完整的个体，待检验时再按要求在一定部位采取检样。一般小型水产类如对虾、小蟹，因个体过小在检验时只能混合采取检样，在取样时须采数量更多的个体；鱼糜制品（如灌肠、鱼丸等）和熟制品采取 250 g，放灭菌容器内。取样后应在 3 h 以内送检，在送检过程中应加冰保藏。

（2）处理。

A. 鱼：采取检样的部位为背肌。用流水将鱼体体表冲净、去鳞，再用 75%酒精棉球擦净鱼背，待干后用灭菌刀在鱼背部沿脊椎切开 5 cm，沿垂直于脊椎的方向切开两端，使两块背肌分别向两侧翻开，用无菌剪子剪取 25 g 鱼肉，注意不要沾上鱼皮，放入灭菌研钵内，用灭菌剪子剪碎，加灭菌海砂或玻璃砂研磨（有条件时可用均质器），检样磨碎后加入 225 mL 灭菌生理盐水，混匀成稀释液。

鱼糜制品和熟制品应放在乳钵内进一步捣碎后，再加入生理盐水混匀成稀释液。

B. 虾：采取检样的部位为腔节内的肌肉。将虾体在流水下冲净，摘去头胸节，用灭菌剪子剪除腹节与头胸节连接处的肌肉，然后挤出腔节内的肌肉，称取 25 g 放入灭菌研钵内，以后操作同鱼类检样处理。

C. 蟹：采取检样的部位为胸部肌肉。将蟹体在流水下冲净，剥去壳盖和腹脐，去除鳃条，再置流水下冲净。用 75%酒精棉球擦拭前后外壁，置灭菌搪瓷盘上待干。然后用灭菌剪子剪开，成左右两片，用双手将一片蟹体的胸部肌肉挤出（用手指从足根一端向剪开的一端挤压），称取 25 g，置灭菌研钵内。以下操作同鱼类检样处理。

D. 贝壳：用流水刷洗贝壳，刷净后放在铺有灭菌毛巾的清洁的搪瓷盘或工作台上，取样者将双手洗净，用 75%酒精棉球涂擦消毒，用灭菌小钝刀从贝壳的张口隙缝中缓缓切入，撬开壳盖，再用灭菌镊子取出整个内容物，称取 25 g 置灭菌研钵内，以下操作同鱼类检样处理。

2）*检验水产食品是否污染某种致病菌*　鱼类检取肠管和鳃；虾类检取头胸节内的内脏和腹节外沿处的肠管；蟹类检取胃和鳃条；贝类中的螺类检取腹足肌肉以下的部分；贝类中的双壳类检取覆盖在斧足肌肉外层的内脏和瓣鳃等。

5. 冷冻饮品、饮料

1）*取样*

（1）瓶装饮料、固体饮料，应采取原瓶、袋和盒装样品。

（2）散装饮料，用无菌操作采取 500 mL，放入灭菌磨口瓶中。

（3）冰激凌、冰棍，取原包装样品；散装者用无菌操作采取 200 g，放入灭菌磨口瓶中，再放入冷藏或隔热容器中。

（4）食用冰块。取冷冻冰块 500 g 放入灭菌容器内，放入冷藏或隔热容器中。

所有的样品采取后，应立即送检，最多不得超过 3 h。

2）*处理*

（1）瓶装饮料：玻璃瓶口用点燃的酒精棉球烧灼瓶口灭菌，再用石炭酸纱布盖好；塑料瓶口用 75%酒精棉球擦拭灭菌，再用灭菌开瓶器将盖启开，含有 CO_2 的饮料可倒入另一灭菌容器内，口勿盖紧，覆盖一灭菌纱布，轻轻摇荡。待气体全部逸出后，进行检验。

（2）冰棍：用灭菌镊子除去包装纸，将冰棍部分放入灭菌磨口瓶内，木棒留在瓶外，盖上瓶盖，用力抽出木棒或用灭菌剪子剪掉木棒，置 45℃恒温水浴锅中，待其完全融化。

（3）冰激凌：放在灭菌容器内，待其融化，立即进行检验。

6. 调味品

1）*取样*

（1）酱油和食醋：装瓶样品采取原包装；散装样品可用灭菌吸管采取。

（2）酱类：用灭菌勺子采取后放入灭菌磨口瓶内。

2）*处理*

（1）酱油和食醋：瓶装样品用点燃的酒精棉球烧灼瓶口灭菌，再用石炭酸纱布盖好，然后用灭菌开瓶器将盖启开；袋装样品用 75%酒精棉球消毒袋口后进行检验。食醋用 20%～30%灭菌碳酸钠溶液调 pH 至中性。

（2）酱类：用无菌操作方法称取 25 g，放入灭菌容器内，加入 225 mL 灭菌蒸馏水，制成混悬液。

7. 酒类　酒类一般不进行微生物学检验，主要针对不能抑制细菌生长的低浓度发酵酒进行检验。

1）取样　瓶装酒类应采取原包装样品两瓶；散装酒类应用灭菌容器采取 500 mL，放入灭菌磨口瓶中。

2）处理

（1）瓶装酒：用点燃的酒精棉球烧灼瓶口灭菌，再用石炭酸纱布盖好，然后用灭菌开瓶器将盖启开，含有 CO_2 的酒类可倒入另一灭菌容器内，口勿盖紧，覆盖一纱布，轻轻摇荡，待气体全部逸出后，进行检验。

（2）散装酒：直接吸取，进行检验。

8. 粮食

1）取样　根据粮囤、粮垛的大小和类型，按三层五点法取样，或分层随机采取不同的样品后混匀，取 500 g 左右作检验用，每增加 10 000 t，增加一个混样。

2）处理　为了分离侵染粮粒内部的霉菌，在分离培养前，必须先将附在粮粒表面的霉菌除去。取粮粒 10～20 g，放入灭菌的 150 mL 锥形瓶中，以无菌技术，加入无菌水超过粮粒 1～2 cm，塞好棉塞充分振荡 1～2 min，将水倒净，再换水振荡，如此反复洗涤 10 次，最后将水倒去，将粮粒倒在无菌平皿中备用。如为原粮（如玉米、小麦等），需先用 75%乙醇浸泡 1～2 min，以脱去粮粒表面的蜡质，倾去乙醇后再用无菌水洗涤粮粒，备用。

9. 罐藏食品

1）取样　按杀菌锅数取样，每杀菌锅取一罐，每批次每个品种取样基数不少于 3 罐；低酸性食品每杀菌锅可取 2 罐。

按班生产量取样，班生产量超过 20 000 罐者，取样系数为 1/10 000，尾数每超过 1000，增取 1 罐，取样基数不小于 3 罐；对于生产量小于 5000 者，每班产品至少取 1 罐，取样基数不小于 3 罐。

2）处理

（1）称量：用电子秤或天平称量，1 kg 及 1 kg 以下的罐头精确到 1 g，1 kg 以上的罐头精确到 2 g，各罐头的质量减去空罐的平均质量即该罐头的净重。

（2）保温开罐：取 36℃保温过的全部罐头，冷却到常温后，按无菌操作开罐检验。将样罐用温水和洗涤剂洗刷干净，用自来水冲洗后擦干。放入无菌室，用紫外线杀菌灯照 30 min 后放入超净工作台，用 75%酒精棉球擦拭无编号端，并点燃灭菌。用灭菌刀开启罐盖，开罐时不要伤及盖的卷边部分。

（3）留样：开罐后，用灭菌吸管以无菌操作取出内容物 10～20 mL（g），移入灭菌容器内。

四、非食品中微生物检验的样品采集与处理

1. 空气样品的采集与处理　空气的采样方法，常见的有直接沉降法、过滤法、气流撞击法，其中气流撞击法最为完善，能较准确地表示出空气中细菌的真正含量。

1）气流撞击法　气流撞击法需要布尔济利翁仪器及克罗托夫仪器等，较为常见的是克罗托夫仪器，如图 3-1 所示。它包括 3 个连接部分：①选取空气样品的部分；②压力表；③电气部分。将琼脂平板置于仪器主要部分的圆盘上，然后将仪器密闭，开启电流开关。通风机以 4000～5000 r/min 的速度旋转，将空气吸入，空气由楔形孔隙进入仪器而撞击在琼脂

平板的表面，并黏着在培养基上，由于空气的旋流，带有平皿的圆盘产生低速转动，使细菌可在培养基表面均匀散布。根据细菌污染程度，可吸取不同量的空气，以供检验。每分钟的空气量可用压力表测定，空气流量的大小可通过电气部分加以调节。

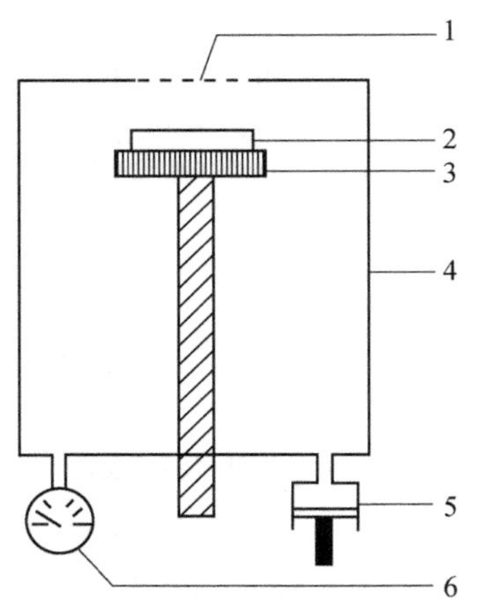

图 3-1　克罗托夫仪器

1. 楔形孔隙；2. 平皿；3. 圆盘；4. 密封圆筒；5. 抽气机；6. 压力表

2）*直接沉降法*　在检验空气中细菌含量的各种沉降法中，科赫简单平皿法是较早的方法之一。科赫简单平皿法就是将琼脂平板或血琼脂平板放在空气中暴露一定时间，然后在37℃条件下培养48 h，计算所生长的菌落数，将面积为100 cm^2 的培养基表面，5 min沉降下来的细菌数记为10 L空气中所含的细菌数。

由于应用上述方法检验出空气中的细菌数约比克罗托夫仪器获得的菌数少2/3。因此，有人建议将面积100 cm^2 的培养基（培养皿直径约为11 cm）暴露5 min后，即放入37℃条件下培养24 h，所得的细菌数可看作3 L（而不是10 L）空气中所含有的细菌数。

2. 水样的采集与处理　取水样时，最好选用带有防尘磨口瓶塞的广口瓶。对于氯气处理的水，取样后在每100 mL的水样中加入0.1 mL的20 g/L硫代硫酸钠溶液。

若分析供水系统的微生物，取样时应特别注意防止样品的污染，如果样品是从水龙头上取得，水龙头嘴的里外都应灭菌。打开水龙头让水流几分钟，关上水龙头并用酒精灯灼烧，再次打开水龙头让水流1～2 min后再接水样并装满取样瓶。

若追踪微生物的污染源，建议还应在水龙头灭菌之前取水样或水龙头的里边和外边用棉拭涂抹取样，以检验水龙头自身污染的可能性。

从水库、池塘、井水、河流等取水样时，需用无菌的器械或工具拿取瓶子和打开瓶塞。在流动水中取样品时，瓶嘴应直接对着水流。大多数国家的官方取样程序中已明确规定了取样所用器械。如果不具备适当的取样仪器或临时取样工具，只能用手操作，但取样时应特别小心，防止用手接触水样或取样瓶内壁。

水样采取后，应于2 h内送到检验室。若路途较远，应连同水样瓶一并置于6～10℃的冰瓶内运送，运送时间不得超过6 h，洁净的水最多不超过12 h。水样送到后，应立即进行检验，如条件不允许，则可将水样暂时保存在冰箱中，但不得超过4 h。运送水样时应避免玻璃瓶摇动，水样溢出后又回流瓶中，从而增加污染概率。检验时应将水样摇匀再做鉴定。

3. 生产器械样品的采集与处理

1）*表面擦拭法*　生产器械表面的微生物检验，常用表面擦拭法进行取样，一般是用刷子擦洗法或海绵、棉签擦拭法。

（1）刷子擦洗法：用无菌刷子在无菌溶液中沾湿，反复刷洗设备表面200～400 cm^2 的面积，然后将刷子放入盛有225 mL无菌生理盐水的容器中充分洗涤，将此含菌液进行微生物检验。

（2）海绵擦拭法：戴橡皮手套或用无菌镊子拿体积为4 cm×4 cm×4 cm、浸无菌生理盐水的无菌海绵或无菌脱脂棉球，反复擦拭设备表面100～200 cm^2，然后将带菌棉球或海绵放入225 mL无菌生理盐水中充分洗涤，将此含菌液进行微生物检验。

（3）棉签擦拭法：若所采集样品的表面干燥，则用无菌稀释液湿润棉签后再擦拭；若表面有水，则直接用干棉签擦拭，擦拭后立即将棉签用无菌剪刀剪入盛样容器。取与食品直接接触或有一定影响的表面 25 cm^2，在其内涂抹 10 次，然后剪去手接触部分棉棒，将棉签放入含 10 mL 灭菌生理盐水的采样管内送检。

2）*冲洗法* 一般容器和设备可用一定量无菌生理盐水反复冲洗与食品接触的表面。

对于较大型设备，可以用循环水冲洗设备管道。采集定量的冲洗水，用滤膜法进行微生物检测。

4. 工人手样品的采集与处理 被检人五指并拢，用浸湿生理盐水的棉签在右手指曲面，从指尖到指端来回擦拭 10 次，然后剪去手接触部分棉棒，将棉签放入含 10 mL 灭菌生理盐水的采样管内送检。

五、取样标签的填写或标记

样品采集时，应作好样品记录，写明样品采集时的条件，如产品的温度、地点等，以及检样样品号等。样品运输时，应做好运送记录，写明运送条件、日期、到达地点及其他需要说明的情况等。

食品微生物学检验样品在运送和保存过程中，应保证样品中微生物的状态不发生变化，冷冻食品要保持冷冻状态，不能反复冻融，采集的非冷冻食品一般在 0～5℃ 条件下冷藏。所有盛样容器必须有和样品一致的标记，标记应牢固，具防水性。取样结束后需尽快将样品送往实验室检验。如不能及时运送，冷冻样品应存放在−20℃冰箱或冷藏库内；冷却和易腐食品应存放在 0～4℃冰箱或冷却库内；其他食品可放在常温冷暗处。一般在 36 h 内进行检验，不能冷藏的食品应立即检验。

当样品接收时，应对采集的样品进行及时、准确的记录和标记，取样人应清晰填写取样单（包括取样人，取样地点、时间，样品名称、来源、批号、数量、保存条件等信息）。样品应尽可能在原有状态下运送到实验室。

六、样品的检验与处理

1. 检验方法的选择

（1）应选择现行有效的国家标准方法。

（2）食品微生物检验方法标准中对同一检验项目有 2 个或 2 个以上定性检验方法时，应以常规培养方法为基准方法。

（3）食品微生物检验方法标准中对同一检验项目有 2 个或 2 个以上定量检验方法时，应以平板计数法为基准方法。

2. 检后样品的处理 食品微生物检验通常分为型式检验、例行检验和确认检验。型式检验的依据是产品标准，为了认证目的所进行的型式检验必须依据产品国家标准。一般的型式检验为现场检验，可以是全检，也可以是单项检验。对于批量生产的定型产品，为检查其质量稳定性，往往要进行定期抽样检验（在某些行业称为“例行检验”）。例行检验包括工序检验和出厂检验。例行检验允许用经过验证后确定的等效、快速的方法进行。确认检验是为验证产品持续符合标准要求而进行的从经例行检验后的合格品中随机取样品依据检验文件进行的检验。

无论是何种检验，处理方法根据具体情况进行选择。

（1）阴性样品：在检验报告完成后，可及时处理。样品在检验后销毁即可。

（2）阳性样品：检出致病菌的样品还要经过无害化处理。一般阳性样品，在检测报告（特殊情况可以适当延长）完成后，方能处理样品。

（3）进口食品的阳性样品：需保存 6 个月，方能处理。

（4）报告检验结果以后，剩余样品或同批样品通常不进行微生物项目的复检。

第二节　食品微生物分离技术

一、常规的食品微生物分离技术

在一定条件下培养、繁殖得到的微生物群体为培养物。其中，只有一种微生物的培养物为纯培养物。通常情况下，只有纯培养物才能使研究简化、稳定，使研究结果重复性高，因此在微生物学研究中，从自然界混杂微生物群体中分离、纯化出特定微生物的纯培养技术，是进行微生物学研究的基础。

1. 无菌操作技术　在微生物接种、培养、分离、鉴定及转移等各项操作中，都需要防止其他微生物的污染，且要保证操作过程不污染操作环境。这种操作技术是保证微生物实验正常进行的关键，称为无菌操作技术，包括灭菌技术和操作过程中的无菌环境的保持。

在微生物实验中，通常利用不同的灭菌方式进行不同物品的灭菌。加热灭菌法中常用的包括火焰灭菌法、干热灭菌法和高压蒸汽灭菌法：火焰灭菌法是利用喷灯或酒精灯火焰加热数秒来杀灭微生物的一种方法，此方法方便快捷，主要适用于金属制品及其他在火焰上不会破损的物品；干热灭菌法是利用干热空气杀灭微生物的一种方法，适用于金属、耐热玻璃等耐高温物品，通常干热灭菌法所需温度高，时间长，如 171℃需要 1 h，160℃需 2 h，121℃需 16 h；高压蒸汽灭菌法是利用适当温度和压力的饱和水蒸气加热杀灭微生物的一种方法，适用于耐高温高压水蒸气的物品，通常杀菌条件为 115℃ 30 min、121℃ 20 min 或 126℃ 15 min。紫外线灭菌法是利用照射紫外线杀灭微生物的一种方法，适用于各种杀菌制品的再一次杀菌及无法用其他灭菌法的大型器皿、设备等。过滤灭菌法是利用筛除或滤材吸附等物理方式除去微生物，适用于不能受热的器皿及试剂。化学灭菌法主要用乙醇（75%）、甲酚等溶液来进行再次灭菌或人手部的灭菌。

通常而言，试管、锥形瓶、培养皿、枪头、离心管等微生物操作器皿使用前用高压蒸汽灭菌法灭菌；有些玻璃器皿也常用干热灭菌法灭菌；试剂、培养基等通常用高压蒸汽灭菌法或过滤灭菌法灭菌；接种棒等金属制品用火焰灭菌法灭菌，有时操作过程中玻璃器皿瓶口也用火焰灭菌法灭菌；已灭菌过的器皿及操作台等设备用紫外线灭菌法灭菌；操作台面及人体手等部位用乙醇进行化学法灭菌。

在微生物实验的接种、培养、分离、鉴定等操作过程中，需在无菌室、生物安全柜或超净工作台中操作（图 3-2）。超净工作台能保护工作台内操作的试剂不受污染，并不保护工作人员，适用于非致病微生物操作；生物安全柜是负压系统，能有效保护工作人员，适用于致病微生物及有感染性实验材料的操作。一般无菌室、生物安全柜和超净工作台在使用前需用紫外线消毒 30～60 min，生物安全柜和超净工作台在开启电源后，用 75%乙醇或 0.5%过氧乙酸喷洒擦拭工作台面。无菌室需定期用甲醛熏蒸消毒。

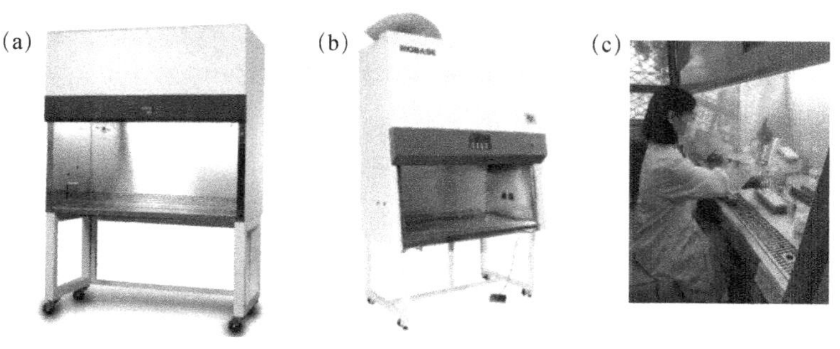

彩图

图 3-2 超净工作台［(a)］、生物安全柜［(b)］及柜内操作［(c)］

将微生物接种到适合其生长繁殖的人工培养基上的技术称为接种技术。接种时，先将接种工具在酒精灯火焰上灼烧灭菌以防止污染，待冷却后蘸取标本在培养基中接种，最后将接种工具灭菌以防止污染环境（图 3-3）。接种常用工具为接种环、接种针、涂布棒和移液管（枪），根据标本的不同而选取不同的工具。挑取菌丝时用接种针，蘸取菌液、挑取微生物时用接种环，将菌悬液加至固体培养基上后涂布均匀用涂布棒，定量取菌液用移液管（枪）。接种过程需在酒精灯火焰附近 2～3 cm 处进行，敞口器皿瓶口始终向着火焰。且从敞口器皿（如锥形瓶、试管等）取样或加样后，瓶口需在火焰上灼烧。

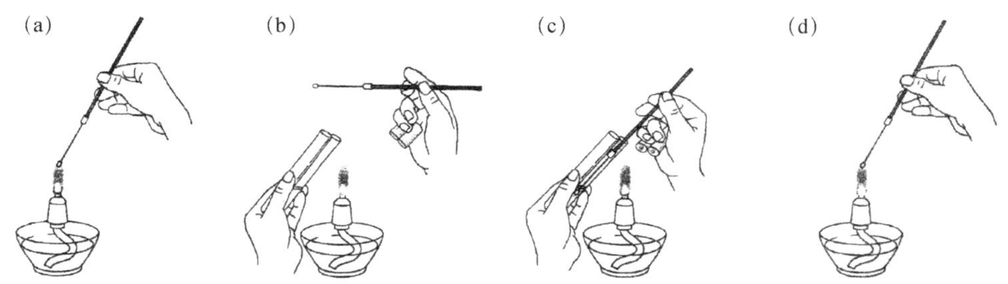

图 3-3 无菌操作转接培养物（引自沈萍和陈向东，2016）

（a）接种环在火焰上灼烧灭菌；（b）在空气中冷却被烧红的接种环，同时打开试管；（c）用接种环蘸取一环培养物转移到一装有无菌培养基的试管中，并将试管重新盖好；（d）接种环在火焰上灼烧，杀灭残留的培养物

2. 用固体培养基（平板分离法）获得纯培养 固体培养基是固态的培养基，常见的凝固剂是琼脂。单个微生物在适宜的固体培养基表面或内部生长繁殖到一定程度可以形成肉眼可见的、有一定形态结构的子细胞生长群体，称为菌落。当固体培养基表面众多菌落连成一片时，便成为菌苔。由于特定培养基上不同微生物形成的菌落具有稳定的特征，因此可以根据菌落特征对微生物进行归类。由于菌落是由单个微生物生长、繁殖而来的，因此用合适的分离方法得到的菌落是纯培养物。固体培养基中形成的菌落不易扩散且肉眼可见，适合观察和挑取移植。将已熔化的固体培养基倒入无菌培养皿中，冷却凝固后形成固体培养基，称为平板。大多数细菌、酵母及许多真菌和单细胞藻类都能在平板上形成单菌落，容易通过平板分离法获得纯培养。

平板分离法分为以下几种。

1）稀释倒平板法（pour plate method） 稀释倒平板法又称浇注平板法。先将待分离的样品用生理盐水等作一系列的稀释（如 1∶10、1∶100、1∶1000、1∶10 000…），然后分别取不同稀释液少许，与已熔化并冷却至 50℃左右的琼脂培养基混合，摇匀后，倾入灭过菌的培养皿中，待琼脂凝固后，制成可能含菌的琼脂平板，将培养皿倒置保温培养一定时间即可出现菌落。如果稀释得当，在平板表面或培养基中就会出现分散的单菌落，这个菌落可能就是由一个微生物细胞繁殖形成的［图 3-4（a）］。随后挑取该单个菌落，或重复以上操作数次，便可得到纯培养。

2）涂布平板法（spread plate method）　有些微生物对温度较敏感，有些严格好氧菌由于固体培养基中缺乏氧气而不易在固体培养基内部繁殖，不适合直接将这些微生物与 50℃左右的琼脂培养基混合，以避免假阴性结果。因此在微生物学研究中更常用的纯种分离方法是涂布平板法。其做法是将一定量的某一稀释度的样品悬液滴加在已凝固的无菌平板表面，再用无菌涂布棒将菌液均匀分散至整个平板表面，将培养皿倒置培养后挑取单个菌落［图 3-4（b）］。

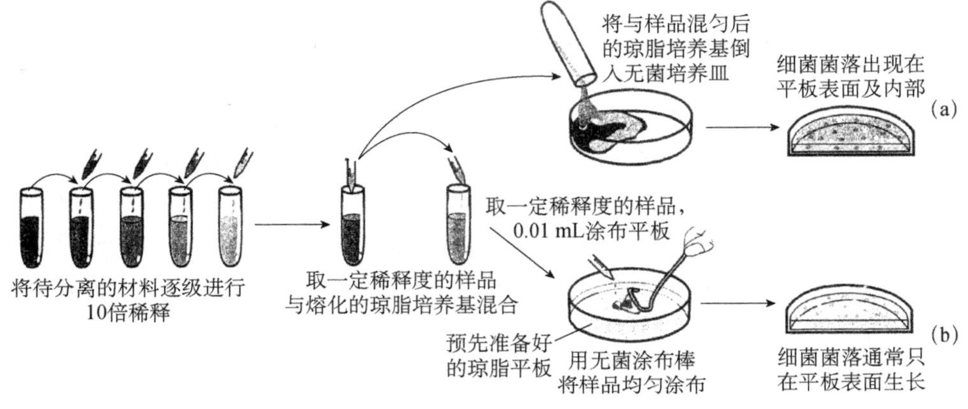

图 3-4　稀释后用平板分离细菌单菌落（引自沈萍和陈向东，2016）

（a）稀释倒平板法；（b）涂布平板法

3）平板划线法（streak plate method）　用无菌接种环蘸取少许待分离的样品，在无菌平板表面进行划线，微生物细胞数量将随着划线次数的增加而减少，并逐步分散开。划线方法很多，其中分区划线法与连续划线法较为常用（图 3-5）。其中，分区划线法适用于含菌量较多的样品，连续划线法适用于含菌量较少的样品。分区划线法在每个区划线完后，都要对接种环进行灭菌。

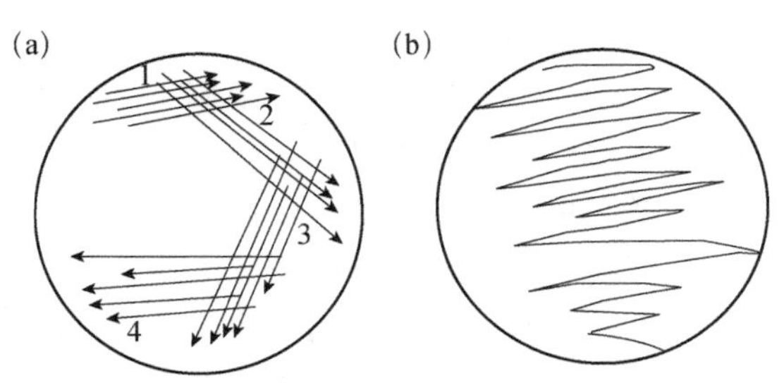

图 3-5　平板划线法

（a）分区划线法；（b）连续划线法

4）稀释摇管法（shake tube method）　对于那些对氧气更为敏感的厌氧性微生物，纯培养的分离则可采用稀释摇管法进行，它是稀释倒平板法的一种变通形式。先将一系列盛有无菌琼脂培养基的试管加热，使琼脂培养基熔化后冷却并保持在 50℃左右，将待分离的材料用这些试管进行梯度稀释，试管迅速摇动均匀，冷凝后，在琼脂柱表面倾倒一层灭菌液体石蜡和固体石蜡的混合物，将培养基和空气隔开。培养后，菌落形成在琼脂柱的中间。进行单菌落的挑取和移植，需先用一只灭菌针将液体石蜡-石蜡盖取出，再用一支毛细管插入琼脂和管壁之间，吹入无菌无氧气体，将琼脂柱吸出，放置在培养皿中，再用无菌刀将琼脂柱切成薄片进行观察和菌落移植。

3. 选择性培养分离 自然界中微生物以群体形式存在，用平板分离法分离出非优势微生物是很难的，尤其当目标微生物与其他微生物相比，数量非常少时，采用稀释倒平板法很难分离到目标微生物。

每种微生物都有最适合自身生长繁殖的特定培养条件，在某种培养条件下接种多种微生物时，一些微生物适合生长，一些微生物生长被抑制，且每种微生物受到激活和抑制的状态也不同。因此可以根据目标微生物的理化特性，使用特定的培养条件来抑制其他大多数微生物生长，或创造有利于目标微生物生长的环境，经过一定时间培养后使目标微生物在群落中的数量上升，再通过稀释倒平板等方法对它进行纯培养分离来筛选目标微生物，这种方法称为选择性培养分离法。

1）选择性平板培养 根据目标微生物的特点选择不同的培养条件（培养环境或培养基等）抑制其他微生物的生长，便于目标微生物的分离，称为选择性平板培养。例如，分离嗜酸菌时，可在酸性条件下进行培养，这样非嗜酸菌会死亡而被淘汰；分离抗生素抗性菌株时，可在含抗生素的抗性平板上培养，这样非抗性菌株就会死亡而被淘汰。

2）富集培养 富集培养主要是指根据目标微生物的特点，利用不同的培养条件（培养环境或培养基等），使其仅利于目标微生物快速生长繁殖，使目标微生物成为自然群落中的优势微生物，便于从自然界中分离。图 3-6 描述了采用富集方法从土壤中分离能降解纤维素的微生物的实验过程。首先将少量的土壤样品接种于装有以纤维素为唯一碳源的液体培养基的锥形瓶中，培养一定时间，待透明的培养液变浑浊后（说明已有大量微生物生长），取少量上述培养液转移至新鲜的以纤维素为唯一碳源的液体培养基中重新培养，多次重复该过程后，纤维素降解菌得到大大富集。将培养液涂布于以纤维素为唯一碳源的琼脂平板上，得到的微生物菌落中的大部分都是目标微生物——能降解纤维素的微生物。

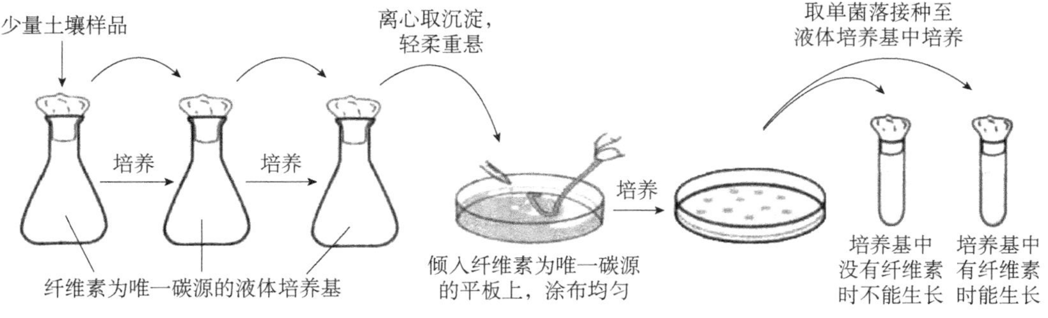

图 3-6 利用富集培养技术从土壤中分离能降解纤维素的微生物

富集培养法使原本在自然环境中占少数的微生物的数量大大提高，再通过平板分离法等即可得到目标纯培养物。

富集培养是微生物学较有效的分离技术手段之一，可从自然界分离出目标微生物。只要掌握目标微生物的特有特性，富集培养法就能对从自然界中分离的特定已知微生物进行分类鉴定，还能分离出未知的具有某种特性的目标微生物。

4. 用液体培养基获得纯培养 一些个体较大的微生物，如大的细菌、许多原生动物和藻类等无法用平板分离法进行分离，需要用液体培养基分离来获得纯培养。

液体培养基分离纯化法中最常用的是稀释法。将样品在液体培养基中顺序稀释，以得到高度稀释的样品，使一支试管中分配一个微生物或没有一个微生物。如果经稀释后的大多数平行试管中没有微生物生长，那么有微生物生长的试管中的培养物很可能是纯培养物。因此，采用液体培养基稀释法，同一个稀释度应有较多的平行试管，且大多数试管（一般应超过 95%）应表现为没有微生物。有研究表明，若同一稀释度的试管中有 95%表现为没有微生物，则生长的试管中仅含有一个细胞的概率为 4.8%，含有两个细胞的概率为 0.12%，含有三个细胞的概率为 0.002%，即在有微生物生长的试管中得到纯培养的概率为 97.5%。

5. 单细胞（或单孢子）分离 用稀释法分离时，一般分离出的是混杂微生物群体中的优势微生物，而大部分非优势微生物无法分离。这些大个非优势微生物常常采取显微分离法从混杂群体中直接分离单个细胞或单个个体进行培养以获得纯培养，称为单细胞（或单孢子）分离法。

单细胞分离法用毛细管提取单个个体，并在大量的液体培养基中清洗几次，除去较小微生物的污染。这项操作可在低倍显微镜，如立体显微镜下进行。对于个体相对较小的微生物，需采用显微操作仪，在显微镜下进行。目前，市场上有售的显微操作仪种类很多，一般是通过机械、空气或油压传动装置来减小手的动作幅度，在显微镜下用毛细管或显微针、钩、环等挑取单个微生物细胞或孢子以获得纯培养。在没有显微操作仪时，也可采用一些变通的方法在显微镜下进行单细胞分离。例如，将经适当稀释后的样品制备成小液滴在显微镜下观察，选取只含一个细胞的液滴进行培养以获得纯培养。单细胞分离法对操作技术有比较高的要求，多限于高度专业化的科学研究中采用。

6. 二元培养物 分离通常是要得到纯培养物。然而，分离有共生关系的微生物做不到或是很难做到纯培养。另外，猎食细小微生物的原生动物由于营养要求高，培养基不好制作，也很难做到纯培养。这时，可用二元培养物代替纯培养物。如果培养物中只含有共生关系的微生物或只含有原生动物和其猎食微生物，这样的培养物称为二元培养物。常用二元培养物进行分离的有病毒（病毒是严格的细胞内寄生物）、其他生物的细胞内寄生微生物，或具特殊共生关系的微生物、纤毛虫（猎食黏菌）等猎食细小微生物的原生动物等。对于这些微生物，二元培养物是在实验室条件下最接近于纯培养的培养方法。

二、高通量筛选技术

高通量筛选（high throughput screening，HTS）又称大规模集群式筛选，可快速从自然微生物群体中筛选到目标菌株，极大地提高目标菌株的筛选效率，减少了筛选时间和成本。主要有基于颜色或荧光、基于细胞生长、基于生物传感器及基于液滴微流体平台 4 种技术。

1. 基于颜色或荧光的高通量筛选技术 基于颜色或荧光对细胞进行筛选是一种非常直观的高通量筛选方法，一般适用于能产生有色代谢物或荧光代谢物的微生物，如生产番茄红素、β-胡萝卜素和虾青素的菌株。另外，如果微生物代谢物本身是无色或者缺乏荧光，可使用添加剂让其与代谢物反应产生颜色或荧光，或引入外源酶将细胞代谢物转化成有颜色的物质后，再利用此方法来进行高通量筛选。基于颜色或荧光的高通量筛选技术根据颜色/荧光的类别和深浅程度判断微生物代谢物的种类和产量高低；也可通过微量滴定板筛选的方法，将微生物代谢物产量与光度测定相关联，来量化微生物代谢物从而筛选出目标微生物；还可通过荧光激活方式，对于细胞内带有荧光代谢物或者可以被荧光染色的代谢物，设置特定波长激发光来激活细胞内荧光信号，在单细胞水平上根据荧光强度对细胞进行筛选。

2. 基于细胞生长的高通量筛选技术　基于细胞生长的高通量筛选技术适用于筛选生产特定代谢物或者特定酶的微生物。一般使用对目标代谢物或目标酶的缺陷型菌株作为报告菌株。缺陷型菌株丧失了合成该代谢物和该酶的能力，只有在能产生该代谢物和该酶的培养基上才能生长，因此可以对生产酶或者代谢物的微生物进行高通量筛选。

3. 基于生物传感器的高通量筛选技术　在微生物体内广泛存在一类蛋白质或RNA元件（如转录因子、核糖体开关），它们能够响应细胞内特定代谢物效应物的浓度，转化为特定信号输出（如荧光、生长优势、特定代谢通路的开闭）。基于生物传感器的高通量筛选技术就是根据输出信号的强度来检测目标代谢物浓度，从而快速筛选产目标代谢物的目标微生物。

1）基于转录因子生物传感器的高通量筛选技术　转录因子通过结合基因启动子或增强子，独自或与其他蛋白质组成复合体，进而促进或者阻断RNA聚合酶参与转录，来调控基因表达。目标微生物产生的代谢物可通过配体结合和磷酸化激活或抑制转录因子，从而控制报告基因的表达，将代谢物浓度与荧光强度、细胞生长等检测信号联系起来，达到高通量筛选生产目标代谢物的目标微生物的目的。响应目标代谢物的转录因子目前主要分为两类：天然转录因子和人工转录因子。天然转录因子能够感知氨基酸、糖类、肽类和脂质等各种各样的代谢物，在自然界微生物体内广泛存在，比如大肠杆菌中转录因子多达230多种。因此，可以利用天然转录因子开发响应不同代谢物的高通量筛选生物传感器。目前，大多数基于转录因子的生物传感器主要为天然转录因子。然而天然转录因子对代谢物的响应具有高度的特异性，对于那些目标代谢物不存在天然响应的转录因子，可以通过人工手段改变天然转录因子响应代谢物的特异性，这种经人工改造的转录因子称为人工转录因子，如已有研究对大肠杆菌中响应L-阿拉伯糖的天然转录因子进行改造，使其特异性发生改变，扩展代谢物范围。

2）基于核糖体开关的高通量筛选技术　核糖体开关是基于RNA的基因调控元件，由适配子和基因调控结构域两部分组成。通过让目标代谢物和适配子结合，引起RNA构象改变，从而调节基因调控结构域的活性，在转录、翻译和mRNA水平上开启或者关闭蛋白质的合成。因此，可以通过检测蛋白质合成信号来筛选生成目标代谢物的目标微生物。

3）基于荧光共振能量转移生物传感器的高通量筛选技术　基于荧光共振能量转移的生物传感器由分别作为荧光能量转移的供体和受体的一对荧光蛋白组成，结构为荧光蛋白—目标代谢物感应区—另一种荧光蛋白。例如，青色荧光蛋白（CFP）和黄色荧光蛋白（YFP），当目标代谢物配体不存在时，CFP荧光占主导，当目标代谢物结合感知区时，感知区构象改变，CFP和YFP之间的距离缩短，荧光能量发生转移，YFP荧光增加，YFP荧光占主导。通过两种荧光的比率来检测目标代谢物浓度，从而快速筛选生成目标代谢物的目标微生物。

4. 基于液滴微流体平台的高通量筛选技术　液滴微流体平台对单细胞有很好的隔离效果，可作为微反应器进行细胞培养、蛋白质表达分析、代谢物检测和组学分析。与传统高通量筛选技术相比，液滴微流体技术表现出更高的通量和精度，可以同时分析多达150万个样本，并可快速引入环境胁迫，提供动态的微环境控制，提高对微生物体系的控制和筛选。将代谢物浓度、酶催化效果、组学检测等和荧光信号偶联，就可利用液滴微流体平台皮升（pL）级微反应器中的荧光信号强弱筛选有特殊表型的菌株和进行组学分选。

1）*表型筛选*　液滴微流体技术在控制细胞周围环境和捕获单细胞方面具有明显优势，该技术可在特定环境条件下或物理、化学法产生的复杂突变群体中筛选出具有特殊表型（如代谢物生产能力、底物利用率、特定的酶活性）的目标微生物。

2）*高通量组学分选*　为了从复杂的突变群体中获得有用的突变信息，寻找与优良表型相关联的分子机制，揭示单个细胞特有的属性，需要高通量组学分选技术。由于液滴微流体技术具有快速的单细胞培养和捕获能力，将测序技术与液滴微流体系统结合，就可实现广泛的微量测序应用（如基因组、转录组、蛋白质组、表观遗传基因组）。与传统测序技术相比，其需要更少的样品和成本、具有更高的通量和精确度，极大地促进了微生物组学筛选领域的发展。

第三节　微生物保藏技术

分离纯化得到的微生物纯培养物，在进行研究或应用前一般还需要保藏一段时间。这段时间内，需要利用保藏技术来保证纯培养物不死亡、不污染、不因变异而丢失重要的生物学性状，以保证研究的准确性和应用的实用性。微生物保藏极为重要，国际微生物学联合会（International Union of Microbiological Societies，IUMS）还专门设立了世界培养物保藏联盟（World Federation of Culture Collection，WFCC），用计算机储存世界各保藏机构中的菌种数据，可对微生物菌种进行查询和索取，方便微生物菌种的交流、研究和使用。

微生物的生长需要一定的水分、适宜的温度和合适的营养。微生物保藏根据菌种特性及保藏目的的不同，给微生物菌株以特定的条件，使其在一定时间内得到保存，有时可保藏几十年或更长时间。在利用微生物时再通过提供适宜的生长条件使保藏物恢复活力。

1. 传代培养保藏　常用琼脂斜面、半固体琼脂柱及液体培养等进行传代培养保藏。保藏时，微生物菌种应选择合适的培养基，并在规定的时间内进行移种，以免由于菌株接种后不生长或超过时间不能接活，丢失微生物菌种。用琼脂斜面保藏微生物时，保存时间因菌种不同而有较大差异，有些可保存数年，而有些仅能保存数周。一般来说，降低被保藏微生物的代谢水平或防止培养基干燥，可延长传代保存的时间。例如，在菌株生长良好后，用橡皮塞封口或在培养基表面覆盖液体石蜡，并置于低温保存；将一些菌的菌苔直接刮入蒸馏水或其他缓冲液后，密封置4℃条件下保存（悬液保藏法）。

菌种若保存时间长，需要一次又一次的传代，在长期传代过程中，菌种的污染概率增大，菌株自发突变而导致菌种衰退，使菌株的形态、生理特性、代谢物的产量等发生变化的概率也增大，因此，常用菌种，尤其是那些需要长期保存的菌种，在保存过程中，除了用传代法进行保存外，还必须采用其他方法进行备份保存。

2. 冷冻保藏　冷冻保藏利用低温使微生物代谢大大减缓甚至停止。由于冷冻会使细胞内水分形成冰晶，冰晶易刺破细胞，造成细胞尤其是细胞膜的损伤。因此，冷冻时应采取速冻的方式，形成小冰晶而减少对细胞的损伤。当从低温下移出并开始升温时，快速升温可减少对细胞的损伤。另外，冷冻时加入各种保护剂可使细胞损伤显著降低。例如，0.5 mol/L

左右的甘油或二甲亚砜可透入细胞，并通过减少强烈的脱水作用而保护细胞；大分子物质如糊精、血清蛋白、脱脂牛奶或聚乙烯吡咯烷酮（PVP）虽不能透入细胞，但可通过与细胞表面结合的方式防止细胞膜冻伤。因此，在采用冷冻法保藏菌种时，一般应加入各种保护剂以降低细胞损伤，从而提高培养物的存活率。

一般来说，保藏温度越低，保藏效果越好。在常用的冷冻保藏方法中，液氮保藏（−196℃）适用的微生物范围、存活期限、性状的稳定性等方面均为最好。但液氮保藏需使用专用器具，一般仅适合专业保藏机构。在日常实验及研究过程中，冰箱保藏更为普遍。在各种基因工程手册中，一般都推荐将处于某些特殊生理状态的菌株或细胞加入保护剂甘油中，置于−80℃超低温冰箱保存。在没有超低温冰箱的条件下，也可利用−30～−20℃的普通冰箱保存菌种，但应注意加有保护剂的细胞混合物的共熔点就处在这个温度范围内，冰箱可能产生的微小温度变化常会引起培养物的反复熔化和再结晶，对菌体造成强烈的损伤。因此采用普通冰箱冷冻保存菌种的效果远低于超低温冰箱，应注意经常检查保藏物的存活情况，随时转种。

3. 干燥保藏 水分对各种生化反应和一切生命活动至关重要，因此，干燥，尤其是深度干燥可以使代谢大大减缓，达到保藏微生物的目的。

沙土管保存和冷冻真空保藏是最常用的两项微生物干燥保藏技术。前者主要适用于产孢（孢子）的微生物，如芽孢杆菌、放线菌等，一般将菌种接种斜面，培养至长出大量的芽孢（孢子）后，洗下芽孢（孢子）制备芽孢（孢子）悬液，加入无菌的沙土管中，减压干燥，直至将水分抽干，最后用石蜡、胶塞等封闭管口，置冰箱保存。此法简便易行，并可以将微生物保藏较长时间，适合一般实验室及以放线菌等为菌种的发酵工厂采用。

冷冻真空保藏是将加有保护剂的细胞样品预先冷冻，使其冻结，然后在真空下通过冰的升华作用除去水分。达到干燥的样品可在真空或惰性气体的密闭环境中置低温保存，从而使微生物处于干燥、缺氧及低温的状态，大大减缓细胞代谢或使微生物处于休眠状态，以达到长期保藏的目的。用冰升华的方式除去水分，细胞受损伤的程度小，存活率、保藏时间及保藏效果均不错，而且经抽真空封闭的菌种安瓿管的保存、邮寄、使用均很方便。因此，冷冻真空保藏是目前使用最普遍、最重要的微生物保藏方法，大多数专业的菌种保藏机构均采用此法作为主要的微生物保存手段。

除上述方法外，各种微生物菌种保藏的方法还有很多，如纸片保藏、薄膜保藏、宿主保藏等。由于微生物的多样性，不同的微生物往往对不同的保藏方法有不同的适应性，迄今为止尚没有一种方法能适用于所有的微生物。因此，在选择保藏方法时必须对被保藏菌株的特性及现有条件等进行综合考虑。对于重要菌株，应尽可能多地采用各种不同的手段进行保藏，以免某种方法失败而导致菌种丢失。

第四节 食品微生物计数技术

一、常规的食品微生物计数技术

常规的检验大多通过培养基培养目标微生物，然后利用微生物计数技术来计算菌落数，来确定食品卫生质量、微生物污染程度及微生物在食品中的生长繁殖动态。生活中一般常见的微生物计数技术有活细胞标准平板计数法（SPC）、最近似数测定方法（MPN）、染色还原技术、直接显微计数法（DMC）4 种基本方法。

1. 活细胞标准平板计数法　活细胞标准平板计数法又称平板菌落计数法，是将一部分食品混合或均质化，在平板分离法的基础上进行的。如图 3-7 所示，将样品梯度稀释到合适的浓度（微生物个体分散成单个细胞），取几个浓度的稀释液均匀涂布或倾注到固体培养基上，在合适条件下培养一段时间后，对平板上菌落进行计数。

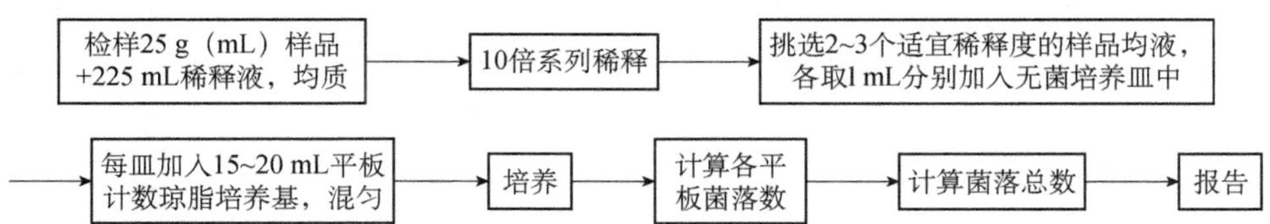

图 3-7　活细胞标准平板计数法检验程序

一般认为每个菌落都是由一个细菌增殖而成的，根据稀释倍数和取样接种量就可以计算出样品中的含菌数，是目前测定活细胞和食品中菌落形成单位数应用最广泛的方法。可使用人工计数，也可使用电子计数器计数，还可以拍成图片，利用某些 APP 软件计数。单位为菌落形成单位（CFU），样品中活菌数单位为 CFU/g 或 CFU/mL。

在用活细胞标准平板计数法进行菌落计数时，需注意以下几点。

（1）平板菌落数的选择。选取菌落数在 30～300 的平板作为计数标准。一个稀释度应采用 2 个或 3 个平板的平均数，有菌苔生长的平板一般不宜采用，若菌苔不到平板的一半，而其余一半平板中菌落分布又很均匀，可对分布均匀的半个平板中菌落进行计数，乘以 2 即全皿菌落数；若培养链状菌落（菌落之间无明显界限），仅有一条链时视为一个菌落，若有不同来源的几条链，则计算链数作为菌落数。

（2）稀释度的选择。应选择平均菌落数在 30～300 的稀释度。如有两个稀释度，其生长的菌落数均在 30～300，则视两者之比来决定。若其比值小于或等于 2，应报告其平均数，若大于 2 则报告其中较小的数字。

若所有稀释度的平均菌落数均大于 300，则应按稀释度最高的平均菌落数乘以稀释倍数报告。

若所有稀释度的平均菌落数都小于 30，则应按稀释度最低的平均菌落数乘以稀释倍数报告。

若所有稀释度的平均菌落数均无菌落生长，就以小于 1 乘以最低稀释倍数报告。

若所有稀释度的平均菌落数均不在 30～300，其中一部分大于 300 或小于 30 时，则以最接近 300 或 30 的平均菌落数乘以稀释倍数报告。

若稀释度大的平板上菌落数反而比稀释度小的平板上菌落数高，则可能是实验过程中出现差错，也可能是抑菌剂混入导致的结果，应不作为检样计数报告的依据。

若所有平板上都有菌落密布，在稀释度最大的平板上取其中任意 2 cm^2 的菌落计数，除以 2 求出每平方厘米内的平均菌落数，乘以皿底面积，再乘以稀释倍数做报告。报告结果时，应在菌落数前加“估计”二字。

（3）检验中所用的玻璃器皿（如培养皿、吸管、试管、锥形瓶等）必须是完全无菌的，并在灭菌前彻底洗干净，不能残留抑菌物质；在样品稀释过程中，用吸管移取样品稀释液到下一个装有 9 mL 稀释液的试管时，应小心沿管壁流入，不能沾到管内稀释液，防止吸管尖端外侧部分黏附的检液也混合其中；检样与琼脂旋转混合时，动作幅度要适当，不要使混合物溅到培养皿的盖上。

2. 最近似数测定方法　在最近似数测定方法中，食品样品稀释液的准备类似于活细胞标准平板计数法（SPC）。将 3 个连续等分量样品或稀释梯度的试液转移到 9 个或 15 个适宜的液体培养基中，这分别称为 3 试管法或 5 试管法。最初样品中微生物的数量通过查阅标准 MPN 表获得，根据不同稀释度接种管的生长情况，用统计学方法求出每克食品中该微生物的数量。选择稀释度范围的原则是最低稀释度的所有重复都要有菌生长，而最高稀释度则要求全部重复无菌生长。MPN 的结果通常高于 SPC 的结果。MPN 的优点如下。

（1）这种方法相对比较简单。

（2）与 SPC 相比较，不同实验室得到的结果相似率较高，即结果的可重复性高。

（3）特殊微生物群体可以通过适当的选择性培养基进行测定。

MPN 的缺点就是玻璃器皿使用量大（特别是 5 试管法），并且由于在液体培养基中生长，不能观察微生物菌落的形态。

3. 染色还原技术　采用染色还原技术测定相关产品中活菌数量时，通常使用亚甲蓝（又称美蓝）和刃天青两种染色剂。进行染色还原实验时，在食品上清液中加入亚甲蓝，上清液会从蓝色还原为白色；加入刃天青会从暗蓝色还原为粉红色或白色。在绝大多数情况下，样品中微生物数量越多，染色剂还原的时间就越短。

染色还原技术最早被应用于乳品厂，用来测定鲜牛乳的微生物量。它具有简单、快捷、经济等优点，而且只有活细胞才对染色剂有明显的还原能力。其缺点是不同微生物对染色剂的还原程度不同；且一般不适用于含还原酶的食品，除非使用特殊的方法处理样品。

4. 直接显微计数法　直接显微计数法是最简单的方法，将食物样品的稀释样品涂片或直接置于显微镜的载玻片上，用适当的染色剂染色，用显微镜（油镜）观察并计数。直接显微计数法最早被应用于乳品厂，用来估测生牛奶和其他奶制品中微生物量，这种方法由 Breed 发明，称为 Breed 计数法。步骤如下：在显微镜载玻片上 1 cm^2 范围内涂布 0.01 mL 样品，然后对样品固定、脱脂、染色，则可计算微生物或菌落的数量。这种方法可用于包括干燥食品和冷冻食品在内的多种食品的微生物快速检测。

直接显微计数法的优点是快速、简便，可以观察细胞形态，而且有助于提高荧光探测器的效率。其缺点是：显微镜无法辨别细胞是活细胞还是死细胞，因此活细胞和死细胞都会计入总数；容易造成操作人员疲劳，有些小食品颗粒无法与微生物区别开；有些单细胞和菌落无法精确区分；染色不好的细胞无法计入总数，一般 DMC 所得菌数总是比 SPC 所得菌数多。尽管存在上述缺点，DMC 仍是食品微生物计数最快的方法。

另外，常用血细胞计数器在显微镜下直接计数，将菌悬液（或孢子悬液）放在血细胞计数器载玻片与盖玻片之间的计数室中，在显微镜下进行计数，由于计数室盖上盖玻片后的容积是一定的，因此可根据显微镜下观察到的微生物细胞数目来计算单位体积内微生物的数目。

二、新型食品微生物计数技术

由于传统计数技术中，配制培养基、灭菌、清洗培养皿等辅助性工作及梯度稀释、培养等工作耗时耗力，不利于及时反馈结果。人们开始寻找快速、简便的微生物计数技术，目前主要有以下几种。

1. ATP 发光技术（生物发光技术） ATP 是所有生物生命活动的能量来源，普遍存在于各种活细菌细胞中，并且含量相对稳定。细菌细胞死亡后几分钟内 ATP 便被水解而消失，故 ATP 只与活菌量相关。ATP 发光技术的原理是荧光素酶在 ATP 和 O_2 及 Mg^{2+} 存在的情况下，催化荧光素氧化脱羧，将化学能转化为光能，释放出光量子。在一定的 ATP 浓度范围内，其浓度与发光强度呈线性关系。利用这一原理，可从待测食品中提取 ATP，通过测定荧光强度即可确定活菌浓度。

在 10～30 CFU/mL 甚至更广的范围内，ATP 发光技术与平板菌落计数法保持着较好的线性相关性。随着技术的发展，对 ATP 发光技术进行了改进，实现了进样自动化，提高了进样效率，该方法可同时检测 50～100 个样品，重复性好，变异系数仅为 8.1%。但还需要更多的数据来确定其适合于哪些食物中微生物的计数。

生物发光技术无须培养微生物，且荧光光度计是便携式的，使用方便、快捷（几分钟就能得到结果），适合现场检测。但该方法易受外界因素的干扰，对于某些样品的检测灵敏度仍达不到要求。

2. 纸片法 将样品稀释后加入成品测定纸片（如 3M 试纸）上，放入培养箱中培养计数。样品稀释过程同活细胞标准平板计数法。该方法可省去活细胞标准平板计数法中配制培养基、消毒、培养器皿的清洗处理等大量辅助性工作，加快计数效率。

3. 阻抗法 阻抗指交流电通过一种传导材料（如生长培养基）时的阻力。微生物生长时可将培养基中大分子营养物质（蛋白质、碳水化合物等）代谢转变为更为活跃的小分子（氨基酸、乳酸等），从而改变培养基组成，影响阻抗。随着微生物的生长和繁殖，培养基中的电惰性物质逐渐被电活性物质取代，使培养基的导电性增加，阻抗降低。

阻抗法是将一个接种过样品的生长培养基置于一个装有一对不锈钢电极的容器内，在特定的环境下（温度、pH），测定因微生物生长而产生的阻抗改变。微生物的起始数量不同，出现指数增长期的时间也不同。通过建立两者之间的关系，检测培养基的电特性变化来推算出微生物的原始菌数，从而在未出现菌落前就能检测到微生物的存在，比传统的活细胞标准平板计数法周期短得多。由于不同的微生物在培养基中的代谢活性有所不同，因此阻抗法也可以用于微生物菌种鉴定。

4. 疏水性栅格滤膜法或等格法 疏水性栅格滤膜法是指用疏水性栅格滤膜（HGMF）过滤样品，然后将疏水性栅格滤膜放置在相应的固体培养基中培养，最后观察细菌、酵母或霉菌菌落。疏水性的栅格作为栅栏用以防止菌落的扩散，保证了所有菌落都是正方形的，从而便于人工或机械计数。另外还可根据菌落在培养基上产生的不同颜色来分类计数。

5. 点滴平板法 点滴平板法与活细胞标准平板计数法相似。不同的是点滴平板法只是用标定好的微量吸管或注射器针头按滴（使每滴相当于 0.025 mL），将样品稀释液滴加于琼脂平板上固定的区域（预先在平板背面用记号笔画成 4 个区域）。每个区域滴 1 滴，作为平行试验，每个稀释度滴两个区域。滴加后，将平板放平约 1 min，然后将平板在温箱中倒置培养 6～8 h 后计数，将所得菌落数乘以 40（由 0.025 mL 换算为 1 mL），再乘以样品的稀释倍数，即得每克或每毫升检样所含菌落数。

第五节　食品微生物鉴定技术

一、形态学鉴定

（一）食品微生物的形态与结构

1. 细菌的形态与结构

1）细菌的形态　球菌呈球状或类球状。球状细胞分散排列的叫单球菌，成对排列的是双球菌，相互连接成链的是链球菌，4 个细胞垂直排列的是四联球菌，8 个细胞重叠成立方体的是八叠球菌，细胞无秩序地堆积有如葡萄形状称为葡萄球菌。

不同的杆菌大小、长度和粗细差别均很大。短的几乎近球形，易同球菌混淆，称为球杆菌；菌体两端大多钝圆形，也有平齐的（如炭疽杆菌），有的菌体末端膨大，称为棒状杆菌。有的在繁殖时呈分枝生长的趋势，叫分枝杆菌。有的呈梭形，称为梭菌。细菌的杆状细胞排列方式有链状、栅栏状、V 字形排列等。细胞略弯曲、呈弧形或逗点状的称为弧菌；菌体轻度 S 形或 U 形弯曲的称为弯曲菌；螺旋状的细菌，2～6 环的称为螺菌，6 环以上的称为螺旋体。

值得注意的是，即使是同一菌株，在不同培养基下培养时，其细胞大小和形态特征也可能会发生变化。一些细菌在不同培养时期常常表现出不同的细胞形态，或者在某一培养时期表现出细胞的多形性。例如，变形杆菌在培养初期为杆状，后期成为类球状、丝状和不规则状，成对或成链排列；库特式菌为一种革兰氏阳性菌，在培养 24 h 时为不分枝、圆端规则的杆菌，长度随生长阶段变化，在培养 3～7 d 时，由杆状断裂成类球状菌。其他形态多变者还有副溶血性弧菌、小肠结肠炎耶尔森菌、节细菌和丙酸杆菌等。

2）细菌的结构　细胞壁：由于细菌细胞壁肽聚糖含量不同，革兰氏染色后，革兰氏阳性菌呈紫色，革兰氏阴性菌呈红色。

有的细菌有特殊的结构，如芽孢、鞭毛、荚膜等（图 3-8）。

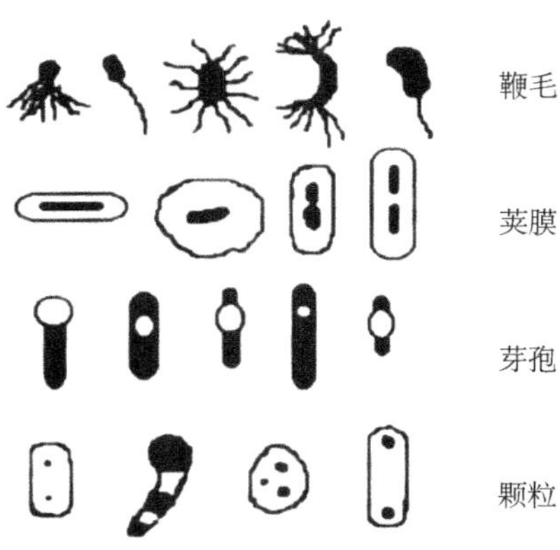

图 3-8　细菌的附属结构

细菌能否形成芽孢、菌体大小、芽孢的形状、芽孢在芽孢囊内的位置、芽孢囊是否膨大等特征均是鉴定细菌的重要依据。

鞭毛生在细胞一端的或两端的，叫端生；菌体表面全身分布的叫周生。细菌是否具有鞭毛，以及鞭毛着生的位置和数目是重要的分类依据。水生型细菌一般有端生鞭毛，如假单胞菌；陆生型细菌一般有周生鞭毛，如肠杆菌科细菌；有的细菌在不同条件下鞭毛位置不同，如副溶血性弧菌在蛋白胨液态培养基中培养时为端生鞭毛，而在固体培养基上培养时为周生鞭毛；还有的细菌有侧生鞭毛，是端生鞭毛到周生鞭毛之间的过渡类型。

荚膜是包围在细菌菌体外面的一层黏液性物质，主要成分是多糖类物质，易被水洗掉，不易被染色。

大部分分散在细菌体内，有时分布在杆菌两端的折光性很强的颗粒称为类脂体（聚 β-羟丁酸盐）。类脂体颗粒一般呈球形，大小不一，折光性强，且一个细胞可产生多个。类脂体的位置和性状也是细菌分类的依据。

3）菌落形态　菌落形态是个体细胞形态和结构在宏观上的反映，每一类微生物都有其独特的菌落形态。菌落的形态特征一般从以下几个方面描述：大小、形态、隆起、边缘、颜色（红色、灰白色、黑色、绿色、紫色、无色、黄色等）、表面（光滑、粗糙等）、透明度（不透明、半透明、透明等）和黏度等（图 3-9）。

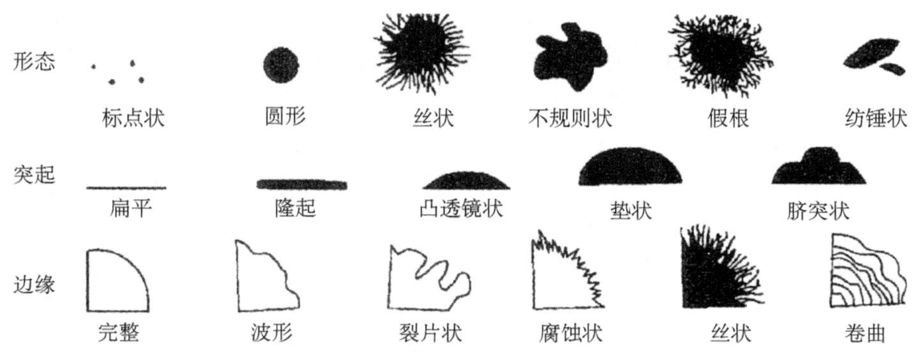

图 3-9　各种微生物形成的菌落特征（引自曲媛媛和魏利，2010）

细菌形成的菌落湿润、较光滑、较透明、易挑起、质地均匀、颜色均匀。细菌细胞小，形成的菌落也较小。有些细菌会产生色素，因此菌落的颜色也可帮助判断有无特殊菌。例如，沙雷氏菌产生红棕色色素，绿脓杆菌经常产生绿色色素，金黄色葡萄球菌在血平板形成金黄色菌落，阪崎肠杆菌也产生黄色色素等。

细菌的特殊细胞结构也会影响菌落形态：无鞭毛的细菌不能运动，形成的菌落较小、凸起、边缘完整呈圆形；有鞭毛的细菌能运动，形成的菌落较大、扁平、边缘不整齐；运动能力强的细菌的菌落更大，更扁平，由于其扩散生长，边缘有可能出现大的迁居性，如变形杆菌。有荚膜的细菌形成的菌落较黏稠、表面光滑、透明；荚膜厚的细菌形成的菌落甚至呈透明的水珠状，如克雷伯氏菌。产芽孢的细菌形成的菌落表面粗糙、多褶皱、不透明。

放线菌等丝状细菌的细胞呈丝状，在固体培养基上生长时有营养菌丝和气生菌丝的分化。气生菌丝向空间生长，菌丝之间无毛细管水，形成的菌落干燥、不透明，呈丝状、绒毛状或皮革状。由于营养菌丝伸入培养基使菌落和培养基连接紧密，故菌落边缘呈凹状，且不易挑起。放线菌菌落颜色不均匀，有两方面原因：一是气生菌丝、营养菌丝和孢子颜色不同，导致菌落正反面颜色不同；二是丝状菌以菌丝延长的方式进行生长，越接近菌落中心，气生菌丝年龄越大，能越早分化出分生孢子，引起菌落颜色的变化，导致菌落中心的颜色一般比边缘深。放线菌菌丝纤细，生长较慢，因此菌落较小。

2. 酵母和霉菌的形态与结构　酵母和霉菌都属于真核生物。但酵母菌和细菌一样为单细胞微生物，与一般细菌形态相近；霉菌是丝状真菌，与细菌中放线菌形态相似。酵母菌和霉菌的具体形态与结构特征如表 3-3 所示。

表 3-3　酵母和霉菌的具体形态与结构特征

特征	酵母	霉菌
菌落形态	菌落湿润、较光滑、较透明、易挑起、质地和颜色均匀	干燥、不透明，呈丝状、绒毛状或皮革状，不易挑起，颜色不均匀
菌落大小	菌落较大，通常比常见的细菌大几倍甚至几十倍，菌落厚且透明度较差	菌落较大，菌丝和孢子一般比放线菌等丝状细菌粗几倍、长几十倍，生长速度快
繁殖方式	大多数酵母以出芽方式进行无性繁殖，有的二分裂殖；子囊菌纲中的酵母菌在一定条件下，可产生子囊孢子进行有性生殖	霉菌的菌丝体分基内菌丝和气生菌丝，气生菌丝生长到一定阶段分化产生繁殖菌丝，由繁殖菌丝产生孢子
其他特征	能发酵含碳有机物而产生醇类，使其菌落有酒香味	孢子通常由孢子头、孢子构成，有些还产生壳细胞
特例	假丝酵母等有特殊菌落形态的酵母。假丝酵母形成节状的假菌丝，细胞向外圈蔓延，使形成的菌落大、扁平、边缘不整齐	—

（二）染色

1. 染色的原理　染色剂是苯环上含有发色基团和助色基团的化合物。发色基团使化合物本身具有染色能力，助色基团有电离特性，可以与被染物结合，使被染物着色。微生物染色就是使染料与组织或细胞内的某种成分发生作用，经过透光后通过光谱吸收和折射，使其各种微细结构能显现不同颜色，这样在显微镜下就可显示出组织或细胞的各种成分。

2. 染色的基本步骤

1）载玻片处理　载玻片应清洁、透明、无油渍，滴上液体后，能均匀展开，附着性好。如有残余油渍，可滴上 2～3 滴 95%乙醇，用纱布擦净后，以钟摆速度划过酒精灯火焰 3～4 次。若仍有残余油渍，可再滴上 1～2 滴冰醋酸，用纱布擦净后，在酒精灯火焰上轻轻划过 1～2 次。在洁净玻片预涂材料处的背面画一个直径 1.5 cm 的圆圈作为标记。

2）涂片

（1）菌落涂片：左手握菌种管，右手持接种环取 1～2 环生理盐水于载玻片上，然后将接种环在火焰上灭菌，待冷却后，从菌种管内挑取少许菌落，置于生理盐水中混匀，涂成直径 1.5 cm 圆形的薄且均匀的涂膜。

（2）菌液涂片：用灭菌接种环蘸取 1～2 环菌液（液体培养物、血清、乳汁、组织渗出液等），均匀涂抹在载玻片上，使其成直径为 1.5 cm 左右的圆形涂膜。

3）干燥　让涂片在室温中自然风干。或者可将标本面向上，在离酒精灯火焰远处以文火烘干，切勿紧靠火焰，以免标本焦煳影响观察。

4）固定　将干燥好的涂片涂面向上，以钟摆速度通过酒精灯火焰 4 次，来固定样品。刚固定完的玻片在触及皮肤时，以稍烫为宜。放置冷却后，进行染色。

因活细菌一般不允许染料进入细菌体内，固定可促进下一步染料进入细菌体内。固定还能使菌体蛋白凝固附着在载玻片上，以防菌体在染色过程中被水冲掉。固定也能杀死涂片上的部分微生物。

值得注意的是，在涂片固定过程中，并不能杀死全部细菌（如产孢细菌），也不能完全保证在染色水洗时保留全部菌体。因此，在制备病原菌，特别是带芽孢的烈性病原菌涂片和染色时，应严格处理染色用过的残液和涂片本身，以免引起病原菌的散播。

5）染色　根据检验目的的不同，选择不同的染色方法进行染色。染色时滴加染液的量，以覆盖标本为宜。

6）媒染　媒染剂是能增强染料和细胞间的亲和力或附着力，帮助染料固定于细胞上及能引起细胞膜通透性改变的物质，使染料不易脱落，常用的有明矾、鞣酸、金属盐和碘等，有时也可用加热法促进着色。媒染剂可用于初染与复染之间，也可用于固定之后或含于固定液、染色液中。

7）脱色　使已着色的被染物脱去颜色的化学试剂称为脱色剂，常用乙醇、丙酮等作为脱色剂。脱色剂用于鉴别染色，能检测细菌与染料结合的稳定程度。

8）复染　已脱色的细菌细胞常以复染染上复染液的颜色，未脱色的细胞仍然保持初染的颜色，由于复染液与初染液的颜色不同而成鲜明对比，便于观察。

常用的染色法主要有简单染色法、革兰氏染色法、芽孢染色法、荚膜染色法、鞭毛染色法。各方法的详细介绍参阅相关微生物学实验指导书，此处不再赘述。

二、生理生化鉴定

有些菌形态相似，通过形态无法区分鉴定。由于不同微生物的生理生化反应不同，因此，对于这些形态相似的菌，我们常常通过某些微生物特有的生理生化反应来验证微生物的存在和鉴别微生物，这种方式称为生理生化鉴定。即使在分子生物学技术和手段不断发展的今天，细菌的生理生化反应仍然是菌株分类鉴定的重要依据。

1. 对生物大分子的分解利用　微生物需从外界吸收营养物质来满足其生长繁殖过程所需。微生物能直接利用小分子有机物，而不能直接利用大分子有机物。大分子物质只有在微生物产生的胞外酶的作用下才能水解为小分子物质，被微生物利用。用颜色来标记大分子底物或大分子分解物，一旦水解发生，颜色就会有变化。例如，用碘液标记淀粉呈蓝色，若细菌中有淀粉酶，一段时间后淀粉水解，蓝色消失；脂肪水解后产生的脂肪酸可以改变培养基的pH，可使事先加有中性红的培养基从淡红色变为深红色。因此，可根据标记大分子底物或大分子分解物的颜色变化，来鉴定各种微生物对生物大分子的分解能力及最终代谢产物量，从而鉴定微生物种类。

1）淀粉水解实验　先将淀粉培养基熔化后，冷却至45℃左右，倾入培养皿制成平板。培养基应为中性或微酸性，pH最好是7.2。用记号笔在平板背面的玻璃上做记号，鉴定实验菌时，以枯草芽孢杆菌为阳性对照，划线接种后，于最适温度下倒置培养24～48 h后，打开皿盖，滴加少量碘液于培养基表面，轻轻旋转平皿，使碘液铺满整个平板，使平板呈深蓝色。立即查看结果，若待测样品能分泌淀粉胞外酶分解淀粉，则菌落周围出现无色透明环，为阳性反应，反之，无透明环，为阴性反应。另外，透明环越大，说明该菌水解淀粉的能力越强。淀粉水解过程是一个逐步进行的过程，因而试验结果与菌种产淀粉酶能力、培养时间、培养基淀粉含量和pH等均有关系。淀粉琼脂平板不宜保存于冰箱，宜随配随用。

2）明胶水解实验　明胶培养基低温时为固态，若样品菌株能分泌明胶水解胞外酶，经水解后的明胶呈液态。用接种针挑取样品菌，以较大量穿刺接种于明胶培养基2/3深度处。在20～22℃条件下培养2～5 d后观察明胶液化情况。明胶培养基也可于样品菌最适温度培养，每天观察结果，若因培养温度高而使明胶本身液化时应静置于冰箱中，待其凝固后，再观察其是否液化，如果有明胶液化现象，则说明样品菌有水解明胶的能力，即结果呈阳性。

3）油脂水解实验　先将熔化的事先加有中性红的油脂培养基冷却至50℃左右，充分振荡，使油脂均匀分布，以无菌操作倒入平板，冷却凝固。用记号笔在平板背面的玻璃上做记号，以样品菌为实验菌，以金黄色葡萄球菌为阳性对照，划十字接种后，于样品菌最适温度中倒置培养 24 h 后，观察菌苔颜色。脂肪水解后产生的脂肪酸会改变培养基的 pH，可使培养基从淡红色变为深红色。如出现红色斑点，说明脂肪水解，即结果呈阳性。

2. 微生物对含碳化合物的分解利用　不同微生物具有不同的酶系，对含碳化合物的分解利用能力、代谢途径及代谢产物也不同。常见的含碳化合物代谢试验如下。

1）糖或醇发酵试验　绝大多数细菌都能利用糖、糖醇作为碳源，但是它们分解糖、糖醇的能力不同。有的细菌能分解某种糖产生有机酸（如乳酸、乙酸、丙酸等）和气体（如氢气、甲烷、二氧化碳等），有的细菌只产酸不产气；有的能分解多种糖及糖醇，有的仅分解少数种类的糖或糖醇；有的根本不能利用某些糖或糖醇。细菌对不同糖源的利用情况，以及利用糖醇产酸及产气情况是重要的分类依据。

常用葡萄糖、乳糖、蔗糖、木糖、阿拉伯糖及甘露醇、卫矛醇、山梨醇等糖、醇类物质为碳源。试验时麦芽糖、木糖和阿拉伯糖需过滤除菌，临用时加入。产酸情况用酸碱指示剂的颜色变化来判断，在配制培养基时加入溴甲酚紫（变色 pH 为 5～7，pH 为 5 时呈黄色，pH 为 7 时呈紫色），当发酵产酸时，可使培养基由紫色变为黄色。产气用倒管观察，根据倒置的杜汉氏管中培养液上端有无气泡来判断。

具体步骤如下：将待测菌样接种于各类糖发酵液中，以不接菌的糖发酵液作为空白对照，做好标记。分别将待测菌于最适温度培养 24 h、48 h 和 72 h 时观察结果。与对照管相比，若接种培养液保持原有颜色，其反应结果为阴性，表明该菌不能利用该糖，用“−”表示；如培养液呈黄色，反应结果为阳性，表明该菌能分解该糖产酸，同时观察培养液中的杜汉氏管内有无气泡。若有气泡，表明该菌分解糖能产酸并产气，用“⊕”表示；如杜汉氏管内没有气泡表明该菌分解糖能产酸但不产气，用“+”表示。

2）甲基红试验（methyl red test，MR 试验）　不同细菌分解葡萄糖时代谢产酸情况不同。某些细菌在糖代谢过程中，分解培养基中的葡萄糖产生丙酮酸后，由于不同菌株中糖代谢途径不同，继续把丙酮酸分解为乳酸、琥珀酸、乙酸和甲酸等，使培养基的 pH 降到 4.5 以下，使加入的甲基红呈红色，为阳性（甲基红的变色 pH 为 4.4～6.0，pH 为 4.4 时呈红色，pH 为 6.0 时呈黄色）。有些细菌把产生的酸进一步转化为醇、酮、醛和气体或继续分解产生更多的二氧化碳，pH 升到 6.0 以上，使加入的甲基红呈黄色，为阴性。

具体步骤如下：将待测菌样接种于葡萄糖蛋白胨培养液试管中，以不接菌的培养液作为空白对照，做好标记。将待测菌于最适温度培养 48～72 h 后，取出试管，沿管壁各加入 2～3 滴甲基红指示剂。仔细观察培养液上层，若培养液上层变成红色，则反应结果为阳性，用“+”表示；若仍呈黄色，则反应结果为阴性，用“−”表示。

3）乙酰甲基甲醇试验（Voges-Proskauer test，VP 试验）　VP 试验又称为伏普试验。某些细菌可分解葡萄糖产生丙酮酸，丙酮酸缩合脱羧生成乙酰甲基甲醇，此物质在强碱性条件下能被空气中的氧气氧化成二乙酰。二乙酰可与培养基中蛋白胨的精氨酸的胍基作用，生成红色化合物。

具体步骤如下：将待测菌样接种于葡萄糖蛋白胨培养液试管中，以不接菌的培养液作为空白对照，做好标记。将待测菌于最适温度培养 48～72 h 后，取出试管，在培养液中先加入 VP 试剂甲液（α-萘酚 5 g，无水乙醇 100 mL）0.6 mL 再加乙液（KOH 40 g，水 100 mL）

0.2 mL，振荡 2 min 充分混匀，以使空气中的氧溶入，适温保温 15～30 min 后，若培养液呈红色，则反应结果为阳性，用“+”表示；若不呈红色，则反应结果为阴性，用“-”表示。需要注意的是，结果要在加入 VP 试剂后 1 h 内观察，1 h 后可能出现假阳性。

4）柠檬酸盐试验（citrate test）　有的细菌能将柠檬酸盐作为唯一碳源，分解柠檬酸盐生成碳酸盐，使培养基碱性增加，可根据指示剂的颜色变化来判断结果。可用溴麝香草酚蓝作指示剂，pH＜6 时呈黄色，pH 为 6～7.6 时呈绿色，pH＞7.6 时呈蓝色；也可用酚红作指示剂，pH 为 6.3 时呈黄色，pH 为 8.0 时呈红色。

具体步骤如下：将待测菌样接种于柠檬酸钠培养液试管中，以不接菌的培养液作为空白对照，做好标记。将待测菌于最适温度培养 24～48 h 后，取出试管，在培养液中加入溴麝香草酚蓝。若培养液呈蓝色，则反应结果为阳性，用“+”表示；若培养液呈绿色，则反应结果为阴性，用“-”表示。

5）葡萄糖氧化发酵型试验（O/F 试验）　细菌对葡萄糖的利用有两种类型：一种不需要利用氧气来分解糖类发酵产酸，称发酵型产酸；另一种需要利用氧气来分解糖类产酸，称氧化型产酸。前者包括的菌种类型为多数。

具体步骤如下：在两个含 1%葡萄糖的半固体培养基中穿刺接种后，一个封口，另一个不封口。封口的滴加熔化的凡士林或 1%琼脂，约 1 cm 高。于待测样品菌株最适温度培养 2～4 d 后，对比观察封口的和不封口的培养基中产酸情况。氧化型：开口的产酸，封口的不变，表明葡萄糖必须通过氧气参与来分解，以获取能量。发酵型：两个管均产酸，表明葡萄糖不通过氧气参与就得到分解，获取能量。产碱型：两个管均不变，表明不能利用葡萄糖分解来获得能量。

3. 微生物对含氮化合物的分解利用　不同微生物具有不同的酶系，对氮碳化合物的分解利用能力、代谢途径及代谢产物也不同。常见的含氮化合物代谢试验如下。

1）吲哚试验（indole test）　有些细菌能分解蛋白胨中的色氨酸产生吲哚，有些则不能。分解色氨酸产生的吲哚可与对二甲基氨基苯甲醛结合，形成红色的玫瑰吲哚。

具体步骤如下：将待测菌样接种于不含葡萄糖的蛋白胨培养液中，以不接菌的培养液作为空白对照，做好标记。将待测菌于最适温度培养 24～48 h 后，取出试管，在培养液中加入乙醚 1 mL 充分振荡，使产生的吲哚溶于乙醚中，静置几分钟，待乙醚层浮于培养液上面时，沿管壁加入吲哚试剂（二甲基氨基苯甲醛溶液）10 滴。若乙醚层呈玫瑰红色，则吲哚存在，反应结果为阳性，用“+”表示。此试验培养基中不能含葡萄糖，这是由于产生吲哚者大多能发酵糖类，利用糖时就不利用色氨酸，不能产生吲哚。色氨酸酶最适 pH 为 7.4～7.8，pH 过低或过高，会减少吲哚产量，易出现假阴性。另外，本反应在缺氧时产生的吲哚少。也可在加乙醚振摇后收集吲哚，再加试剂。

需要注意的是，加入吲哚试剂后，不可再摇动，否则，红色不明显。吲哚试验与甲基红试验、乙酰甲基甲醇试验和柠檬酸盐试验合称为 IMViC 试验，是 4 个主要用来鉴别大肠杆菌和产气肠杆菌等肠道杆菌的试验。典型的大肠杆菌 IMViC 试验的结果依次是“++--”，不典型的也可以是“+---”，而产气肠杆菌是“--++”。

还有一种快速检验法：称取 1 g 对-二甲基氨基肉桂醛，溶于 10 mL 10%盐酸溶液。用滤纸润湿该试剂，上面放一菌环菌落培养物，产生吲哚者 30 s 内变红。

2）硫化氢产生试验　有些细菌能分解蛋白质中胱氨酸、半胱氨酸、甲硫氨酸等含硫的氨基酸产生硫化氢，硫化氢遇到培养基中的铅盐或铁盐，可产生黑褐色硫化铅或硫化铁沉淀。

具体步骤如下：以无菌操作分别接种待鉴定细菌至乙酸铅培养基中，空白对照管不接菌，做好标记，将待测菌于最适温度培养 24 h 后，取出试管，培养液出现黑色沉淀为阳性反应，以“+”表示；不出现沉淀为阴性反应，以“−”表示。

3）*产氨试验*　某些细菌能使蛋白质中的氨基酸在各种条件下脱去氨基，生成各种有机酸和氨，氨可与氨试剂（如奈氏试剂）起反应产生有颜色的沉淀。

具体步骤如下：以无菌操作接种待鉴定细菌至牛肉膏蛋白胨培养液中，空白对照管不接菌，做好标记，将待测菌于最适温度培养 24 h 后，取出试管，向培养液内加入 3～5 滴奈氏试剂。若培养液中出现黄色（或红棕色）沉淀为阳性反应，用“+”表示；不出现沉淀为阴性反应，以“−”表示。

4）*硝酸盐还原试验*　有些细菌能将硝酸盐还原为亚硝酸盐，有的细菌能将硝酸盐还原为亚硝酸盐和铵离子，有的细菌还能进一步将亚硝酸盐还原为氮气等。产生的亚硝酸盐与乙酸反应生成亚硝酸，亚硝酸与对氨基苯磺酸作用生成重氮基苯磺酸，后者与α-萘胺结合生成红色的 *N*-α-萘胺偶苯磺酸（对磺胺苯基偶氮-萘胺）。

具体步骤如下：以无菌操作接种待鉴定细菌至硝酸盐培养基中，空白对照管不接菌，做好标记，将待测菌于最适温度培养 18～24 h 后，取出试管，把接种过的培养液分成两半，其中一半加入格里斯试验试剂（甲液为对氨基苯磺酸 0.8 g+5 mol/L 乙酸 100 mL；乙液为α-奈胺 0.5 g+5 mol/L 乙酸 100 mL），如出现红色，则为硝酸盐还原阳性反应（用“+”表示）。如不出现红色，则在另一半中加入少量锌粉，加热，再加入格里斯试验试剂，这时如果出现红色，则证明硝酸盐仍然存在，应为硝酸盐还原阴性反应（用“−”表示）；如仍不出现红色，则说明硝酸盐已被还原为铵离子和氮气等其他产物，应为硝酸盐还原阳性反应（用“+”表示），此时应进一步鉴定是否有氮气等产生。把对照管培养液分成两半，一半直接加入格里斯试验试剂，应不显红色；另一半加入少量锌粉，加热，再加入格里斯试验试剂，应出现红色，说明培养基中存在着硝酸盐。

若要检查是否有氮气产生，可在培养基管内加一小倒管，如有气泡产生，表示有氮气生成。本试验在细菌鉴定中广泛应用。肠杆菌科细菌均能还原硝酸盐为亚硝酸盐；铜绿假单胞菌、嗜麦芽窄食单胞菌等假单胞菌可产生氮气；有些厌氧菌如韦荣球菌等也可产生氮气。

5）*苯丙氨酸脱氨酶试验*　有些细菌如变形杆菌及普罗菲登斯菌能产苯丙氨酸脱氨酶，使苯丙氨酸脱氨生成苯丙酮酸，苯丙酮酸能使三氯化铁指示剂呈绿色。

具体步骤如下：以无菌操作分别接种待鉴定细菌至苯丙氨酸斜面培养基上（接种量要大），将待测菌于最适温度培养 18～24 h 后，取出注入 0.2 mL 或 4～5 滴 10%的 $FeCl_3$ 溶液于斜面上，使其从斜面上方流到下方，呈现绿色的为阳性反应，用“+”表示；否则为阴性反应，用“−”表示。

6）*分解尿素试验*　有些细菌如变形杆菌能产尿素酶，能水解尿素为氨气和 CO_2。CO_2 以气体形式放出，部分氨气溶于水呈碱性使酚红变红。培养基 pH 为 7.2。

具体步骤如下：以无菌操作接种待鉴定细菌至尿素培养液中，空白对照管不接菌，做好标记，将待测菌于最适温度培养 24 h 后，取出试管，沿管壁加入 2～3 滴酚红指示剂，培养液呈红色为阳性反应，用“+”表示；不出现红色的为阴性反应，用“−”表示。

7）其他　葡萄糖胺试验：有些菌可以利用胺盐作为唯一氮源，在只含葡萄糖胺的培养基上生长产酸。生长极少者也应作为阳性。大肠杆菌为阳性，而志贺氏菌为阴性，该试验常用于区分这两种菌。

4. 其他酶类试验

1）氧化酶试验　有些细菌具有氧化酶，又称细胞色素氧化酶或呼吸酶，主要用于肠杆菌科细菌与假单胞菌的鉴别，前者为阴性，后者为阳性。奈瑟氏菌属、莫拉菌属细菌也呈阳性反应。氧化酶使细胞色素 c 氧化，氧化的细胞色素 c 使二甲基对苯二胺氧化，生成红色的醌类化合物，进一步与α-萘酚反应形成细胞色素蓝，呈蓝色。1 min 内出现蓝色为阳性反应，否则为阴性。用四甲基对苯二胺代替二甲基对苯二胺时效果更好，不需要α-萘酚，直接变成蓝色，30 s 内变蓝为阳性反应。为保证结果的准确性，一般以铜绿假单胞菌和大肠杆菌分别作为阳性和阴性对照。

常用方法有 3 种：①菌落法，直接滴加试剂于被检菌菌落上。②滤纸法，取洁净滤纸一小块，蘸取菌少许，然后加试剂。③试剂纸片法，将滤纸片浸泡于试剂中制成试剂纸片，取菌涂于试剂纸上。细菌在与试剂接触 10 s 内呈深紫色，为阳性。

在实验过程中，培养基应避免含铁物质，铁离子会造成假阳性；二甲基对苯二胺易氧化，在冰箱中可存两周，转红褐色时，不宜使用；四甲基对苯二胺在冰箱中可存一周。

为避免受培养基成分的干扰，本试验最常用的为氧化酶试验试纸条快速试验法：将 1.0 g 四甲基对苯二胺和 0.1 g 维生素 C 溶解于 100 mL 蒸馏水中。将普通滤纸剪成 pH 试纸大小的纸条，浸于此溶液中。取出浸好的纸条放在干净托盘中，于 35℃温箱中干燥后放在棕色瓶中，置于冰箱中保存备用。试验时用铂金丝接种环挑取菌落，涂于试纸条上。10 s 内变成蓝紫色为阳性，无颜色反应或 10 s 后变色者为阴性。不可用镍铬合金丝，以免造成假阳性。此法方便快捷。

2）过氧化氢酶试验　某些细菌具有过氧化氢酶。细菌在有氧条件下生长，糖有氧分解的氧化末端能产生 H_2O_2。过氧化氢酶能将有毒的 H_2O_2 分解成无毒的 H_2O，并放出氧气，出现气泡。此试验常用于革兰氏阳性球菌的初步分群，革兰氏阳性球菌中，葡萄球菌和微球菌均产生过氧化氢酶，而链球菌属不产生过氧化氢酶。

具体步骤如下：以无菌操作接种待鉴定细菌至合适的培养基中，将待测菌于最适温度培养 18～24 h 后，取出试管，滴加 3%～10% H_2O_2 溶液数滴，立即观察结果。若产生大量气泡（氧气），则反应结果为阳性，用“+”表示；若不产生气泡，则反应结果为阴性，用“−”表示。值得注意的是，培养基中不能含有血红素或红细胞等促使 H_2O_2 分解的物质，以避免产生假阳性。

3）DNA 酶试验　有些细菌能产生 DNA 酶，使 DNA 链水解成寡核苷酸链。长链 DNA 可被酸沉淀，而水解后形成的寡核苷酸可溶于酸。在 DNA 琼脂平板上加酸后，寡核苷酸溶于酸，在菌落周围形成透明环。在革兰氏阳性球菌中只有金黄色葡萄球菌产生 DNA 酶，在肠杆菌科中沙雷氏菌和变形杆菌能产生 DNA 酶。

具体步骤如下：以无菌操作接种待鉴定细菌至 DNA 琼脂平板上，将待测菌于最适温度培养 18～24 h 后，添加 1 mol/L 盐酸至覆盖平板，观察结果。若菌落周围出现透明环，则反应结果为阳性，用“+”表示；若无透明环，则反应结果为阴性，用“−”表示。

4）凝固酶试验　致病性葡萄球菌可产生两种凝固酶：一种是结合凝固酶，结合在细胞壁上，使血浆中的纤维蛋白原变成纤维蛋白而附着于细菌表面，发生凝集，可用玻片法测出；另一种是分泌至菌体外的游离凝固酶，作用类似凝血酶原物质，可被血浆中的协同因子激活变为凝血酶样物质，而使纤维蛋白原变成纤维蛋白，从而使血浆凝固，可用试管法测出。此试验是葡萄球菌鉴别时常用的一个试验，常作为鉴定葡萄球菌致病性的重要指标。

具体步骤如下。

（1）玻片法：取兔血浆和盐水各一滴，分别置于洁净的玻片上，挑取被检菌分别与血浆和盐水混合。若血浆中有明显的颗粒出现而盐水中无自凝现象，则反应结果为阳性，用“+”表示。

（2）试管法：取试管 2 支，各加 0.5 mL 人或兔血浆，挑取被检菌和阳性对照菌分别加入血浆中并混匀，将待测菌于最适温度水浴 3～4 h，若血浆凝固，则反应结果为阳性，用“+”表示。

5）CAMP 试验　有些细菌能产生一种名为 CAMP 因子的物质，能增强葡萄球菌的 β-溶血素活性，使溶血带增大。其一般用于鉴别 B 族链球菌。

具体步骤如下：首先将产 β-溶血素的金黄色葡萄球菌划一横线接种于血琼脂平板上，再将鉴定细菌与前一划线做垂直划线接种，两线不能相交，相距 0.5～1 cm，将待测菌于最适温度培养 18～24 h 后，观察结果。若在两划线交界处出现箭头样的溶血区，则反应结果为阳性，用“+”表示。在链球菌中，只有 B 群链球菌 CAMP 试验呈阳性。

6）胆汁溶菌试验　肺炎链球菌可被胆汁或胆盐溶解，这可能是由于胆汁降低了细胞膜表面的张力，使细胞膜破损或使菌体裂解；或者是由于胆汁加速了肺炎链球菌本身自溶过程，促使细菌发生自溶。其主要用于肺炎链球菌与甲型链球菌的鉴别，前者呈阳性，后者呈阴性。

具体步骤如下。

（1）平板法：取 10%去氧胆酸钠溶液于接种环，滴加于被测菌的菌落上，置于待测菌最适温度下 30 min 后观察结果。若菌落消失，则反应结果为阳性，用“+”表示。

（2）试管法：取被检菌培养物 2 支，各 0.9 mL，分别加入 10%去氧胆酸钠溶液和生理盐水（对照管）0.1 mL，摇匀后置于待测菌最适温度 10～30 min，观察结果。若加胆盐的培养物变透明，而对照管仍浑浊，则反应结果为阴性，用“−”表示。

5. 毒性酶类试验　毒性酶类试验用来检测细菌是否能分泌对人体有毒的酶，从而判断该菌是否对人体有毒。

1）卵磷脂酶试验　有些细菌能产生卵磷脂酶，能分解卵黄。该试验检查细菌在含卵黄平板上分解卵黄的能力，主要用于厌氧菌的鉴定。产气荚膜梭菌、诺维梭菌能产生此酶，其他梭菌为阴性。

具体步骤如下：以无菌操作划线接种或点种待鉴定细菌于卵黄琼脂平板上，将待测菌于最适温度培养 3～6 h。若 3 h 后在菌落周围形成乳白色浑浊环，即阳性，6 h 后浑浊环可扩展至 5～6 mm。

另外，本试验也能测定脂酶和蛋白质酶活力。脂酶阳性者菌落表面形成彩虹样或珍珠光彩，蛋白质酶阳性者菌落周围有透明圈。

2）溶血试验　有些细菌能产生溶血素，分解红细胞产生溶血环。该试验用来检查细菌在含血液平板上分解红细胞的能力，常用于链球菌、弧菌、白喉杆菌、李斯特氏菌、梭菌等的区分鉴定。不同细菌产生的溶血素不同，若菌落周围形成 1～2 mm 的草绿色溶血环，溶血环中的红细胞未完全溶解，叫作甲型（α）溶血；若菌落周围形成 2～4 mm 的透明溶血环，溶血环中的红细胞完全溶解，叫作乙型（β）溶血，又称完全溶血；若菌落周围出现灰白色细小菌落，在菌落周围无溶血环，叫作丙型（γ）溶血。可形成α溶血环的细菌有甲型溶血性链球菌、肺炎链球菌等；可形成β溶血环的细菌有乙型溶血性链球菌、金黄色葡萄球菌等；可形成γ溶血环的细菌有丙型溶血性链球菌等。

3）*血浆凝固酶试验*　产生血浆凝固酶的金黄色葡萄球菌能将血液凝固。致病性葡萄球菌产生血浆凝固酶，能使血浆中的凝血酶原变为凝血酶，凝血酶再使血浆中的纤维蛋白凝固。多数致病性葡萄球菌在 30 min～1 h 之内使血浆明显凝固，检验方法上面已有介绍。

6. 其他

1）*西蒙氏柠檬酸盐试验*　有些细菌能利用柠檬酸盐作为唯一的碳源，能在柠檬酸盐为唯一碳源的培养基上生长，分解柠檬酸盐生成碳酸钠，使培养基变碱性。以溴百里酚蓝（又叫溴麝香草酚蓝）为指示剂，有细菌生长时，柠檬酸被利用，最终呈碱性，培养基由绿变蓝，反应结果为阳性，用“+”表示。其常用于肠杆菌科细菌的鉴定。

2）*丙二酸钠试验*　有些细菌如亚利桑那菌，能利用丙二酸钠作为唯一碳源，能在丙二酸钠为唯一碳源的培养基上生长，分解丙二酸钠成碳酸钠，使培养基呈碱性，以溴百里酚蓝为指示剂，若培养基变为蓝色，则反应结果为阳性，用“+”表示。

3）*其他唯一碳源试验*　有些细菌能利用黏液酸、乙酸、酒石酸等有机酸作为唯一碳源，能在黏液酸、乙酸、酒石酸为唯一碳源的培养基上生长，黏液酸、酒石酸最终分解产酸，使培养基呈酸性，以酚红为指示剂，若培养基由橙色变为黄色，则反应结果为阳性，用“+”表示。乙酸经反应生成碳酸盐，使培养基呈碱性，以溴百里酚蓝为指示剂，若培养基变为蓝色，则反应结果为阳性，用“+”表示。

4）*氰化钾培养基利用试验*　氰化钾有剧毒，细胞色素氧化酶是含铁卟啉基团的电子传递蛋白，触酶、过氧化物酶等也以铁卟啉环为辅基。氰化钾可与铁卟啉环中的铁牢固结合形成铁氰化物，抑制微生物呼吸，从而抑制其生长，但有些细菌可对氰化钾产生抗性，能在含有氰化钾的培养基中生长。有的细菌则在氰化钾培养基中可以生长，比如沙门氏菌和柠檬酸杆菌。

三、遗传学鉴定

遗传是亲代将自身的遗传物质稳定地传给子代，并通过蛋白质表达出来，使子代和亲代有着相似的性状。变异是生物体在某种外因或内因的作用下，使遗传物质发生结构或数量的改变，表达出来后与正常的性状不同，而且这种改变稳定，具有可遗传性。DNA 和 RNA 是遗传、变异的物质基础，且同一物种中的核酸基本一致。

随着分子遗传学和分子生物学技术的迅速发展，微生物鉴定进入了分子生物学时代，基因探针、基因芯片、PCR、微生物测序等技术和方法在微生物鉴定中得到了广泛应用，使鉴定的速度变快，步骤变得简单，特异性增强。

1. 基因探针技术　基因探针技术又称分子杂交技术，是利用 DNA 分子的变性、复性及碱基互补配对的高度精确性，对一段特异 DNA 序列进行检测的技术。基因探针，即核酸探针，包括 DNA 和 RNA，是一段带有检测标记且序列已知的，与目的基因互补的特异核苷酸序列，可以包括整个基因，也可以仅仅是基因的一部分；可以是 DNA 本身，也可以是由之转录而来的 RNA。其原理为：互补的 DNA 单链能够在一定条件下结合成双链，即能够进行杂交。这种结合是特异的，即严格按照碱基互补的原则进行，它不仅能在 DNA 和 DNA 之间进行，也能在 DNA 和 RNA 之间进行。为了确定探针是否与相应的基因组 DNA 杂交，常用同位素、生物素等标记的特定 DNA 探针，以便在结合部位获得可识别的信号，最常用的是用放射性同位素 ^{32}P 标记探针的某种核苷酸 α-磷酸基。根据检测对象的不同，通常分为 Southern 杂交（检测对象为 DNA）和 Northern 杂交（检测对象为 RNA）。Southern 杂交步骤如下：通过限制性内切核酸酶获得待测菌的 DNA 片段，经过电泳分离条带，经碱变性处理后，转移并固定到硝酸纤维素膜上，并与同位素标记过的探针杂交。温和地洗去 DNA 探针后，采用放射自显影方法来检测是否存在杂交产物。Northern 杂交与 Southern 杂交不同的是：不需要限制性内切核酸酶酶切，变性方法用的是化学变性法。

一个标准的探针可以检测到的最少细菌数目为 10^5～10^7 个，当探针 DNA 应用于食品微生物鉴定中时，因为每毫升中可能只有一个目标微生物存在，所以必须通过一个浓缩富集的过程，使细胞达到一定数量，以提供足够的 DNA 用于检测。当初始的细胞数目为 10^5 时，采用放射性探针可以在 10～12 h 获得结果。当需要富集培养时，需要的时间为富集培养时间加上探针检测时间，一般为 44 h 或更久。

2. 基因芯片技术

1）普通基因芯片技术　基因芯片又称 DNA 微阵列，由基因探针技术衍生而来。其原理是采用光导原位合成法或显微印刷法把大量特定序列的探针以预先设定的排列方式固定在经过相应处理的载体上，然后加入标记的待测样品，进行多元杂交。通过杂交信号的强弱及分布，来分析目的分子的有无、数量及序列。探针可用 cDNA 和寡核苷酸，载体可用材料有玻片、硅片、瓷片、聚丙烯膜、硝酸纤维素膜和尼龙膜，其中以玻片最为常用。通常利用激光共聚焦荧光鉴定系统等对芯片进行扫描，对每一探针上的荧光信号做出比较和鉴定，并用计算机系统分析，就可以迅速得出所需要的信息。基因芯片是一种高通量的核酸分子杂交技术，可同时对上千个基因进行快速分析，几小时内即可得出鉴定结果，是目前鉴别食品微生物最有效的手段之一。用该方法鉴别食源性致病菌时，可同时快速鉴定食源性致病菌多个毒力、药敏基因等，方便快捷。但是，当食品样品的成分比较复杂时，芯片鉴定基因组 DNA 的灵敏度就会下降；食品样品中微生物含量较少时，也面临同样的问题。基因芯片鉴定技术所需仪器和耗材昂贵，且操作过程对工作人员的要求较高。

2）可视基因芯片技术　普通的基因芯片在杂交反应结束后还需要使用荧光扫描系统进行结果分析，给该技术的使用带来一定的困难。针对这一问题，研究人员开发了一种新的芯片技术——可视基因芯片技术。其原理是在酶的催化作用下产生沉淀，沉积在芯片表面，使芯片的厚度发生变化，致使反射在芯片上的光的波长发生改变，由此可以通过芯片上颜色的变化来观察实验结果。可视基因芯片对区分不同的序列有很好的准确性，同时可视基因芯片的特异性高、准确性好，在混合鉴定中不出现交叉反应。

可视基因芯片依赖于引物的扩增和探针的特异性结合，设计和筛选有效的、特异性强的引物和探针是建立可视基因芯片鉴定技术的关键，但这具有一定的难度。在理论上如果可视探针产生蓝色的杂交信号即阳性信号，但在实际鉴定中，背景和其他没有发生杂交反应的位点也可能会产生沉淀的堆积而造成表面颜色的改变。可视基因芯片技术虽然还不够完善，但其既有基因芯片快速、准确、高效、高通量的特点，又可以摆脱昂贵的基因芯片实验设备的限制，因此已成为国内外研究的热点。

3. PCR 及电泳技术

1）常规 PCR 技术　PCR 技术是一种体外酶促合成、扩增特定 DNA 片段的技术。它具有特异、敏感、产率高、快速、简便、重复性好等优点，能在一个小离心管内将所要研究的目的基因或某一 DNA 片段于数小时内扩增至十万乃至百万倍，使肉眼能直接观察和判断。常规 PCR 技术是在 DNA 模板、引物、dNTP、适当缓冲液和 $MgCl_2$ 溶液的混合物中，利用热稳定 DNA 聚合酶的催化作用，在体外扩增位于两段引物之间的 DNA 片段。进行 PCR 反应时，首先对超大量的引物及模板 DNA 加热变性，然后将反应物冷却至某一温度使引物与它的靶序列发生退火，退火引物在 DNA 聚合酶作用下利用 4 种脱氧核糖核苷酸（dNTP）得以延伸。重复进行变性、退火和 DNA 延伸这一循环，前一轮扩增的产物又充当下一轮扩增的模板，目的 DNA 以指数形式增加，使皮克（pg）水平的起始物达到微克（μg）水平。由于 PCR 灵敏度高，理论上可以检出一个细菌的拷贝基因，因此在细菌的检测中只需短时间增菌甚至不增菌，即可通过 PCR 进行筛选，节约了大量时间。目前，利用 PCR 技术已经可以实现耐甲氧苯青霉素的金黄色葡萄球菌等常规难以快速鉴定的多种菌的快速鉴定。

2）核酸恒温扩增技术　PCR 技术在反应过程中需不断变换温度，应用时不够方便，于是核酸恒温扩增技术应运而生。核酸恒温扩增技术是在恒定温度下实现 DNA 或 RNA 分子数目增加的技术，其中应用较广泛的是环介导等温扩增（loop-mediated isothermal amplification，LAMP）技术。该技术针对靶序列上 6 个区域设计 4 条特异引物，利用一种具有链置换的 DNA 聚合酶，在 65℃左右恒温条件下保温 30～60 min，即能特异、高效地扩增靶序列，短时间扩增效率可达到 10^9～10^{10} 个拷贝。利用 LAMP 技术可以快速、特异地鉴定出食品常见微生物，扩增反应可在 2 h 内完成。

3）变性梯度凝胶电泳　双链 DNA 分子在普通的聚丙烯酰胺凝胶电泳时，DNA 分子的大小和电荷决定其迁移率，不同大小的 DNA 片段由于在同一浓度的胶上电泳迁移率不同而得到分离，而对于片段大小接近或相同的 DNA 片段在胶中迁移率相似或一样，无法有效分离。变性梯度凝胶电泳（denaturing gradient gel electrophoresis，DGGE）是在一般的聚丙烯酰胺凝胶基础上，加入了变性剂（如尿素和甲酰胺）梯度，DNA 在不同浓度的变性剂中解链行为不同，电泳迁移率发生变化，从而将片段大小相同而碱基组成不同的 DNA 片段分开。

采用 PCR-DGGE 进行食品微生物鉴定时，首先要提取食品样品中的 DNA，利用保守的基因片段如细菌中的 16S rRNA、真菌中的 18S rRNA 或 26S rDNA 等基因片段作为模板，在一对特异性引物的作用下对样品中微生物中的 rDNA 进行 PCR 或 RT-PCR 扩增，核酸扩增后 DGGE 获得的指纹图谱包含了与多种微生物相对应的一系列条带，可以将这些条带进一步纯化和进行序列分析鉴定出微生物的种类。

PCR-DGGE 被广泛用于鉴定复杂食品中的微生物、进行微生物群落结构、群落动态变化等多样性分析，通过对特异 rDNA 序列或目的基因的分析可以鉴定白酒、醋、酸奶、泡菜、干酪、发酵肉制品等发酵食品发酵过程中各阶段存在的微生物多样性及动态变化过程，从而解释和指导发酵过程。

4. 微生物测序 微生物测序研究常用手段包括16S rRNA基因测序和宏基因组测序。

目前在细菌分类学及菌种鉴定研究中最有用和最常用的分子是rRNA，rRNA占细胞中RNA总量的75%～80%，编码rRNA的DNA，序列中G+C含量较高，通常可达53%～54%。真核生物有5S、5.8S、18S和28S四种rRNA，而原核生物只有5S、16S和23S三种rRNA。其中16S rRNA基因大小适中（1542个核苷酸，即1542 nt），不但含有高度保守的基因片段，在不同的菌株间也含有变异的核酸片段（9个高变区和10个保守区），因此其在细菌中应用最为普遍。利用某一段高变区序列设计引物，对16S rDNA进行PCR扩增或对16S rRNA进行RT-PCR扩增，得到1500 bp左右的序列后进行测序，根据可变区序列的差异对不同属、种的细菌进行鉴定。

对于16S rRNA基因测序而言，任何一个高变区或几个高变区，尽管具有很高的特异性，但是某些物种（尤其是分类水平较低的种水平），在这些高变区可能非常相近，能够区分它们的特异性片段可能不在扩增区域内。16S rRNA基因测序得到的序列很多注释到属水平。如果需要更精确的鉴定，则需要通过宏基因组测序。宏基因组测序是直接从环境样品中提取全部微生物的DNA，将微生物基因组DNA随机打断成500 bp的小片段，然后在片段两端加入通用引物进行PCR扩增测序，再通过组装的方式，将小片段拼接成较长的序列。因此，在物种鉴定过程中，和16S rRNA基因测序相比，宏基因组测序更精确，能鉴定微生物到种水平甚至菌株水平。另外，除了物种鉴定，还能分析微生物中含有的其他基因。

综合而言，16S rRNA基因测序主要研究群落的物种组成、物种间的进化关系及群落的多样性；宏基因组测序在16S rRNA基因测序分析的基础上还可以进行基因和功能层面的深入研究。

四、仪器快速鉴定

传统的食品微生物鉴定主要参考《伯杰氏细菌鉴定手册》和《真菌鉴定手册》，操作步骤烦琐，耗时长，易出错，对经验要求高，还有多种细菌因为培养基条件不合适无法培养，从而难以鉴定，而一些简单的分子生物学假阳性率又较高。

随着科学技术的快速发展，食品微生物鉴定领域涌现出许多新技术、新方法，仪器分析法就是其中一种。仪器分析是指借用精密仪器测量物质的某些理化性质以确定其化学组成、含量及化学结构的一类分析方法。根据微生物结构及代谢物的不同，可用仪器分析法鉴定微生物，一般与计算机技术结合，具有快速、灵敏、准确的特点。

1. 微生物自动鉴定仪 全自动微生物分析系统是一种将传统生化反应及微生物鉴定技术与现代计算机技术相结合，运用概率最大近似值模型法进行微生物自动鉴定的技术，无须经过微生物分离培养和纯化过程，就能直接从样品中鉴定特殊的微生物种类。目前微生物自动鉴定仪依原理分为以下4种。

（1）基于表型的鉴定：美国Biolog公司的微生物自动鉴定系统，利用微生物对不同碳源代谢率的差异，针对每一种微生物筛选95种不同碳源，配合四唑类显色物质，固定于96孔板上，接种待测菌悬液后培养一段时间，通过检测颜色的变化及由于微生物生长造成的浊度差异，与标准菌株数据库进行比对，即可鉴定超过1973种细菌、酵母和丝状真菌；梅里埃、碧迪（BD）、热电和西门子微生物自动鉴定系统根据生化反应，可对200～600种微生物进行鉴定，并可对微生物做药敏测试，数据库主要以鉴定致病菌为主。

（2）基于基因型的鉴定：如基因测序法及基因条带图谱法，以 Life 和杜邦为典型代表。

（3）基于蛋白质的鉴定：以布鲁克和梅里埃为代表，基于蛋白质飞行质谱平台，分析不同高度保守的微生物核糖体蛋白电解离后的电子飞行时间进行鉴定。

（4）基于脂肪酸的鉴定：采用气相色谱分析微生物细胞壁的脂肪酸构成进行鉴定。

综合而言，4 类方法均具有快速、准确、微量化、重复性好、操作简易等优点，但 4 类方法又各有优缺点，理论上不冲突，应该互为补充，根据需要进行选择。

2. 流式细胞术　流式细胞术（flow cytometry，FCM）是一种对高压液流中的单列细胞或其他生物微粒进行快速分析和分选的技术，可以在一秒时间内快速分析上万个细胞，能同时从一个细胞中测得荧光、光散射和光吸收等多个参数，从而获取细胞 DNA 含量、细胞体积、蛋白质含量、酶活性、细胞膜受体和表面抗原等许多重要参数，并且可以根据这些参数将不同特征的细胞分开。因此，流式细胞术能够测定处于各个细胞周期的菌体数量，以及细胞膜状态和膜通透性等多种参数。与传统分离鉴定方法相比，流式细胞术使鉴定和分离过程合二为一，在保持特异性的同时，大大提升了菌种筛选效率。

3. 光谱分析法　光谱分析法一般有毛细管电泳（CE）技术、近红外光谱法、气相色谱法、高效液相色谱法（HPLC）、质谱技术，根据光谱指纹图谱特点，与已知微生物指纹图谱进行对比，即可达到鉴定微生物的目的。

第六节　微生物育种技术

获得性能优良的微生物菌种是微生物生物技术得以实施的前提。显然，从自然界分离得到的微生物无法满足现代微生物生物技术的需要，目前，微生物生物技术中应用的微生物菌种绝大多数是通过微生物育种技术人工选育的。微生物育种是运用遗传学原理和技术对菌种某个特定生产性状进行改造，去除不良性质，增加有益新性状，从而提高目标产品的产量、质量或降低发酵生产成本。微生物育种的最终目标是通过人工干预，不断改良微生物菌种的性能，这方面的工作贯穿微生物应用的所有周期，并随着科技发展而不断进步。

微生物菌种改造就是采用物理、化学、生物学、工程学方法及混合技术手段处理微生物菌种，创造遗传突变库，并从中分离得到所要求表型的变异菌种。其一般流程如图 3-10 所示。

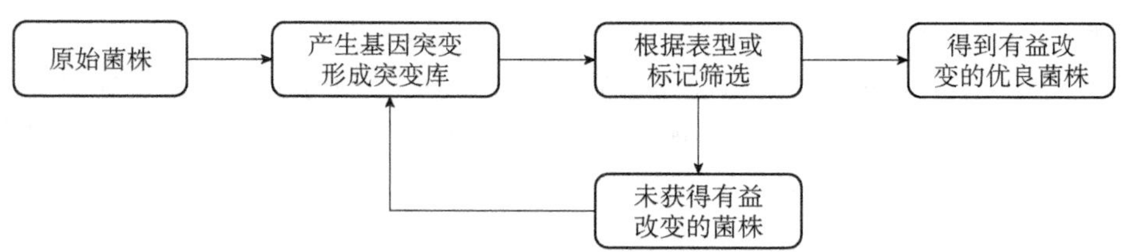

图 3-10　菌种改造的一般流程

微生物育种可分为常规育种和分子育种，通常将诱变、细胞融合等在体内进行的不涉及分子操作的育种技术称为常规育种，而将建立在 DNA 体外重组基础上的育种技术称为分子育种。为了得到微生物优良菌种，经常需要将常规育种和分子育种结合进行。微生物育种的实质是通过改变微生物的遗传物质使微生物具有某种有利的性状并将该微生物分离出来。

一、微生物常规育种技术

（一）食品微生物菌种改造的必要性

1. 微生物应用对菌种的要求　人们寻找有特殊功能的菌种（比如有纤维素降解功能的菌种），是为了更好地利用该菌种，服务于人类。好的微生物菌种必须具有以下特性：①稳定遗传；②生长快速，易于繁殖；③抗杂菌污染能力强；④容易进行后续选育及改造；⑤利用的产物合成速度快，若要提取还需要容易分离提纯。菌种是进行微生物应用的核心，菌种效率越高，产品质量就越好，生产成本就越低。

从自然界分离的野生型菌株通常不具备上述优良性状，只有对野生型菌株进行不断选育才能获得以上优良性状。在自然条件下，微生物菌种的自发突变率很低，单纯依赖自发突变选育菌株的效率很低，远不能满足生产需要，因此对微生物菌种进行改造和选育十分必要。

2. 菌种选育的有益效果

1）提高目的产物的产量和质量　菌种选育可大幅度提高微生物目标产物的产量。例如，通过选育纤维素酶高产高效菌种，提高纤维素酶的产量或提高纤维素降解的效率，降低生产成本，保护环境。古人筛选曲种的经验证明，野生型菌株经过不断选育，可以使产品产量或产品质量提高成百上千倍。

2）改善菌种特性，提高产品质量和改善工艺条件　如生产过程中需要用消泡剂对菌种发酵过程中产生的泡沫进行处理，则需要选育产泡少的突变菌株，可以节省消泡剂、提高发酵罐的利用率；若菌种容易被噬菌体污染，则需要选育抗噬菌体的突变菌株，减少发酵过程中因噬菌体污染的可能性；若对于需氧的微生物，则需要选育对溶氧要求低的突变菌株，降低发酵过程中的动力消耗。

3）开发新产品　通过育种改变微生物原有的代谢途径，使得微生物合成新的代谢产物。例如，用诱变技术把某些产卡那霉素的菌株诱变为产小诺米星；用基因工程育种获得的基因工程菌生产干扰素。

（二）基因突变

变异是生物体在某种外因或内因的作用下，使遗传物质发生结构或数量的改变，表达出来后与正常的性状不同，而且这种改变稳定，具有可遗传性。

生物在漫长的进化过程中会有一定的比例发生变异，基因组核酸的变异称为基因突变，带有基因突变的菌株称为突变体或突变株，它的基因型与野生型菌株的基因型不同。微生物的生理生化特性称为表型，发生基因突变后，有些生理生化特性会发生变化，可通过观察或生理生化方法鉴定。和野生株相比，突变株表型发生变化，因此可通过表型来筛选突变株。

自然环境下的基因突变常常具有以下特性。

（1）稀有性。在自然环境下，微生物发生基因突变的概率很低。基因突变能增加微生物的多样性，并能使微生物不断进化，而突变的稀有性能让微生物物种保持稳定。

（2）随机性。基因突变的发生是随机的，在基因组的任何地方都可能产生突变。

（3）独立性。每次基因突变都是独立的，与其他突变无关。

（4）可逆性。突变是可逆的，可以发生回复突变，但回复突变率与原突变率无关，并且回复突变率也很低。回复突变是另一次独立的突变，同样具有突变的稀有性和独立性。

（5）稳定性。由于回复突变也具有稀有性，因此基因突变是相对稳定的，突变后的新遗传性状可以保存下来，使微生物遗传育种具有实际意义。

（三）诱变育种

在微生物生物技术中，在自然环境下，由于突变的稀有性及随机性，要满足人类对所需微生物物种的要求，需要相当长的一段时间，不能满足生物技术的要求。

但在一些物理、化学、生物因子等诱变剂的作用下，突变率可以大大提高。这样产生突变的过程称为诱变。诱变育种就是在诱变后，用合适的筛选方法获得所需变异株的过程。当前，诱变育种是最重要、最基本的育种方法。

1. 诱变前的准备工作　诱变前应该对菌株进行培养和纯化，因此需要了解实验菌株。菌种选育的过程中，要不断进行接种、培养，需要对其培养基组成、移种的密度、培养温度和湿度等有足够的了解，才能避免漏筛或误筛。出发菌株必须是纯培养物。通常可以采用常规的划线分离法和稀释分离法，若还达不到育种要求的，可采用显微镜操作器分离单孢子，培养形成单菌落，获得纯菌株。

另外，诱变前应确定诱变剂和诱变剂的用量，这取决于诱变剂对基因作用的特异性和出发菌株的特性。诱变剂一般分为化学诱变剂、物理诱变剂和生物诱变剂。

常见的化学诱变剂是碱基类似物和烷化剂，前者结构与 DNA 的嘌呤和嘧啶碱基相类似，导致错误配对；后者可直接与 DNA 反应，使碱基发生化学变化，导致出现错配和其他的改变。烷化剂如亚硝基胍类比碱基类似物的诱变效果强，诱发突变的频率也高。此外，一些能插入 DNA 分子内部的化学试剂，如溴乙锭和吖啶类染料，也具有诱变作用。吖啶类化合物的结构是平面的，可插入两个 DNA 碱基之间，并促使插入部位的两个碱基分开，这种非正常构型的 DNA 复制时便会出现少数碱基的插入或缺失，所以吖啶类化合物可引起移码突变。化学诱变剂可以进行定位诱变，诱变效果与 pH、温度、半衰期及光照等因素相关。

常用的物理诱变剂主要是紫外线、X 射线、γ 射线、激光、低能离子束、微波等。其中紫外线诱变应用得最为广泛，其机理为紫外线照射能使 DNA 分子中相邻的胸腺嘧啶、胸腺嘧啶与胞嘧啶，以及胞嘧啶与胞嘧啶形成二聚体。

常用的生物诱变剂为转座诱变剂，转座诱变剂包括插入顺序（IS）与转座子（Tn），若它们插入基因，会破坏该基因的可读框，使这一基因丧失功能。转座子可插入染色体的许多位点，常用来制备微生物的突变体库。转座子上一般带有抗生素抗性基因，如 Tn-5 转座子含卡那霉素抗性基因，Tn-10 含四环素抗性基因，这样可以利用相应抗生素筛选各种突变体，方便快捷。

2. 诱变处理程序　诱变可以通过处理完整细胞进行，也可以将诱变了的基因引进原生质体。可以对营养细胞或孢子诱变，也可将诱变剂加入培养基中，在生长过程中进行。常规诱变育种的程序如图 3-11 所示。

3. 诱变操作过程

（1）出发菌株的预培养。对出发菌株进行预培养，一般采用合适的培养基，使出发菌株快速增殖，另外可在其中添加一些咖啡因、吖啶黄、嘌呤等物质，以提高其突变率。

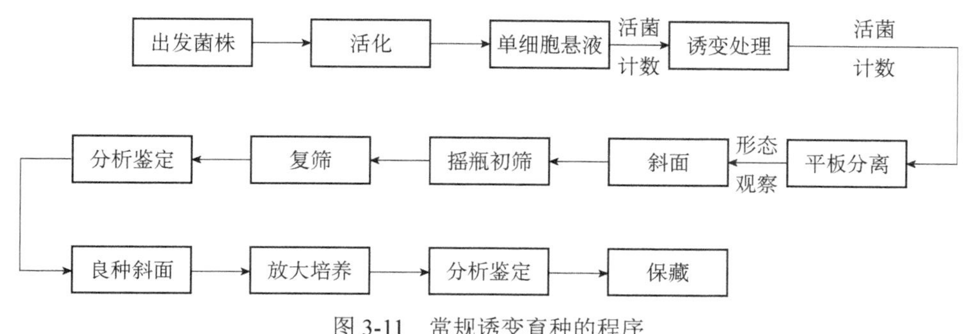

图 3-11　常规诱变育种的程序

（2）单孢子（或单细胞）悬液的制备。在诱变育种中，要先用单细胞微生物制备菌悬液，这样既能使细胞均匀地接触诱变剂，又可分离不同菌株，实现纯菌株的生长，便于后期筛选分离。一般选用经过预培养，处于对数生长期的微生物，通过离心、洗涤去除培养基，用无菌的生理盐水或缓冲液制备菌悬液，调整菌悬液浓度为 10^6～10^8 个/mL 供诱变处理。

若诱变对象为产孢子的微生物，则要将成熟而且新鲜的孢子接种于液体培养基中振荡培养到孢子刚刚萌发，离心、洗涤去除培养基，用无菌的生理盐水或缓冲液制备孢子悬液，用无菌脱脂棉过滤，调整孢子浓度为 10^6～10^7 个/mL 供诱变处理。

（3）诱变处理。诱变处理可分为单因子处理和复合因子处理。其中单因子处理就是采用单一诱变剂单次或多次处理；复合因子处理又称复合诱变作用，就是采用两种以上的诱变因子共同使菌体突变（可以用两种或多种诱变剂交替处理，也可以用两种或多种诱变剂同时处理）。某一菌株长期使用单因子处理后，除产生诱变剂“疲劳效应”外，还会引起菌种生长周期延长、孢子量减少、代谢减慢等不利影响，因此，在实际生产中多采用复合因子处理进行菌株诱变，由于各类诱变因素有各自特殊作用的位点，因此通过复合处理可扩大诱变幅度，效果比单因子处理好，一般先用 1～2 个较弱的处理后再用强的处理比较好；另外，多因子复合处理菌种还可能出现协同诱变效应，可以取长补短，以弥补某种不亲和性和热点饱和现象，更容易得到多突变类型。另外，在多因子中将化学因子与物理因子联合处理，能使诱变效果大大增强。比如先用 0.1%低浓度（不能引起诱变）的氮芥子气处理土曲霉的分生孢子后，再用紫外线进行处理，诱变频率大为提高，所需时间也比单用紫外线处理要短，且其形态与生化突变频率都有提高。

此外，各种诱变因素的作用机制和诱变效应并非想象得那么简单。例如，烷基化合物除对核酸的碱基起作用外，对糖键和磷酸键同样起作用，因此在对核酸作用的同时，对蛋白质的羰基、氨基及其他化学键等也同样可起作用。由于核酸聚合酶在突变中占有极其重要的地位，因此直接或间接对酶特异性的改变而导致突变也是很有可能的。因此，对选育一种菌株有效的诱变因素对选育其他生产菌株不一定有效。

诱变剂的使用强度称为诱变剂的剂量。在诱变剂的作用下，微生物群体中的一部分个体发生基因突变，发生突变的微生物可能出现三种情况：①性状比原来好，这种突变称为正突变；②性状比原来差，这种突变称为负突变；③个体死亡，即产生致死突变。在育种工作中，常以杀菌率表示诱变剂的相对剂量。杀菌率是死亡菌数与诱变前菌数的比例，取等量诱变菌体与未诱变菌体分别在完全培养基上培养，对长出的菌落进行计数，取死亡菌体与未处理菌体数目的比值。一般而言，随着诱变剂剂量的增加，发生突变的微生物个体数量（诱变率）也相应增加，但达到一定程度后，再增加剂量，诱变率反而下降；另外，随着诱变剂剂量的增加，杀菌率变高，得到的突变株变少。诱变剂的剂量还会影响诱变的结果，偏低剂量中正突变较多，而偏高剂量中负突变较多。诱变过程希望能最大限度地产生正突变，以使筛选能有一个好的起点，诱变剂剂量的选择正是基于这样的目的。因此，诱变通常采用较低剂量，在多数情况下，选择70%左右致死率时的诱变剂剂量比较合适。例如，以UV为诱变剂时，以前采用杀菌率为90%～99.9%的剂量，近来倾向于采用杀菌率为70%～80%，甚至30%～70%的剂量。一般认为，经多次诱变的菌株，容易出现负突变，以采用低剂量为宜，也可以轮换应用不同的诱变剂；对于遗传性状稳定的菌株，以采用较强烈的诱变剂，或试用尚未用过的诱变剂为宜；对于诱变史短的菌株，则可采用高剂量处理。实际诱变过程中，物理诱变剂通过控制照射的距离、时间和照射过程中的条件（氧、水等），化学诱变剂主要通过调节浓度、处理时间和处理条件（温度、pH等）控制剂量大小。各类诱变剂的剂量表达方式也有所不同。例如，UV的剂量指强度与作用时间的乘积；化学诱变剂的剂量则以在一定外界条件下，诱变剂的浓度与处理时间的乘积来表示。

在测定诱变效果时，常用营养缺陷型的回复突变和微生物抗药性变异为指标。

（1）营养缺陷型的回复突变测试。营养缺陷型菌株在基本培养基上不能生长，必须添加其不能合成的营养素才能生长，而经过诱变发生回复突变的细胞则能在基本培养基上生长。如果把经过诱变剂处理的营养缺陷型菌株接种到基本培养基上，培养后发现有菌落长出，就说明这种诱变剂有诱导作用。出现的菌落越多，说明诱变作用越强。

（2）微生物抗药性变异测试。在加有抗生素（如卡那霉素）的培养基上，一般的微生物不能生长，只有对该抗生素具有抗性的菌株才能生长。如将诱变处理后的细胞接种在含有抗生素的培养基上，培养后发现有菌落长出，就说明这种诱变剂有诱导作用。出现的菌落越多，说明诱变作用越强。

（3）诱变后培养。诱变后的菌悬液应立即转移到营养丰富的培养基中培养数代，保证诱变发生的突变能够通过DNA的复制而形成稳定的突变体。

（4）筛选。诱变后的菌种经过培养后，涂布在培养基平板上，使突变的单细胞或孢子发育成单菌落。突变可分为形态突变株和生化突变株，可根据突变株的物理化学特性，将其分离筛选出来。

需要注意的是，既然诱变剂能诱发微生物细胞发生基因突变，同样也就能诱发高等生物细胞发生基因突变，因此一般来说，诱变剂都可能致癌，在操作中应注意防范，避免或减少人体与诱变剂的接触。

4. 诱变育种的新技术　化学诱变剂容易污染环境和操作者，物理诱变的诱变率较高，但正诱变效率较低，筛选强度大，所以人们开始寻找正诱变效率高的物理诱变剂。近年来，人们发现低能离子束注入、激光、微波、超声波等物理诱变剂效果较好。

1）低能离子束注入微生物育种　低能离子束的注入，导致能量沉积、动量传递、离子注入、电荷交换，在微生物引起高频率多位点突变，以及细胞表面溅射导致的细胞形态、细胞带电状态、细胞通透性变异等结果。研究表明，随着X射线及γ射线的照射剂量的增大，微生物的存活率呈指数下降关系，而随着低能离子束注入剂量的增大，微生物的存活率表现出先降后升，然后再降的规律。总体而言，低能离子束注入对微生物的突变率高，生理损伤较轻。

离子注入微生物的装置为离子注入机，细胞选用处于对数生长期的单细胞，丝状菌体（如霉菌）则选用孢子。一般用菌膜法或涂孢法进行离子注入。首先，将培养活化的菌体种子或斜面活化的菌落进行稀释，一般是 10^{-3}～10^{-2} 的稀释度，菌体浓度以 10^8～10^9 个/mL 为宜；然后将适量的稀释菌液涂布于无菌的玻璃片上或无菌的培养皿上，显微镜检查无重叠后，自然干燥形成菌膜；置于离子注入机靶室，抽真空后，进行离子注入，同时设立对照以确定诱变效率。丝状真菌还能用培养法，将菌悬液接种于培养基平皿上，待长出菌落并产生大量孢子后，将平皿置于离子注入机靶室，抽真空后，进行离子注入。常用的离子注入诱变剂是 H^+、N^+、Ar^+，其中最常用的是 N^+，针对不同菌需要对温度和真空度作适当调节。

2）*激光、微波、超声波诱变育种* 除了利用低能离子束注入外，也有人利用激光、微波及超声波进行微生物的诱变育种。利用这些新方法已选育出很多性状优良的工业生产用微生物。激光是一种光量子流，又称光微粒，通过产生光、热、压力、电磁效应等综合作用，直接或间接影响生物有机体，引起 DNA 或 RNA 改变，导致酶激活或钝化，引起细胞分裂和细胞代谢活动改变。微波辐射属于低能电磁辐射的一种，对机体的作用机理是场力（非热效应）和转化能（热效应），引起 DNA 损伤，使细胞产生突变。超声波是利用机械作用产生的共振、热作用产生的高温和空化作用导致的自由基，使种子的 DNA、蛋白质等生物大分子结构改变，使微生物产生突变。

（四）体内基因重组育种

体内基因重组指发生在细胞内的重组过程，这是相对于体外 DNA 重组技术或基因工程技术而言的。由于一个菌种在长期诱变后，其细胞活性和诱变效率会逐步降低，因此需要采取其他方法来达到育种目的，体内基因重组技术应运而生。体内基因重组育种是指采用接合、转化、转导和原生质体融合等遗传学方法和技术使两个基因型不同的微生物细胞内发生基因重组，以增加优良性状的组合，从而获得优良菌株的一种育种方法，包括杂交育种和原生质体融合育种。该方法在微生物育种中占有重要地位。

1. 杂交育种 杂交育种（hybridization breeding）是指人为利用真核微生物的有性生殖或准性生殖，或原核微生物的接合、F 因子接合、转导和转化等过程，促使两个具有不同遗传性状的菌株发生基因重组，以获得性能优良的菌株。与诱变育种相比，杂交育种有更强的方向性和目的性。例如，微生物 A 生长快却产量低，微生物 B 生长慢却产量高，经杂交育种，再经筛选后会产生生长快且产量高的微生物。

杂交育种的重组频率极低，只有 10^{-7} 左右，因此，杂交完成后的重组体筛选工作量特别大。为了减少筛选工作量，常常让杂交的亲本带上不同的遗传标记。将根据杂交目的选出的具有不同遗传背景的优质出发菌株称为原始亲本，可以是自然分离的野生型菌株，也可以是诱变过程中的菌株，还可以是想改良的生产用菌。

将微生物杂交育种所使用的配对菌株称为直接亲本，通常通过诱变处理在原始亲本菌株上添加了营养缺陷标记、抗性标记、温感标记、孢子颜色等遗传标记中的一种或几种。

微生物杂交育种的过程如下：选择原始亲本，将原始亲本经诱变处理带上遗传标记形成直接亲本，鉴定直接亲本的亲和力后进行杂交，杂交后接种到基本培养基和选择培养基上培养重组体，培养完成后对重组体进行筛选和鉴定。研究表明，具有明显遗传性状差异的近亲菌株为直接亲本时，重组体的效果更好。

2. 原生质体融合育种　原生质体融合技术，就是利用物理、化学或生物学方法，诱导遗传特性不同的两个亲本原生质体融合，经染色体交换、重组而达到杂交的目的，经筛选获得有优良性状的融合子。

微生物原生质体融合育种（protoplast fusion breeding）的过程如下：选择原始亲本，将原始亲本经诱变处理带上遗传标记形成直接亲本，制备原生质体后，融合原生质体，接种到基本培养基和选择培养基上培养重组体，培养完成后对融合体进行筛选和鉴定。

与传统杂交技术相比，原生质体融合技术受接合型或致育型的限制较小，两个亲本中任何一株都可能起受体或供体的作用，适用于同种属间微生物的杂交，也适用于不同属间微生物的杂交，可用于两种及以上微生物同时形成融合子。另外，原生质体融合技术是两个亲本的细胞质和细胞核进行类似合二为一的过程，所以遗传物质传递更完整。因此，原生质体融合技术在微生物育种中的应用越来越多，广泛适用于大肠杆菌等原核生物和酵母、霉菌等真核生物。

1）*原生质体制备*　进行原生质体融合，首先要制备高质量的原生质体。原生质体的制备主要是在高渗透压溶液中加入细胞壁分解酶，去除细胞壁，留下原生质膜包含的球状细胞，它能保持原细胞的一切活性。在细菌（包括放线菌）中，制备原生质体一般加入溶菌酶，酵母和霉菌一般加入蜗牛酶或纤维素酶等。以大肠杆菌为例，原生质体制备的过程如下：将大肠杆菌在肉汤培养基（Luria-Bertani 培养基，LB 培养基）中于 30℃ 振荡培养过夜，取出 1 mL 菌液加至 9 mL 含有 10%蔗糖和 1%甘氨酸的 LB 培养基中，在 30℃ 继续培养至 OD_{600} 为 0.6 左右。取出 5 mL 菌液，在 10 mL 离心管中于 4000 r/min 离心 5 min，弃去上清液，轻柔将菌体悬浮在 5 mL 高渗悬浮液（0.5%蔗糖、0.02 mol/L $MgCl_2$）中，再加入溶菌酶至终浓度为 0.8 mg/mL。在 20℃ 保温 2 h 后，每隔 15 min 从溶菌液中取出几微升在油镜下检查原生质体的生成情况。当有 95%以上的原生质体形成时停止酶反应。离心除去未去细胞壁的残存菌体，再于 500 r/min 离心 5 min。将上清液转至新的离心管中，以 4000 r/min 离心 8 min，去上清液，底部的沉淀即原生质体。将原生质体重新悬浮于高渗液悬浮备用或者在−80℃条件下保存。

一般使用对数生长初期的菌体制备原生质体，温度控制在 20℃ 左右。对于不同的微生物，其酶的种类和浓度均有差异。酶的浓度太低（＜0.1 mg/mL）会降低原生质体形成的效率，而浓度太高（＞2 mg/mL）则会降低原生质体再生的效率。为了避免制备的原生质体在高渗液中膨胀破裂，常常需要加入渗透压稳定剂，细菌常用的为 KCl、$CaCl_2$、$MgSO_4$ 等无机盐和蔗糖、甘露糖、山梨醇等有机物，丝状真菌常用的为无机盐，酵母常用的为有机物。

原生质体再形成有活性的菌体称为再生。原生质体制备以后，需要通过再生来检查原生质体的存活率。在再生培养基中一般加入一些细胞壁合成的前体或加速细胞壁合成的营养物质。另外，还会加渗透压稳定剂，比如 0.5 mol/L 的蔗糖、0.04 mol/L 的 $MgCl_2$、0.02 mol/L 的琥珀酸钠。再生温度要低于培养温度，如大肠杆菌原生质体再生的最适温度为 28℃ 左右。

2）*原生质体融合*　目前原生质体融合的方法有化学融合法、物理融合法与生物融合法。化学融合法中最常用的是聚乙二醇（PEG）助融法；物理融合法中最常用的是电融合法和激光诱导融合法；生物融合法用紫外线灭活的病毒膜片使细胞产生融合，一般应用于动物，在微生物中极少使用。

（1）PEG 融合法：PEG 融合法是将两亲本的原生质体等量混合在高渗液中，加入 PEG

助融，轻轻振荡促使原生质体融合。PEG 作为助融剂，因其单体聚合程度不同而分子质量差异很大，因此，选择合适的分子质量、浓度及作用时间是 PEG 融合技术的关键。

（2）电融合法：电融合法是利用直流或交流电场，使两亲本的原生质体进行融合。原生质体在电场中极化成偶极子，沿电力线排列成串珠状，在两极间的高压电冲击下击穿紧密接触的细胞质膜，在细胞膨压的作用下完成融合。电融合法的效率高，对细胞损伤小。在显微镜下进行电融合，还可观察到融合的过程。但如果电场大，易造成原生质体大量死亡，因此，在操作时要注意电场的强度。

（3）激光诱导融合法：利用激光束对相邻的两个原生质体接触区进行穿孔，使原生质体进行融合。其原理与电融合法相同，在操作时也要注意激光束的强度。

3）*融合子的筛选*　和前面所述的杂交的重组体筛选一样，融合完成后的融合体筛选工作量也很大。为了减少筛选工作量，常常让融合的亲本带上营养缺陷标记、抗性标记、温感标记、孢子颜色等其他遗传标记，在融合完成后通过亲本的标记来筛选融合体。

4）*其他的原生质体融合方法*　常见的有供体灭活法和双亲原生质体灭活法。供体灭活法是将经过物理处理（紫外线照射、短时加热等）失活的一个亲本原生质体作为供体，与另一亲本的原生质体进行融合。利用该法可以省去一株亲本的原生质体制备步骤，但是融合率比较低。在实际应用中，嗜杀啤酒酵母 FP5-24 就是利用该法选育的。首先用紫外线灭活含有嗜杀质粒的供体酵母的原生质体（确保灭活后不能再生），然后用该灭活的原生质体与啤酒酵母 CDW-4 的原生质体融合。利用受体酵母对嗜杀毒素的敏感性选出融合子 FP5-24，该融合子的酿造性能与受体菌保持相同但是具有嗜杀活性。

双亲原生质体灭活法是将两亲本的原生质体用不同的理化手段进行处理，使其失去活性，但并不彻底将其杀死。灭活后的原生质体不能再生，而由损伤部位不同的原生质体相结合形成的融合子，因为损伤部位可以互补则可以再生。由于双亲原生质体不能再生，使筛选工作量大大降低，但该方法的理化处理可能会丢失优良性状，且融合效率较其他方法低。

二、微生物分子育种技术

常规的遗传学育种中，目的性和针对性不强，产生的突变大部分是随机的。找到人们所需要的有利突变需要耗费大量的精力和时间。随着分子生物学的发展，可以直接地、有针对性地在 DNA 分子水平上改造微生物的遗传性状，改良原有性状，甚至可以培育出原来没有的性状及产物。一般包括重组 DNA 技术、定向进化技术和代谢工程技术。

（一）重组 DNA 技术

重组 DNA 技术（recombinant DNA technology），又称 DNA 克隆、基因克隆，是在体外将目的基因插入载体，构建成重组 DNA 分子，然后将其转化导入宿主受体细胞内表达，使宿主产生目的基因产物，经培养后筛选含有目的基因的转化子细胞，最后提取该目的重组 DNA 分子的技术。

1. 限制酶重组 DNA 技术　限制酶重组 DNA 技术是依赖限制性内切酶的重组 DNA 技术，一般所说的重组 DNA 技术均指这种。步骤如下：首先分离目的基因并进行必要的改造，比如加上和载体一致的酶切位点，以及加上有营养缺陷标记、抗性标记、温感标记、孢子颜色等遗传标记中的一种或几种等，方便后面的酶切过程和筛选过程；然后用限制性内切酶对目的基因和载体进行酶切，使其具有可以接合的末端；接着将目的基因和载体结合形成重组 DNA；将重组载体转化导入宿主受体细胞，最后根据目的基因和载体上的遗传标记筛选含重组 DNA 的细胞。

1）重组 DNA 的获得

（1）目的基因的分离：目的基因是人们感兴趣的基因，可以是编码各种酶蛋白、各种生物因子的编码基因，也可以是抗原蛋白的编码基因；可以直接经 PCR 等方法从生物体内获取，也可以根据 DNA 序列在体外合成。

（2）构建体外重组 DNA：体外重组 DNA 是在体外，用限制性内切酶和 DNA 连接酶将目的基因与载体相连的产物。

载体是一个独立的复制子，具有复制起始序列，可在细胞中进行有效扩增。载体上有若干限制酶的单一酶切位点，方便外源 DNA 片段的插入；有营养缺陷标记、抗性标记、温感标记、孢子颜色等遗传标记中的一种或几种，方便后续重组 DNA 的筛选。载体分为插入型和置换型两类。绝大多数载体是插入型，即将载体用限制性内切酶酶切后，插入目的 DNA，再用连接酶连接。极少数载体（如 X 噬菌体载体）是置换型载体。X 噬菌体基因组的中间片段与噬菌体的感染能力及 DNA 复制功能无关，这个片段可以用限制性内切酶加以切除，然后置换入外源 DNA，能更高效地得到重组体。

限制性内切酶，又称限制酶，根据识别和切割 DNA 的特点，可分为Ⅰ、Ⅱ、Ⅲ3 种，其中只有Ⅱ型限制性内切酶切割位点位于识别位点中或附近，且特异性强，常用于重组 DNA 技术中。通常所说的限制性内切酶指的就是Ⅱ型。Ⅱ型限制性内切酶的识别序列一般是 4～6 bp 序列，呈回文结构，切割 DNA 后，产生 5′磷酸基和 3′羟基端。有些限制性内切酶把 DNA 两条链中的酶切位点交错切开，形成突出的末端，称为黏端；有些限制性内切酶把 DNA 两条链的相同位置切开，形成平端。比如，如图 3-12 所示，DNA 经 *Eco* RⅠ酶切后形成的是黏端，经 *Hpa*Ⅰ酶切后形成的是平端。

（a）5′—G↓AATT　C—3′　　（b）5′—GTT↓AAC—3′
　　 3′—C　TTAA↑G—5′　　　　3′—CAA↑TTG—5′

图 3-12　*Eco* RⅠ［（a）］和 *Hpa*Ⅰ［（b）］的酶切位点

在重组 DNA 过程中，还需要 DNA 连接酶，把 DNA 相容末端批次连接起来。可将经酶切后的目的基因片段和载体 DNA 片段连接形成重组 DNA。DNA 连接酶分为两种：一种是 T_4 连接酶，可连接黏端和平端；另一种是大肠杆菌连接酶，只能连接黏端。

2）重组 DNA 转化导入受体　受体，又称宿主，是载体进行扩增和目的基因进行表达的场所。原核生物中重组 DNA 技术的受体一般为大肠杆菌和枯草杆菌等；真核生物中一般为酿酒酵母和丝状真菌（如霉菌）等。理想的宿主一般符合以下几点：能高效吸收外源 DNA，以保证重组 DNA 进入宿主细胞；具有相应的酶系统以保证外源 DNA 正常高效复制扩增；不具有限制-修饰系统（限制性内切酶识别并切割外源 DNA 来保护细胞，甲基化酶则修饰细菌本身 DNA，以避免被限制性内切酶降解，限制性内切酶和甲基化酶一起称为限制-修饰系统）和重组系统（重组缺陷型菌株，$recA^-$菌株），不具有限制-修饰系统可以使外源 DNA 免于降解，不具有重组系统可以使外源 DNA 免于与宿主染色体 DNA 发生同源重组；便于进行基因操作和筛选；安全性好。

重组 DNA 转化导入受体常有以下三种方式。

（1）转化或转染（热处理法、热击法）：转化适用于外源重组 DNA 质粒，转染适用于外源重组噬菌体 DNA 或重组噬菌体。转化或转染都需要制备易于吸收外源 DNA 的感受态细胞，比如对数期大肠杆菌可用 $CaCl_2$ 处理，使其细胞膜通透性变化制成感受态细胞，加入外源 DNA 质粒后，在 42℃热处理 90 s，可使感受态有效吸收外源 DNA。

（2）电穿孔法（电处理法、电击法）：电穿孔法原理同前面原生质体融合技术中电融合法部分。把重组 DNA 与受体混合后置于电击杯中，把电击杯放入电击槽，利用高压脉冲瞬间电击细菌细胞，使细胞膜通透性发生变化，使重组 DNA 进入细胞。与转化法相比，电穿孔法的转化率更高，能提高 10～20 倍。该方法也同样成功被应用于酵母细胞。

（3）λ 噬菌体的体外包装与感染：λ 噬菌体颗粒能够高效地将外源 DNA 吸收入受体。重组 λ 噬菌体 DNA 或重组噬菌体，如果大小合适，与 λ 噬菌体的头部、尾部和有关包装蛋白混合，即可装配成完整具有感染力的 λ 噬菌体，就可以感染大肠杆菌。与转染法相比，λ 噬菌体的体外包装与感染的效率更高，能提高 10^4～10^5 倍。

3）重组子的分离鉴定　　重组子的分离鉴定一般分为遗传法、分子生物学法、杂交法和免疫化学法 4 种。

（1）遗传法：可根据载体分子或目的基因带有的遗传标记选择重组子。常见的有抗生素抗性基因插入失活法、β-半乳糖苷酶显色反应选择法、营养缺陷型筛选法和荧光蛋白法。

抗生素抗性基因插入失活法的原理如下：载体上有两个及两个以上遗传标记，其中一个为抗药标记 A，另一个为其他遗传标记 B。抗药基因内有限制酶的酶切位点，经酶切后插入外源 DNA，重组 DNA 中抗药性消失，因此在该药物和筛选 B 标记的培养基上不生长，而在筛选 B 标记培养基上生长。

β-半乳糖苷酶显色反应选择法的原理如下：现在使用的载体很多都带有 *LacZ* 基因的一段编码 β-半乳糖苷酶 N 端序列，其中含有多克隆位点，N 端序列可与受体细菌编码的 C 段序列形成 α-互补，使酶有活性，β-半乳糖苷酶在异丙基硫代-β-D-半乳糖苷（IPTG）诱导下分解培养基中的 5-溴-4-氯-3-吲哚-吡喃半乳糖苷（X-gal），生成蓝色菌落；当外源 DNA 插入载体的多克隆位点后，β-半乳糖苷酶 N 端失活，就没有 β-半乳糖苷酶产生，因此重组子形成白色菌落。

营养缺陷型筛选法的原理如下：载体上带有某种营养成分的合成基因，而受体细胞本身不能合成这一营养成分，只有重组子能在不含此营养成分的培养基上生长。

荧光蛋白法的原理是基因上带有荧光蛋白编码基因，重组子在激发光的照射下，能发出相应的荧光。

（2）分子生物学法：包括凝胶电泳法和限制酶切分析法。重组子在相对分子质量上会有所增加，因此可以用凝胶电泳法来筛选。但重组子和载体分子质量相差不大时，不能利用该方法鉴别。限制性酶切分析法就是对产物进行酶切，并与目的基因的酶切图谱进行对比，这种方法耗时且成本极高。

（3）杂交法：常用的有原位杂交、斑点杂交、Southern 杂交及 Northern 杂交。

（4）免疫化学法：常用的有放射性抗体测定法和免疫沉淀测定法，可检测出没有任何表型标记的重组子。放射性抗体是将长有重组子菌落的琼脂平板影印复制，备用。将平板放置在三氯甲烷（氯仿）蒸气中，使细菌菌落裂解，释放出抗原。将吸附有抗体的聚乙烯薄膜轻柔地放在先前裂解的菌落上，使其相互接触，形成抗原-抗体复合物。取出薄膜，放入预先用同位素标记的抗体溶液中温浴，薄膜上抗原就会和同位素标记的抗体结合。然后经放射显影，可显示出薄膜上和抗体结合的位置，就可知道平板上合成抗原的位置，即重组子的位置。

免疫沉淀法是把抗体加入平板培养基中，当插入基因的表达产物被细菌分泌到菌落周围时，就会与抗体反应形成白色圆圈。若该蛋白不能分泌到细菌外，则需先用溶菌酶、原噬菌体进行原位溶菌处理。

上述均为外源重组 DNA 导入细菌细胞内，若要将外源重组 DNA 导入酵母细胞，可通过原生质体转化、电穿孔等方式。

2. Gateway 技术　Gateway 技术是不依赖限制性内切酶的重组 DNA 技术，它利用位点特异重组，所以把目的基因克隆到入门载体（entry vector）后，就不用依赖限制性内切酶，而靠载体上存在的特定重组位点和重组酶，高效、快速地将目的基因克隆到其他的受体载体（destination vector，目的载体）上。载体一般有基因敲除载体和过表达载体，通过基因敲除载体可以快速地实现基因敲除，现在一般被应用于真核微生物和大肠杆菌中。

Gateway 技术的原理（图 3-13）是建立在噬菌体 DNA 定点整合到细菌宿主基因组上。在噬菌体和细菌的整合因子（INF、Int）的作用下，λ 噬菌体的 *attP* 位点和大肠杆菌基因组的 *attB* 位点可以发生定点重组，λ 噬菌体 DNA 整合到大肠杆菌的基因组 DNA 中，两侧产生两个新位点：*attL* 和 *attR*。

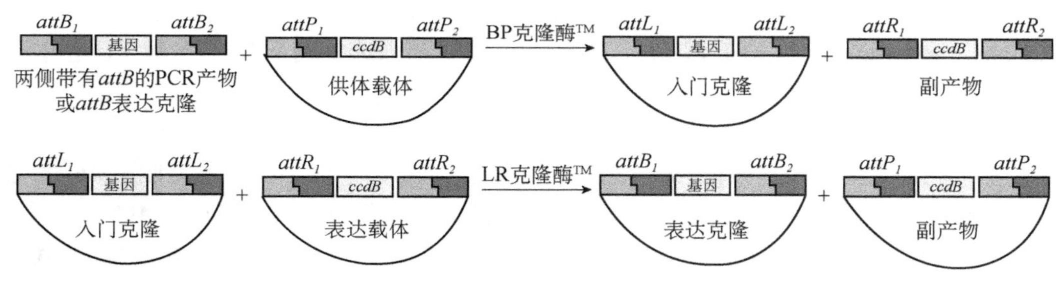

图 3-13　Gateway 技术的原理图

这是一个可逆的过程，如果在一个噬菌体编码蛋白 Xis 和 IHF、Int 的共同介导下，这两个新位点可以再次重组回复为 *attB* 和 *attP* 位点，噬菌体从细菌基因组上裂解下来，这一过程的方向受控于两个重要因素：存在的介导蛋白和重组位点。

在 Gateway 系统中，入门载体包含两个重组位点序列 $attL_1$ 和 $attL_2$，大小均为 100 bp，中间夹着一个自杀基因——*ccdB* 基因。由于 *ccdB* 基因的表达产物能抑制普通的大肠杆菌生长，在克隆时没有切开或者自身环化的载体在转化时不能生长。

在构建含目的基因的入门载体时必须切掉这个基因，接入目的基因。*ccdB* 基因两端可以选择的酶切位点有限（2 个），同时还必须考虑读码框架、启动子、终止密码等问题，因此 Gateway 系统提供了 5 种不同的入门载体以供选择。需要特别注意的是转化用的菌株必须是不含 F 附加体的，因为它表达的一种产物能阻断 *ccdB* 基因，影响筛选结果。

目的载体也必须和 Gateway 系统配套，即目的载体的表达调控元件下游有两个重组位点 $attR_1$ 和 $attR_2$，大小均为 125 bp，同样也夹着一个 *ccdB* 自杀基因。

当需要将目的基因从入门载体转移到目的载体时，只要将两种质粒混合（线性化能有效提高重组率），加入 LR 重组酶（含有 Int、IHF、Xis 等重组因子混合物），$attR_2$序列和$attL_2$序列发生重组，生成一个融合质粒。

$attL_1$序列再和$attR_1$序列重组，融合质粒分解为两个新的质粒，目的基因与原来位于目的载体上的自杀基因发生重组置换，得到一个带目的基因的目的载体（生成新的重组位点$attB_1$、$attB_2$）和带自杀基因的入门载体（生成新的重组位点$attP_1$、$attP_2$）。

反应过程需要 25℃保温 1 h（时间越长，重组率越高，特别是较大的质粒，反应过夜能提高 5 倍重组效率），37℃蛋白酶 K 处理 10 min，转化导入感受态细胞中。由于带自杀基因的载体不能生长，加上抗生素筛选，转化产物重组率高达 90%以上。同样，转化用的菌株必须是不含 F 附加体的。

由于在这个反应中$attL_1$序列只和$attR_1$序列重组，$attL_2$序列只能与$attR_2$序列重组，这个方向的反应称为 LR 反应。LR 反应生成新的位点称为$attP_{1/2}$（200 bp）和$attB_{1/2}$（25 bp）序列。在一定的条件下，*attP* 和 *attB* 序列也能发生重组，生成 *attL* 和 *attR* 序列，这个反向反应称为 BP 反应。

当得到一个含目的基因的 Gateway 表达载体，希望将目的基因转移到另外几个 Gateway 表达载体中时，只要先将目的基因从 Gateway 表达载体中转移到入门载体上，再由入门载体转移到其他的表达载体就行。

将含目的基因的 Gateway 表达载体（$attB_1$-目的基因-$attB_2$序列）与带有$attP_1$-*ccdB*（自杀基因）-$attP_2$序列的供体载体（pDONR，注意这个载体不同于入门载体）混合，加入 LR 重组酶（含有 Int、IHF、Xis 等重组因子混合物），25℃保温 1 h，37℃蛋白酶 K 处理 10 min，根据与上面相同的原理，*attP* 和 *attB* 序列也能发生重组，生成带有目的基因的入门载体和带有自杀基因的表达载体。

同样，由于抗性不同及自杀基因的作用，只有含目的基因的入门载体能被筛选出来，这就是 BP 反应。需要特别注意的是表达载体如果也是卡那霉素抗性，就必须选择另外一个供体质粒以便筛选。

（二）定向进化技术

定向进化指通过人为地创造特殊的进化条件，在目标基因中随机引入突变，构建突变库，然后按特定需要选择筛选压力，快速筛选出所需要的变异基因。定向进化技术（directed mutagenesis technology）是指在体外使目标生物按制定的目标加速进化的育种技术，又称定向诱变技术或人工进化技术，包括易错 PCR（error-prone PCR，epPCR）、DNA 重排（DNA shuffling）、交错延伸（staggered extension process，StEP）和定点诱变（site-specific mutagenesis）等。

1）易错 PCR 技术　　易错 PCR 的原理是 PCR 会以一定频率发生碱基错配，若改变 PCR 的反应条件，如调整反应体系中 4 种 dNTP 的浓度、增加Mg^{2+}的浓度、加入Mn^{2+}或使用低保守度的 *Taq* 酶等，会使碱基错配的概率大大增加，从而引入多点突变，构建突变文库。

通常一次易错 PCR 很难获得满意结果，需要重复多次，即连续易错 PCR 技术。用上一次易错 PCR 产物作为下一次易错 PCR 的模板，连续反复地进行随机突变，使每一次获得的小突变积累而产生重要的有益突变。

在易错 PCR 技术中，遗传变化只发生在单一分子内部，属于无性进化，且使用时容易出现同型碱基转换，且只适用于较小的基因片段（<800 bp）。尽管如此，它仍然为一种构建突变基因文库的常用方法。

2）DNA 重排技术　DNA 重排是将来源不同但功能相同的同源 DNA，用 DNA 核酸酶 I 随机切成小片段后，把其当成引物和模板，用 PCR 进行扩增，得到大量重组 DNA。该技术也需要重复多次，用上一次 DNA 重排产物作为下一次 DNA 重排的模板，循环 2～3 次后，可获得理想效果的重组突变体。例如，Crameri 等（1998）用 DNA 重排技术对 4 个不同来源的头孢菌素基因混合进行突变，仅单一循环就获得了最低抑制活性提高了 270～540 倍的重合子。DNA 重排技术主要适用于单一性状的改良，对多性状的改良效果不佳。

近年来，有研究人员通过将亲本基因单链化和用限制性内切酶代替 DNA 核酸酶 Ⅰ，对 DNA 重排技术进行改进，改进后得到的突变文库中基因多样性增强，使定向进化更易成功。

3）交错延伸技术　交错延伸技术是由 DNA 重排技术发展而来的，和 DNA 重排技术相比，更方便快捷。它是在 PCR 反应中，将含不同点突变的模板混合，将常规的退火和延伸合并为一步，使其在 55℃反应 5 s，产物是非常短的新生链，将经过变性的新生链作为引物，与模板退火而继续延伸。此过程循环进行，直到产生完整的基因长度，结果产生间隔的含不同模板系列的新生 DNA 分子。总体来说，此法是以单链的 DNA 母本基因为模板，单引物进行延伸，有别于其他突变方法。

4）定点诱变技术　定点诱变，又称为位点专一诱变、寡核苷酸定向诱变，是指在已知序列的 DNA 中定点引入特定变化的技术，使目标基因产物发生变化。了解目标 DNA 的准确序列及弄清楚在何位置引入何种突变是定点诱变中的关键点。

（1）PCR 介导的定点诱变：最常用的为大引物 PCR 法。该方法包括两轮 PCR，设计三条引物——引物 1、2、3，其中引物 1 为诱变引物，即引物中碱基替换为错配碱基，引物 1 和引物 2 在同侧，引物 3 在另一侧；引物 2 和引物 3 在目的基因的两端，引物 1 在目的基因中间。首先以引物 1 和引物 3 为引物、目的基因为模板进行第一轮 PCR，产物引入突变，纯化后的产物作为模板，以引物 2 和引物 3 为引物进行第二轮 PCR，得到的产物即包含突变的目的基因。

（2）噬菌体 M13 介导的定点诱变：M13 是一种单链环状 DNA 噬菌体，其基因组已经被改造成理想的克隆载体。M13 有两种 DNA 形式，进入大肠杆菌后 M13 呈双链环状（RF DNA，复制型 DNA），RF DNA 像质粒一样易于提取和用于克隆；M13 在胞内成熟后，形成单链 DNA，并包装成完整的噬菌体颗粒，进而穿过细胞膜和细胞壁，排出胞外，因此体外的 M13 呈单链。

诱变时，把目标 DNA 连接至复制型的 M13 载体上。另外设计一段引物，这段引物应该与目标基因诱变点前后的序列互补，其中一个引物引入错配的核苷酸。

将连有目的 DNA 的复制型 M13 载体转染至脱氧尿苷三磷酸酶（dut^-）和尿嘧啶脱糖苷酶（ung^-）双缺陷的大肠杆菌受体中，该受体中 dUTP 水平升高，因而在 DNA 合成时，使一些 dUTP 取代 dTTP 掺入 DNA 链中，又因为修复酶尿嘧啶糖基化酶缺陷，使错配不能修复。因此，M13 的后代中有 1%的 T 变为了 U。收集排出受体体外的单链 M13，筛选含有目的基因的带 U 的单链 M13 载体。用此种带 U 的单链 DNA 为模板，用设计的引物进行复制，形成异源双链。将异源双链转化到 ung^+菌株中，含 U 的模板链被破坏，子代 DNA 链的80%左右含突变碱基序列。此法的关键是要得到好的含 U 单链的模板 DNA。

（3）质粒介导的定点诱变：应用质粒载体进行定点诱变，操作比用 M13 简单。诱变时，需要构建一种含两个抗药基因的质粒载体，而且其中抗药基因（a^+）正常，另一个抗性基因经点突变失活（b^-）。把目的基因连接在该质粒载体上转化大肠杆菌，制备更多含目的基因的重组质粒 DNA。另外，需要合成三个引物，引物 1 含预期错配核苷酸；引物 2 是含有错配核苷酸的与 *a* 基因互补的寡核苷酸，能产生失活的 *a* 基因；引物 3 是与 *b* 基因互补的寡核苷酸，它含有一个纠正错配的核苷酸，能使失活的 *b* 变为正常的 *b* 基因。

用碱变性法把双链质粒 DNA 分离形成单链，然后加入上述三个引物，分别与靶基因、失活的 *b* 基因和正常的 *a* 基因的相关区域退火，加入 DNA 合成必需的元件 dNTP 和 T_4 DNA 聚合酶，在产物加入 T_4 DNA 连接酶把各新片段之间的缺口连接，并转化大肠杆菌。最后用含有 B 的平板筛选突变体，并以含 A 平板检验。出发质粒在含 B 平板上不能生长，在含 A 平板上可以生长，而突变体在含 B 平板上生长，在含 A 平板上不能生长。

5）定点诱变与易错 PCR、DNA 重排结合　定点诱变与易错 PCR、DNA 重排技术结合有很好的交互作用。比如，首先通过定点诱变改变一些氨基酸，在适当位置引入半胱氨酸形成二硫键，以增强稳定性。另外，通过易错 PCR 诱变，产生突变体库，然后筛选出较好的突变体。上述程序可以重复多次，也可以在这一基础上，应用 DNA 重排技术，出发基因是上述诱变所获得的好的突变基因，出发基因可以是一个，也可以是数十个。这些基因经 DNA 重排后，用载体导入大肠杆菌建立文库，再从文库中筛选。有人应用类似方法，获得的新的过氧化物酶的热稳定性提高了 174 倍，氧化稳定性提高了 100 倍。

（三）代谢工程技术

代谢工程技术就是利用 DNA 重组技术修饰微生物代谢网络中特定的代谢途径，改变微生物原有的代谢途径，或引入新的代谢途径，使目的代谢产物的活性或产量得到大幅度提高的一种育种技术。根据微生物不同代谢特征，一般采用改变代谢途径、扩展代谢途径及构建新的代谢途径等方法来达到目的。

1. 改变代谢途径　通过激活或抑制代谢通路中关键基因的表达量，增强某种物质代谢网络中的合成途径，减少代谢网络中的分解途径，从而使代谢流向该物质的合成分支。

2. 扩展代谢途径　这是指在引入外源基因后，使原来的代谢途径向后延伸，产生新的末端产物，或使原来的代谢途径向前延伸，可以利用新的原料合成代谢产物。例如，2-酮基-L-古龙酸（2-KLG）是合成维生素 C 的前体物质，已知草生欧文氏菌可将葡萄糖转化为2,5-二酮基葡糖酸（2,5-DKG），但由于缺少 2,5-DKG 还原酶，而不能继续将 2,5-DKG 转化为所需要的前体物质 2-KLG。因此只好通过加入另一种菌（棒杆菌，能产生 2,5-DKG 还原酶）进行串联发酵，它们像接力赛运动员一样，各自承担一段转化任务。但用两株菌发酵不仅操作烦琐，能源消耗也大，利用基因工程技术将棒状杆菌的 2,5-DKG 还原酶基因导入草生欧文氏菌中，只需一种菌就能从葡萄糖直接转化为 2-KLG，再经催化生成维生素，这是使原来的代谢向后延伸产生新的末端产物的典型例子。

3. 构建新的代谢途径　通过基因克隆技术，使细胞中原来无关的两条代谢途径连接起来，形成新的代谢途径，产生新的代谢产物，这一方法最初起源于偶然的发现，即将放线紫红素（actinorhodin）的生物合成基因转入曼得霉素产生菌时，意外获得了一种杂合抗生素——曼得紫红素。

代谢工程技术是以基因工程技术为基础的，是基因工程的一个重要分支，是一门全新的微生物育种技术，虽然大多数还处于实验室研究的阶段，但已在医药、发酵工程等多个方面取得了重要进展，具有广阔的应用前景。

第四章 食品微生物的环境适应性

第一节 细菌的群体感应

Nealson 等于 1970 年报道了费氏弧菌（*Vibrio fischeri*）的菌体密度与一种夏威夷鱿鱼的生物发光能力呈正相关，该现象受细菌群体感应系统所调节，当时称之为细胞密度依赖现象（cell density dependent phenomenon），即现在所说的细菌的群体感应现象。Fuqua 等（1994）在综述费氏弧菌、哈氏弧菌、农杆菌、绿脓杆菌产生的 AHL 家族信号及其生物功能时提出了群体感应（quorum sensing，QS）概念。在一个细菌群体或生活在一个小生境中的细菌不是彼此独立、各自生长的简单聚集体，而是相互呈现着密切关系，这种关系可存在于种内，也存在于种间，并受一种群体感应调控系统调节。该系统是一种与细胞密度密切相关的自诱导调控系统，即细菌分泌一种或多种称为信号小分子的自诱导物（autoinducer，AI），并通过感应这些信号小分子来判断菌群密度和周围环境变化，当菌群数达到一定的阈值后，启动一系列相应基因的调节表达，以调节菌体的群体行为。QS 系统不仅广泛存在于各类细菌中，也存在于真菌中，它调控着生物发光、孢子形成、感受态、抗药性、生物膜形成、细菌活的不可培养状态、有毒物质的分泌等各种生物学过程。

细菌分泌到体外的一些物质（信号小分子），这些物质能被其他细胞感受到并产生特殊的反应，这些信号小分子也称为信息素。群体感应细菌信息素作为自然存在的一种物质，它具有以下一些特点：①分子质量小。细菌信息素都是一些小分子物质，如酰基-高丝氨酸内酯衍生物、寡肽、γ-丁内酯等，能自由进出细胞或通过寡肽通透酶分泌到环境中，在环境中积累。②具有种属特异性。革兰氏阴性菌的高丝氨酸内酯没有特异性，一种细菌的调节蛋白能响应多种不同的信息素，而革兰氏阳性菌的寡肽类信息素则一般没有这种交叉反应。③对生长期和细胞密度具有依赖性。一般在生长的对数期或稳定期，在环境中积累达到较高浓度，其所调节的基因表达量最大，而且稳定期培养物的无细胞提取物能够诱导培养期（细胞密度较低）的培养物生理状况的改变。④在细菌感染过程中具调控作用。许多信息素产生菌是动植物致病菌或共生菌，它在细菌和宿主之间的相互作用中起着重要的调控作用。⑤其他信息素的抗生素活性。例如，乳酸乳球菌产生的乳酸链球菌素，不但作为信息素调节细胞生物合成和免疫基因的表达，也作为抗生素拮抗其他微生物（刘海舟和张素琴，2000）。

一、QS 系统

根据细菌合成的信号小分子和感应机制的不同，QS 系统主要分为 4 种类型：第一类是由 *N*-酰基高丝氨酸内酯（*N*-acyl-homoserine lactone，AHL）介导的革兰氏阴性菌 QS 系统，依赖于 AHL 的 QS 系统的生物功能包括生物荧光的产生、质粒 DNA 的转移、致癌因子的产生、生物膜的形成、抗生素的产生等；第二类是由自诱导肽（autoinducing peptide，AIP）介导的革兰氏阳性菌 QS 系统；第三类是由呋喃硼酸二酯（AI-2）介导，在革兰氏阴性菌和革兰氏阳性菌中都存在的细菌 QS 系统；第四类是由人类产生的应激激素肾上腺素和去甲肾上腺素介导的种间 AI-3 群体感应系统。

QS 系统调控细菌可以分为 4 个步骤：AI 分子的胞内合成；AI 分子的主动或被动分泌；AI 分子的检测及其与诱导剂的结合；基因的转录激活。

1. AHL 介导的革兰氏阴性菌 QS 系统 AHL（又称 AI-1）介导的群体感应系统是目前研究最多的一种细胞与细胞间的通信机制。Zhang 等（1993）分离提纯了配合转移因子，通过质谱、核磁共振等分析鉴定，发现配合转移因子是一个含 8 个碳侧链的 AHL 家族信号，首次提出了 AHL 类衍生物可能是广泛存在于微生物界调控不同生物功能的信号小分子。目前发现超过 200 种细菌会产生 AHL 型群体感应信号，其中大部分为病原菌。不同 AHL 分子的疏水性高丝氨酸内酯五元环部分高度保守，不同的 AHL 信号小分子的亲水性酰胺侧链的长度和取代基团不同。酰胺侧链的碳原子数为 4～18 个，多数为偶数，奇数仅为 7 碳，并且链上的第 3 位碳原子具有氢、羟基和羰基取代基（图 4-1）。当酰胺侧链的碳个数在 8 以内时，AHL 可穿透磷脂双层膜自由扩散，当侧链大于 10 个碳时则需要借助于运输载体来转移。

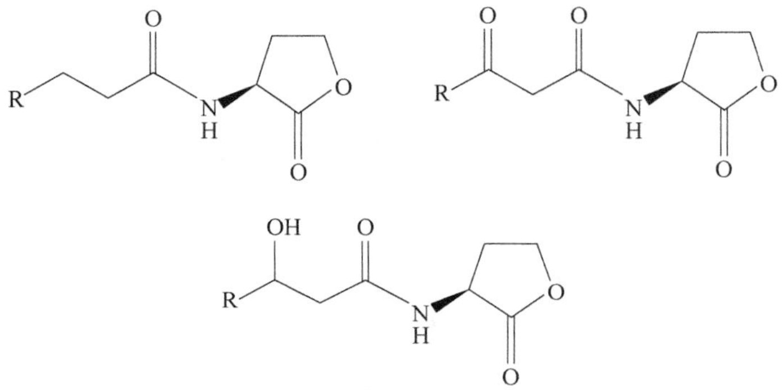

图 4-1　一些信号小分子 AHL 的基本结构（引自张天震等，2020）

费氏弧菌是最早被发现并进行 QS 系统研究的革兰氏阴性菌，其 LuxI/LuxR 系统是革兰氏阴性菌中群体感应调节系统的典型代表。LuxI/LuxR 系统有 2 个核心成分，即 LuxI 合成蛋白和 LuxR 受体蛋白。*lux I* 基因编码 AHL 信号合成酶，*lux R* 基因编码 AHL 信号受体调节蛋白，它们分别合成和接收信号小分子 AHL。含短脂肪酸链的 AHL 以自由扩散方式穿过细胞膜，而含长脂肪酸链的 AHL 则需要借助外排泵将其转运至胞外。当 AHL 浓度达到一定阈值后，就进入细胞与 LuxR 受体蛋白结合成 AHL-LuxR 复合物，AHL-LuxR 复合物启动编码荧光素操纵子的转录（图 4-2）。AHL-LuxR 复合物在增强荧光强度的同时也能促进 LuxI 的表达，从而形成反馈调节。

此外，在革兰氏阴性菌中铜绿假单胞菌的 QS 系统研究较为深入，它包含 4 套 QS 系统：①lasR/lasI 系统，以 3-oxo-C_{12}-HSL 为信号小分子，由 AI 合成酶 lasI 及转录调节因子 lasR 进行 QS 调控；②rhlR/rhlI 系统，rhlI 产生信号小分子 C_4-HSL，当 C_4-HSL 达到浓度阈值时，与转录调节因子 rhlR 蛋白结合，进行调控相关毒力因子的表达；③假单胞菌喹诺酮信号系统，以 2-庚基-3-羟基-4-喹诺酮为信号小分子，调控生物膜的形成和毒力因子的产生；④假单胞菌 QS 辅助系统——GacS/GacA 系统，该系统在细菌迁移、生物膜的形成过程中具有重要的作用（图 4-3）。

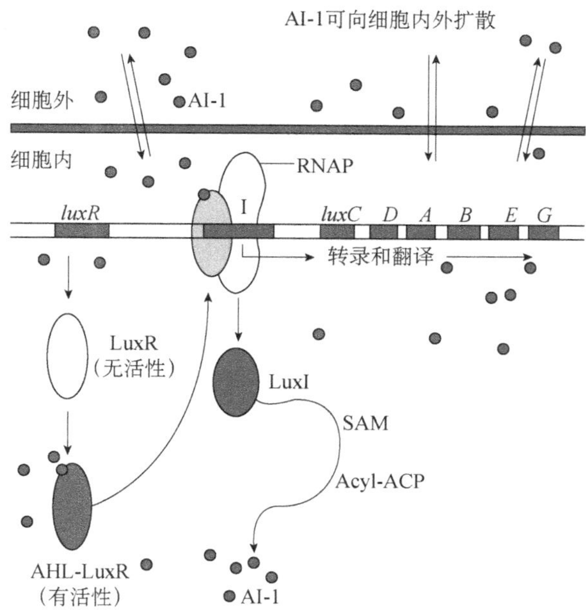

图 4-2 费氏弧菌 QS 系统示意图（引自沈萍和陈向东，2016）

RNAP. RNA 聚合酶；SAM. *S*-腺苷甲硫氨酸；Acyl-ACP. 酰基酰基载体蛋白

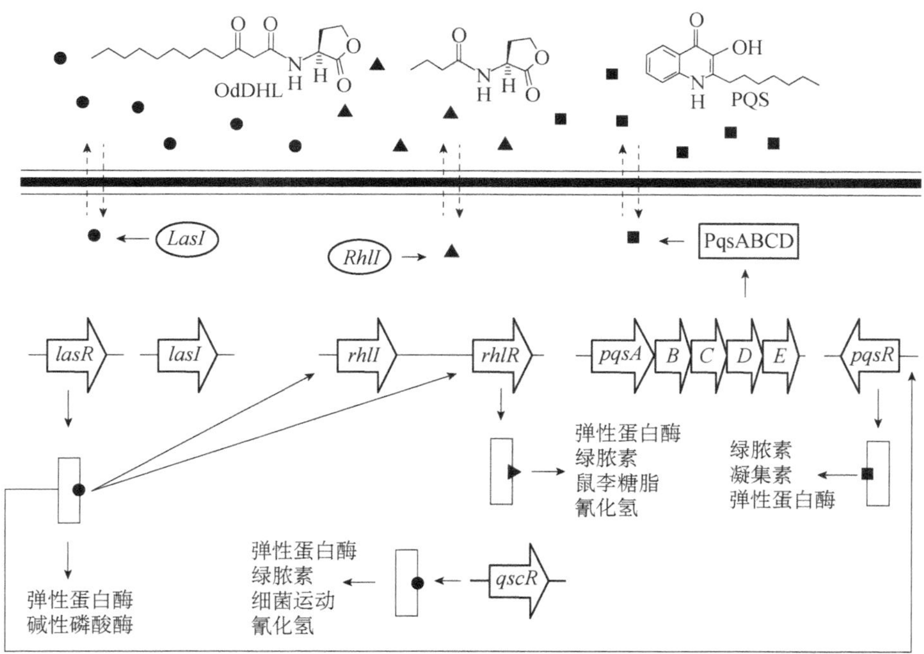

图 4-3 铜绿假单胞菌的群体感应系统（引自吴祖芳，2017）

OdDHL. *N*-3-氧代十二酰基-L-高丝氨酸内酯；PQS. 假单胞菌喹诺酮信号系统

2. AIP 介导的革兰氏阳性菌 QS 系统 革兰氏阳性菌主要使用一些小分子肽（AIP）作为 AI 信号小分子，这种寡肽信号随着菌体浓度的增加而增加，当积累达到一定浓度阈值时，位于膜上的 AIP 信号识别系统与之相互作用，经过一个复杂过程，起到调控作用。

前导肽在细胞内合成，经修饰加工成为成熟的 AIP 分子。不同细菌的 AIP 分子大小不同，不能自由穿透细胞壁，需要通过 ABC（ATP-binding-cassette）转运系统或其他膜通道蛋白作用，到达胞外行使功能。AIP 受体一般是二元信号系统（two component signal transduction system），AIP 与受体结合后，能够激活二元信号系统的组氨酸蛋白激酶，随后将信号向下游传递，启动目标基因的表达（图 4-4）。

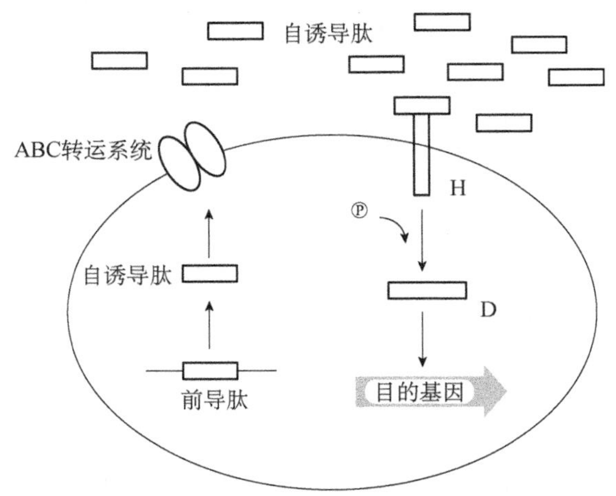

图 4-4　AIP 介导的革兰氏阳性菌 QS 系统（H 和 D 为双组分磷酸蛋白激酶）（引自何培新，2017）

Ji 等（1995）发现金黄色葡萄球菌致病基因的表达受细胞密度的影响。Mayville 等（1999）证明金黄色葡萄球菌的自诱导肽是一种环八肽，其受体是一种可以跨膜的组氨酸蛋白激酶。其 AIP 是由 *agrD* 基因编码合成的 AgrD 前体肽，经 AgrB 进行硫代内酯环化修饰并运输到细胞外，与跨膜受体-组氨酸激酶 AgrC 结合，AgrC 在一个保守的组氨酸上发生自磷酸化后激活 AgrA，后者作为转录激活因子调控一系列基因的表达（图 4-5）。

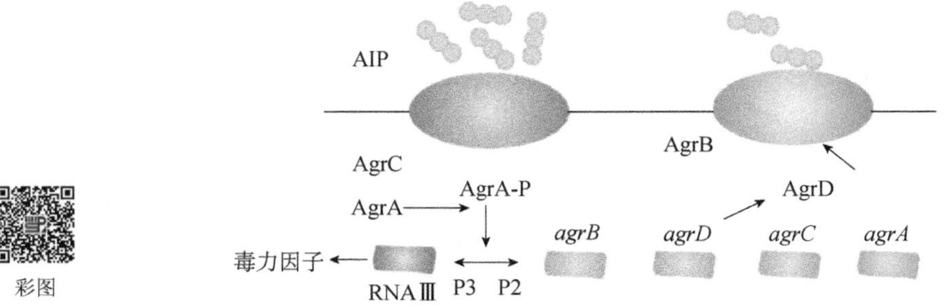

图 4-5　金黄色葡萄球菌中的双组分群体感应系统（引自励建荣等，2020）

3. AI-2 介导的 QS 系统　AI-2 介导的 QS 系统被认为是普遍存在的群体感应系统，在革兰氏阳性菌和革兰氏阴性菌中均有发现。20 世纪 90 年代，人们首次在哈氏弧菌（*Vibrio harveyi*）中发现信号小分子呋喃硼酸二酯（AI-2），它调控哈氏弧菌生物发光。现已知依赖于 AI-2 的群体感应系统还参与调控生物膜的合成、细胞运动和致病基因的表达。革兰氏阴性菌和革兰氏阳性菌之间具有由自身诱导物 AI-2 介导的 QS 系统。AI-2 也被认为是用于种间通信的通用信号小分子，主要被用来感知群体数量，启动下游基因的表达。

AI-2 来源于甲硫氨酸循环的代谢产物 4,5-二羟基-2,3-戊二酮（4,5-dihydroxy-2,3-pentanedione，DPD），DPD 结构不稳定，经分子重排后形成呋喃硼酸二酯，即信号小分子 AI-2（图 4-6）。

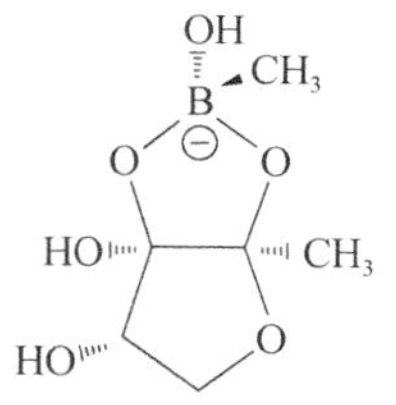

图 4-6　AI-2 信号小分子的结构（引自何培新，2017）

B. 硼酸根

哈氏弧菌具有三种自诱导物，AI-1 是哈氏弧菌（和其他密切相关的种）特有的，因此，它被认为是能使哈氏弧菌与自己种内的成员通信的基础；AI-2 是由许多革兰氏阴性菌和革兰氏阳性菌产生的，可以传达种间信息，细菌可通过环境中 AI-2 浓度了解环境中自身和其他细菌的数量，以此来调控表达（图 4-7）；CAI-1 是由弧菌属成员产生的，可识别弧菌属成员。每一种自诱导物有不同的信号强度，AI-1 最强，CAI-1 最弱，所有三个自诱导物都存在时，表达的发光基因最多。

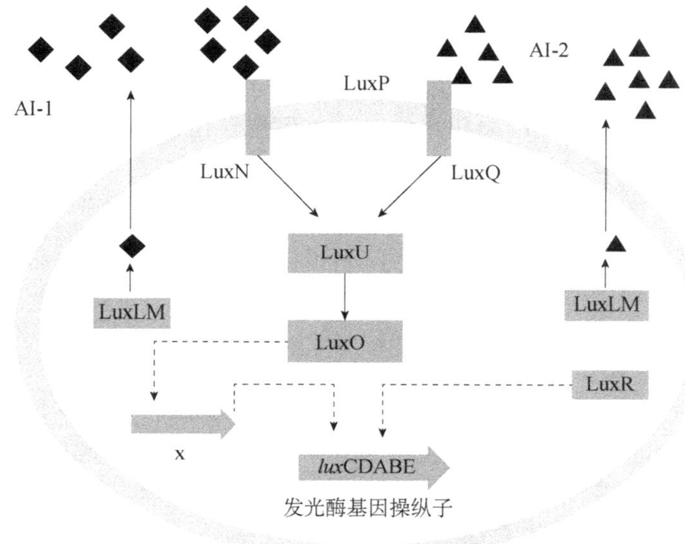

图 4-7　哈氏弧菌中 AI-2 介导的 QS 系统（改自何培新，2017）

4. AI-3 介导的 QS 系统　　AI-3 是一种极性较弱的群体感应信号小分子。AI-3 型群体感应系统以人类产生的肾上腺素/去甲肾上腺素为信号小分子（图 4-8）。

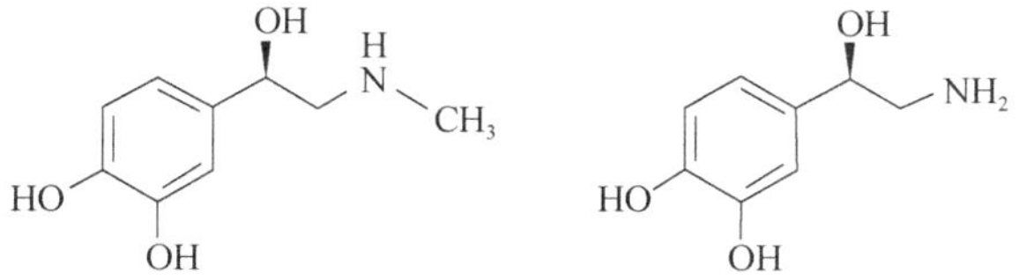

肾上腺素　　　　去甲肾上腺素

图 4-8　具有与 AI-3 信号小分子相同作用的肾上腺素和去甲肾上腺素（引自何培新，2017）

在肠出血性大肠埃希氏菌的 AI-3 系统中，群体感应蛋白 QseA 能激活致病毒力岛及与运动相关基因的转录。群体感应蛋白 QseC 是细胞膜上的组氨酸激酶感受器，能够与毒力磷酸化调节因子 QseB 结合形成 QseBC 复合体，该复合体作为一种胞质受体，可识别 AI-3 信号，或者人类的肾上腺素或去甲肾上腺素，从而诱导致病毒力岛基因表达。AI-3 还参与人类应激反应，与肾上腺素或去甲肾上腺素发挥协同作用。不同细菌的 QseC 受体蛋白具有一定的同源性，说明 AI-3 系统不但参与细菌种间的信息交流，还参与人类宿主之间的跨界细胞间交流。此种类型的 QS 系统在志贺氏菌（*Shigella*）、沙门氏菌（*Salmonella*）、胡萝卜软腐欧文氏菌（*Erwinia carotovora*）、多杀巴斯德氏菌（*Pasteurella multocida*）、紫色色杆菌（*Chromobacterium violaceum*）中也得到了证实。

二、QS 的检测方法

1. 生物法　生物法是利用报告菌株检测目标菌 QS 现象的方法，即将具有 QS 现象的菌株敲除 AI 分泌基因使其自身不能分泌 AI，但当其感受到外源 AI 时会表达特定性状，如发光、产生毒素、形成生物膜、生成毒性因子、产生抗生素和生成孢子等。Winson 等（1995）基于 *E. coli* 的 *lax* 基因构建的重组质粒 pSB315 缺少 *luxI* 功能区域，除非有外源 AHL，带 pSB315 的 *E. coli* 菌落表现为不发光。通常报告菌株有其自身的 QS 检测类型和检测范围，在具体检测过程中需要根据实际情况选择所需报告菌株。生物法具有高效、廉价、操作简单等优点，是检测细菌 QS 最常用的方法，但也存在敏感度低、不能准确鉴定 AI 结构等缺陷。

2. 仪器法　近年来，高效液相色谱法（HPLC）、液相色谱-质谱联用法（HPLC-MS）、气相色谱法（GC）、气相色谱-质谱联用法（GC-MS）、红外光谱、核磁共振等仪器法已越来越多地应用于鉴定 AI。信号小分子可以通过制备性反相 HPLC 来分离纯化；还可用反相 C18 薄层色谱（TLC）鉴定；通过质谱（MS）、核磁共振（NMR）和红外光谱特征可以确定 AI 的分子结构。质谱可以检测皮克级的样品，并可与 HPLC 或 GC 联用；NMR 在有机物结构鉴定中较适合，有机物中的氢和碳与相邻原子核共振，不同共振方式表明它们的结构存在差异；红外光谱在鉴定一个分子的功能团时很有用，可与其他方法结合起来精确分析分子的结构。这些方法通常将目标菌的 AI 用有机溶剂提取出来，然后用仪器进行检测。仪器法是检测 AI 的有效手段，但也存在成本高、前处理复杂、操作烦琐等缺陷。

三、群体感应在食品工业中的应用

食品中的微生物导致食品腐败，造成巨大的损失，而腐败菌中的某些致腐活性受群体感应调控，目前 QS 系统已被证明可用于水产品、果蔬制品、畜禽制品、乳制品等大部分食品防腐中；此外，QS 系统也可用于控制沙门氏菌、单增李斯特氏菌、副溶血性弧菌等生物膜的形成，对于食品安全的控制也是潜力巨大。由于 QS 系统依赖于 AI 信号小分子及其受体蛋白的共同作用，因此，影响 AI 及其受体蛋白的积累或识别的过程都会破坏 QS 系统。QS 抑制剂（QS inhibitor，QSI）可以通过多种途径干扰微生物的 QS 系统，抑制微生物相关基因的表达。QSI 干扰 QS 的途径主要有三种：①AI 类似物，如丁酰-*S*-腺苷甲硫氨酸和 L/D-S-腺苷高半胱氨酸等可以和 AI 受体蛋白竞争结合从而干扰 QS 通路；②群体猝灭（quorum quenching），群体猝灭的核心是阻断微生物的信号交流，许多微生物可以分泌降解 AI 的胞外猝灭酶，如酰基转移酶、氧化还原酶和内酯酶等，这些群体感应猝灭酶可能降解细菌 QS 系统的信号小分子 AHL，干扰细菌 QS 系统，破坏其参与调控的生物学功能；③利用拮抗剂阻断 QS 通路，AHL 主要由高丝氨酸内酯环及酰基侧链组成，而自然界中具有相似结构的化合物众多。研究表明，这种结构类似物能够竞争性地与 AHL 的特异性受体蛋白的活性位点结合，从而阻断微生物的 QS 作用通路，以此降低其调控的生物性状的表达。这种具有间接抑制微生物群体感应能力的 AHL 类似物称为群体感应拮抗剂。这类物质最早发现于海洋红藻（*Delisea pulchra*）中，其提取物中的卤化呋喃酮（halogenated furanone）能够竞争性地与叶表沙雷氏菌（*Serratia* sp.）中的 LuxR 型 AHL 受体蛋白结合，从而阻断其 QS 系统，导致其不能在叶片表面形成生物被膜。

作用于食品的 QSI 需要较高的安全性，QSI 的来源主要有化学合成和天然产物提取。化学合成 QSI 的主要方法是以现有的 AI 或 QSI 的分子结构为模板，用化学方法对其结构进行改造，使其成为 AI 类似物或提高其抑制活性。由于 QS 系统不同，AI 之间可以互为类似物。从天然产物中提取是 QSI 的另一主要来源。天然产物提取物具有安全、绿色和来源广等优点，为其在食品中的应用提供了有利条件，但是也存在成分复杂、活性组分的作用机理不清楚等缺点。目前已从大蒜、八角、肉桂、大豆、番茄、甘菊、海藻、芒果和中药材等天然植物中提取出 QSI。多酚、类黄酮、大蒜素、醛类等已知活性物质被认为是天然产物提取 QSI 的有效成分（表 4-1）。

表 4-1　部分天然来源 QSI（引自周幸等，2020）

QSI	来源	抑制微生物	抑菌效果
多酚、类黄酮	芒果叶	铜绿假单胞菌（*Pseudomonas aeruginosa*） 嗜水气单胞菌（*Aeromonas hydrophila*）	减少色素产生
多酚、类黄酮	八角	金黄色葡萄球菌（*Staphylococcus aureus*） 鼠伤寒沙门氏菌（*Salmonella typhimurium*） 铜绿假单胞菌（*Pseudomonas aeruginosa*）	抑制生物膜形成 抑制细胞运动
肉桂醛	肉桂	荧光假单胞菌（*Pseudomonas fluorescens*）	抑制生物膜 抑制细胞运动 抑制胞外蛋白酶产生
呋喃香豆素	葡萄柚	大肠杆菌（*Escherichia coli*） 鼠伤寒沙门氏菌（*Salmonella typhimurium*） 铜绿假单胞菌（*Pseudomonas aeruginosa*）	抑制 AHL、AI-2 作用
柠檬醛	柠檬草精油	阪崎肠杆菌（*Enterobacter sakazakii*）	抑制生物膜形成 抑制细胞运动 抑制内毒素产生
枯草芽孢杆菌蛋白酶 A	枯草芽孢杆菌	单增李斯特氏菌（*Listeria monocytogenes*）	抑制生物膜形成 抑制 AI-2 作用
水或甲醇提取物	蜂蜜	胡萝卜软腐欧文氏菌（*Erwinia carotovora*） 小肠结肠炎耶尔森氏菌（*Yersinia enterocolitica*） 嗜水气单胞菌（*Aeromonas hydrophila*）	抑制生物膜形成 促进 AHL 降解

第二节　芽　　孢

一、芽孢的特性

微生物生长与环境之间存在着复杂的关系，为了在恶劣的自然环境中生存，某些微生物逐步适应环境，并形成了独特的机制、结构和遗传特性而得以稳定地生存下去，芽孢就是细菌适应不良环境的一种特定结构。19 世纪后半叶，研究者发现某些细菌在一定的生长阶段，可在细胞内形成一个圆形、椭圆形或圆柱形，高度折光，厚壁，含水量低，抗逆性强的休眠构造，称为芽孢（spore）或内生孢子（endospore）。细菌是否形成芽孢是由其遗传性决定的，同时环境条件也影响芽孢的形成。菌种不同，需要的环境条件也不相同，大多数芽孢杆菌在营养缺乏、温度较高或代谢产物积累等不良条件下在衰老的细胞内形成芽孢。但也有不同，如苏云金芽孢杆菌在营养丰富、温度适宜、通气的条件下形成芽孢。营养细胞与芽孢特点的比较见表 4-2。

表 4-2　营养细胞与芽孢特点的比较

特点	营养细胞	芽孢
外形	一般为杆状	球状或椭圆状
外包被层次	少	多
折光率	差	强
含水量	高（80%～90%）	低（核心为 10%～25%）
染色性能	良好	极差
含 Ca 量	低	高
含 DPA-Ca	无	有
小酸溶性蛋白	无	有
mRNA 含量	高	低或无
细胞质 pH	约 7	5.5～6.0（核心）
酶活性	高	低
代谢强度	高	接近 0
大分子合成	强	无
抗热性	弱	极强
抗辐射性	弱	强
抗酸或化学药剂	弱	强
对溶菌酶	敏感	抗性
简单染色	可以染色	需特殊染色方法
保藏期	短	长或极长

注：DPA-Ca. 2,6-吡啶二羧酸钙盐

芽孢的长度一般为 1～5 μm，宽度为 0.5～1 μm。通常每个细胞只形成一个芽孢。芽孢的形状、大小和在菌体中的位置，因菌种不同而异，是分类鉴定的依据。芽孢位于细胞的中央、近端或极端。芽孢在细胞中央且直径较大时，则细胞呈梭状；芽孢在细胞极端且直径较大时，则菌体呈鼓槌状（图 4-9）。

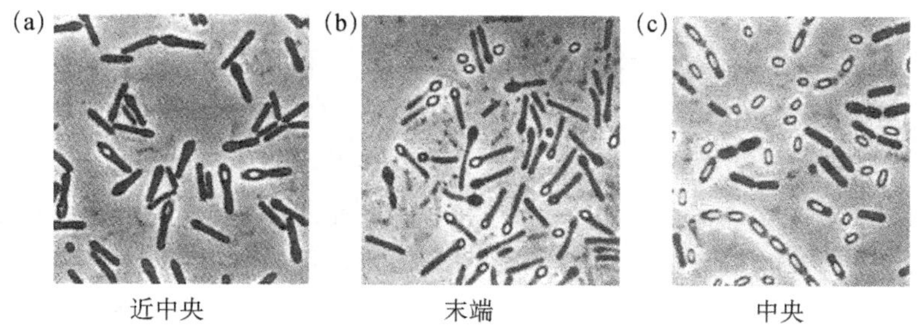

图 4-9　芽孢的形状和位置（引自石慧和陈启和，2019）

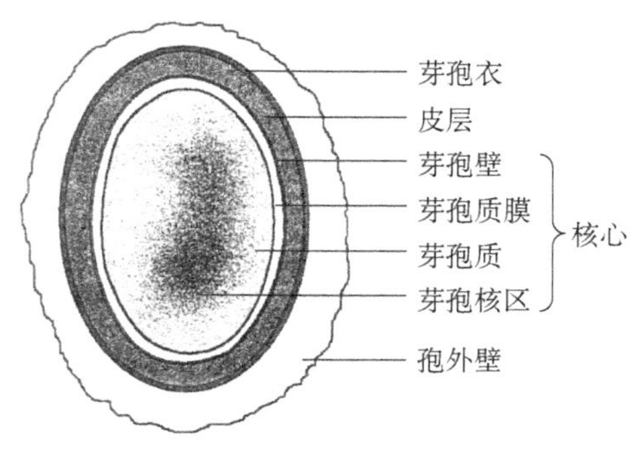

图 4-10　芽孢的结构
（引自沈萍和陈向东，2016）

通过电子显微镜观察，可以看到芽孢的结构（图 4-10）：①芽孢囊（sporangium），是产芽孢菌的营养细胞外壳。②孢外壁（exosporium），位于芽孢的最外层，是母细胞的残留物，有的无此层。其主要成分是脂蛋白、碳水化合物和少量氨基酸。不同类型的芽孢，其孢外壁的大小差异很大，而且这层结构与芽孢的抗性关系不大。③芽孢衣（spore coat），层次很多（3～15 层），主要含疏水性角蛋白。芽孢衣对溶菌酶、蛋白酶及表面活性剂等许多化学物质具有很强的抗性，对多价阳离子的透性很差。④皮层（cortex），占芽孢体积的 36%～60%，含有大量的芽孢肽聚糖，还含有占芽孢干重 7%～10%的 2,6-吡啶二羧酸钙盐（DPA-Ca），它的作用是降低芽孢中水的利用率，使它脱水变干。皮层的渗透压高达 2026.5 kPa 左右，芽孢皮层对其抗压性影响较大。⑤核心（core），由芽孢壁、芽孢质膜、芽孢质和芽孢核区 4 部分构成。芽孢壁含有肽聚糖，可发展成新细胞壁；芽孢质膜含有磷脂，具有很强的渗透性屏障，芽孢萌发后可发展成新营养体的细胞膜；芽孢质含有 DPA-Ca、核糖体、RNA 和酶类；芽孢核区含有 DNA，其含水量极低，是导致芽孢休眠和耐热的关键因素之一。

二、芽孢的形成

一般当产芽孢细菌营养物质缺乏或有害代谢产物积累过多时，细胞停止生长，开始形成芽孢。以枯草芽孢杆菌为例，芽孢形成经过 7 个阶段，大约需要 8 h，约有 200 个基因参与，芽孢形成需要合成许多与营养细胞功能停止有关的蛋白质，还需要生成一些特异的芽孢蛋白，这要通过激活一些芽孢特异的基因来完成，包括 *spo*、*ssp* 基因（编码 SASP），还有一些对环境触发起反应的基因，由这些基因编码的蛋白质催化一系列反应，使之从湿润的代谢营养细胞转向相对干燥的代谢不活泼而有极端抗性的内生孢子。芽孢的形成包括以下阶段（图 4-11）：①DNA 浓缩，DNA 移动到细胞的中轴线并紧密缠绕，束状染色质形成。②隔膜形成。细胞膜内陷，细胞不对称分裂，其中小体积部分将发育成前芽孢（forespore）。③前芽孢形成。母细胞吞噬小部分原生质体形成前芽孢，前芽孢双层隔膜形成，这时芽孢的抗辐射性提高。④皮层形成。在两层隔膜间充填芽孢肽聚糖，合成 DPA，累积钙离子，开始形成皮层，经脱水，折光率增高。⑤芽孢衣形成。进一步脱水，产生 6-吡啶二羧酸和小酸溶性蛋白。⑥芽孢形成。皮层合成完成，芽孢成熟，抗热性和芽孢特殊结构形成。⑦芽孢释放。芽孢囊裂解，芽孢游离出来。

三、芽孢的萌发

细菌芽孢处于一种休眠状态，在一定条件下，由休眠状态的芽孢变成营养状态细菌的过程，称为芽孢的萌发（germination）。其过程有三个阶段：①活化（activation），在人为条件下，活化作用可由短期热处理（亚致死温度）或用低 pH、强氧化剂处理。②出芽（germination），有些化学物质可显著促进芽孢的萌发，称为萌发剂（germinant），如 L-丙氨酸、Mn^{2+}、表面活性剂（n-十二烷胺等）、葡萄糖等，而 D-丙氨酸和碳酸氢钠等则会抑制某

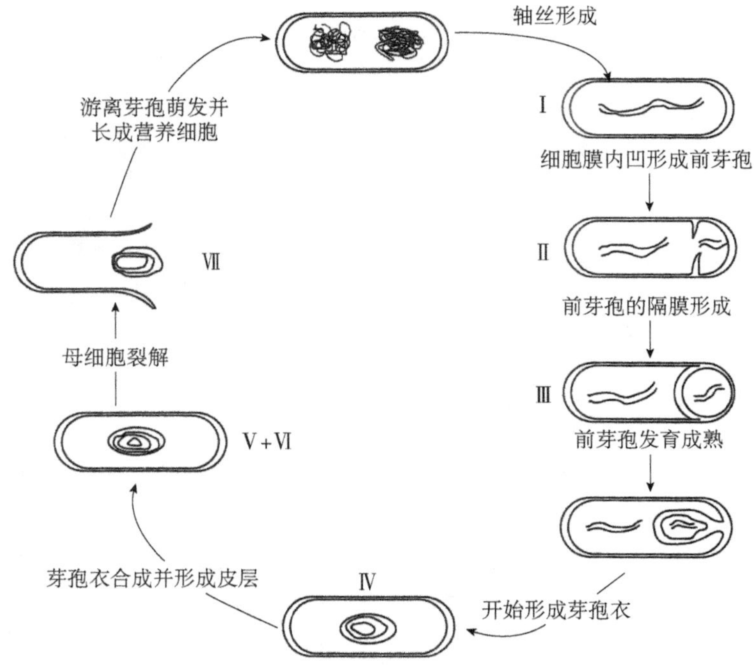

图 4-11　细菌芽孢的形成过程（引自石慧和陈启和，2019）

些细菌芽孢的发芽。这类营养萌发剂具有种属特异性，即不同的营养萌发剂对不同种属的芽孢作用不同。芽孢萌发可以由一种营养萌发剂触发，也可以由多种营养萌发剂联合触发。在芽孢与萌发剂混合之后，萌发过程会在数秒内被触发，此后，即使去除萌发剂，萌发依然不会终止。芽孢发芽速度很快，一般仅需几分钟，这时芽孢衣中富含半胱氨酸的蛋白质的三维空间结构发生可逆性变化，从而使芽孢的透性增加，随之促进与发芽有关的蛋白酶活动，接着，芽孢衣上的蛋白质逐步降解，外界阳离子不断进入皮层，于是皮层发生膨胀、溶解和消失，最后，外界的水分不断进入芽孢的核心部位，使核心膨胀，各种酶类活化，SASP 降解，并开始合成细胞壁。③生长（outgrowth），由于吸水和新的 DNA、RNA、蛋白质的合成，芽孢明显地膨胀，营养细胞从裂开的芽孢衣中出来，开始分裂（图 4-12）。

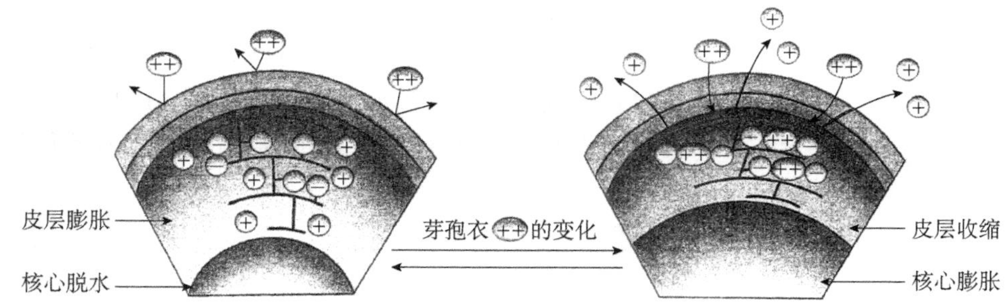

图 4-12　芽孢皮层的膨胀与收缩图示（引自沈萍和陈向东，2016）

四、研究芽孢的意义

芽孢是少数几属细菌所特有的形态结构，芽孢的有无及形态是细菌分类、鉴定的重要依据。食品中常见的芽孢产生菌主要有芽孢杆菌属、梭状芽孢杆菌属、脱硫肠状菌属等。用高温处理含菌样品，很容易筛选分离出芽孢产生菌；由于芽孢的代谢活动基本停止，因此其休眠期长，为芽孢产生菌的长期保藏提供了方便。

芽孢核心区的含水量极低，具有很强的抗热、抗干燥、抗辐射和抗化学物质（如溶菌酶、蛋白酶、表面活性剂）和抗静水压的能力。经过低温巴氏杀菌（80℃、10 min 或 75℃、20 min）热处理后，不含芽孢的细菌绝大部分被杀死，而芽孢可能存活并进入终产品中，并在一定条件下萌发导致食品腐败，甚至食物中毒。食品工业中，肉毒梭菌是罐头工业的杀菌指示菌，尤其是低酸性的肉类、蛋类、乳类等含蛋白质丰富的食品，必须经 121℃高温高压杀死芽孢；发酵工业中对培养基也要 121℃高温高压杀菌 15～20 min，才能接种发酵。此外，产芽孢杆菌也具有很强的耐药性，张苗苗（2019）对分离自洁净环境的 14 株产芽孢杆菌沉降菌进行了鉴定，包括类芽孢杆菌、枯草芽孢杆菌、蜡样芽孢杆菌、巨大芽孢杆菌、苏云金芽孢杆菌，这些菌株对 β-内酰胺类抗生素的耐药率为 92.86%，多数菌株具有多重耐药性，且具有一定的紫外线耐受性。

五、食品中芽孢的控制

1. 物理杀菌方法

1）高温杀菌技术　　热杀菌是食品加工中最常用的技术，对于杀灭致病菌的营养体十分有效。但由于细菌芽孢的耐热性强，要杀灭芽孢需要高温杀菌。例如，在 121℃条件下，蘑菇中梭状芽孢杆菌的存活量每 2.22 min 下降 1 个数量级。然而高温长时间处理会导致食品色泽、风味的改变及营养物质的损失，造成食品品质的下降，因此，可发展超高温瞬时杀菌（ultra-high temperature，UHT）等技术。

2）非热杀菌技术

（1）高压处理技术（high pressure processing，HPP）：高压处理技术中有高静压技术（high-hydrostatic pressure，HHP）和高压 CO_2 技术（high pressure CO_2，HPCD）。HHP 是在 4～25℃条件下，利用 400～600 MPa 压力对食品进行处理，杀死食品中几乎所有细菌、霉菌和酵母，且不会造成食品营养成分破坏和风味变化。研究表明，HHP 无论在纯培养条件下还是在食品介质中都对芽孢具有一定的灭活效果，HHP 灭活芽孢受到 pH、温度等多种外部因素的影响。在低 pH 条件下进行 HHP 处理时，芽孢的热抗性更低。HPCD 主要利用 50 MPa 以下处于特殊形态的 CO_2，包括超临界态和亚临界态 CO_2，其中应用较多的是超临界态 CO_2。同样，HPCD 也可杀死食品中的细菌、霉菌和酵母营养细胞，若将 HPCD 与热处理、循环加压、化合物处理等技术相结合，可以提高灭活细菌芽孢的能力。

（2）低温等离子体（non-thermal plasma，NTP）灭菌技术：低温等离子体是继固态、液态、气态之后的第四态，广泛存在于宇宙之中。NTP 已被用于食品工业中粮食、食品及包装表面的多种微生物及芽孢的杀灭，NTP 对细菌营养体、芽孢、真菌、病毒等都具有良好的杀灭效果，且具有快速、低温、操作简单、无毒性、杀灭效果好的优点。NTP 对芽孢的灭活效果受工作气体的组成、输入功率、处理时间等参数的影响，此外基质组成的尺寸、A_w 及芽孢自身的性质等也影响灭活效果。

（3）脉冲电场（pulsed electric field，PEF）技术：PEF 主要利用短周期脉冲电流灭活食品中的微生物。常用电场强度一般为 15～100 kV/cm，脉冲为 1～100 kHz，放电频率为 1～20 Hz。PEF 能够在低温下杀灭食品中的微生物，保持食品的风味及影响成分，但这种技术主要应用于液体食品，如牛奶、饮料等的杀菌。PEF 杀灭微生物营养细胞的效果较好，为了有效灭活细菌芽孢，将 PEF 与热处理或抗菌化学提取物相结合，效果更好。

（4）辐射灭菌技术：紫外（ultraviolet light，UV）辐射技术广泛用于液体介质食品的杀菌及延长固体食品如新鲜产品、肉制品和蛋制品的货架期，然而由于芽孢对 UV 辐射具有较强的抗性和光修复能力，可将 UV 辐射与热处理、H_2O_2 处理等结合以提高 UV 辐射对芽孢灭活的效果。朱军等发现 ^{60}Co γ射线能杀灭核桃粉中的微生物，当控制适宜的辐射杀菌剂量（8～10 kGy）时，对芽孢具有较好的杀灭效果，且不影响产品外观，^{60}Co γ射线能杀菌的原因主要是 ^{60}Co γ射线的穿透能力强，可直接或间接破坏细菌的核糖核酸、蛋白质和酶，而且不影响产品的感官性状。微波杀菌技术在食品、制药、医疗等领域具有广阔的应用前景。有研究者发现，在 2.0 kW 功率下，微波辐射能够破坏芽孢的内外层膜。

2. 化学抑菌剂

（1）硝酸盐和亚硝酸盐：硝酸盐和亚硝酸盐是允许用于肉及肉制品生产加工中的防腐剂和发色剂。硝酸盐在肉中硝酸盐还原菌的作用下生成亚硝酸盐，然后起发色作用。亚硝酸盐（150～200 mg/kg）可显著抑制罐装碎肉和腌肉中梭状芽孢杆菌的生长，尤其是肉毒梭状芽孢杆菌；亚硝酸盐在 pH 5.0～5.5 时比在 pH 6.5 时能更有效地抑制肉毒梭状芽孢杆菌。

（2）有机酸：苯甲酸和山梨酸是常用的食品防腐剂，能够抑制食源性致病菌的生长，同时对产气荚膜梭菌的芽孢萌发具有抑制作用。

（3）臭氧：臭氧具有广谱抗菌特性，对细菌营养细胞、芽孢、病毒、真菌均有高效杀灭作用。2001 年，FDA 将臭氧列入可直接与食品接触的添加剂范围。耿淑洁等在 pH8.16、水温为（20±1）℃条件下，7 个对数级芽孢经臭氧作用 5 min 后，失活 4.68 个对数级，可控制绝大多数芽孢杆菌的活性。

（4）二氧化氯（ClO_2）：是一种安全高效、应用广泛的杀菌剂，其杀菌效力是氯气的 2.5 倍。白小龙经研究发现，用质量浓度为 100 mg/L 的二氧化氯气体对苦荞麦面杀菌 40 min，对苦荞表面的枯草芽孢杆菌具有良好的杀灭效果。

3. 天然抑菌剂　现阶段人们更加趋向于对天然抑菌剂的研究，如植物精油、绿茶提取物、丁香酚、肉桂醛、壳聚糖、大蒜素和鱼腥草等物质，虽然这些物质可以对芽孢杆菌起到一定的抑制作用，但不能完全抑制或及时杀灭芽孢杆菌。

乳酸链球菌素是乳酸乳球菌产生的一种抗菌肽类代谢产物，对革兰氏阳性菌及其芽孢具有很好的抑、杀菌效果，是一种天然的食品防腐剂，特别是能抑制肉毒梭菌的繁殖和毒素形成，常用于干酪、奶油制品、罐头、高蛋白制品的防腐。宁喜斌（1998）利用乳酸链球菌素抑制山野菜中枯草芽孢杆菌、巨大芽孢杆菌等，经研究发现随着乳酸链球菌素浓度的增加，细菌菌体形态开始有些异常，直至端部破裂，对产生的芽孢也有很好的抑制作用，显著延长了山野菜罐头的保质期。

4. 萌发诱导剂　细菌的芽孢对食品加工中的多种处理因子具有抗性，但芽孢萌发形成营养体后，其抗性显著减弱。一种方法是可添加葡萄糖、果糖、L-丙氨酸等；另一种方法是用非营养物质如 DPA-Ca 和十二烷烃等诱导内生芽孢萌发，形成的营养细胞采用较低的温度即可杀灭芽孢杆菌。

第三节　生　物　膜

细菌生物膜（biofilm，BF）的概念最早是由 Costerton 等提出的，而早在 1676 年 Leeuwenhoek 就从自己的牙菌斑中观察到了，但当时没有引起人们的关注，直到 1987 年 Costerton 等报道细菌有关生物膜的致病性及耐药问题，才引起了人们的广泛关注。生物膜是菌体生长过程中形成的常见胞外结构方式之一，其组成与功能多种多样，可保护其内部细胞的生长与繁殖，使得细菌能够抵抗外界环境条件的极端变化而存活，所以有目的地控制菌细胞的附着和生物膜进程，显得尤为重要。有研究表明，可通过控制接触材料的表面特性来抑制其与细菌或者细菌间的黏附作用，还可利用一些天然生物膜抑制剂或者利用有益菌等方法来抑制生物膜的产生与发展，这些方法对于致病菌生物膜的控制，具有一定的实际意义及应用价值。

一、生物膜的组分

生物膜是菌体在生长过程中为适应外界环境而黏附于生物或非生物表面而形成的一种膜，使其形成与浮游细胞相对应的生存方式。其由菌细胞及菌体自身产生的大分子物质组成。其中，大分子物质主要有蛋白质、脂多糖（LPS）、DNA、肽聚糖、脂和磷脂等生物大分子物质，还可含有细菌分泌的大分子聚合物、吸附的营养物质和代谢产物及细菌裂解物等，其水分含量可高达 97%左右，结构较为复杂，是菌体抵抗外界不利因素的一种机制。同时，LPS 是生物膜的一个重要致病因子，也是内毒素的主要成分，不同菌细胞产生 LPS 的能力存在明显的差异。例如，生长条件及培养基的组分等都能影响 LPS 的产量。生物膜胞外多聚物的产生，使得其对抗生素的抗性提高了 10～1000 倍，使生物膜具有了对膜内菌体的保护作用。

二、生物膜的形成与调控

1. 生物膜的形成　生物膜是菌细胞在长期生长过程中为抵御并适应不利生存环境而形成的一种与浮游菌迥然不同的生存方式。相较于浮游菌，形成被膜后的细菌更容易在一些极端的环境中生存。它可以由一种或多种菌按各自最适生存需求，形成结构有序、功能复杂的微生物群落。

研究表明，生物膜是呈圆形或类圆形的三维立体结构，有许多向外突起的菌细胞，各式各样，有的贯穿生物膜全层，有的则达到一定厚度就停止。有学者将生物膜的结构形容为我们人类的社区，胞外聚合物类似于房屋，菌细胞类似于居住在房屋中的居民，这就形成了相对稳定的生物膜结构。细菌形成的生物膜可通过显微镜观察到（图 4-13）。

生物膜是一种因群居行为而形成的存在状态，其形成是一个循环往复的动态过程，包括一系列的物理、生物和化学过程。一般一个完整的生物膜产生周期可细分为 5 个阶段：游离态阶段、可逆黏附阶段、不可逆黏附阶段、生物膜成熟阶段和脱落阶段（图 4-14）。

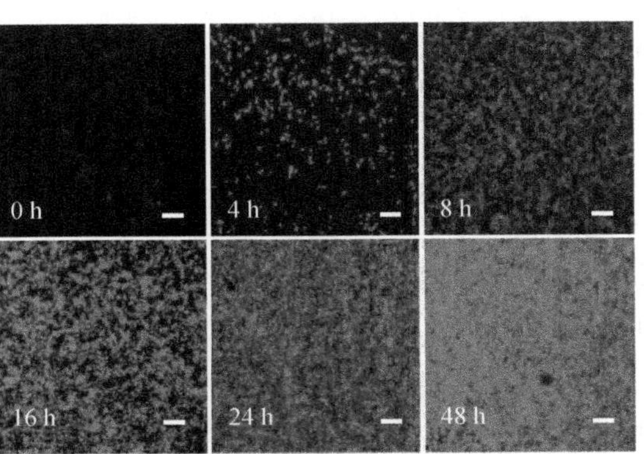

彩图

图 4-13　副溶血性弧菌（*Vibrio alginolyticus*）P40 生物膜形成荧光显微镜图（引自贾玲华，2016）

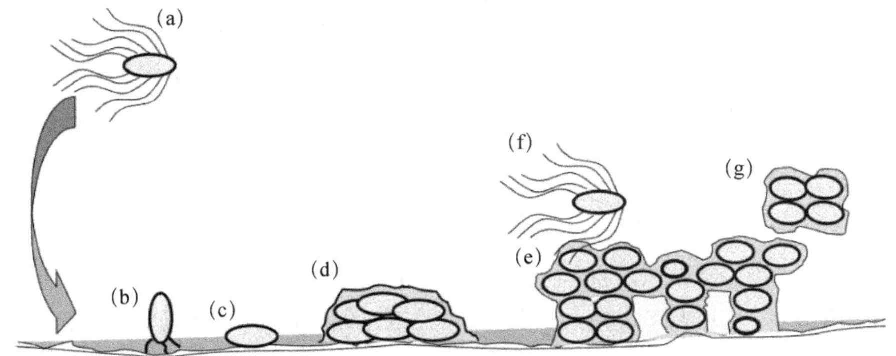

图 4-14　生物膜的形成过程（引自 RoMling et al.，2014）

（a）（f）游离细胞；（b）初始吸附；（c）附着；（d）菌落形成；（e）成熟；（g）脱落

生物膜形成过程是动态的，下面介绍菌体的黏附，生物膜的发展、成熟和老化（脱落）与再定植 4 个阶段。

1）菌体的黏附　细菌黏附在物体表面是生物膜形成的首要条件，这种黏附力是由黏附因子或细菌表面的一些附属结构介导的，具有特异性和选择性。在此阶段，细菌还无成熟的生物膜结构来保护，处于不稳定状态，抵抗性较弱，一般通过冲洗、加热等方法就能被除掉［图 4-14（b）（c）］。

2）生物膜的发展　细菌黏附在介质表面之后，开始大量繁殖，菌体中控制胞外基质分泌的基因便随之激活，生长过程中分泌大量的胞外基质。胞外多糖通过黏附一个个细胞形成微菌落，随着胞外多糖的不断分泌，越来越多的微菌落形成，生物被膜也逐渐加厚，在此阶段的被膜菌对外界环境的抗性显著增加［图 4-14（d）］。

3）生物膜的成熟　随着细菌胞外基质的大量分泌，固生细菌被包裹在其中，形成成熟的、高度有组织结构的生物膜。由于菌种及培养条件的不同，细菌在增殖时会形成不同紧密度、不同厚度的被膜结构［图 4-14（e）］。在此阶段，细菌之间通过自诱导物信息沟通，蛋白质、DNA 等大分子物质形成，菌体生物膜达到稳定状态，且被膜菌对外界环境有着最强的抗性。

4）生物膜的脱落与再定植　在经历了成熟期的生物膜，膜内包裹的细菌快速繁殖代谢，使细菌从静止状态转变为运动状态，由于外界的冲刷或者其内在机制，部分生物被膜菌就会脱落为浮游菌，并能够重新黏附到新的、适宜的介质表面形成新的生物膜，而原有的膜厚度就慢慢减少［图 4-14（g）］。

2. 生物膜群体感应系统的调控　群体感应（QS）是菌体利用自身产生的胞外多聚物进行相互交流并调控其群体行为的现象，在生物膜的形成过程中起到重要的调控作用，尤其是在生物膜形成后期，会重新调整膜内菌细胞的分布及生物膜结构的发展。目前已确定的控制微生物生物膜形成的 QS 系统有 4 种，其中革兰氏阴性菌具有自诱导物 1（AI-1）和自诱导物 3（AI-3）；革兰氏阳性菌具有自诱导信号肽（AIP），可负责种内通信；革兰氏阴性菌和革兰氏阳性菌均表达自诱导物 2（AI-2），负责种间细胞通信。当自诱导物分子表达达到临界浓度时，就会在微生物菌落表面形成胞外多糖（EPS），从而保护细胞并将其附着于物体表面。研究表明，生物膜的形成是多因素的、复杂的，同时对许多菌体来说，生物膜的形成受到多种因子的调控。韩月等（2013）发现，大肠杆菌的 rmlA 缺失，不影响其生长和运动特性，但显著增强了其生物膜形成能力。王飞飞等（2020）认为细菌吸附在食品或食品接触面后，逐渐形成微菌落，进而形成三维结构的生物膜，其内的细胞信号分子积累并交流；同样，响应种群密度阈值触发的 QS 参与调解生物膜形成的各个阶段。

副溶血性弧菌包含多种特异性基因，主要包括 *tdh*、*trh*、*tlh*、*toxR*、*gyrB*、*Pr72H* 等，且 *toxR* 和 *tdh* 是被应用较广的、利用时间较长的。toxR 是一个跨膜调控子蛋白，已有研究表明 toxR 能调控溶血素基因 *tdh* 及外膜蛋白基因 *OMP* 的表达。其中，OMP 在副溶血性弧菌生物膜的黏附阶段起着重要作用，因为其与该菌产生的脂多糖（LPS）结合成复合物，有利于促进菌体生物膜的形成与发展。同时，弧菌的重要黏附因子——鞭毛，对生物膜的早期黏附过程起着重要的作用。此外，弧菌细胞内的信息分子——环鸟苷二磷酸（cyclic-di-GMP）是细菌内广泛分布的第二信使分子，合适浓度的 cyclic-di-GMP 可抑制菌体的运动性，促进生物膜的形成。有研究表明，副溶血性弧菌的 T6SS2 系统——一种新型的毒力因子分泌系统，参与了对真核细胞的细胞黏附作用。

三、影响生物膜形成的主要因素

有多种因素可影响生物膜的黏附、发展，如载体类型、菌株来源、生长环境的营养成分等。

1. 载体类型　载体对菌株生物膜的形成、发展及成熟具有很大的影响，同时不同载体上所形成的生物膜的黏附程度及稳定性等方面也存在较大的差异。研究表明，附着材料的不同会影响菌株生物膜的产生及生物膜的结构，并且有着显著的差异性，这与材料表面的物理及化学特性有关，如材料表面的粗糙度、界面性质及材料的分子类型与分子大小等，从而使菌株生物膜在不同材料表面表现出来的黏附力也不同，多数研究表明菌体在疏水性表面的黏附能力强于亲水表面。

载体的类型主要包括塑料、玻璃、不锈钢及生物体的器官与组织等。研究者发现，副溶血性弧菌在海产品的不同器官、组织上能够形成生物膜，且形成生物膜的能力也存在着不同。王坤等对嗜热链球菌（*Streptococcus thermophilus*）和保加利亚乳杆菌（*Lactobacillus bulgaricus*）在不同载体表面成膜能力进行研究后发现，在无菌椰果粒和不锈钢网布上，乳酸菌形成生物膜的能力较强。李龙杰等对柠檬酸杆菌 BF-6 在不同材料表面的成膜能力进行了研究，结果表明其能在玻璃、不锈钢及聚氯乙烯表面形成生物膜，且在聚氯乙烯表面成膜能力最强且最稳定。

2. 环境因子　微生物生长的环境条件对生物膜的形成有重要的影响。事实上，自然环境中存活的细菌是否形成生物膜，是由多种环境因素决定的，或者说与其所处的环境条件息息相关，具体包括环境中的营养成分、盐度、压力、温度、pH、矿质元素或离子浓度、带电量等因素。其中温度是影响生物膜形成的重要因素。研究表明生物膜形成量与生长温度的改变有较大的关系，在一定范围内，温度升高有利于生物膜的形成。营养成分主要包括水、碳、氮、矿质元素、生长素等，对生物膜形成的影响作用较大，但不能仅从营养成分的多少来评价。李燕杰等在不同培养条件下对单增李斯特氏菌生物膜形成的影响做了研究，结果表明富营养条件有利于其形成生物膜，在胰蛋白胨大豆肉汤（TSB）培养基中培养 6～8 h，可形成稳定的生物膜，同时添加一定量的 NaCl 和葡萄糖可增加生物膜的形成量。黄宝威等对 4 种食源微生物生物膜形成特征进行了研究，结果表明，过高的温度和过多的 NaCl、葡萄糖、消毒剂季铵盐等会抑制生物膜的形成。

3. 菌株来源　在微生物学的研究中，相同的菌种，其菌株间存在着内在的差异，这意味着对某菌株的研究特性也不能够完全延伸到同一菌种的其他菌株，适时做出应变的选择显得至关重要。然而菌株的选择通常由其性质及研究目的来确定。细菌形成生物膜的能力差别很大，即使是同一菌种，其菌株或者血清型不同，生物膜的形成能力也会有很大的差异。J. Patel 等对 5 株血清学不同的沙门氏菌成膜能力进行了研究，发现 5 株菌的成膜能力存在很大差异。菌株的分布及生存状态与其生物膜的形成能力有关。

四、生物膜的检测

美国国立卫生研究院估计，超过 60%的微生物感染与生物膜有关，其大幅度降低了抗菌药物的疗效，并削弱了患者的免疫防御功能，使抗感染治疗变得极其困难；同样，生物膜的存在对于食品的腐败与安全的影响也是十分显著的。因此，有效地检测生物膜，开发生物膜含量的评价方法，对更直观和科学地表征生物膜危害的防治具有广泛的应用价值。

1. 刚果红平板法　刚果红平板试验是指刚果红对细菌生物膜胞外多糖黏附素（PIA）进行染色的一种方法。被膜在形成过程中产生的胞外多糖黏附素能够与刚果红培养基（刚果红 0.8 g/L，脑心浸液干粉 37 g/L，蔗糖 50 g/L，琼脂 12 g/L）牢牢结合，从而使菌落呈现黑色、干燥并出现结晶，为生物膜阳性菌株；而红色、光滑菌落为不产生物膜菌株。此法操作简单、快速，价格低廉，是细菌生物膜形成的定性检测方法，适用于细菌生物膜菌株大量检测时的粗筛。但有研究者发现该方法不适合检测葡萄球菌的生物膜。

2. 试管法　试管法是指在试管中加入一定浓度的菌液于适当的条件下培养，在管壁上形成生物膜，通过结晶紫染色进行黏附程度观察的一种方法。由于菌种间或者菌株间存在差异，菌株的黏附程度也会有差异，但试管法具有简单、灵活等优点，因此至今还有很多研究者选择用此法对菌株生物膜的形成及黏附程度等方面进行研究。喻华英等对从牛犊腹泻病中分离的两株大肠杆菌生物膜的形成及其影响因素的研究表明，两株菌都能够在试管的底壁和侧壁形成生物膜，且在不同的时间阶段形成生物膜的黏附情况是不同的。

3. 微孔板法　微孔板法是生物膜基础研究中使用最广的一种静态培养模式，也是一种高通量生物膜培养方法，现在已经得到规范和完善。其结合结晶紫染色分析，是检测生物膜形成过程的有效手段，可以进行生物膜的定量和半定量检测，也能够同时检测不同菌株形成生物膜的能力。

研究者通过长期不断的努力，对传统的微孔板法做了改进，用无水乙醇或者冰醋酸来溶解壁上结晶紫染料，准确地测出了孔底与孔壁的生物膜。同时，在实际试验过程中会发现，在生物膜培养的过程中，微孔板孔中的培养液容易自然挥发，不利于菌体生物膜的形成与发展，为减少或消除这种误差，在生物膜培养之前，可以在边缘预留一些孔，在里面仅加无菌水或者其他无菌液体，达到保湿目的。宋菲等运用了改良的微孔板法对细菌生物膜的半定量测定进行了探索，并且使用激光共聚焦显微镜进行了验证，结果发现，所得出的结论基本一致。张丽荣等采用 96 微孔板芯片技术大量并且快速而有效地检测了一个食物中毒样品，大大提高了效率。毛秀秀等运用改良的微孔板法对嗜水气单胞菌 B11 的生物膜形成特性进行了研究，结果发现，他们能够在微孔板中检测到该菌株所形成的生物膜。

4. 生物膜的其他几种检测方法　几种新型的生物膜检测方法能够从机理上对生物膜进行分析，但这几种方法并不能完全应用于微生物实验室中，适用性不够广泛。但是，从研究生物膜这个主题来说，这几种方法还是具有很大发展前景的。

1）*高效液相色谱法*　磷脂是一种理想的生物标志物，生物膜中含有磷脂成分，且高效液相色谱法是测定磷脂最有效的方法。因此用这种方法可以检测生物膜中的磷脂成分，并且具有稳定性较好、精确度较高、检出限（LOD）较低等优点。但该方法也有缺陷，分析时间较长，对某些磷脂组分分离不完全，因而不能进行定量分析。

2）*显微镜法*　显微镜法主要用于观察生物膜表层的结构与形态、膜内部的菌细胞形态与分布等方面，主要包括透射电镜（TEM）法、扫描电镜（SEM）法及激光扫描共聚焦显微镜（CLSM）法。其中，TEM 和 SEM 具有相同之处，即都可以用来检测生物膜表层的结构与形态等。不同的是，SEM 相对 TEM 具有一定的优势，主要是无须样品处理，即避免了在样品处理过程中对生物膜结构与成分的破坏，可直接对生物膜进行扫描；同时 SEM 具有灵敏度高及放大作用等优点，对于观察并研究生物膜表面结构的微小变化具有一定的优势。玛依诺·木图拉等用扫描电子显微镜对不同载体表面由两种菌形成的混菌生物膜进行观察并发现，在不锈钢网布及椰果粒表面上可形成典型的混菌生物膜结构。相对于扫描电镜法对于生物膜的研究优势来说，CLSM 可对生物膜进行动态观察，可以精准测量出生物膜的厚度，因为 CLSM 能对立体结构的生物膜进行层层扫描，获得不同层面的生物膜形态图。原子力显微镜由于其分辨率高（达纳米级）、样品制备简单，在近年也被较多地用于生物膜动态形成过程中表面变化的观察。

然而在生物膜的实际研究中，这些研究方法也表现出了许多缺点。一方面，运用这些方法不能对生物膜的组分、物理化学性能及其他有关菌体生物学特性等方面进行深入研究；另一方面，一般微生物实验室没有配备这样的大型仪器，同时这些大型仪器的操作步骤也都非常烦琐，所以目前这些方法还没有被广泛推广使用。

五、生物膜形成的抑制方法

生物膜广泛存在于各种食品及食品加工器具表面，在生物膜的保护下，细菌能耐受高浓度的抗菌剂和食品防腐剂，因此，不仅可以引起食源性疾病暴发，与食品腐败也有显著的相关性，严重制约了食品工业的健康发展。在国内外的研究中，抑制生物膜形成的方法有很多，具体来讲，有添加天然抑制物或者化学食品添加剂等来抑制生物膜形成的；也有采用清洁剂和消毒剂清洗，冷冻法结合机械刷洗，超声洗刷，用噬菌体和裂解酶对细菌生物膜进行处理等方法来去除生物膜的。本书选择几种典型方法介绍如下。

1）*添加天然抑制物*　在食品工业及其研究领域中，可在食品包装材料中添加一些杀菌剂，这样可以有效抑制食品表面的病原菌及腐败菌的生长与繁殖，有效延长了食品的货架期与保质期，同时也防止或降低了包装食品的微生物污染。近些年在对副溶血性弧菌的研究中发现，有很多天然物质都对该菌生物膜的形成具有抑制作用，如杆菌素和乳酸链球菌素，或者其他的一些抗菌药物。它们可抑制细菌的黏附，被广泛添加在食品包装材料中，能有效地抑制细菌生物膜的形成。

在我国，天然物质作为天然食品添加剂已经有几个世纪的历史。研究表明，天然物质的提取液对生物膜有一定的抑制作用。例如，大蒜提取物中大蒜素对白念珠菌的生物膜有抑制作用；生姜提取物姜黄素对变形链球菌的生物膜有抑制作用；黑木耳粗提物对大肠杆菌的生物膜有抑制作用；丁文艳（2015）利用丁香提取物和乙二胺四乙酸二钠（EDTA-Na_2）复合，有效地抑制了食品中的副溶血性弧菌生物膜的形成，这在提高食品安全方面具有一定的应用价值；乳酸链球菌素在酸性条件下可以有效抑制单增李斯特氏菌和金黄色葡萄球菌生物膜的形成。

2）*添加螯合剂*　EDTA 是一种人工合成的螯合剂，与阳离子形成强大的复合物，从而作为稳定剂和螯合剂被广泛应用于食品等各个领域。EDTA 也被证明具有抗菌作用，通过限制细菌生长所需的基本阳离子，或者通过盐桥作用络合阳离子，使菌细胞细胞膜中的大分子，如大分子脂多糖（LPS）失去稳定性。Chang 等经研究发现，低浓度 EDTA 对李斯特氏菌生物膜的形成初期有较好的抑制作用。

EDTA-Na_2 是一种允许使用的食品添加剂，相对于 EDTA 来说，较为稳定，可与多种阳离子形成稳定的络合物，可有效破坏革兰氏阴性菌的细胞壁，抑制食品中微生物的生长与繁殖，同时对食品起到护色、抗氧化等作用。武素怀等用 EDTA-Na_2 处理菌细胞之后，增加了菌细胞内毒素（LPS）的提取量，有效抑制了生物膜的形成。

3）*抗生素的使用*　体外试验研究表明，大环内酯类药物具有对细菌生物膜的抑制作用，但并非所有的大环内酯类抗生素都能够抗细菌生物膜。有很多研究显示，部分大环内酯类抗生素能进入生物膜内层，具有抗生物膜的作用，如 14-环的红霉素、罗红霉素、克拉霉素，15-环的阿奇霉素，均在亚最小抑菌浓度（MIC）下有抑制细菌生物膜的作用，而 16-环大环内酯类，如麦迪霉素、交沙霉素等不管多大剂量均没有这种效果。两性霉素 B 对念珠菌生物膜具有独特药效，棘白霉素类药物也可显著抑制白念珠菌生物膜的形成。

4）*金属离子*　银离子、铜离子、钙离子等都被证明对生物膜的形成具有一定的抑制作用。

第四节　亚致死损伤菌

在食品加工过程中，经常会用到加热、冷冻、干燥、冷冻干燥、辐射、高静水压、发酵、添加化合物等方法来处理食品。在亚致死的物理或者化学处理后，一部分微生物可以存活下来，这些活菌包括未受伤菌（正常细菌）和受伤菌（刺激过的，亚致死或者可逆性损伤的）。其构成比例随细菌种类、培养基性质、刺激种类和刺激时间及检出方法而异。其中受到损伤的细胞由于受到刺激并未完全死亡，在条件合适的环境下，可以恢复生长能力，如果继续置于刺激条件下也会慢慢死去。细菌的亚致死损伤与活的不可培养状态（VBNC）概念之间存在交叉，尽管本章人为地独立介绍未必合理，但这样更易于知识的理解，读者学习后可融会贯通，体会它们之间的区别与联系。

Hartsell（1951）首先将受伤菌定义为在非选择性培养基中可以形成菌落，而在选择性培养基上不能形成菌落的菌，在两种培养基上菌落数差值，即该菌处于亚致死状态的数目。也可以定义为，一种在刺激中可以存活但是会失去某些有区别性特性的细菌，这部分细菌接受刺激前本来能在选择性培养基上生长，但刺激后在选择性培养基上无法生长而在非选择性培养基上却可以生长。亚致死损伤发生在细菌暴露于不利的物理和化学环境后（超出生长范围，但不在致死的范围），导致细胞的功能和结构组织发生可逆变化。食品中如果含有亚致死损伤状态下的致病菌，用常规的检测方法即不经过修复的方法检验时可能会发生漏检，但如果随着食品进入到条件适宜的环境或人体后会有恢复生长繁殖的可能性。因此食源性致病菌的亚致死损伤状态的研究是很必要的，需要从机理上改进现有的检测方法，降低食品微生物检测中产生的漏检率，为食品安全奠定基础。

从 1959 年开始，国外针对大肠杆菌 O157：H7、单增李斯特氏菌、沙门氏菌的亚致死损伤状态的研究很多，主要侧重于探讨不同方法、温度、时间、高静水压、pH、电脉冲等条件对致病菌的亚致死损伤的影响，并研究了亚致死损伤菌的复苏方法及检测技术的优化，但是对于亚致死损伤菌的主要损伤机理研究得较少。近年来，有研究者将傅里叶变换红外光谱检测法和流式细胞术应用于亚致死损伤致病菌的检测中，Lu 等（2011）将红外光谱的全反射衰减和化学计量学结合起来，对亚致死损伤的细胞损伤机理进行分析，从一个全新的角度推动了食源性致病菌亚致死损伤状态的研究。已知产生亚致死损伤的重要食品微生物细胞和芽孢见表 4-3。

表 4-3 已知产生亚致死损伤的重要食品微生物细胞和芽孢（引自 Bibek and Arun，2014）

微生物类型	代表菌种
革兰氏阳性病原菌	金黄色葡萄球菌、肉毒梭菌、单核细胞增生李斯特氏菌、产气荚膜梭菌、蜡样芽孢杆菌
革兰氏阴性病原菌	沙门氏菌、部分志贺氏菌、肠致病性大肠埃希氏菌、大肠埃希氏菌 O157:H7、副溶血性弧菌、空肠弯曲菌、结肠炎耶尔森氏菌、嗜水假单胞菌
革兰氏阳性腐败菌	生孢梭菌（*Clostridium sporogenes*）、双酶梭菌（*Clostridium bifermentans*）、枯草芽孢杆菌、嗜热脂肪芽孢杆菌、巨大芽孢杆菌、凝结芽孢杆菌
革兰氏阴性腐败菌	部分假单胞菌、部分沙雷氏菌
食品生物加工中使用的革兰氏阳性菌	部分乳酸乳球菌、德氏乳杆菌、保加利亚亚种、嗜酸乳杆菌
革兰氏阳性菌指示菌	粪肠球菌
革兰氏阴性菌指示菌	大肠埃希氏菌、产气肠球菌、部分克雷伯氏菌
细菌芽孢	肉毒梭菌芽孢、产气荚膜梭菌芽孢、双酶梭菌芽孢、生孢梭菌芽孢、蜡样芽孢杆菌芽孢、枯草芽孢杆菌芽孢、嗜热脂肪芽孢杆菌芽孢、致黑脱硫肠状菌
酵母和霉菌	酿酒酵母、部分假丝酵母、黄曲霉菌

一、亚致死损伤菌的特点

细菌处于亚致死损伤状态时，很多特性会发生变化，这些变化因细菌种属、致损条件、亚致死损伤程度的不同而各异。梅红等（2013）将细菌遭受损伤的结果归纳为细菌的 L 型、活的不可培养状态（VBNC）、细菌的饥饿存活几种类型，VBNC 菌将在下节详细介绍。综合不同的损伤特性的变化，亚致死损伤状态下细菌的几个特点总结如下。

1）细胞形态发生变化　处于亚致死损伤状态时，细胞形态发生变化，可通过显微观察判断。陈婵娟（2013）采用扫描电镜放大 20 000 倍观察副溶血性弧菌（*Vibrio parahaemolyticus* BJ 1.1997），发现正常状况下和经过了亚致死热损伤处理后的菌体形态不同。正常状态的副溶血性弧菌呈弧状，细菌个体形态完整，表面光滑［图 4-15（a）］；亚致死热损伤状态的副溶血性弧菌部分菌体变长，菌体多处有断裂的倾向，表面不规则的凹陷和起皱现象明显［图 4-15（b）］。杨华（2019）发现金黄色葡萄球菌冷冻处理后，亚致死的野生型及其突变株 *ΔluxS* 细胞以小菌落细胞形式存活，即 SCV 细胞，对 10% NaCl 的抵抗能力显著下降。

(a)
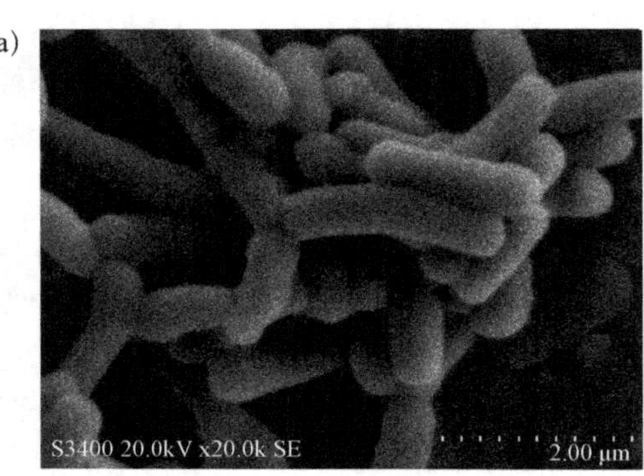

(b)
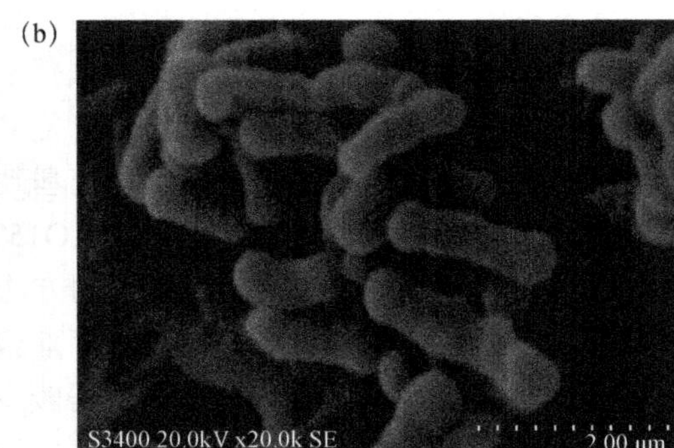

图 4-15　未处理［（a）］和亚致死损伤［（b）］的 *Vibrio parahaemolyticus* BJ1. 1997 扫描电镜图

2）细菌渗透性发生变化　食源性致病菌受到了亚致死损伤的刺激后，细胞的渗透性障碍（表层结构与细胞质膜）受到破坏，所以它们对选择性培养基与抗菌物品敏感，并且对一些刺激因子，如表面活性剂、盐及有毒物质（抗生素和染料）、有机酸和低 pH 的环境敏感。有研究者发现鼠伤寒沙门氏菌经 53.5℃加热处理后，用非选择性培养基接种测定其延滞期，发现其对 2.5% NaCl 的环境敏感。

3）在适宜条件下细菌可以修复　当所处环境条件适宜时，亚致死热损伤的细菌便可以对损伤部位进行修复，复苏的最适温度、最适时间因应激因子的不同而各异。细菌亚致死损伤后进行复苏时，生长能力的恢复比正常细菌快，许多细胞的修复发生颠倒，而且损失的细胞组分在孵化期间将复原，磷脂质也会在复原过程中合成。细胞壁与蛋白质的合成在修复受损细胞中显得格外重要。Straka 和 Stokes 也指出，在限制性培养基中补充特殊的营养物质可以使受伤菌复苏并且增殖。

4）迟缓期延长　和正常状态下的细菌相比，亚致死损伤细菌会有较长的迟缓期，在此期间细菌自身恢复受损部位、合成蛋白质及为满足核酸的生长需求做准备。修复完全的细胞对选择性培养基中选择性因子的耐受性也恢复了，重新具有正常细菌的各种生理生化特性。

5）复苏后可以正常增殖　亚致死损伤的细胞有自我修复能力并恢复到一个正常细胞水平，并在适当条件下自我分裂与生长。复苏过程中，亚致死损伤的细胞修复完全后，细胞才能进行增殖。

二、亚致死受伤菌的受伤部位及其表现

食源性致病菌处于亚致死损伤状态时，细胞会发生一些变化，某些结构及功能组织构成会受到影响，如细胞壁、细胞膜、DNA、RNA、三羧酸循环酶及其他多种酶。

1）细胞膜受损　Somolinos 等（2008）在研究啤酒酵母的脉冲电场（PEF）诱导的亚致死损伤状态时，发现细胞膜是亚致死 PEF 损伤的直接目标。一般在各种物理、化学等因子刺激下，细胞膜容易失去选择透过性，渗透性（表层结构与细胞膜）发生障碍，结构会松散，一些细胞组成部分如 Mg^{2+}、K^{+}、氨基酸、核酸（$OD_{260\ nm}$）及蛋白质（$OD_{280\ nm}$）发生流失；同时一些正常情况下不能进入细胞的有害物质容易进入菌体细胞内，因此亚致死损伤细菌一般对选择性培养基和抗菌物品敏感。王满生（2016）在基于 4.5% NaCl 选择性培养基，运用脉冲电场处理酵母细胞时，发现对诱导产生亚致死损伤细胞有重要影响的脉冲电场参数是电场强度和总脉冲处理时间。

通常革兰氏阴性菌亚致死热损伤后，细胞膜会发生鼓包现象，一部分细胞膜在热处理过程中脱离细胞形成游离的小泡，膜的表面疏水性增大，对结晶紫等疏水性化合物敏感；也有研究者发现热损伤后的细胞对磷脂酶 C 敏感，推测在亚致死损伤条件下细菌一部分磷脂可能发生外露。

2）酶活性降低　细胞膜的损伤导致糖类和氨基酸输送能力下降，呼吸活性降低，ATP 合成有关酶活性下降，蛋白质活性下降等。同时在亚致死刺激条件下，细胞内一部分蛋白质也发生变性，一些酶的活性受到影响，细胞的代谢活性也会下降。例如，各种脱氢酶、与 ATP 合成有关的酶、蛋白酶、触酶、超氧化物歧化酶等酶类活性下降。Flowers 和 Ordal（1979）经研究发现亚致死损伤菌在修复过程中生成过氧化氢，或者有其他过氧化物在培养基中生成，而这些物质可能会对亚致死损伤细菌的酶系统造成伤害。Zayaitz 和 Ledford 的报道表明，受损的金黄色葡萄球菌中凝固酶和耐热性核酸酶数量减少。

3）遗传物质被分解　亚致死损伤状态下的细菌，细胞内的遗传物质（RNA 或 DNA）有可能发生降解。有研究者发现，热损伤的大肠杆菌、鼠伤寒沙门氏菌和枯草杆菌，其染色体 DNA 被切断后被自身的 DNA 酶分解。Gomez 的报告表明在亚致死热损伤的沙门氏菌内观察到了 DNA 的损伤。Fung 和 Vanden 也发现冷冻干燥损伤的金黄色葡萄球菌的 S-6 细胞 RNA 的复制发生了故障。

三、亚致死损伤菌的修复与检测

亚致死损伤菌的常规修复检测方法主要分为液体修复法、固体修复法和疏水网格膜过滤法等，但是常规的复苏检测方法都有一定的局限性。近年来，出现了几种新型的亚致死损伤细菌分离检测方法，从机理上对亚致死损伤菌进行分类分析，但尚需进一步完善。

（一）液体修复与检测

亚致死损伤菌进行液体复苏时，在非选择性培养基中培养促进修复。在最适宜的复苏条件下保温，保持必要的最短时间，保证大部分亚致死损伤的细菌修复完全后，移入选择性培养基中进行培养。亚致死损伤菌在适宜的条件下可进行修复，受伤菌的修复最适温度、最适时间因损伤条件因子的不同而不同。研究表明，亚致死细胞可在适当的温度修复，通常大多数嗜中温微生物在 25～37℃条件下培养都很有效；修复一般在 6 h 内，通常最适修复时间是

1～5 h（对于热受伤菌需要更长的时间）；完全修复细菌对选择性培养基反应完全正常。修复需要在适当的营养条件下进行，研究证明修复过程中不需要太丰富的营养介质，反而在营养缺乏的情况下对菌体修复更有利。

然而，在液体培养基中复苏时，亚致死损伤的细菌进行自身修复，同时未损伤的细菌也会增殖，尤其是当复苏时间偏长时。这会对致病菌的定量检测造成一定误差，影响后续常规检测如修复后的 MPN 法或者平板计数法的结果。

（二）固体修复与检测

固体修复法对于亚致死损伤细菌进行分离检测时，根据复苏和培养两个部分，可以将固体修复法分为两类：一步法与二步法。一步法中，亚致死损伤菌的修复与培养都一起进行，无须改变培养基成分和培养条件。二步法中，样品中细菌接种后先进行修复，使样品中的亚致死损伤菌修复和复苏，然后添加选择性培养基成分或者改变培养条件，对细菌进行分离计数。

相对于液体修复法，固体修复法可以直接地分离亚致死损伤菌，但是在细菌数量较低的情况下，计数结果可能会有很大的变化。在覆盖复苏法中，一些细菌形成很小的菌落，而且在两层培养基之间，挑出菌落时有一定的困难。另外，覆盖的选择性培养基的温度会影响到在非选择性培养基上复苏的目标微生物。

1. 一步法　一步法对亚致死损伤菌进行修复检测时，也分为两类：非选择性培养基衬底法和薄层非选择性培养基覆盖法（TAL 法）。倒平板时，先倒选择性培养基，凝固后再覆盖少量的非选择性培养基，接种含有亚致死损伤菌的稀释液。使用表面覆盖法可以避免正常细菌增殖所引起的菌落计数误差，固体修复法操作烦琐，在倾倒选择性培养基（≤50℃）时也可能导致损伤菌、未损伤菌的死亡，从而引起计数误差。其他类型的固体修复法如薄层非选择性培养基覆盖法同样存在操作烦琐的问题，不适用于常规检测工作。

1）非选择性培养基衬底法　这种方法（琼脂衬底法）使用了非选择琼脂衬在选择性培养基下面。在 Lutri 板（Lutri plate）中，先使用一种非选择性培养基，使得亚致死损伤菌复苏。2 h 修复培养后，加入选择性琼脂到培养皿底部空腔中并培养。底层的选择性因子扩散到非选择性的上层琼脂中，这样整个平板具有选择性。不同于用于亚致死损伤修复的琼脂覆盖法，非选择性培养基衬底法可以允许典型的选择性培养基菌落产生而且使菌落更加容易被挑出做进一步鉴定。但是在这种方法中，选择性培养基中的选择性因子扩散到非选择性培养基比下面介绍的 TAL 法慢，操作方法却比 TAL 法复杂。

2）薄层非选择性培养基覆盖法（TAL 法）　Wu 等（2001）将 14 mL 非选择性培养基覆盖在提前倒好的选择性培养基上，从而使得亚致死损伤状态下的细菌先接触到非选择性培养基，在培养条件良好的环境下先进行复苏，随后底层的选择性因子渗透到上层，对被检测食品样品中的细菌进行选择性的培养，此方法称为薄层非选择性培养基覆盖法（TAL 法）。

Duan 等（2006）针对水产品中的处于亚致死损伤状态下的副溶血性弧菌研究了一种改良的 TAL 法——双层平板（double layer agar plate，DLAP）法，覆盖等量（10 mL）的非选择性培养基（胰蛋白胨大豆琼脂+1.5% NaCl）到选择性培养基（弧菌 TCBS 显色培养基）上。相比于 TAL 法，DLAP 法在温度等刺激条件下亚致死损伤副溶血性弧菌的复苏具有同样效果，而这些亚致死损伤的细菌是不能直接用硫代硫酸盐-柠檬酸盐-胆盐-蔗糖（TCBS）培养基进行计数的。DLAP 法是 TAL 法的一种替换，可以用来检测受伤的副溶血性弧菌，并且可以作为一步式副溶血性弧菌快速筛选法。

2. 二步法

1）*倾注覆盖选择性培养基平板法*　用待检菌液+非选择性培养基倾注倒平板，将亚致死损伤细胞固定在固体培养基中，培养 3 h 后上面再覆盖选择性培养基，待凝固后 35℃培养 24 h，对菌落计数。细胞在非选择性培养基中固定后就不会影响最后计数结果，可以用于多种细菌的计数。

2）*表面覆盖平板（OV）法*　表面覆盖平板法是 1975 年提出的。先将含有亚致死损伤细菌的菌液涂平板于非选择性培养基，在合适的温度下培养 2～4 h。然后将选择性培养基覆盖到修复的细胞上，固定在覆盖的培养基中，在合适的温度下培养 21～24 h，对菌落计数。研究证明，用表面覆盖平板法比倾注覆盖选择性培养基平板法计数结果高，这种方法主要用于较少接种量的计数，但是不利于致病菌含量低的样品，并且两层培养基中挑出菌落比较困难。

（三）疏水网格膜过滤法

1974 年，疏水网格膜过滤法（HGMF）被用在研究食品中亚致死损伤致病菌的复苏检测中，首先通过过滤装置，将亚致死损伤的致病菌过滤留在疏水网格膜上，然后将膜贴在非选择性培养基上复苏若干小时再转移到合适的选择性培养基上培养。这种技术适用于细胞数量偏低或者偏高的特殊类型微生物。抑制剂中的有害因子和有毒物质可以在修复中被避免掉。这种方法的缺点是食品物料可能会在过滤时阻塞孔径，特别是低稀释液，并且在那些与选择性化合物接触不足的区域，过滤膜不能充分地接触选择性因子，其他微生物可能会干涉目标微生物的生长。

（四）其他亚致死损伤菌检测方法

1. 傅里叶变换红外光谱法　傅里叶变换红外光谱仪通过光谱特征来识别和区别不同水平上的微生物。傅里叶变换红外光谱（FTIR）的分辨率高，不仅能反映微生物细胞壁、细胞膜、细胞质甚至细胞核中的蛋白质、多糖、脂质、核酸、水分等混合成分的分子振动信息，且能敏锐地探测分子基团及其周围环境的变化。因此，通过测定微生物的红外光谱可获得微生物及其生物大分子结构的信息，用于鉴别微生物种类和微生物的状态。革兰氏阳性菌和革兰氏阴性菌的细胞亚致死损伤机理不同，所以在热处理后，用二次导数转换和细菌光谱导出图谱中显示不同。2011 年，有研究者将傅里叶变换红外光谱和先进的化学计量学结合起来，研究在不同处理条件下细菌的不同红外光谱图，结果反映出细菌在亚致死损伤后膜表面高分子发生变化，这样可以从膜的形态学变化来说明细菌损伤的机理。喻文娟等（2013）在传统平板计数的基础上，通过显微红外技术（4000～400 cm^{-1}）并结合化学计量学的方法，研究了副溶血性弧菌在 55℃水浴中处理不同时间（0 min、2 min、4 min、6 min、8 min）时失活和亚致死损伤的情况，结果发现通过该技术能有效地区分不同程度热损伤的细菌，且预测率达 80%以上。

2. 结合荧光技术的流式细胞仪检测法　以前针对食源性致病菌的亚致死损伤状态的研究大部分停留在损伤菌的形态学变化，或者区分可培养和不可培养的细胞，这些研究不能完全对亚致死损伤菌进行实时检测。2011 年，结合荧光技术的流式细胞仪被用来对 PEF 诱导的大肠杆菌和亚致死损伤细胞进行定量和实时检测。试验结果为 PEF 处理的亚致死损伤细菌提供了定量和实时的分析，并且更深入地揭示了关于适度加热和 PEF 对微生物钝化作用的协同影响的潜在机理。

3. 图像分析法 图像分析法被认为是一种具有潜在意义的可用于检测亚致死细菌存在与否的好方法。在图像分析法中，有一个需要计算测量的参数非常重要，称为偏度（skewness）。偏度被定义为平均菌落面积与中值菌落面积的比值，当偏移值大于 1 时，表示该菌溶液体系中存在亚致死菌群。

在食品加工过程中，高温、冷冻、辐射、盐分、抗生素、消毒剂等处理都可能导致细菌亚致死，宣晓婷总结了几种单增李斯特氏菌处理方式的亚致死率检测结果（表 4-4）。

表 4-4 不同处理方式单增李斯特氏菌亚致死率

检验方法	应激状态	处理方式	亚致死率/%	菌种
非选择性和选择性培养基检测	加热	60℃，20 min	38.60	*Listeria monocytogenes* LFMP394
	冷藏	4℃，10 d	7.10	
	冷冻	−21℃，10 d	15.60	
	加酸	4℃，pH 3.8，24 h	96.10	
	饥饿	4℃，pH 5，6.5 g/100 mL NaCl，0.2 g/100 mL 乙酸，10 d	60.20	
	过氧化	37℃，1000 mol/L，1 h	82.30	
	脉冲电场	200 Hz，30 kV/cm，400 s	72.90	*L. monocytogenes* GIMl 1230
荧光探针检测	脉冲等离子体气体放电	无菌 ddH_2O，4℃，24 s，脉冲能量 3.7 J，脉冲形成充电电压 23.5 kV，脉冲频率 124 Hz，气体流速 10 L/min	46.80	*L. monocytogenes* NCTC 9863
傅里叶变换红外光谱检测	高温	60℃，2.5 min	93.00	*L. monocytogenes* STCC 19113

第五节 活的不可培养状态菌

Dawe 和 Penrose 于 1978 年报道了海水中大肠杆菌处于一种非死亡休眠状态，在检测海水中大肠杆菌 ATP 水平时发现其菌体 ATP 水平虽然偏低但处于活动状态，说明大肠杆菌仍然是存活的。徐怀恕等于 1982 年通过对霍乱弧菌和大肠杆菌在遭受低温胁迫时存活规律的研究，提出了细菌活的不可培养状态（viable but non-culturable state，VBNC）这个概念，其是指某些细菌处于不良环境条件下，细胞形态发生萎缩，菌体无法在常规培养基上生长繁殖（即形成菌落），但仍具有代谢活性的一种特殊存活形式。这是首次利用实验依据证明了细菌的 VBNC 的存在，因此利用传统的平板计数来确定样本细菌总数是不合理的。

Oliver（2000a）等得出细菌进入 VBNC 的典型规律，当细菌暴露在一种或几种不同环境压力之下时，可培养细菌的形成呈有规律递减，但细胞总数基本保持不变，说明有细菌处于 VBNC。Oliver（2000b）、Kell 等发现若细菌处于 VBNC 时，就不可在传统的培养基上生长或者形成菌落，但是该菌仍然保持着很低的代谢活性，同时复苏后就变得可以培养。

因此，当一些细菌对某种环境压力产生反应之后，很可能会失去在传统培养基上的生长繁殖能力，但同时仍然具有新陈代谢活性，并且这种状态的细菌在适当的条件下能够复苏为可培养状态。

一、进入 VBNC 细菌的种类

自 Xu 等发现并提出细菌 VBNC 以来，已报道有大量细菌种类进入 VBNC，且数量正在持续增加，现在报道的有 100 多种微生物存在 VBNC（表 4-5），除布鲁氏酵母（*Brettanomyces bruxellensis*）、酿酒酵母（*Saccharomyces cerevisiae*）和季也蒙有孢汉逊酵母（*Hanseniaspora guilliermondii*）3 种外，其余均为细菌，包含大量致病菌，如金黄色葡萄球菌、副溶血性弧菌、沙门氏菌、志贺氏菌、单增李斯特氏菌、霍乱弧菌、创伤弧菌、幽门螺旋杆菌、铜绿假单胞菌、军团杆菌等。

表 4-5　部分已研究 VBNC 的微生物

Aeromonas salmonicida 杀鲑气单胞菌	*Lactococcus lactis* 乳酸乳球菌	*Shigella dysenteriae* 痢疾志贺氏菌
Agrobacterium tumefaciens 根癌土壤杆菌	*Legionella pneumophila* 嗜肺军团菌	*S. flexneri* 弗氏志贺氏菌
Alcaligenes eutrophus 富养罗尔斯通氏菌	*Listeria monocytogenes* 单增李斯特氏菌	*S. sonnei* 宋内氏志贺氏菌
Aquaspirillum sp. 水螺菌	*Micrococcus flavus* 黄色微球菌	*Tenacibaculum* sp. 黏着杆菌
Burkholderia cepacia 洋葱伯克霍尔德氏菌	*M. luteus* 藤黄微球菌	*Vibrio alginolyticus* 溶藻弧菌
B. pseudomallei 类鼻疽伯克氏菌	*M. varians* 变化考克氏菌	*V. anguillarum* 鳗利斯顿氏菌
Campylobacter coli 大肠弯曲杆菌	*Mycobacterium tuberculosis* 结核分枝杆菌	*V. campbellii* 坎氏弧菌
C. jejuni 空肠弯曲杆菌	*M. smegmatis* 耻垢分枝杆菌	*V. cholerae* 霍乱弧菌
C. lari 海鸥弯曲杆菌	*Pasteurella piscida*	*V. fischeri* 费氏弧菌
Cytophaga allerginae	*Pseudomonas aeruginosa* 铜绿假单胞菌	*V. harveyi* 哈氏弧菌
Enterobacter aerogenes 产气肠杆菌	*P. fluorescens* 荧光假单胞菌	*V. mimicus* 拟态弧菌
E. cloacae 阴沟肠杆菌	*P. putida* 恶臭假单胞菌	*V. natriegens* 需钠弧菌
E. hirae 小肠肠球菌	*P. syringae* 丁香假单胞菌	*V. parahaemolyticus* 副溶血性弧菌
E. faecium 屎肠球菌	*Ralstonia solanacearum* 茄科罗尔斯通氏菌	*V. proteolytica*
Escherichia coli（EHEC） 肠出血性大肠埃希氏菌	*Rhizobium leguminosarum* 豌豆根瘤菌	*V. shiloi*
Francisella tularensis 土拉热弗朗西斯氏菌	*R. meliloti* 草木樨剑菌	*V. vulnificus*（types 1&2） 创伤弧菌（1 型和 2 型）
Helicobacter pylori 幽门螺杆菌	*Rhodococcus rhodochrous* 玫瑰色红球菌	*Xanthomonas campestris* 田野黄单胞菌
Klebsiella aerogenes 产气克雷伯氏菌	*Salmonella enteritidis* 肠炎沙门氏菌	*Brettanomyces bruxellensis* 布鲁氏酵母
K. pneumoniae 肺炎克雷伯氏菌	*S. typhi* 伤寒沙门氏菌	*Hanseniaspora guillermondii* 季也蒙有孢汉逊酵母
K. planticola 植生克雷伯氏菌	*S. typhimurium* 鼠伤寒沙门氏菌	*Saccharomyces cerevisiae* 酿酒酵母
Lactobacillus plantarum 植物乳杆菌	*Serratia marcescens* 佐久氏沙雷氏菌	

二、影响细菌进入 VBNC 的各种因素

一系列复杂的环境因素作用会导致细菌进入 VBNC。不同细菌进入 VBNC 的环境条件是不同的，如渗透压的大小、营养条件等，这些条件可以诱导细菌进入 VBNC，若细菌不进入该休眠状态，诸如此类环境压力就会杀死该菌，一般情况下这些因素的变化都向着不利于正常细胞存活的方向进行。

1. 温度　各种物理因素中，温度可能是诱导细菌进入 VBNC 最为显著的因子。S. Duncan 等研究嗜盐弧菌（*Halophilic vibrio*）进入 VBNC 时发现，低温是很重要的诱导因子。郝小斌（2011）将 *Vibrio parahaemolyticus* BJ7 和 *V. parahaemolyticus* BJ6 分别于低温（4℃）寡营养（人工海水、陈海水）条件和低温（4℃）富营养条件（TSB-3.0% NaCl）下进行诱导，两菌株均进入 VBNC，说明低温是其主要的影响因素。食品贮藏过程中最常见的是低温控制，但低温因素又容易导致致病菌 VBNC 的产生，因此低温条件下 VBNC 菌的监控对食品安全至关重要。然而对于长期生活在低温下的细菌来说，温度的升高反而更容易进入 VBNC。例如，Rollins 和 Colwell（1986）报道空肠弯曲菌在 37℃下 10 d 可进入 VBNC，然而在 4℃的低温下 120 d 还保持较高的可培养细胞数。不同的细菌，甚至同一种细菌的不同菌株在不同温度下是否进入 VBNC 的可能性不尽相同。

2. 营养条件　细菌处于寡营养状态是诱导其进入 VBNC 的通常手段。S. M. Roche 等将李斯特氏菌在无菌蒸馏水中培养 25～47 d，可使其进入 VBNC。当然寡营养条件大多是与光照、温度等诱导因素联合起作用，单一的营养缺乏对细胞的影响也不是很明显。例如，大部分弧菌可在寡营养条件下经低温诱导进入 VBNC，包括霍乱弧菌（*V. cholera*）、创伤弧菌（*V. vulnificus*）、副溶血性弧菌（*V. parahaemolyticus*）等。同时添加营养并不一定可以增强细菌的活性，如产气杆菌等，营养的突然增加会导致细胞代谢紊乱，导致可培养能力降低。

3. 渗透压　渗透压也是诱导细菌进入 VBNC 的一个重要因素，而盐度是产生渗透压的主要原因，多数淡水细菌受渗透压的大小影响明显，如对弯曲杆菌能产生很明显的失活作用，但是对海洋细菌进入 VBNC 的影响很小。T. Moriya 等将霍乱弧菌用含 NH_4Cl 的盐水于 5℃培养 35 d，细菌进入 VBNC。E. G. Brian、T. R. Steck 等用含有一定浓度的 NaCl 和 $CuSO_4$ 的溶液诱导茄科罗尔斯通氏菌（*Ralstonia solanacearum*），15 d 后就可以进入 VBNC。

4. pH　pH 也是导致细菌进入 VBNC 的一个重要因素。很多细菌对溶液的 pH 敏感，ter Huurne 等发现结肠弯曲杆菌与空肠弯曲杆菌在甲酸溶液（pH4）中，2 h 即可进入 VBNC。也有报道当 pH 为 4 时，山梨酸钾能在 24 h 内使单增李斯特氏菌进入 VBNC。

5. 辐射和光照　紫外线在一定程度上可以激发空气中的氧气转变成臭氧并且破坏微生物细胞膜，影响细菌活性，从而迫使其进入 VBNC；但研究者发现，紫外辐射引起大肠杆菌和铜绿假单胞菌进入 VBNC 且细胞膜仍保持完整。Davies 在研究水体中的贝类沙门氏菌和大肠杆菌时发现，一定强度的紫外线或自然光会导致其进入 VBNC。B. J. Pitonzo 等发现，γ 射线也可以诱导细菌进入 VBNC。Kramer 经研究发现，脉冲光处理后的无害李斯特氏菌和大肠杆菌大量进入 VBNC，部分细菌发生代谢损失、细胞膜损伤。

6. 其他　T. S. Gunasekera 等的研究表明，经巴氏灭菌的牛奶通过普通的菌落形成单位计数结果与通过染料排除法直接计数细菌的结果相差很大，这表明有细菌进入 VBNC。短期使用消毒剂也能诱导病原菌进入 VBNC，在含氯消毒剂处理的自来水中检测到了 VBNC

的大肠杆菌 O157: H7、空肠弯曲菌、鼠疫耶尔森氏菌和嗜肺军团菌。在酿酒厂中，SO_2 在食品保藏中作为抗菌剂使用，研究表明 SO_2 可诱导葡萄酒中的酒香酵母进入 VBNC。刘德欣等在低温和山梨酸钾的双重作用下诱导金黄色葡萄球菌进入 VBNC，同时证明了在足量山梨酸钾的作用下，即使在常温富营养条件下，金黄色葡萄球菌也能进入 VBNC。重金属可以导致一些细菌进入 VBNC，Dat Pham 等的研究表明，通过改变溶液中的铜离子浓度，可诱导根瘤菌与根瘤脓杆菌在 70 d 进入 VBNC。

三、细菌 VBNC 及其复苏菌特性变化

1. 形态结构及生理生化特性变化　大部分进入 VBNC 的细菌较其正常状态会发生体积变小、形态萎缩的变化。B. Citterio 等在观察幽门螺杆菌（*Helicobacter pylori*）进入 VBNC 前后结构形态变化中发现，在 5～8 d 内该菌形态由螺旋状变成了 U 形进而转变成 V 形，在第 9～11 天时菌体变成球状同时细菌进入 VBNC。M. C. Albertini 等在研究溶藻弧菌进入 VBNC 的过程中发现，该菌体细胞形态由逗点状转变成球状。然而，并不是所有的进入 VBNC 的细菌形态都会缩小，C. Signoretto 等在对肠球菌属的 VBNC 进行研究时发现该菌细胞体拉长，同时细胞壁中肽聚糖的交联结构较正常细胞提升了 9%，且细胞的自溶能力也大大高于正常细胞。

细菌在进入 VBNC 的过程中不仅仅是形态发生变化，同时发现在此期间菌体有很多代谢指标发生变化。Porter 等在检测 VBNC 大肠杆菌细胞内酶活性等多项指标时发现，RNA、DNA、蛋白质等大分子的合成发生变化，除此之外，细胞呼吸频率也减弱，营养运输水平随之降低。即便如此，细胞内的生物合成并没有因此而减弱；在濒临死亡的或已死亡的细胞中检测到 ATP 合成迅速下降，而在 VBNC 细胞中却依然保持较高水平。Saux 等报道了嗜盐弧菌进入 VBNC 4.5 个月，有持续的基因表达的信息产生，该发现证明细胞处于存活状态。

2. VBNC 细菌的复苏　细菌在宿主体内或在适宜的条件下，从 VBNC 转入可培养状态（即恢复生长、形成菌落）的过程称为复苏（resuscitation）。一般来说，VBNC 复苏后的菌体与正常状态的菌体在细胞形态、生理特性、代谢活性、致病性和毒力方面无明显差异。复苏促进因子（Rpf）是一种与 VBNC 细菌的复苏直接相关的高度保守蛋白质，它可以恢复 VBNC 细菌的生长和繁殖；Rpf 蛋白通过正在生长的细菌分泌到培养基中，作为细胞因子与 VBNC 细菌表面受体结合促进其复苏。很多研究证实了复苏的发生，Wolf 等对嗜盐弧菌利用逐步升温的方法在体内和体外复苏获得成功；J. M. Cappelier 等关于单增李斯特氏菌在卵黄中的复苏；M. Basaglia 等利用 O_2 和寄生植物协同作用使 *Sinorhizobium meliloti* 41 pRP4-luc 的复苏；Kong 等发现复苏过程和基因的控制有关，可能有另外的转录和翻译的抑制因子在起保护作用。

群体感应信号分子也可以调控 VBNC 菌体的复苏。Ayrapetyan 等的研究表明，创伤弧菌的培养上清液可以复苏其 VBNC 菌，而群体感应相关基因突变体的上清液则不能使之复苏。R. L. Ziprin 等将空肠弯曲菌在肠道微生物种群的协同作用下复苏了。

3. VBNC 细菌及其复苏菌毒力变化　VBNC 细菌及其复苏菌是否能够导致人类和动物的感染，对于人类公共健康来说无疑是个极为重要的问题。虽然其几乎处于休眠状态，但近些年发现，其中有部分菌株仍然具有致病性。Jones 等报道了 VBNC 状态的两种弯曲杆菌可导致幼鼠死亡。Oliver 等将嗜盐弧菌在 5℃条件下培养（小于 0.1 CFU/mL）后被稀释，虽

然样品含有 10^5 CFU/mL 的 VBNC 细菌，但是可培养菌数小于 0.04 CFU/mL，接种于老鼠体内可使其死亡，同时在老鼠腹腔与血液中发现了该细菌。Pruzzo 等在粪肠球菌对尿道与心脏上皮细胞黏附能力的实验中得出结论，VBNC 细菌的黏附能力比正常细菌小很多（50%～70%），但 VBNC 细菌复苏后与正常状态下的细菌比较则没有明显的差异。J. M. Cappelier 等发现无毒的李斯特氏菌在鸡胚（含卵黄）中复苏后重新获得了毒力。

四、细菌 VBNC 的检测

随着人们对 VBNC 细菌研究的不断深入，用于 VBNC 细菌检测的方法也越来越多，初期大多为细菌经典计数法，后来出现了很多基于细菌生理变化的生物化学方法，目前针对 VBNC 的食源性致病菌的检测方法，主要包括光学检测法、分子生物学检测方法和免疫学检测方法。

1. 光学检测法　Kogure（1979）首次提出活菌镜检直接计数法（direct viable count，DVC），该方法能快速区分活菌与死菌，是被广泛应用于检测细菌 VBNC 的经典方法。

种群中的细菌总数=可培养的细菌数+不可培养的细菌的总数（死细菌数+VBNC 细菌数）。当可培养的细菌数为零，而活菌数目不为零时，细菌才可能处于 VBNC。DVC 的原理是活菌具有吸收底物的能力，通过在培养基中加入萘啶酮酸与细菌细胞中的 DNA 发生交联可抑制 DNA 的合成、阻碍细菌分裂，在适当温度下培养 6 h 后菌体吸收了营养物质会伸长变粗，再用吖啶橙染色并在荧光显微镜下观察细胞形态，从而鉴定菌体的存活状态，凡是伸长变粗的菌体即有活性的细菌细胞。但 DVC 中的萘啶酮酸只能抑制大多数 G^-的 DNA 合成，无法作用于大多数 G^+及少数的 G^-，改良的 DVC 使用环丙沙星、诺氟沙星等具有抑制 DNA 多聚酶的药物代替萘啶酮酸，可扩展传统 DVC 的检测范围。

LIVE/DEAD 试剂盒检测：该试剂盒含有两种核酸染料，分别是 SYTO 9 和 PI（propidium iodide，碘化丙锭）。在波长 485 nm/498 nm 时，SYTO 9 将活细菌和死细菌都染色并呈现绿色荧光；PI 本身不具有细胞膜穿透性，只能通过破损的细胞膜进入死细胞与 DNA 结合，在波长 490 nm/635 nm 呈现红色荧光并减弱 SYTO 9 染色的绿色荧光。在荧光显微镜下，发出绿光的为活细胞，发出红光的为死细胞。该方法颜色对比鲜明，操作简便，可快速计数。

2. 分子生物学检测方法　分子生物学检测方法具有高效、快速、灵敏度高和特异性强的优点，因此，采用分子生物学的方法检测和分析 VBNC 细菌，已经成为目前实验室最常用的手段。大部分细菌的 mRNA 是不稳定的，随着翻译的进行，mRNA 也随即降解，其中的半衰期很短，只有几分钟，同时细菌的翻译是非常快的，因此，mRNA 作为一个标准，就是用来判断细胞是否处于存活状态。该理论的形成使分子生物学方法分析和检测细菌 VBNC 成为趋势，随着时间的推移，将一些 DNA 染料［如叠氮溴化乙锭（EMA）和叠氮溴化丙锭（PMA）］等与 PCR、RT-PCR、qPCR、环介导等温扩增（LAMP）等相结合都被应用于试验中。例如，N. Gonzalez-Escalona 等利用 qPCR 法研究霍乱弧菌在冷休克过程中的基因变化；F. Coutard 等运用 RT-PCR 和核酸探针结合方法，分析了 VBNC 下副溶血性弧菌的 mRNA 变化；H. Asakura 等运用 real-time RT-PCR 分析了在 VBNC 下霍乱弧菌基因表达的变化。

3. 免疫学检测方法　徐怀恕等发现，进入 VBNC 的细菌与正常状态的细菌一样，仍保持着表面抗原能够与特异性抗体相结合的特点，因此可以采用免疫技术进行检测。常用的免疫学方法有酶联免疫吸附试验（enzyme-linked immunosorbent assay，ELISA）和间接免疫荧光（indirect immunofluorescence，IF）。ELISA 操作简单，特异性识别的能力强，抗干扰能力强。IF 耗时短，检出限低，灵敏度高，在荧光显微镜下可直接观察到细菌细胞膜的完整性。例如，姚斐等运用间接 ELISA 检测了 VBNC 的大肠杆菌，Caruso 等用双抗体夹心 ELISA 检测了 VBNC 的茄科雷尔氏菌。ELISA 和 IF 一般用来检测总菌数，再结合平板计数法和荧光染色法确定 VBNC 菌数。

很多生物化学方法也可被用来检测细菌 VBNC 的变化，如 Kogure 等的底物反应实验。此外，流式细胞仪检测、酶分析、基因芯片检测、DNA 指纹图谱技术等也可被用于 VBNC 菌的检测。多种方法的结合也被逐渐采用。例如，Piqueres 等将活菌计数和荧光原位杂交结合应用于幽门螺杆菌的检测。

五、研究细菌 VBNC 的意义

食品安全问题、菌种保藏技术、食品的微生物检验、遗传工程细菌环境释放的安全性问题等都与 VBNC 有关，因此 VBNC 的研究已愈来愈受到人们重视。

1. 医学、微生物方面　根据 Rudolf 推测，按传统方法，目前可分离到的微生物仅有 0.1%～10%，很大一部分微生物都处于休眠但不可分离培养的状态。VBNC 细菌的理论研究将为其提供重要的数据模型。如今发现 100 多种微生物存在 VBNC，其中含有大量的致病菌，该发现使众多学者不得不慎重思考 VBNC 细菌与人类公共健康的关系。例如，Anderson 等发现在无菌的泌尿道有不可培养细菌，因此必须尽快研究开发能检测 VBNC 细菌的技术。

2. 食品质量安全方面　食品的检验通常依靠传统方法测定菌落总数、大肠菌群、致病菌等，细菌 VBNC 的发现使人们意识到，该状态致病菌的漏检将会导致很严重的后果。同时含 VBNC 细菌的食物还可能在特定的环境中进行复苏，造成疾病的暴发。因此，应建立 VBNC 细菌的检测方法及危害预防措施。

3. 水质管理方面　在某些情况下，常规的水质检验方法不能评估 VBNC 细菌的种类和数量，故而得到的结果缺乏科学性。比如，尽管实验数据显示霍乱是一种水源性疾病，但是运用标准方法很难从环境水源样本中分离出霍乱弧菌。同样，标志着水质是否合格的重要指标——粪肠球菌、大肠杆菌均有可能存着 VBNC，因此 VBNC 检测方法和检测标准的构建非常有必要。

第五章 食品微生物及其代谢产物的检测技术

第一节 食品微生物快速检测技术

微生物检测技术一直是食品微生物研究领域的重点和热点。传统的检测方法包括增菌、培养和生化鉴定等操作，时间长、效率低，工作量大，特异性差、准确性低，检出限偏高，难以满足现代食品安全检测的需要。近年来，随着分子生物学技术、细胞工程、纳米技术、分离技术和自动化技术的发展，一系列的快速检测技术被开发出来，在食源性致病菌检测、鉴定及溯源追踪方面得到了迅速发展。目前的快速检测方法主要有 PCR 检测、免疫学检测和生物传感器检测。

一、PCR 检测技术

PCR（polymerase chain reaction）即聚合酶链反应，基本原理是在体外根据 DNA 的半保留复制过程，利用人工合成的引物，加入 DNA 聚合酶和 dNTP，通过对温度的控制，使 DNA 不断处于变性、复性和合成的循环中，实现扩增 DNA，由于这种扩增产物是以指数形式积累的，经 25～30 个循环后，扩增倍数可达百万倍。

该技术由美国 Cetus 生物技术公司的 Kary Millis 博士于 1983 年提出设想，后经过不断实验，1985 年申请 PCR 方法专利，接着 Cetus 生物技术公司参与研发诞生了第一台 PCR 自动热循环仪（PCR 仪），后来随着耐高温 DNA 聚合酶的发现，整个 PCR 过程更加高效化和自动化。PCR 技术是一项具有革命性的分子生物学技术，在 DNA 分析、基因重组与表达、基因结构分析和功能检测中具有重要的应用价值，推动了生命科学研究领域的不断发展。Mullis 也因此获得了 1993 年诺贝尔化学奖。

PCR 每个循环均由高温变性、低温退火、适温延伸 3 个步骤组成。在高温（94～96℃）条件下，DNA 变性，氢键打开，双链变为单链作为扩增的模板；低温（50～60℃）时，一对引物分别与模板的两条单链特异性互补结合，即退火；然后在合适的温度条件下（72℃），DNA 聚合酶将 4 种三磷酸脱氧核苷酸（dNTP）按照碱基互补配对原则不断添加到引物末端，按 5′→3′方向将引物延伸合成新的与模板 DNA 链互补的半保留复制链。若重复进行这一循环 n 次，理论上原始 DNA 数量可以被扩增为原来的 2^n，2～4 h 内可使皮克（pg，10^{-12} g）水平的目的基因扩增至微克（10^{-6} g）水平，因此具有极高的特异性和灵敏度。

PCR 技术可以针对待检样品中微生物特异基因设计引物进行扩增，通过琼脂糖凝胶电泳可以检验目的条带，从而判断样品中是否含有特定微生物。还可通过特定基因序列分析鉴定出微生物的种类。

目前利用 PCR 技术已经建立了针对不同样品来源常见致病菌的快速检测方法，能够对金黄色葡萄球菌、副溶血性弧菌、沙门氏菌、大肠杆菌 O157：H7、单增李斯特氏菌等多种致病菌进行快速、有效检测，在灵敏度方面，大多数 PCR 检测的检出限为 10～10^4 CFU/mL（g）。

罗心怡等（2020）比较了国家标准中的定性检测法与快速检测法中的普通 PCR 法对副溶血性弧菌的检测效果，在实验耗时方面，国家标准法确认检出阳性需耗时 4 d，快速检测法从增菌开始到完成 PCR 检测过程仅需耗时 26 h，可大大缩短检测时间。

在研究应用的过程中，传统 PCR 技术具有一些缺点和局限性，影响了结果的判断。一方面，PCR 产物通过对扩增条带的大小进行判断，而引物错配、模板污染、退火温度不适等有可能会导致非特异性条带的产生，对结果判断产生干扰甚至产生假阳性结果，此外，经过灭菌后的食品中残存的 DNA 物质仍有可能被扩增产生假阳性结果；另一方面，食品中存在的某些成分，如钙和镁离子螯合剂、大分子成分、DNA 酶或 DNA 聚合酶抑制物等可能对 PCR 反应产生抑制作用，使检测结果出现假阴性。普通 PCR 技术本身无法区分食源性微生物是否为活体，常常造成 PCR 检测结果与常规方法相比阳性率偏高，给食品公共卫生监管带来困难。因此针对检测过程中出现的问题，许多改良的 PCR 技术被应用到微生物的检测中。

（一）多重 PCR 技术

多重 PCR（multiplex PCR，mPCR）又称多重引物 PCR 技术或复合 PCR 技术，其反应原理、反应试剂和操作过程与一般 PCR 相同。不同之处是常规 PCR 仅使用一对引物，通过 PCR 扩增产生一个目的核酸片段，多重 PCR 是在同一 PCR 反应体系里加入两对以上引物，同时扩增出多个长度不同的核酸片段（图 5-1）。扩增选择的靶基因一般使用 16S rRNA、菌株相关的特异性基因和毒力基因。这一方法由 Chamberlain 等于 1988 年首次提出并应用，该技术早期通常一次检测 2～3 种病原微生物，后来发展到可以同时检测 5 种以上的病原微生物。也可以根据单一致病菌不同的毒力基因和血清型进行检测，了解致病菌毒力基因的数量和致病性的强弱。这种方法既保留了常规 PCR 方法的特异性、敏感性，又减少了操作步骤及试剂用量，具有检测效率高、准确率高、操作简单等优势。

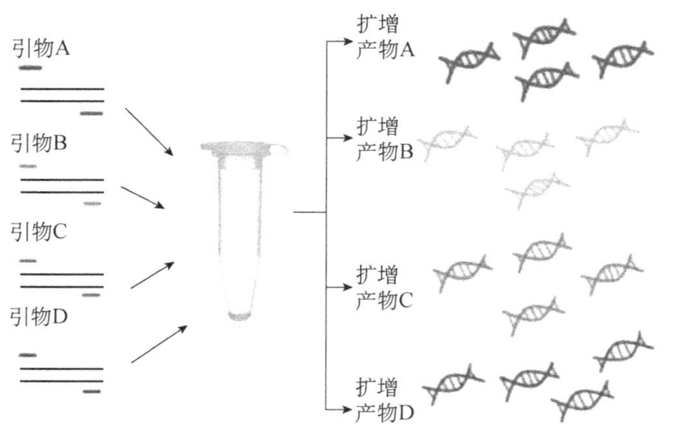

彩图

图 5-1　多重 PCR 原理图

食品安全检测中往往存在多种致病微生物共同存在的情况，特异、灵敏、准确地鉴别致病微生物显得十分重要。杨平等（2007）选择沙门氏菌的侵袭蛋白基因（*invA*）、单增李斯特氏菌的溶血素基因（*Hly*）、金黄色葡萄球菌的耐热核酸酶基因（*nuc*）和福氏志贺氏菌的侵袭性质粒抗原基因（*ipaH*）作为目的基因，对人工接种牛奶中的 4 种致病菌进行检测，10 h 可出检测报告（包括培养时间），经过增菌 4～8 h，其检出限可达 1 CFU/mL。Wei 等

（2018）选择大肠杆菌 O157：H7 毒力基因（*rfbE*）、金黄色葡萄球菌 *nuc* 基因和沙门氏菌 *invA* 基因，建立多重 PCR 方法，对人工接种牛奶的三种致病菌的检测灵敏度为 10^3～10^4 CFU/mL，检出限与食品样品中的单重 PCR 法一致，但更加高效。Chen 等（2012）针对肠炎沙门氏菌侵袭蛋白 A 基因（*invA*）、金黄色葡萄球菌 16S rDNA 基因、福氏志贺氏菌侵袭质粒抗原基因（*ipaH*）、单增李斯特氏菌溶血素基因（*hlyA*）和大肠杆菌 O157：H7 毒力基因（*eaeA*）设计了 5 对引物，对人工接种 10～17 CFU/g 的 5 种致病菌的猪肉样品富集培养 24 h 能够实现快速检测。

李斯特氏菌属（*Listeria*）中引起食物中毒的主要是单增李斯特氏菌，Ryu 等（2013）选择李斯特氏菌属的属特异性基因和 6 种不同李斯特氏菌属菌株的特异性基因设计了 7 对引物，建立多重 PCR 技术对从肉制品中分离的 93 株李斯特氏菌株进行鉴定，共检出 81 株单增李斯特氏菌、10 株英诺克李斯特氏菌、2 株威尔斯李斯特氏菌，在快速鉴定的同时，实现了对不同菌株进行分类的目的。

由于多重 PCR 在反应时所有的引物同时扩增，因此在设计引物时要尽可能考虑使退火温度一致，避免形成引物二聚体和非特异扩增的可能。同时在反应体系中需要对引物的浓度、缓冲液中镁离子浓度、dNTP 和模板量进行调整。

多重 PCR 在实际应用中一旦有极少量外源性 DNA 污染，就可能出现假阳性结果。多对引物同时扩增，各种试验条件控制不当，很容易导致扩增失败或非特异性扩增；引物的设计及靶序列的选择不当等都可能降低其灵敏度和特异性。此外，对食品样品进行检测时，增菌培养基选择不当易使有的细菌生长缓慢或被抑制，导致假阴性的结果。

（二）实时荧光定量 PCR

实时荧光定量 PCR（real-time fluorescent quantitative polymerase chain reaction，real time PCR 或 qPCR）技术是 1996 年由美国 Applied Biosystems 公司推出的，是通过在 PCR 反应体系中加入荧光基团，利用荧光信号积累实时监测整个 PCR 进程，使每个循环变得“可见”，最后通过 Ct 值和标准曲线对样品中的 DNA（或者 cDNA）的起始浓度进行定量的方法。该技术不仅实现了 PCR 从定性到定量的飞跃，还具有特异性强、自动化程度高等特点。

传统 PCR 在反应结束后，PCR 扩增产物需要通过琼脂糖凝胶电泳对目的条带进行检测，qPCR 的优点是在一个封闭反应管中完成整个反应，通过电脑软件实现实时检测，无须再次检测扩增产物。与普遍应用的 PCR 相比，其不仅可以对 DNA 模板展开定量检测，还能有效地减少扩增产物的交叉污染，灵敏度和特异性也更高。

在 qPCR 循环中，以循环数为横坐标，以监测到的荧光信号值为纵坐标建立的曲线即荧光扩增曲线。荧光扩增曲线可以分成 3 个阶段：荧光背景信号阶段（基线）、荧光信号指数扩增阶段和平台期（图 5-2）。一般以 PCR 反应前 15 个循环的荧光值作为本底信号（base line），PCR 信号进入相对稳定对数增长期的荧光值为阈值（threshold）。阈值是在荧光扩增曲线上人为设定的一个值，它可以设定在荧光信号指数扩增阶段任意位置上，但一般荧光域值的缺省（默认）设置是 3～15 个循环的荧光信号的标准偏差的 10 倍，即 threshold=10 $SD_{cycle\ 6\sim15}$，每个反应管内的荧光信号到达设定阈值时所经历的循环数作为荧光阈值，为 Ct 值（cycle threshold）。Ct 值是指产生可被检测到荧光信号所需的最小循环数，是在PCR循环过程中荧光信号由本底开始进入指数扩增阶段的拐点所对应的循环次数。一般正常的循环数为15～35，过大或者过小都将影响实验的精度。

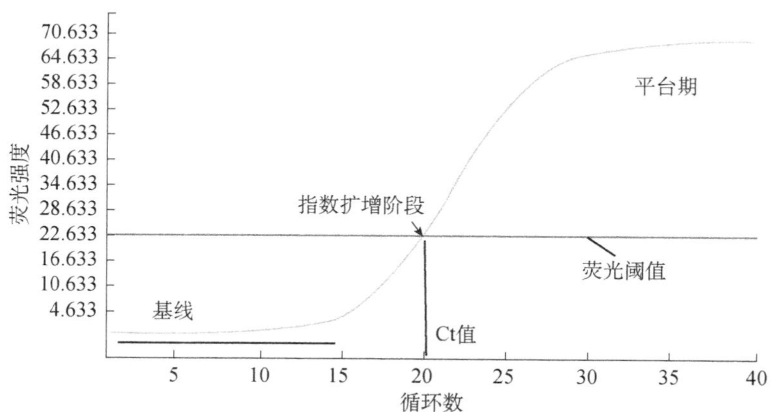

图5-2　qPCR扩增曲线（修改自David and Marta，2013）

每个模板的Ct值与该模板的起始拷贝数的对数存在线性关系，公式如下

$$\lg X_0 = \lg M - \mathrm{Ct} \times \lg(1+\mathrm{Ex})$$

式中，X_0为初始模板量；Ex为扩增效率；M为荧光扩增信号达到阈值强度时扩增产物的量。

起始拷贝数越多，Ct值越小。利用已知起始拷贝数的标准品可作出标准曲线，其中横坐标代表起始拷贝数的对数，纵坐标代表Ct值。方程式的斜度可以用来检查PCR的扩增效率，所有标准曲线的线性回归分析需要存在一个高相关系数（$R^2 > 0.99$），这样才能认为实验的过程和数据是可信的，使用这个方程式计算出未知样本的初始模板量。利用实时荧光定量PCR仪自带软件，可以从标准曲线中自动地计算出未知样本的初始模板量。

实时荧光定量PCR所使用的荧光物质可分为两种：荧光染料和荧光探针。典型的荧光染料有溴化乙锭、SYBR Green、EvaGreen等，其中最普遍的是SYBR Green Ⅰ。荧光探针可细分为水解探针、非水解探针等，目前比较常用的有TaqMan探针和分子信标（molecular beacon）探针。具体检测原理如下。

1. SYBR Green染料法　在PCR反应体系中，加入过量SYBR Green荧光染料，待SYBR Green荧光染料特异性地掺入DNA双链后，发射荧光信号（图5-3），而不掺入链中的SYBR Green荧光染料分子不会发射任何荧光信号，从而保证荧光信号的增加与PCR产物的增加完全同步。该方法使用方便，成本低，通用性好，对DNA模板没有选择性；缺点是SYBR Green荧光染料可以与所有双链DNA结合，PCR反应中产生的引物二聚体和非特性扩充可能造成假阳性，且只能检测单一模板，无法进行多重检测。

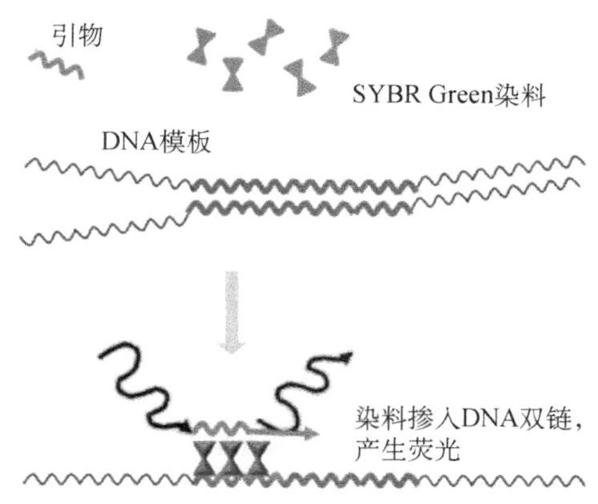

图5-3　SYBR Green染料法检测原理（修改自David and Marta，2013）

2. TaqMan探针法　该探针为一段寡核苷酸

序列，其与目标序列上游引物和下游引物之间的序列配对，因此特异性更高，实现了仅对特定扩增产物的检测。在寡核苷酸序列两端分别标记一个报告荧光基团 R（reporter）和一个猝灭荧光基团 Q（quencher），探针完整时，报告基团发射的荧光信号被猝灭基团吸收；PCR 扩增时，*Taq* DNA 聚合酶的 5′→3′外切酶活性将探针酶切降解，使报告荧光基团和猝灭荧光基团分离，从而荧光监测系统可接收到荧光信号，即每扩增一条 DNA 链，就有一个荧光分子形成，实现了荧光信号的累积与 PCR 产物的形成完全同步（图 5-4）。目前常用的报告荧光基团有 6-羧基荧光素（6-FAM）、四氯-6-羧基荧光素（TET）、2,7-二甲基-4,5-二氯-6-羧基荧光素（JOE）、六氯-6-甲基荧光素（HEX）；猝灭荧光基团最常用的是黑洞猝灭剂（BHQ）、羧基四甲基罗丹明（TAMRA）、二甲基氨基偶氮苯甲酰（DABCYL）。

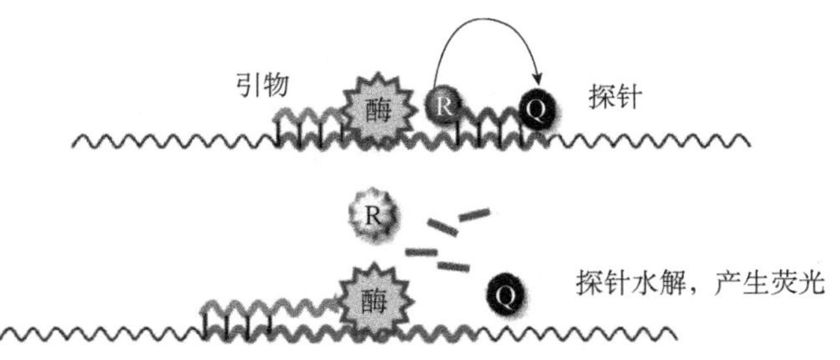

图 5-4 TaqMan 探针检测原理（修改自 David and Marta，2013）

3. 分子信标法 分子信标是非水解型的寡聚核苷酸荧光探针，由 Tyagi 和 Kramer 在 1996 年首次建立。分子信标包括 18～20 个核苷酸，由茎-环结构组成，环部序列与靶 DNA 序列互补，茎秆部分有 5～7 个核苷酸，由 GC 含量较高的与靶序列无关的互补序列构成。分子信标的 5′端标记报告荧光基团 F，3′端标记猝灭荧光基团 Q。当分子信标处于自由状态时，发夹结构的两个末端靠近使 F 与 Q 靠近，F 被猝灭；当有靶序列存在时，分子信标与靶序列结合，使分子信标的茎-环区被拉开，此时 F 荧光不能被猝灭，可检测到荧光信号（图 5-5）。常用的荧光-猝灭分子对有 6-羧基荧光素（FAM）-二甲基氨基偶氮苯甲酰（DABCYL）、蓝绿（EADNS）-DABCYL、四甲基罗丹明（TET）-DABCYL、羧基四甲基罗丹明（TAMRA）-DABCYL 等。

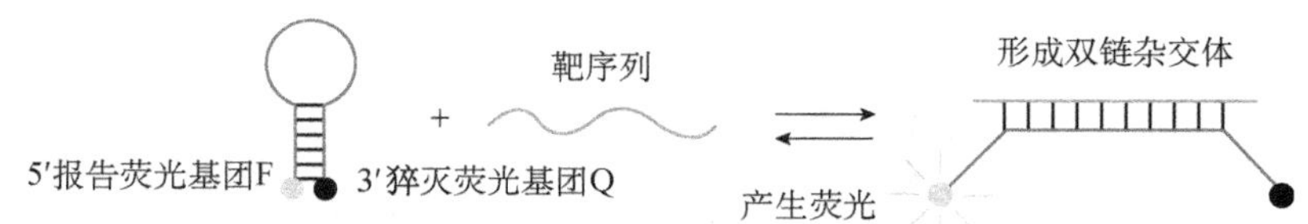

图 5-5 分子信标检测原理（修改自 David and Marta，2013）

Lyon（2001）利用 TaqMan 探针检测生蚝中副溶血性弧菌，检出限可以达到 6～8 CFU/g，整个过程只需 3 h。王超和孟祥晨（2007）根据双歧杆菌 16S rRNA 基因设计合成了双歧杆菌属特异性引物和分子信标探针，建立了快速检测双歧杆菌的分子信标实时 PCR 检测方法，灵敏度是普通 PCR 的 100 倍，对纯双歧杆菌 DNA 的检出限为 5.7 fg/PCR 反应，纯双歧杆菌菌液的检出限为 2×10^3 CFU/mL，整个检测时间只需 4 h。索原杰（2018）选取金黄色葡萄球菌的 *nuc* 基因、单增李斯特氏菌 *hylA* 基因和沙门氏菌 *orgC* 基因作为靶基因设计引物和荧光探针，建立多重实时定量荧光 PCR，无前增菌的条件下，人工接菌牛奶中检出限

（LOD）可达到 10^2 CFU/mL；增菌后，金黄色葡萄球菌的 LOD 为 12 CFU/25 mL，单增李斯特氏菌的 LOD 为 14 CFU/25 mL，沙门氏菌的 LOD 为 10 CFU/25 mL，增菌可以提高检测的灵敏度。

（三）逆转录 PCR

逆转录 PCR（reverse transcription-PCR，RT-PCR），又称反转录 PCR，是以 RNA 作为起始材料进行的一种 PCR 反应。总 RNA 或信使 RNA（mRNA）在逆转录酶的作用下逆转录成互补 DNA（cDNA），再以 cDNA 为模板，进行 PCR 扩增得到目的基因。RT-PCR 可用于检测基因表达水平，细胞中 RNA 病毒的含量和直接克隆特定基因的 cDNA 序列，提高了 RNA 检测灵敏度的数量级，能够分析一些极为微量的 RNA 样品。

RT-PCR 常用的逆转录酶有两种：禽成髓性白血病病毒（avian myeloblastosis virus，AMV）逆转录酶和莫罗尼鼠白血病病毒（Moloney murine leukemia virus，MMLV）逆转录酶。逆转录的引物可视实验的具体情况选择随机引物、Oligo dT 及基因特异性引物中的一种。

RT-PCR 可通过一步法或两步法来完成。一步法是将逆转录过程与 PCR 扩增结合在一起，使逆转录酶与 DNA 聚合酶在同一反应管内进行反应，所有试剂一次性加入。两步法是将逆转录过程和 PCR 扩增分别在两个反应管中完成，首先进行逆转录反应，反应完成之后，将合成的部分 cDNA 作为模板加入另一 PCR 管中进行 PCR 扩增。根据添加逆转录酶与 DNA 聚合酶的种类，一步法又可分为双酶一步法和单酶一步法，双酶一步法即逆转录反应中用 AMV 或 MMLV 逆转录酶，PCR 反应中用 *Taq* DNA 聚合酶；单酶一步法就是采用来自嗜热细菌 *Thermus thermophilus* HB8 的 DNA 聚合酶（*Tth*），*Tth* 同时具有 DNA 聚合酶和逆转录酶的活性。一步 RT-PCR 排除了在将 cDNA 转至 PCR 反应混合体系过程中可能出现的交叉污染，操作更加简便。

RT-PCR 能够针对食品中污染的 RNA 病毒进行检测，是禽流感病毒、诺如病毒（NoV）、甲肝病毒和非洲猪瘟病毒等常用的检测方法。另外，RT-PCR 可以对靶基因的 mRNA 进行检测，由于 mRNA 是微生物在生活状态下产生的一类核酸大分子物质，其表达量的多少和质量的高低（完整性）与细胞的状态密切相关，可以针对活菌进行检测，克服了传统方法针对 DNA 检测无法区分死细菌和活细菌的缺点。RT-PCR 也可以根据需要设计多对引物进行多重 PCR 检测或者进行 qPCR 检测，可以增加检出效率，提升检测准确率，缩短检测时间。

PCR 检测技术目前已经在食品微生物检测中获得广泛的应用，从最初的普通 PCR，到各种改良技术的运用，再到实时荧光定量 PCR 的出现，多种、多重 PCR 的综合应用提高了检测的速度和灵敏度。当前 PCR 技术也广泛用于监测食品发酵、储存和成熟过程中微生物变化的情况，分析产品中微生物的群落组成。各类 PCR 相关技术已发展成为食品微生物研究中重要的技术。

此外，恒温扩增技术是 20 世纪 90 年代以来继 PCR 技术后发展起来的一种新的体外核酸扩增技术。无论是在实际操作还是仪器要求方面，都比 PCR 技术更为简单方便，它摆脱了对精良设备的依赖，在临床和现场快速诊断中显示了其良好的应用前景，在环境监测、食品安全、疾病诊断等相关病原微生物快速检测领域发挥着越来越重要的作用。

二、免疫学检测技术

免疫学检测技术就是利用抗原抗体反应的显著特异性而建立的一种快速检测方法。根据抗原与相应抗体发生的特异性结合反应产生凝集或者沉淀等反应现象，可以直接肉眼观察，也可以利用标记有放射性同位素、酶、荧光素、胶体金等标记物的抗体或抗原，对样品中的抗原或者抗体进行定性或者定量测定。随着各种标记方法和新材料的不断出现，对免疫学检测技术起到了重要的推动作用。免疫学检测中使用的抗体主要有粗制多克隆抗体、纯化的多克隆抗体和单克隆抗体。单克隆抗体因其具有较强的特异性，性质稳定，一经制备可长时间获得等优势而被广泛应用。免疫学检测技术具有灵敏度高、特异性强、价格相对低廉、方便快捷等优点，在微生物快速检测方面应用十分广泛。

（一）酶联免疫吸附试验

酶联免疫吸附试验（enzyme linked immunosorbent assay，ELISA）是 20 世纪 70 年代发展起来的一项免疫酶法与固相吸附技术相结合的免疫检测方法，是目前应用最广泛的免疫学检测方法。ELISA 以生物酶作为标记物，将酶分子与抗体或抗原分子共价结合，这种结合不会改变抗体或抗原的免疫学特性，也不影响酶的生物学活性。酶标记物可与吸附在固相载体上的抗原或抗体发生特异性结合，洗涤除去未结合物，滴加底物溶液后，在酶催化作用下，底物发生水解、氧化或还原反应，产生有色物质，利用酶标仪进行测定，可进行定性和定量分析。目前在实际应用中，也可以根据反应物选择荧光检测或化学发光检测。

应用较多的生物酶有辣根过氧化物酶、碱性磷酸酶、葡萄糖氧化酶等，其中以辣根过氧化物酶应用最广。ELISA 通常采用以下几种不同类型的检测方法（图 5-6）。

1. 直接法　将抗原固定在固相载体上，加入酶标记的抗体，酶标记的抗体和抗原结合后，加入酶反应底物，最后测定其产物的吸光值以计算待测抗原或抗体的含量。

2. 间接法　将酶标记在二抗上，当抗体（一抗）和固定在固相载体上的抗原形成复合物之后，再以酶标二抗和复合物结合，通过测定酶反应产物的颜色可以（间接）反映一抗和抗原的结合情况，进而计算出抗原或抗体的量。

3. 双抗体夹心法　需要针对抗原不同表位的两个抗体，将一个抗体（捕获抗体）结合于固相载体上，使其捕获待测定样品中的抗原，再用酶标记的抗体（二抗）与抗原反应形成抗体-抗原-酶标抗体复合物，进而测定抗原的含量。

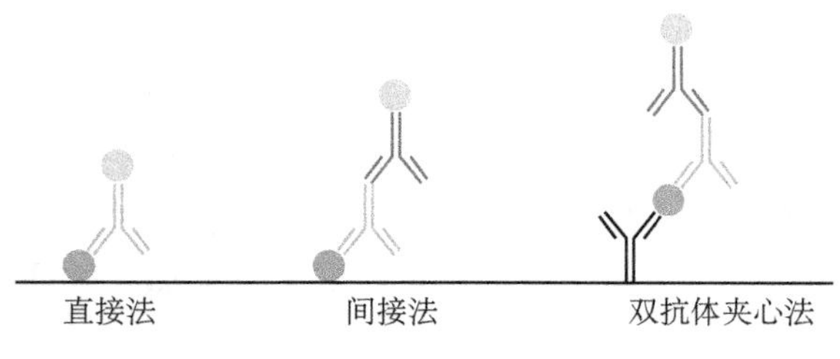

图 5-6　ELISA 常见的检测方法示意

伍燕华等（2014）采用 ELISA 检测方法，对沙门氏菌纯培养液的检出限为 1×10^4 CFU/mL，与其他杂菌不存在交叉反应，具有较好的灵敏性和特异性。张宸宁（2019）采用 ELISA 检测方法，对单增李斯特氏菌的检出限为 1×10^4 CFU/mL，与 5 株种内单增李斯特氏菌、5 株李斯特氏菌属内菌株及 5 株非李斯特氏菌属菌进行特异性检测，显示特异性良好。

赵亚男等（2020）建立了双抗体夹心 ELISA 方法，对人工污染牛肉中的大肠杆菌 O157∶H7 进行测定，经 8 h 增菌培养后，ELISA 检出方法检出限可达 1 CFU/25 g，而普通

PCR 对牛肉样品检测灵敏度只能达到 10 CFU/25 g，国标培养法需要增菌 18～24 h，灵敏度也可达到 1 CFU/25 g，但是检测周期需 7 d 左右，而 ELISA 只需要 5～6 h。

ELISA 因其特异性高，简单迅速，不需要昂贵仪器设备，检测成本低，特别适合于对大量样本的筛检工作，已被广泛应用于食品中有毒有害物质的定性和定量检测。目前针对食品中大肠杆菌、沙门氏菌、金黄色葡萄球菌、弯曲菌属等已经有商品化的 ELISA 检测试剂盒。

（二）免疫荧光检测

免疫荧光检测（immunofluorescence assay，IFA）是用荧光素标记的抗体检测抗原或抗体的免疫学检测方法。抗原抗体反应后，在荧光显微镜下可以直接观察呈现特异性荧光的抗原抗体复合物及其存在的部位，也可以根据测定的荧光强度而推算被测物浓度，进行定量分析。

异硫氰酸荧光素（FITC）是应用最广的荧光染料，许多蛋白质分子在其表面含有较多的赖氨酸残基。这些赖氨酸残基的游离 ε-氨基可与 FITC（其激发波长为 492 nm，发射波长为 525 nm）共价结合形成特异性的探针，以测定细胞相应抗原的存在。

IFA 主要有直接法和间接法。直接法是在检测样品上直接滴加已知特异性荧光标记的抗体，经洗涤后在荧光显微镜下观察结果。间接法是在检测样品上滴加已知的细菌特异性抗体（一抗），等结合后洗涤，再加入荧光标记的第二抗体，使之与已经结合抗原的一抗结合，从而对待测样品中的抗原进行检测。间接法较直接法能够有效降低背景荧光，提高信噪比，同时由于抗体的放大效应，检测灵敏度提升。

IFA 可对大批量的样品进行初筛，快速排查可疑致病菌，节省实验时间。于光等（1991）利用间接免疫荧光方法对市售 351 份海产鱼贝类样品中副溶血性弧菌定性检测的结果与常规培养法无显著性差异，全程可在 27 h 内完成，简便快速。黄愈玲等（2010）比较了间接免疫荧光法和国标法对 20 份样品沙门氏菌阳性检出率，未出现统计学差异，可用于快速筛选沙门氏菌。

（三）胶体金免疫层析法

胶体金免疫层析法（colloidal gold immunochromatography assay，GICA）是一种将胶体金标记技术、免疫检测技术和层析分析技术等多种方法结合在一起的固相标记免疫检测方法。胶体金是由氯金酸（$HAuCl_4$）在还原剂如白磷、维生素 C、枸橼酸钠、鞣酸等作用下，聚合成一定大小的金颗粒，形成带负电的疏水胶溶液，并由于静电作用成为一种稳定的胶体状态，故称胶体金。胶体金在弱碱环境下带负电荷，可与蛋白质分子的正电荷基团形成牢固的结合，由于这种结合是静电结合，因此不影响蛋白质的生物学特性。

Faulk 和 Taylor（1971）首次用兔抗沙门氏菌抗血清与胶体金颗粒结合，用直接免疫细胞化学技术检测沙门氏菌的表面抗原，应用于电镜水平的免疫细胞化学研究。Romano 等（1974）将胶体金标记在马抗人的 IgG 上（金标二抗），实现了间接免疫金染色法。此后，胶体金作为一种新型免疫标记技术得到快速发展。Spielberg 等（1989）发展了以胶体金为标记物用于检测艾滋病病毒抗体的渗滤法检测试剂。目前开发的试纸条可以对食品中克伦特罗（瘦肉精）、三聚氰胺、农药残留、真菌毒素、微生物等进行快速检测，许多已经实现商品化。一般 5～15 min 就会出结果，通过肉眼即可对检测结果进行判定，尤其适合在基层单位或者检测现场对样品进行检测。

胶体金免疫层析试纸条（卡）结构主要由样品垫、结合垫、硝酸纤维素膜（NC 膜）、检测线（T 线）、质控线（C 线）、吸水垫及 PVC 板等几个部分组成（图 5-7）。

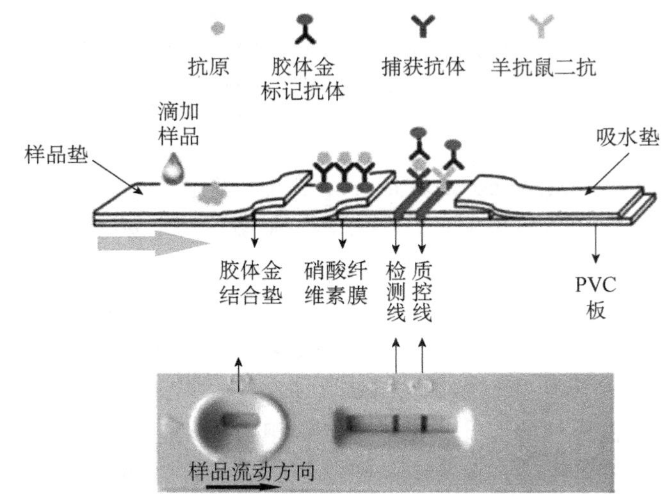

彩图

图 5-7　胶体金免疫层析试纸条（卡）结构图

根据待检测物质分子质量的大小可以分为双抗体夹心法和竞争抑制法。双抗体夹心法主要用来检测具有多个抗原表位的大分子物质和颗粒性抗原（细菌、病毒和蛋白质等），当样品溶液滴加到样品垫时，样品通过毛细管虹吸作用和金标垫处的金标抗体结合形成待检抗原-金标抗体复合物，随着免疫层析的继续进行，该复合物会和 T 线处的捕获抗体结合，形成捕获抗体-待检抗原-金标抗体复合物的夹心结构。未结合的金标抗体和待检抗原-金标抗体复合物会和 C 线处的羊抗鼠 IgG 结合。在双抗体夹心法中，T 线处的信号颜色会随着待检物的增多而增强。

李伟等（2004）利用炭疽芽孢杆菌经甲醛灭活后免疫实验动物制备的抗体，采用双抗体夹心法研制胶体金免疫层析试纸条，对炭疽芽孢杆菌检出限为 1×10^6 CFU/mL，该法能在 20 min 内完成检测，适用于现场的快速检测。潘秀华等（2014）以单增李斯特氏菌特异性内化素 A（InlA）蛋白为免疫原制备单克隆抗体，研制的胶体金免疫试纸条对该菌纯培养物的敏感性为 4×10^5 CFU/mL，模拟猪肉样品敏感性为 4×10^6 CFU/mL。Wende 等（2017）研制快速检测罗非鱼中无乳链球菌胶体金免疫试纸条，其灵敏度为 1.5×10^5 CFU/mL，与 ELISA 法检测结果一致，检测时间小于 15 min，在 4℃条件下，试纸条的有效性可保持 6 个月。

目前检测病原菌的胶体金免疫层析试纸条的灵敏度一般在 10^5～10^6 CFU/mL，灵敏度不高，只适合定性或半定量检测。磁性纳米微球、荧光材料和新型标记材料的运用，进一步提高了胶体金免疫层析技术的灵敏度和特异性，为便携的现场快速检测提供技术支持。

（四）免疫磁珠分离技术

免疫磁珠分离技术（immunomagnetic bead separation，IMS）是利用抗原抗体反应的特异性和磁珠的磁响应性相结合进行富集分离的一项技术。特异性抗体偶联在磁性颗粒表面，与样品中靶物质发生特异性结合，磁球在外加磁场作用下向磁极聚集，从而快速分离出目的物，如核酸、蛋白质、细胞和病原微生物。1979 年，挪威科技大学 John Ugelstad 教授发明了一种可以合成出具单分散性的聚合物微球的方法，它的粒径为 0.5～100 μm，又进一步合成具有磁性的相同微球，商品名为“Dynabeads®”，实现了生物分子分离纯化方面一场革命性的创新。由于在该领域的杰出贡献，他在 1991 年被授予挪威“圣奥拉夫勋章”。免疫磁珠分离技术已经被应用于核酸的纯化、蛋白质纯化、微生物的富集分离、免疫检测等方面，它具有特异性强、灵敏度高、分离速度快的特点。目前已有针对大肠杆菌 O157：H7、单增李斯特氏菌、沙门氏菌的商业化的免疫磁珠。

免疫磁珠一般由载体微球和免疫配基结合而成。载体微球是以磁性材料（主要为 Fe、Co、Ni 等过渡金属及其氧化物，以及其混合材料）为固相载体，在其表面加上高分子包裹层，以引入活性基团（氨基、羧基、羟基、醛基等），共价交联修饰而形成的磁性微粒。磁珠与抗体的结合有两种形式：物理吸附和共价结合。物理吸附主要依靠磁珠表面对抗体的非特异性吸附力，共价结合是通过磁珠表面的活性官能基团与抗体发生反应形成共价键而将抗体固定。

免疫磁珠分离微生物的方法可分为直接法和间接法。直接法是指磁珠与单抗或者多抗通过化学结合或者物理吸附直接偶联，然后加入待测样品（含待测微生物或抗原物质），抗原与免疫磁珠上的抗体结合形成复合物，在磁场的作用下与其他物质分离。该方法方便快捷，但仅适用于特定目的菌的分离。间接法是指磁珠上包被的是第二抗体（如羊抗兔 IgG），在标本中先加入第一抗体（如兔 IgG），若存在目标微生物，可先与第一抗体结合，形成目标微生物-第一抗体复合物，再加入免疫磁珠，通过第二抗体与第一抗体的相互作用，从而捕获该复合物，在磁力作用下达到分离的效果（图 5-8）。磁珠包被的二抗能与多种相应的一抗结合，灵活性强。

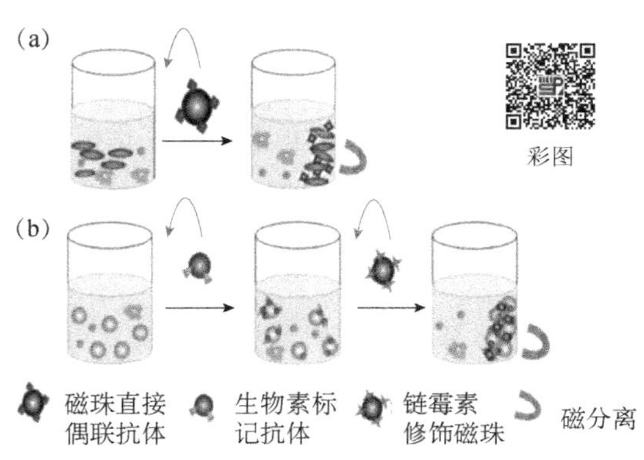

图 5-8　免疫磁珠分离微生物的方法
（修改自王钰童等，2019）
（a）直接法；（b）间接法

免疫磁珠分离微生物具有灵敏度高、检测时间短、操作简单等优势，能快速选择性分离目的微生物，还能捕获特异的受损靶细菌。免疫磁珠分离与常规检测方法中增菌过程相比所需时间更短，能有效地收集、浓缩大量样品中的少量病原菌，可使采样和检测的时间缩短。通过免疫磁珠分离得到目标微生物（图 5-9），再与其他不同的检测手段相配合，如传统平板显色培养、ATP 生物发光分析、PCR 检测技术、ELISA、免疫层析技术、生物传感器技术、流式细胞术等，提高分离效果和检出限，解决微生物检测过程中食品成分复杂、微生物菌群多样化带来的难分离、基质干扰大等问题，提高微生物快检技术的应用可行性。

王海明等（2009）利用抗沙门氏菌免疫磁珠对脱水蔬菜、牛奶、苹果汁等各类食品基质中人工污染的沙门氏菌进行了快速检测，检出限可达到 1～10 CFU/25 g，检测时间从常规检测方法 72 h 缩短至 40 h。

余晓峰等（2012）将免疫磁珠分离技术用于出口脱水蒜制品中沙门氏菌的检测，将免疫磁珠使用于 400 mL 大体积溶液中，并使用高速离心代替磁棒进行分离。沙门氏菌污染量为 1 CFU/25 g 时，检出率为 70%；污染量为 10 CFU/25 g 时，检出率达 100%。

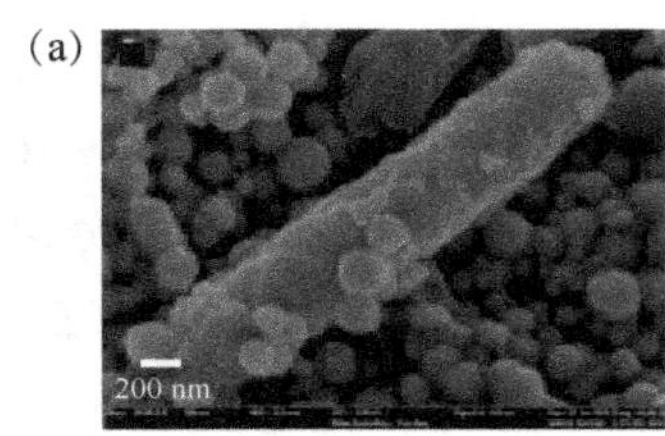

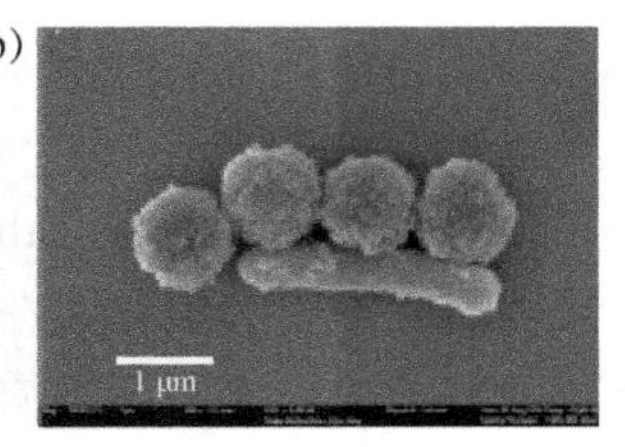

图 5-9　免疫磁珠与目标菌结合扫描电镜图（引自李静雯等，2020）

（a）300 nm 免疫磁珠与目标菌；（b）1 μm 免疫磁珠与目标菌

张蕾等（2014）采用副溶血性弧菌单克隆抗体、免疫磁珠分离技术，结合 qPCR 检测方法，建立海产品中副溶血性弧菌纳米免疫磁珠分离-qPCR 检测方法。免疫磁珠在菌体浓度为 10^3 CFU/mL 水平时，对副溶血性弧菌的捕获率达到 74%。在纯培养、无须增菌情况下，该方法检测灵敏度达到 140 CFU/mL，具有良好的特异性。在食品基质添加实验中，其检出限为 2 CFU/25 g 样品，增菌时间缩短到 8 h。

闻一鸣等（2013）采用免疫磁珠富集联合选择性培养基对不同浓度（10～10^5 CFU/mL）的单增李斯特氏菌进行检测，结果显示联合两种方法检出限为 10^3 CFU/mL；牛奶样品中的单增李斯特氏菌仅需 6 h 增菌就能被检出，检出限为 0.7 CFU/mL。联合两种方法，能在 30 h 内完成对牛奶样品的检测，较国标法减少 38 h 以上，且具有同等的灵敏度。

三、生物传感器检测技术

传感器是一种可自动捕获信息并进行信号转化的装置，通过将接收到的信息源，按一定比率变换成为光、电等其他形式的信息然后输出，从而完成信息高效的传输、记录和显示。

生物传感器是一类特殊的传感器，它以酶、抗体、微生物、细胞、组织、核酸等生物活性物质作为敏感单元，以实现对目标检测物的高度灵敏选择。利用生物感应元件与目标检测物之间的相互作用来产生关联信号，随后信号处理元件对关联信号进行加工转换，并通过显示设备将信号输出，以此实现对目标物的分析检测。

生物传感器可以根据生物敏感元件和信号转换器种类进行分类。根据生物敏感元件的不同，可以将其分为酶传感器、免疫传感器、核酸传感器、微生物传感器、细胞传感器、组织传感器和分子印记传感器；根据信号转换器进行分类，主要有光学生物传感器、电化学生物传感器、压电生物传感器、磁效应生物传感器等。

生物传感器一般不需要进行样品的富集处理，具有特异性强、灵敏度高、信号响应快的特点，可以实现在线和自动化检测，十分符合食品微生物快速检测的要求，目前研究较多的是光学生物传感器（optical biosensor）、电化学生物传感器（electrochemical biosensor）和压电生物传感器（piezoelectric biosensor）。为了提高生物传感器检测信号强度和灵敏度，目前各国对生物传感器的研究和理论还在持续不断地创新、发展。

（一）光学生物传感器

光学生物传感器利用被测物质与感应器结合后引发的光学信号变化，如光吸收、荧光、折射率、拉曼光谱等作为探测信号，一般由传感层、光信号转换和放大处理三个功能模块组成。其主要有表面等离子体共振（surface plasmon resonance，SPR）生物传感器、光纤生物传感器等。

SPR 生物传感器由于其检测灵敏度高、样品溶液消耗小、样品无须标记和纯化、可实时监测生物分子相互作用过程，是目前主要研究和应用的一种光学生物传感器，应用在疫苗开发、蛋白药物筛选、食品检测、生物诊断技术等许多重要领域。

SPR 是一种光学现象，当一束单频线偏振光以大于全反射临界角的某一角度入射时，如果其频率与金属表面振荡的自由电子（即等离子）频率一致，则金属表面的等离子就吸收入射光的能量发生共振，称为表面等离子体共振，此时的入射角称为共振角，入射光波长为共振波长。这些参数对附着在金属膜表面的被测系统的折射率、厚度、浓度等条件变化非常敏感，当这些条件改变时，共振角和共振波长也随之改变，因此 SPR 谱（共振角的变化-时间曲线，共振波长的变化-时间曲线）就能够反映金属膜表面接触的被测体系的变化和性质（图 5-10）。

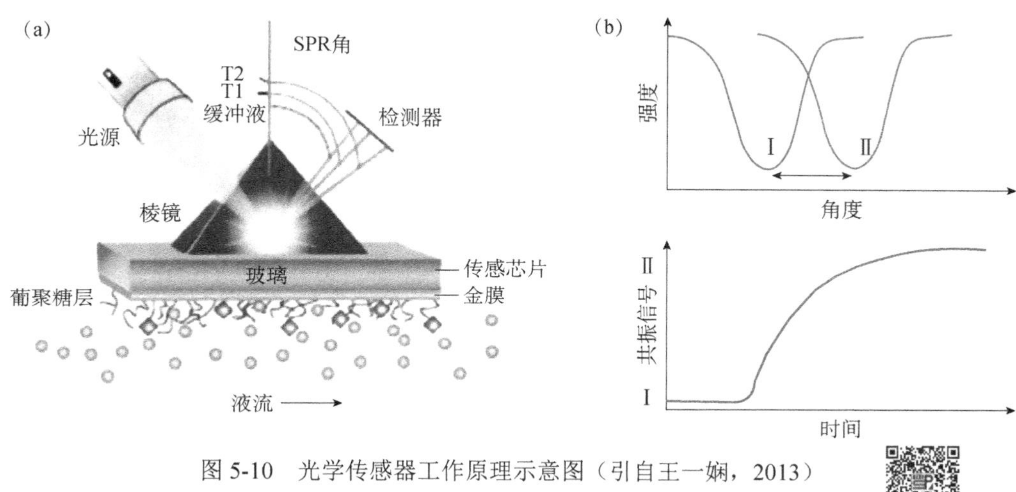

图 5-10 光学传感器工作原理示意图（引自王一娴，2013）

（a）SPR 生物传感器检测原理图；T1、T2 指时间。（b）SPR 传感图

彩图

瑞典科学家 Claes 等（1982）将 SPR 原理应用于气体检测和生物传感领域。1990 年瑞典的 Biacore AB 公司（2000 年被美国 GE 公司收购）开发出首台商业用途的 SPR 仪器。目前我国也研发生产了商品化的 SPR 仪器，在 SPR 研究和应用领域开展了许多前沿研究。

在 SPR 生物传感器的测定中，一般将具特异识别属性的分子（配体）固定于金属膜表面，再将待分析物样品溶液（受体）缓慢匀速通过金膜表面，在通入的过程中，金膜表面的生物识别分子与分析物相互作用，使得金膜表面构象发生变化，导致折射率发生改变，从而引起 SPR 信号的改变，再通过计算机实时记录整个变化过程。

为了提高检测信号强度和灵敏度，研究者围绕 SPR 生物传感器的检测方法和金属表面分子固定的方法展开了研究。葛晶（2005）利用胶体金技术制备抗体与 Spreeta™ SPR 生物传感器结合，采用夹心法检测，增强了传感器的响应信号，对大肠杆菌 O157：H7 检出限从 1×10^5 CFU/mL 下降到 10 CFU/mL，检测时间为 33～40 min（少于 1 h）。

王一娴（2013）研究了基于不同原理和方法的生物传感器检测大肠杆菌 O157：H7。SPR 直接法检测得到的线性范围为 3×10^5～3×10^8 CFU/mL，检测下限为 3×10^5 CFU/mL，与 ELISA 方法得到的检出限一致。基于消减抑制原理，SPR 检测方法的线性范围为 3×10^4～3×10^8 CFU/mL，检测下限为 3×10^4 CFU/mL，检测下限降低一个数量级。整个检测时间少于 2 h，每次检测的样品量大约只有 50 μL。相比于传统的检测方法，其有效降低了检测时间和检测样品量。经过 50 次再生处理，芯片表面抗体活性下降小于 6%。

由于大型 SPR 生物传感器设备价格较贵，许多针对食品微生物快速检测的研究都处于实验室阶段，目前出现了许多基于改进的 SPR 原理和方法的其他生物传感器，近年来光纤技术的发展与应用，使光学生物传感器的测试方式和应用领域都得到极大的扩展，成为迄今应用最为普遍的生物传感器，具有广阔的发展前景。

（二）电化学生物传感器

Updick 和 Hicks 于 1967 年研制出第一代电化学酶传感器，首次将葡萄糖氧化酶固定在隔膜氧电极上用于检测葡萄糖，是生物传感器发展历史上第一个报告的商业化生物传感器。目前的家用血糖仪就是利用微细加工技术研制的一类电化学生物传感器。电化学生物传感器具有仪器简便、成本低廉、操作简单、检测快速、灵敏度高和特异性好等特点，已发展为一种较为理想的快速检测体系。

电化学生物传感器的原理是利用电极作为换能元件，通过生物识别元件捕获目标分析物后在电极界面上进行电化学反应，从而引起生物传感器表面发生电流、阻抗、电位或电导变化，根据监测这些电信号的变化来定量目标分析物的浓度。按最终测量信号的不同，可将电化学生物传感器分为电流型、阻抗型、电势型和电导型。

马静等（2007）利用静电吸附及抗原抗体特异性结合，将大肠杆菌 O157：H7 固定在辣根过氧化酶标记的电极表面，制备酶免疫传感器，经伏安法及电位法测定大肠杆菌被固定在电极表面引起的电信号变化。检测极限为 1×10^2 CFU/mL，检测线性范围为 1×10^3～1×10^5 CFU/mL。此方法检测时间仅为 20 min。Chowdhury 等于 2012 年通过将含有金-聚苯胺-戊二醛-抗体的电极浸入不同浓度的样液 10 min，使得抗体与大肠杆菌充分结合，测定孵化前后电极阻抗值的变化推算大肠杆菌浓度，检测结果为 1×10^2 CFU/mL，检测上限为 1×10^7 CFU/mL。

由于电化学生物传感器是基于电极和样品之间的界面发生化学反应而引起的电流或电位差的变化进行的检测，所以增加电极表面的导电性可以提高生物传感器的灵敏度和检测性能。近年来，石墨烯、碳纳米管、金纳米粒子（AuNP）等纳米材料越来越多地被应用到生物传感器中。纳米材料具有比表面积大、吸附能力强、生物相容性好和导电性强的特点，常被固定在电极表面修饰电极，增强了电化学性能，提高了电极的稳定性和抗污性。同时由于石墨烯这类新型纳米材料具有很好的化学性质和生物相容性，可以固定多种生物分子，使得以电化学为基础的生物传感器在检测方面具有高灵敏、快响应、低成本的优势，是目前开发第三代新型生物传感器的关键技术。

目前基于阻抗型电化学生物传感器对鼠伤寒沙门氏菌检测的研究，大多检测时间小于 1 h，检出限（LOD）都在 10 CFU/mL。最近美国艾奥瓦州立大学的 Raquel 等（2020）开发了一种以激光诱导石墨烯（LIG）为电极的制备方法，并比较了其在预增菌培养基（BPW）和模拟食品基质鸡汤中对鼠伤寒沙门氏菌的检测能力。在 BPW 中检测线性范围为 10～1×10^3 CFU/mL，检出限为 10 CFU/mL，在模拟食品基质鸡汤中检测线性范围为 10～1×10^5 CFU/mL，检出限为 13 CFU/mL。两种条件的检测时间都是 22 min，是目前比较快速灵敏的检测方法（图 5-11）。

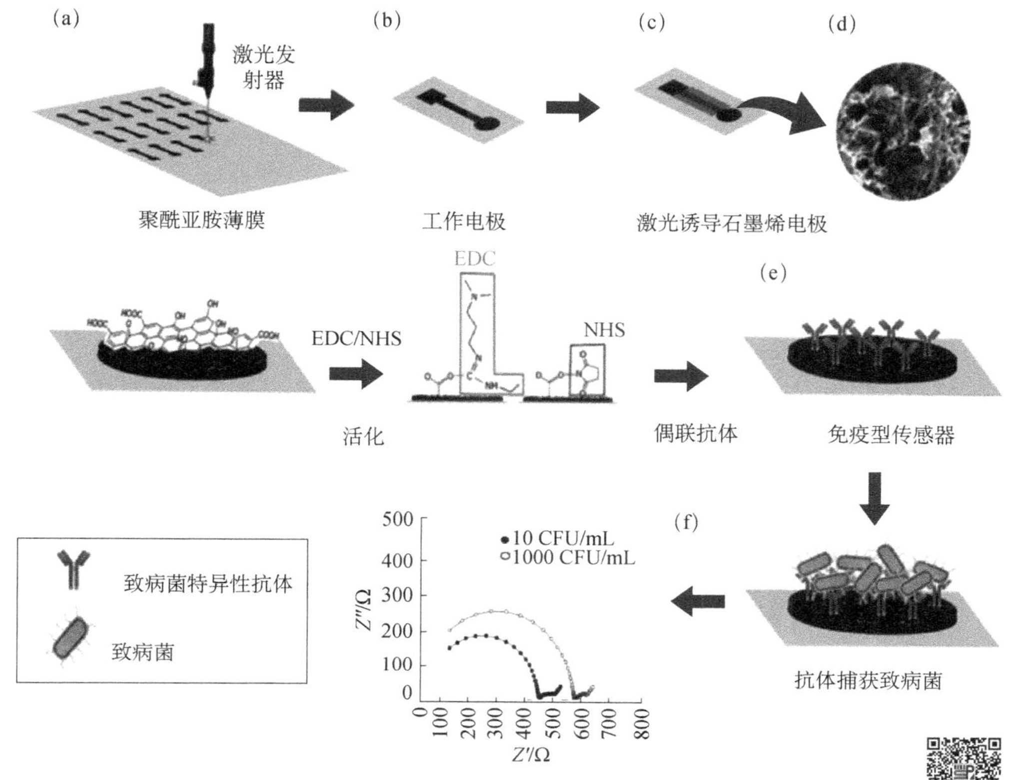

图 5-11 基于激光诱导石墨烯阻抗型电化学生物传感器

（a）激光诱导石墨烯制备；（b）工作电极组建；（c）在电极的非活性区域覆盖上绝缘层；（d）电极表面结构扫描电子显微镜图；（e）电极表面经过 EDC/NHS 混合溶液的活化，固定上沙门氏菌抗体，构建基于激光诱导石墨烯的电化学免疫传感器；（f）沙门氏菌检测的电化学阻抗谱。NHS. *N*-羟基琥珀酰亚胺；EDC. 1-乙基-（3-二甲基氨基丙基）碳二亚胺

（三）压电生物传感器

压电现象是指某些电介质晶体如石英晶体，在沿特定方向的压力作用下发生极化而在两端表面出现电势差的现象。石英压电传感技术是 20 世纪 60 年代初发展起来的一种新型测量技术，主要有体声波型和声表面波型两种形式。体声波式压电石英晶体，也称石英晶体微天平（quartz crystal microbalance，QCM），能够有效地分析芯片表面吸附的分子层状态、质量、厚度和黏弹性等性质，检测过程中无须对检测分子进行标记，在生物、医学和表面科学等研究领域被广泛应用。

压电生物传感器是将生物化学反应的高选择性和压电石英晶体对质量变化的灵敏性结合在一起而形成的一种新型生物传感器。压电生物传感器对致病菌的检测大多是将特定致病菌的抗体固定于石英晶体上，用于对该种致病菌进行分析。

压电生物传感器主要组成部分有：被生物活性物质包被的石英谐振器（探头）、振荡器、信号检测系统和数据处理系统等。生物活性物质在石英晶体电极表面形成一层薄膜，与待测样本反应；压电检测系统由两个振荡回路、一个晶体检测振荡器、一个晶体参比振荡器组成，参比振荡器不包被生物活性物质，是为了矫正干扰因素的影响，消除一些误差。压电晶体频率及其改变由频率计数器测定，再经计算机进行数据分析和结果报告。

Liu 等（2007）利用 QCM 免疫生物传感器检测 *Escherichia coli* O157：H7，检出限为

1×10^2 CFU/mL，检测时间小于 1.5 h。Harsh 和 Raj（2013）设计的悬臂式 QCM 免疫生物传感器，对牛奶中加入单增李斯特氏菌的检出限为 1×10^2 CFU/mL。马丽娜（2014）使用 QCM 检测 1×10^3 ～1×10^7 CFU/mL 大肠杆菌污染的鲜牛奶，6 h 左右可以检出；1×10^2 ～1×10^7 CFU/mL 沙门氏菌污染的鲜牛奶，9 h 左右可以检出，对比国标法的检测时间 48 h 缩短了检测时间。

压电生物传感器的检测原理简单，检测平台容易搭建，易于操作，检测成本低。但目前对细菌等微生物检测的灵敏度不高，因而需要进行更为有效的修饰来改善其结构，从而使检测频率信号更为明显，提升检测的灵敏度。

生物传感器作为一种高特异性、高灵敏性、低取样的交叉技术，很好地弥补了常规检测手段的不足，生物传感器的产生是生命科学与信息技术、材料科学渗透和交叉融合的结果。目前，世界各国纷纷跻身于生物传感器相关领域的研发竞争中，并投入大量资金和人力开展相关的基础研究和应用开发。21 世纪是信息科技快速发展的时代，在应用领域，可穿戴设备、智能感知的应用研究是生物传感器发展的方向。可以预测，随着科学研究的不断发展，生物传感器在微生物快速检测应用领域必将朝着更加人工智能、灵敏、特异、实时、便携的目标前进，更好地监控食品中的微生物，为人类生命健康和食品安全保驾护航。

第二节　食品微生物代谢产物检测技术

食品微生物的代谢产物在食品营养、食品功能、食品风味、食品安全与品质等方面都至关重要。食品微生物代谢产物的检测技术主要包括色谱技术、质谱技术、电子鼻技术和磁性纳米材料技术等。

一、色谱技术

（一）色谱概述

色谱法又称层析法，是利用混合物中各组分物理化学性质的差异，使各组分不同程度地分布在固定相和流动相中，由于各组分受固定相作用所产生的阻力和受流动相作用所产生的推动力不同，从而产生差速迁移而达到分离的目的。其包括吸附层析、分配层析、离子交换层析、凝胶层析、气相色谱和高效液相色谱等；从形式上看有薄层色谱、柱色谱和逆流分配色谱。

色谱法是多组分混合物分析最重要、最有效的方法，传统方法中薄层色谱也被用于真菌毒素等微生物代谢产物的检测，而现代的气相色谱和高效液相色谱由于设备自动化程度高、准确性与重复性好，在食品微生物代谢产物分析检测中成为主要的色谱方法。

（二）气相色谱的原理及应用

气相色谱是指流动相为氮气或氢气等、固定相为固体或液体的色谱分离方法，其色谱柱通常为固体吸附剂填充柱或内表面涂渍有液态固定相的石英毛细管柱，其常用的检测器多为氢火焰离子化检测器，在有标准品的前提下，可用于发酵食品中乙醇、有机酸等挥发性成分或经甲酯化后的微生物油脂的检测分析，但在食品微生物代谢产物分析中更常与质谱联合使用。

（三）高效液相色谱的原理及应用

1. 高效液相色谱的原理　在食品微生物代谢产物的检测方面应用最广泛的是高效液相色谱（high performance liquid chromatography，HPLC），即以经典柱色谱法为基础，流动相用高压泵输送，采用高效固定相及在线检测手段发展而来的一种高效快速的分离分析技术。它可单独使用，也可与质谱联用，用于微生物代谢产物分析。

高效液相色谱一般由高压泵、进样器、色谱柱、检测器和工作站（即数据处理及控制系统）等部分组成（图 5-12）。其中，高压泵、色谱柱和检测器是三个最关键的部件。

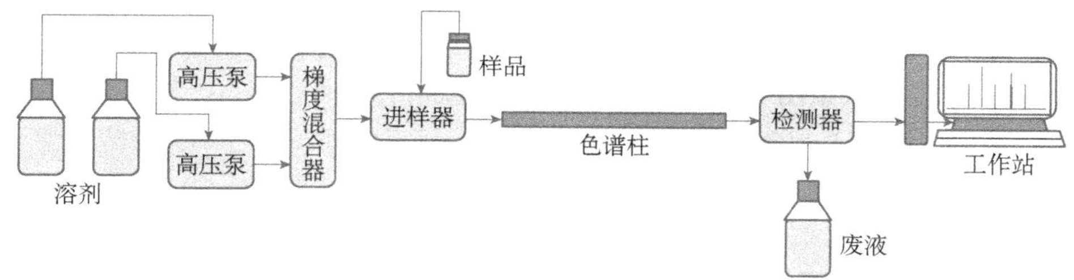

图 5-12　高效液相色谱设备构成示意图

高压泵将洗脱液不断输入色谱柱系统，使样品在色谱柱中完成分离过程，需要满足以下性能要求：流量稳定；输出压力高；流量范围宽；耐酸、碱缓冲液腐蚀；泵体易于清洗，操作方便，容易维修。根据泵所提供的压力，还可将高效液相色谱细分为高压液相色谱（HPLC，压力一般介于 30～60 MPa）与超高压/超高效液相色谱（UPLC/UHPLC，压力一般高于 100 MPa）。

色谱柱是高效液相色谱仪的核心部件，其性能由柱效、分析速度、峰的对称性、柱渗透性等决定。色谱柱类型按填料分离原理可分为反相柱（C18、C8、C4、苯基柱等）、正相柱（氨基、氰基、二醇基和硅胶柱等）、尺寸排阻柱和离子交换柱等。填料粒径常用的有 5 μm、3 μm、1.9 μm 等，5 μm 填料常用于 HPLC，而 2 μm 以下粒径的填料多用于 UPLC/UHPLC，可在短时间内实现更好的分离效果。

检测器的作用是连续地将色谱柱中流出的样品组分含量随时间的变化转化为易于测量的电信号，得到样品组分分离的色谱图。按其对物质的响应特性分为通用型检测器和专用型检测器。通用型检测器也称总体检测器，对样品和流动相总的物理或化学性质有响应，测量样品和流动相的共有性质，如示差折光检测器、蒸发光散射检测器等；专用型检测器仅对被分离组分的物理或化学特性有响应，如紫外检测器、荧光检测器、电化学检测器等。

2. 高效液相色谱在食品微生物代谢产物分析中的应用　下面重点介绍基于几种常用非质谱类检测器的 HPLC 在食品微生物代谢产物分析检测中的应用。

1）紫外检测器类及其应用　紫外吸收检测器简称紫外检测器，是高效液相色谱最普遍采用的检测器。它灵敏度高（一般可检测到 ng/mL 数量级的物质），线性范围宽，对流速和温度变化不敏感。紫外检测器大致可分为固定波长紫外检测器、可变波长紫外可见吸收检测器和光电二极管阵列检测器等。

（1）固定波长紫外检测器及其应用。固定波长紫外检测器的波长一般为 254 nm，通常采用低压汞灯，其辐射能量的 85%～90%是 254 nm 的紫外光，灵敏度高，稳定性好，结构简单，经济性好，便于使用和维护。紫外-254 检测器曾经是一种在有机成分分析等领域广泛使用的单波长紫外吸收检测器，现在逐渐被淘汰。

（2）可变波长紫外可见吸收检测器及其应用。可变波长紫外可见吸收检测器（variable wavelength detector，VWD）是目前最常用的紫外检测器之一。其波长一般在 190～800 nm，在紫外区工作时用氘灯，在可见光区工作时用钨灯。对于一些在检测波段没有吸收的物质，可通过衍生化的方法负载上具有紫外/可见光吸收的基团后被检测。作为一种较为常见且经济的 HPLC 检测器，在食品微生物代谢产物检测方面用途较广。

例如，徐群英和翟羽恒（2020）开发了一种检测小麦中真菌毒素交链孢酚单甲醚（alternariol methyl ether，AME）的 HPLC 检测方法。高效液相色谱仪为美国 Agilent 公司 1260 系列；色谱柱为 ZORBAX SB-aq，150 mm×4.6 mm，粒径 5 μm；进样量 10 μL，柱温 40℃，流速为 1.0 mL/min，紫外检测器波长 256 nm；流动相为甲醇和 1%磷酸水溶液梯度洗脱，出峰时间为 22.5 min。该方法检出限为 2.52 μg/kg，定量限为 8.40 μg/kg，线性范围为 0.25～2.00 μg/mL，AME 回收率为 80.1%～88.3%。

田随安和张向兵（2009）建立了使用 Waters e2695 HPLC 测定红曲中降胆固醇活性成分莫拉可林 K 含量的方法。采用的色谱柱为 Symmetry ODS C18，150 mm×3.9 mm，粒径 5 μm；流动相为甲醇-水-磷酸（77∶23∶0.025），进样量 10 μL，柱温 30℃，流量 1.00 mL/min，检测波长 238 nm。其对莫拉可林 K 的检出限为 5.3 ng，相对标准偏差为 3.29%，回收率为 93.8%～98.8%。

李素媛等（2018）也建立了一种使用高效液相色谱测定酵母抽提物中谷氨酸含量的方法。以苯异硫氰酸为柱前衍生试剂，在弱碱性条件下，HPLC 分离，外标法定量。高效液相色谱仪为 Waters e2695；色谱柱为 C18，250 mm×4.6 mm，5 μm；进样量 10 μL，柱温 25℃，紫外检测器波长 254 nm，流速为 1.0 mL/min；流动相为乙腈和高纯水梯度洗脱，保留时间为 5 min。在 0.2～1.0 mg/mL 线性范围内，相关系数为 0.999 816，回收率为 95%～110%。采用同样的衍生处理和仪器检测条件，对甘氨酸、丝氨酸等 18 种氨基酸也进行了检测，结果各组分分离完好，因此该方法也可以用于混合氨基酸的检测。

汤贵祥等（2019）在维生素 K_2 高产菌株的筛选与发酵条件优化研究中，采用 Agilent 1200 HPLC 和可变波长紫外检测器对样品中维生素 K_2 的主要形式 MK-7 进行了分析，色谱柱为安捷伦 ZORBAX Eclipse XDB-C18，流动相为甲醇-二氯甲烷（9∶1），流速为 1.0 mL/min，柱温为 40℃，进样量为 20 μL，紫外检测波长为 248 nm。结果具有较好的线性，检出限为 1 mg/L。

（3）光电二极管阵列检测器及其应用。光电二极管阵列检测器（photodiode array detector，PDA 或 DAD），也称快速扫描紫外可见分光检测器，是一种新型的光吸收式检测器。其优点在于可记录每个色谱峰的紫外-可见光谱，对于被检测成分的定性能力强于普通的单波长或可变波长紫外检测器，也可用于优化定量方法。其核心为二极管阵列元件，由一系列光敏二极管蚀刻在硅片上而成，一般每个阵列由 200～1024 个乃至更多光电二极管组成，每支光电二极管的分辨率为 1～2 nm，光敏范围为 190～600 nm。一般采用即时在线处理的方法对原始数据进行处理、储存。

椰毒假单胞菌（*Pseudomonas cocovenenans*）常造成发酵米面食物中毒，其主要毒素为毒性很强的米酵菌酸。李红艳等（2016）建立了一种先用 WAX 混合型弱阴离子固相萃取柱

（AISIMO 公司）富集净化，再用高效液相色谱-二极管阵列检测器快速测定食品中米酵菌酸残留的方法。其色谱条件如下：C18 色谱柱（4.6 mm×250 mm，5 μm），流动性为乙腈-甲醇-1%乙酸溶液（10∶62∶28，*V*/*V*/*V*），经二极管阵列检测器波长扫描后，确定 269 nm 为定量分析波长。米酵菌酸在 0.1～40 mg/L 质量浓度内线性良好，相关系数 *R* 值大于 0.999，具有精确灵敏、回收率高、前处理简单快速的优点。

DAD 检测器可优选检测波长并通过光谱匹配避免假阳性。脱氧雪腐镰刀菌烯醇（deoxynivalenol，DON）是由镰刀菌属真菌产生的次级有毒代谢物，是小麦等谷物中最常见的镰刀菌毒素。何攀等（2018）采用 Agilent 1260 HPLC-DAD 设备，优化了小麦粉中 DON 的液相色谱分析条件，色谱柱为 ZORBAX Eclipse PAH-C18（150 mm×4.6 mm，5 μm），流动相为甲醇-水（25∶75，*V*/*V*），流速 0.8 mL/min；柱温 35℃；进样量 50 μL。通过 DAD 波长扫描比较 DON 和干扰性杂质的紫外光谱，确定了最优定量检测波长为 240 nm，还利用 DAD 能进行全波长扫描的特性，收集色谱结果为阳性的紫外吸收光谱，与建立的 DON 标准光谱匹配分析定性，有效避免了假阳性。其降低了国标方法 GB 5009.111—2016 对昂贵液质联用设备的要求。

DAD 检测器还可通过紫外光谱差异来区分微生物代谢产物中的顺反异构体。例如，Du 等（2020）应用二维液相色谱法对红发夫酵母提取物中的虾青素进行了分析。在 Thermo Fisher Ultimate 3000 UHPLC 上经过第一维 Hypersil Gold C18 柱（100 mm×2.1 mm，1.9 μm；甲醇-水梯度洗脱）反相柱和第二维 YMC 胡萝卜素-C30 柱（250 mm×4.6 mm，5 μm；甲醇-乙腈-甲基叔丁基醚三元系统洗脱）的分离后，DAD 检测器显示 13-顺式-虾青素、全反式虾青素和 9-顺式-虾青素得到较好的分离，并且通过 DAD 显示的特征紫外光谱确认了它们的结构。

2）*荧光检测器及其应用*　具有较大共轭体系的化合物受紫外光激发后，由于电子振动能级跃迁而发射出比激发光波长更长的光，称为荧光。荧光检测器（FLD）是高效液相色谱中比较常用的检测器，可用于检测具有荧光性质或经过化学反应后具有荧光特性的物质。其检测灵敏度要远高于紫外检测器，可达到 pg/mL 数量级，已在食品的真菌毒素检测中广泛应用。

GB5009.209—2016 中规定了多种食品中镰刀菌属真菌产毒素玉米赤霉烯酮的测定方法，其中第一法为液相色谱法，规定使用高效液相色谱仪，配荧光检测器，色谱柱为 C18 柱（150 mm×4.6 mm，4 μm 或等效柱），流动相为乙腈-水-甲醇（46∶46∶8，*V*/*V*/*V*），流速 1.0 mL/min，激发波长 274 nm，发射波长 440 nm，进样量 100 μL。

马海峰等（2020）对食品中黄曲霉毒素 B_1 经过一系列提取净化流程后，用柱后碘衍生-高效液相色谱荧光检测器进行检测。采用了 LC-20A 液相色谱仪配合岛津荧光检测器，Shim-pack GIST C18 色谱柱（250 mm×4.6 mm，5 μm）；流动相为甲醇-乙腈-水溶液（15∶20∶65，*V*/*V*/*V*）；流速 1.0 mL/min；柱温 40℃；进样量 50 μL；柱后衍生系统（衍生溶液，0.05%碘溶液）；荧光检测器（激发波长 360 nm，发射波长 440 nm）。结果表明，在 0.1～50.0 ng/mL 浓度内，线性拟合系数为 0.999 97，方法检出限为 0.02 μg/kg，加标回收率为 75.9%～94.7%，相对标准偏差为 0.1%～5.4%。

T-2 毒素是由三线镰刀菌等真菌产生的单端孢霉烯族化合物（trichothecenes，TS）之一，是常见的污染田间作物和仓储谷物的主要毒素，对人、畜危害较大。李惠婧等（2014）

建立了免疫亲和柱净化-柱前化学衍生-高效液相色谱荧光检测器同时检测谷物中 T-2 毒素和 HT-2 毒素的方法。样品经溶剂提取、免疫亲和柱净化后，以氰酸蒽为衍生化试剂、4-二甲基氨基吡啶为催化剂进行衍生，以 ZORBAX Eclipse XDB 苯基柱（150 mm×4.6 mm，3.9 μm）为分离柱，乙腈-水为流动相在 Agilent 1100 HPLC 上分离，荧光检测器检测（激发波长 381 nm，发射波长 470 nm）。在 0.5 μg/g 内呈良好线性，检出限为 0.005 μg/g，加标回收率为 82.0%～108.0%，相对标准偏差（RSD）＜15.5%。

李尧等（2012）建立了谷物中赭曲霉毒素 A 含量的基质分散固相萃取-HPLC-荧光检测法，经固相萃取的样液直接使用配有荧光检测器（FLD）的液相色谱仪分析，检测器激发波长 333 nm，发射波长 460 nm。结果显示，在选定色谱条件下，该方法对谷物中含有的赭曲霉毒素 A 可以有效分离。加标回收率为 80.0%～93.65%，检出限为 0.5 μg/kg。

3）示差折光检测器及其应用　　示差折光检测器（RID）是液相色谱中少有的通用型检测器之一，其基本原理是通过比较折光率的变化来检测流动相中的样品峰。示差折光检测器作为通用型检测器，可有效弥补紫外检测器的不足，但它不太适用于梯度洗脱流动相。其检测灵敏度低于紫外类检测器，适用于聚合物、糖、有机酸等物质的检测，多应用于医药及食品行业。

王韦岗等（2014）建立了一种高效液相色谱法可同时测定食醋中果糖、葡萄糖、蔗糖、麦芽糖和乳糖。样品经亚铁氰化钾和硫酸锌沉淀蛋白质，C18 固相萃取柱净化后，采用 Waters e2695 高效液相色谱结合示差折光检测器测定。色谱柱为 Athena 氨基柱（250 mm×4.6 mm，5 μm），流动相为乙腈-水（72∶28，*V*/*V*）；流速为 1.0 mL/min；进样体积为 20 μL；色谱柱温度为 30℃；检测器温度为 40℃。外标法定量。果糖、葡萄糖、蔗糖、麦芽糖和乳糖分离良好，在 0.5～20.0 g/L 内呈现较好的线性关系，加标回收率为 95.20%～102.40%，RSD 为 0.91%～3.61%，检出限为 0.02～0.10 g/L。

刘涛等（2017）使用 Thermo U3000 高效液相色谱仪和示差折光检测器对桑葚汁多菌种发酵过程中的葡萄糖、果糖、乙醇、乙酸和乳酸等主要成分进行了检测。色谱柱为 Aminex HPX-87H 有机酸分析柱（300 mm×7.8 mm），柱温为 50℃，流动相为 0.005 mol/L 硫酸溶液，流速为 0.6 mL/min。

综上所述，被检测物质的种类及不同检测器对其响应性、层析柱（填料种类、尺寸、粒径）、流动相和柱温都是决定食品微生物代谢产物 HPLC 分析检测效果的重要因素。

二、质谱技术

质谱（mass spectrometry，MS）是通过对样品离子的质量和强度的测定来进行定性定量分析的一种方法。质谱法与光谱法、核磁共振法并称三大定性分析手段。

（一）质谱概述

MS 的基本原理是待测物质在气态被电离而成为带电荷离子，过剩的能量还可以使这些离子进一步裂解成为一系列带电荷的碎片离子和中性小分子。所有离子在高压电场和磁场中加速、偏转，经过收集器产生信号，所记录的信号按其质荷比（*m*/*z*）大小排列成谱，其谱线强度与到达的离子数目成正比，称为质谱。不同化合物具有结构相关的特征质谱图，其信息包括特征的分子离子或准分子离子（即分子与其他阴、阳离子形成的缀合物离子）、特征的碎片离子、重排离子、亚稳离子等，可以作为定性和定量的依据。

质谱仪是用于测定气相离子的质荷比（m/z）及其丰度的仪器，由进样系统、离子源、质量分析器、离子检测器、高真空系统、计算机系统等组成（图 5-13），其中质量分析器和离子源是质谱仪的两大核心部分。

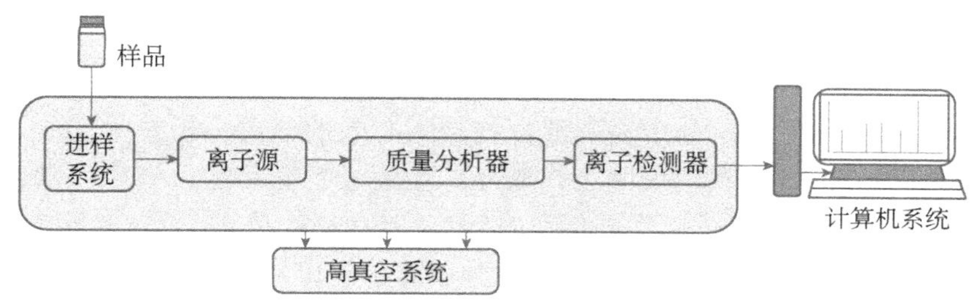

图 5-13　质谱仪构成示意图

常见的离子源根据电离能量的提供方式可分为电子轰击电离源（electron impact ionization，EI）、化学电离源（chemical ionization，CI）、电喷雾电离源（electrospray ionization，ESI）、大气压化学电离源（atmospheric pressure chemical ionization，APCI）、大气压光电离源（atmospheric pressure photoionization，APPI）、场电离源（field ionization，FI）、场解吸源（field desorption，FD）、快原子轰击源（fast atom bombardment，FAB）、基质辅助激光解吸电离源（matrix-assisted laser desorption ionization，MALDI）等。其中 EI 和 CI 常与气相色谱串联使用，而 ESI、APCI、APPI、MALDI 等常与 HPLC 联用。

EI 是通过一定能量（50～70 eV）的电子与气相中的样品分子相互作用（“轰击”），使分子失去价电子电离成分子离子（电离电位一般为 7～15 eV），由于提供的离子化能量较高，分子离子具有的剩余能量常大于某些化学键的键能，故而能得到较多的离子碎片信息，被称为硬电离源，比较适合易于气化的中低极性、挥发性物质；而 ESI 等其他离子源的电离能量相对温和，通常能得到更强的分子离子或准分子离子的信息，被称为软电离源，ESI 适用范围较广，可用于中高极性、难挥发、热不稳定物质（包括生物大分子），APCI 适合中弱极性化合物，APPI 适合弱或非极性化合物，MALDI 适合分析多肽、蛋白质、寡聚核苷酸和寡糖。

质量分析器是使离子在高真空中按 m/z 大小实现时间/空间分离的器件，是质谱仪的主体，质谱仪是以质量分析器命名的，根据其分离原理，可分为扇形磁场质谱仪、四极杆质谱仪[分为单杆质谱仪（single quadrupole，SQ）和串联四极杆质谱仪（triple single quadrupole，TSQ）]、离子阱质谱仪（ion trap，IT）、飞行时间质谱仪（time of flight，TOF）、傅里叶变换离子回旋共振质谱仪（Fourier transform-ion cyclotron resonance，FT-ICR）、傅里叶变换静电场轨道离子阱质谱仪（Fourier transform-electro static Orbitrap）等。常用的类型中，串联四极杆质谱仪的定量及灵敏度俱佳，定性能力不足；离子阱质谱仪可做多级质谱，即对离子碎片进行逐级打碎、剖析，适合结构解析和定性；飞行时间质谱仪具有高分辨率和精确质量数功能，对化合物定性较准确；FT-ICR 具有超高分辨率和高质量精度，但设备及使用成本较为高昂；傅里叶变换静电场轨道离子阱质谱仪性能和成本介于 TOF 和 FT-ICR 之间。

质谱技术在食品微生物代谢产物的检测中发挥着重要作用，是纯化合物的定性及结构鉴定的重要手段。质谱可单独用于微生物代谢产物检测，如通过飞行时间质谱分析全细胞蛋白来鉴定食源致病微生物。但更多情况下，质谱常常与色谱技术联用，色谱-质谱联用技术可以有效地发挥色谱在复杂组分分离和质谱在定性定量方面各自的优势，如气相色谱-质谱联用（gas chromatography-mass spectrometry，GC-MS）、液相色谱-质谱联用（liquid chromatography-mass spectrometry，LC-MS）等色谱-质谱联用技术在食品微生物代谢产物等复杂成分的分析分离中得到了广泛应用。

（二）GC-MS 的原理及其在食品微生物代谢产物分析中的应用

气相色谱-质谱联用技术是分析复杂混合物最为有效的分离分析技术之一，适合食品中挥发性物质的分析。GC-MS 联用仪的工作原理：当混合物样品注入气相色谱仪后，在毛细管色谱柱上进行分离，每种组分以不同保留时间离开色谱柱，经分子分离器除去载气，组分分子进入离子源，被电子流轰击电离后，产生分子离子和碎片离子，被电场力加速后进入质量分析器，在总离子流进入质量分析器之前，先被总离子检测极所检测，经放大后可得到该组分的色谱峰，称为总离子流色谱图（total ion chromatogram，TIC）。当某组分的总离子色谱峰的峰顶即将出现时，总离子流检测极发出信号，触发质谱仪扫描获得该组分的质谱图（图 5-14）。GC-MS 的操作模式包括全扫描和选择离子扫描（董慧茹，2016）。

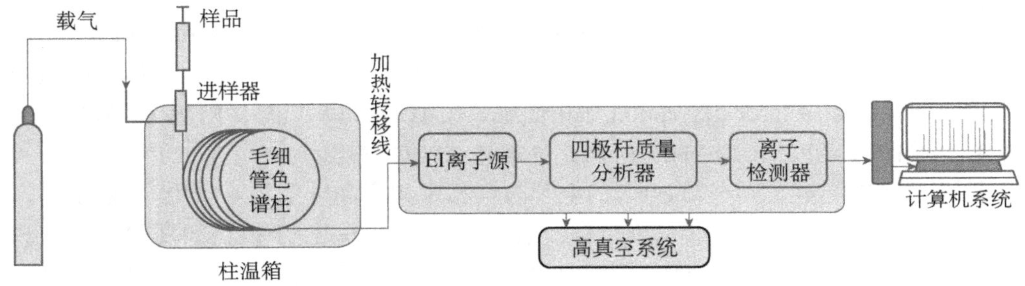

图 5-14　气相色谱-质谱联用仪构成示意图

在分析挥发性成分时，GC-MS 目前常与顶空固相微萃取技术（headspace solid phase microextraction，HS-SPME）联用，HS-SPME 的原理是将样品置于密闭的顶空瓶内，样品中的挥发性成分会向容器的液上空间挥发，进而迁移到有吸附固定相涂层的石英纤维上，然后直接将纤维插入 GC，进行热脱附进样。该技术集样品采集、萃取、浓缩于一体，具有操作简便、省时省力、安全性高、无须溶剂的特点。

全二维气相色谱-飞行时间质谱联用（GC×GC-TOF-MS）是近年在 GC-MS 基础上开发的一种新的气质联用方法，它是用一个调制器将两根不同分离机理的气相色谱柱相连，第一根色谱柱没有分开的组分，可以在调制器中浓缩，再周期脉冲式地进入第二根色谱柱中进行二次分离，从而实现正交分离，极大地提高了峰容量和分辨率。全二维气相色谱的强大分离能力与飞行时间质谱的高采集频率、高灵敏度、高选择性及能够提供化合物相对分子质量与结构信息等优点结合起来，解决了复杂混合物不易被分离和鉴定的难题。

GC-MS（包括 GC×GC-TOF-MS）联用技术通常可以通过与质谱谱库自动比对或辅以标准品对照、人工谱图解析，并以系列烷烃为参照标准品测定保留指数与文献中的报道进行比较，来对未知物进行初步的定性分析，是目前食品中挥发性有机物（MVOC）分析的常见检测方法。GC-MS 的定量分析类似于色谱法定量分析，由 GC-MS 得到的总离子流色谱图或提取离子色谱图，其色谱峰面积与相应组分含量成正比，对某一组分进行定量分析，此时可以将质谱仪理解为色谱仪的检测器，其余与色谱法相同。

GC-MS 可用于分析酒类、酸奶及其他发酵食品的挥发性风味物质、食品腐败气味，进行菌种鉴定，以及用于经甲酯化后的食品微生物脂肪酸、氨基酸成分分析。

1. GC-MS 在发酵食品微生物代谢产物分析检测中的应用　酒中酯类、醇类、酸类、酚类等挥发性成分的含量和比例是决定酒口感和香型的关键因素。王涛等（2012）为探讨酿造过程中的放线菌对浓香型白酒生产的影响，利用岛津 GCMS-QP2010PLUS 气质联用仪对分离自窖泥、糟醅、窖房和曲房空气中的 123 株放线菌发酵液中的挥发物质进行检测。色谱柱为 Rtx-5MS 弹性石英毛细管柱（30 m×0.25 mm，0.25 μm），载气为高纯氦气，流速 0.8 mL/min。进样量 1.0 μL，分流比 20∶1。柱温 60℃（保持 30 min），以 6℃/min 的速率升温至 230℃（保持 5 min）。质谱条件：EI 源，电子能量 70 eV，离子源温度 230℃，检测温度 250℃，溶剂延迟 3 min，扫描范围 30～800 Da，倍增电压 1.2 kV。研究发现，123 株放线菌均能产生多种挥发性产物，但仅链霉菌属（*Streptomyces*）的多株放线菌可产生酯类、酸类、醛类、酮类及醇类等浓香型白酒中的重要呈香呈味物质，认为这些放线菌（特别是链霉菌）在浓香型白酒的酿造中很可能扮演着重要的角色。

Robinson 等（2011）采用顶空固相微萃取方法并结合 GC×GC-TOF-MS 对 5 种西澳大利亚州产葡萄酒的挥发性特征成分进行了分析和差异比较，采用了高纯氦气作为载气，进样口温度为 260℃，第一相长柱为 VF-5MS（30 m×0.25 mm，0.25 μm，前置 10 m EZ-Guard 保护柱），第二相短柱为 VF-17MS（1.65 m×0.10 mm，0.20 μm），调制器周期为 6 s，实现了 361 种不同的挥发性和半挥发性化合物的分析，包括强效芳香化合物类，如单萜类、去甲肾上腺素类、倍半萜类和烷基-甲氧基吡嗪类。谱库检索采用了美国国家标准技术研究所数据库（National Institute of Standards and Technology，NIST）。

范梦蝶等（2019）采用 GC-MS 和气相色谱-嗅闻（GC-olfactometry，GC-O）技术研究了山西老陈醋晒前、晒后香气成分的变化，其中挥发性成分的鉴定依据为 GC-MS 分析的保留指数、质谱库匹配和标准品对照，共鉴定了包括含硫化合物、含氮杂环、含氧杂环、醛类、酮类、醇类、酸类、酯类、酚类和醚类等在内的 183 种挥发性化合物，发现两种醋中主要挥发性化合物均包括乙酸、乙偶姻、糠醛、2,3-丁二酮等，而晒后醋中吡嗪类化合物尤其是四甲基吡嗪的含量显著升高。其色谱条件为：色谱柱为 HP-5MS（30 m×0.25 mm，0.25 μm）和 DB-Wax（30 m×0.25 mm，0.25 μm）。载气为氦气，流速 1.0 mL/min；进样 1 μL，分流比 10∶1；起始柱温 35℃，保持 2 min，以 3℃/min 升到 170℃，再以 5℃/min 升到 250℃，保持 2 min。质谱条件：EI 源，电子能量 70 eV；四极杆温度 150℃；离子源温度 230℃；全扫描模式，扫描范围为 33～450 Da。谱库检索采用了 NIST。

张凤英等（2019）使用 HS-SPME 结合 GC-MS 对不同地域、不同厂家生产的天然酿造酱油和配制酱油两大类产品的挥发性成分进行了比较研究，利用 GC-MS 检测到的化学成分主要为醇类、酚类、醛酮类、酸类等，发现不同地域品牌的自然酿造工艺生产的酱油中醇类、酚类和酸类物质的种类、含量高于配制酱油，醇类含量最高；配制酱油则是苯甲酸、甲基甲醇、甲硫基丙醇等杂环类物质含量更高；自然酿造酱油香气成分中糠醇及糠醛物质在配制酱油中含量少，可作为区别配制酱油及酿造酱油的依据。其色谱条件为：色谱柱为弹性石英毛细管（内径 0.25 mm），载气流速 0.6 mL/min；进样量 1 μL；进样口温度为 250℃；起始柱温 40℃以上，保持 5 min，以 5℃/min 升到 220℃，保持 15 min。质谱条件：EI 源，电子能量 75 eV；离子源温度 210℃；质量扫描范围为 33～450 Da。

德氏乳杆菌保加利亚亚种和嗜热链球菌是酸奶协同发酵生产菌种，可形成酸奶独有风味。靳汝霖等（2017）在对这两种菌不同比例（1∶10、1∶100、1∶1000）混合发酵对发酵乳风味影响的研究中，采用固相微萃取与 GC-MS 联用技术，并结合内标法分析了各复配发酵乳中的挥发性风味物质。发现三种比例的复配组发酵乳中主要挥发性风味物质包括酸类、醇类、酮类、醛类及酯类等化合物，且各复配组发酵乳在贮藏期间主要挥发性风味化合物的种类和数量具有明显差异，其中 1∶100 复配组的发酵乳中主要挥发性风味物质有乙酸、乙偶姻、乙醛、己醇、甲酸乙烯酯及 3-甲基-1-丁醇等，且含量高于其他组，为理想组合。其色谱条件为：色谱柱为 HP-5（30 m×0.25 mm，0.25 μm）。载气为氦气，流速 1.0 mL/min；进样口温度为 250℃；起始柱温 40℃，保持 3 min，以 4℃/min 升到 140℃，保持 1 min，再以 10℃/min 升到 250℃，保持 3 min。质谱条件：EI 源，电子能量 70 eV；离子源温度 230℃；全扫描模式，扫描范围为 33～450 Da。谱库检索采用了 NIST。

芽孢杆菌和曲霉属是豆瓣酱发酵中的主要微生物。黄明泉等（2009）采用顶空固相微萃取与 GC-MS 联用技术分析了四川郫县豆瓣酱的挥发性香气成分。通过 GC-MS 检测，共鉴定了 81 种化合物，包括苯甲醛、2-戊基呋喃、3,7-二甲基-1,3,6-辛三烯、四甲基吡嗪、苯甲酸甲酯、3,7-二甲基-1,6-辛二烯-3-醇、苯甲酸乙酯、苯甲酸、水杨酸甲酯、2-甲基十三烷、4,7-二甲基-1-异丙基-1,2,4a,5,6,8a-六氢化萘、4-甲基-2,6-二叔丁基苯酚等。其色谱条件为：色谱柱为 HP-5 MS（30 m×0.25 mm，0.25 μm）。载气为氦气，流速 1.0 mL/min；进样 1 μL，分流比 20∶1；进样口温度为 260℃；起始柱温 35℃，以 4℃/min 升到 90℃，保持 1 min，以 6℃/min 升到 180℃，保持 4 min，再以 20℃/min 升至 280℃，保持 3 min。质谱条件：EI 源，电子能量 70 eV；离子源温度 230℃；全扫描模式，扫描范围为 25～450 Da。谱库检索采用了 NIST。

但发酵食品挥发性成分中香气成分的确认，仅靠 GC-MS 分析有时还不够准确，如 NIST 等 MS 谱库检索时，匹配度接近的候选化合物通常有多种，此时可根据各物质呈香特征与 GC-O 嗅闻到的香气的一致性，并结合香气稀释分析做出准确判断。

2. GC-MS 在食品腐败微生物代谢产物分析中的应用　除了各种发酵食品的挥发性风味物质，GC-MS 也可用于食品腐败微生物的挥发性代谢产物包括一些群体感应信号分子的分析。

冷藏肉类在贮存过程中由于嗜冷微生物的大量繁殖及温度、酶的作用也会逐渐腐败变质，并产生具有异味的挥发性代谢产物，冷藏初期的腐败微生物以韩国假单胞菌、梭状芽孢杆菌和热死环丝菌等为优势菌。洪兆鹏等（2014）利用 HS-SPME 结合 GC-MS 研究了接种有韩国假单胞菌、梭状芽孢杆菌和热死环丝菌的新鲜猪肉在 4℃冷藏过程中 48 h、96 h、144 h 挥发性物质的变化。发现随着冷藏时间的增加，对照和接菌样品中烷烃种类及含量均明显增加，醇类和酸类含量增加而醛类含量减少；硫氢甲烷、3-甲硫基丙烯等含硫化合物被检测出，但含量较低；3 种接菌样品均检测出了含量高于对照样品的 3-羟基-2-丁酮。还发现接菌样品与对照样品的挥发性物质总含量存在显著差异。其色谱条件为：色谱柱为 DBWAX 石英毛细管柱（30 m×0.25 mm，0.25 μm）。载气为氦气，流速 0.8 mL/min；进样 1 μL，分流比 20∶1；进样口温度为 250℃；起始柱温 40℃，保持 4 min，以 5℃/min 升到 100℃，再以

8℃/min 升至 230℃，保持 7 min。质谱条件：EI 源，电子能量 70 eV；离子源温度 200℃；全扫描模式，扫描范围为 33～500 Da。谱库检索采用了 NIST。

Li 等（2018）用电子鼻、固相微萃取-GC-MS 和 HPLC 等研究了熏肉在 45 d 冷藏期内挥发性有机物和生物胺的产生情况，其中用 GC-MS 鉴定并分析了 56 种挥发性有机物的变化，包括醛类、醇类、酚类、酮类、生物碱、萜类、有机酸等类型，综合其他结果推测乙醇、2-呋喃甲醇、正己醇、正丁醇、苯酚、2-甲氧基苯酚、乙酸、3-甲基-2-环庚烯-1-酮、糠醛和己酸乙酯与腐败菌的生长有密切联系。其色谱条件为：色谱柱为较长的 DB-5 石英毛细管柱（60 m×0.25 mm，0.25 μm）。载气为高纯氦气，流速 1.0 mL/min；进样不分流；进样口温度为 250℃；柱温采用程序升温最终至 250℃，保持 5 min。质谱条件：EI 源，电子能量 70 eV；离子源温度 230℃；全扫描模式，扫描范围为 40～450 Da。谱库检索采用了多个数据库，包括 Wiley 和 NIST。

水产品易腐败变质，GC-MS 常用于其腐败性挥发成分的分析。例如，郑瑞生等（2019）运用 HS-SPME 结合 GC-MS 分析真空包装的即食鲍鱼腐败前后及感染腐败菌生孢梭菌后的鲍鱼挥发性成分的变化，发现自然腐败鲍鱼产生显著的粪臭味及酸败味，以含氮含硫类、芳香族类、酸类化合物为主。其中吲哚、苯酚、2-甲基丁酸等为自然腐败鲍鱼的特征气味物质；生孢梭菌感染的鲍鱼也产生显著的粪臭味及酸败味，酸类、含氮含硫类化合物是其最主要的挥发性物质，其中 4-甲基戊酸、二甲基三硫化物和吲哚等为染菌鲍鱼的特征气味物质，从而推测梭菌是真空包装食品重要的微生物污染源之一。其色谱条件为：色谱柱为 HP-INNOWax Polyethylene Glyco 石英毛细管柱（30 m×0.25 mm，0.25 μm）。载气为高纯氦气，流速 1.04 mL/min；进样不分流，进样口温度为 250℃；起始柱温 60℃，保持 3 min，以 3℃/min 升到 140℃，再以 5℃/min 升至 210℃，保持 5 min。质谱条件：EI 源，电子能量 70 eV；离子源温度 230℃；全扫描模式，扫描范围为 45～550 Da。谱库检索采用了 Wiley 和 NIST。

群体感应信号分子包括大多数革兰氏阴性菌中的高丝氨酸内酯类、革兰氏阳性菌的寡肽、用于种间交流的呋喃酰硼酸二酯类化合物和近年发现的二酮哌嗪类化合物等。研究者发现食品腐败过程中微生物群体感应信号分子也参与其中。

例如，Gu 等（2013）从 4℃冷藏的大黄鱼中分离到 102 株腐败细菌，其中 60 株被鉴定为希瓦氏菌（*Shewanella* spp.），包括 48 株波罗的海希瓦氏菌（*S. baltica*），从具有最强致腐败特性的一株细菌 *S. baltica* 00C 培养上清液中萃取得到三氯甲烷提取物，并利用 GC-MS 鉴定了其中 4 个二酮哌嗪类分子：Cyclo-（L-Pro-L-Gly）、Cyclo-（L-Pro-L-Leu）、Cyclo-（L-Leu-L-Leu）和 Cyclo-（L-Pro-L-Phe），将人工合成的这些化合物添加到 *S. baltica* 细菌中，发现它们的致腐败能力显著增强。在此项研究中，色谱条件为：色谱柱为 HP-5 MS（30 m×0.25 mm，0.25 μm）。载气为高纯氦气，流速 1.0 mL/min；进样口温度为 260℃；起始柱温 50℃，保持 2 min，以 15℃/min 升到 260℃，保持 8 min。质谱条件：EI 源，电子能量 70 eV；离子源温度 230℃；全扫描模式，扫描范围为 35～600 Da。谱库检索采用 NIST。

赵爱飞等（2016）通过优化气相色谱和质谱条件、培养基和提取溶剂，建立了一种简便灵敏的水产品腐败菌二酮哌嗪类菌群体感应信号分子的 GC-MS 定量检测方法。确定了上文 Gu 等（2013）报道的 Cyclo-（L-Pro-L-Gly）等 4 种二酮哌嗪标准品的特征离子，这 4 种化合物在 1～200 mg/L 内呈现良好的线性关系，检出限分别为 0.06 mg/L、0.10 mg/L、0.06 mg/L

和 0.04 mg/L，定量限分别为 0.16 mg/L、0.18 mg/L、0.14 mg/L 和 0.12 mg/L，回收率为 51.8%～88.5%，标准偏差为 1.4%～8.3%。并检测了水产品腐败菌荧光假单胞菌（*Pseudomonas fluorescens*）和波罗的海希瓦氏菌（*Shewanella baltica*）中的二酮哌嗪类分子。其 GC-MS 的色谱条件为：色谱柱为 HP-5 MS（30 m×0.25 mm，0.25 μm）；载气为高纯氦气，流速 1.0 mL/min；进样量 1 μL，分流比 50∶1；进样口温度为 260℃；起始柱温 50℃，保持 2 min，以 15℃/min 升到 260℃，保持 8 min。质谱条件：EI 源，电子能量 70 eV；离子源温度 230℃；全扫描模式，扫描范围为 30～500 Da。谱库检索采用 NIST。采用特征离子监控（SIM）模式定量。

3. GC-MS 在食品微生物鉴定中的应用　不同微生物由不同的挥发性代谢产物或脂肪酸组成，GC-MS 揭示的挥发性代谢产物或脂肪酸特征指纹也可用于菌株鉴定。

例如，阪崎肠杆菌是一种低剂量条件即可致病的食源性致病菌，在婴幼儿配方乳粉、肉类、饮用水和蔬菜等多种食品中均检出过阪崎肠杆菌，能引起婴幼儿的脑膜炎、菌血症和坏死性小肠结肠炎等疾病，严重时可导致神经系统后遗症。唐静等（2020）采用顶空 GC-MS 分析比较了奶粉中的一株阪崎肠杆菌分离菌株 F2-1 与购自 ATCC 的阪崎肠杆菌、大肠杆菌和产气肠杆菌标准菌株的挥发性代谢产物，发现菌株 F2-1 在营养肉汤中代谢的挥发性产物主要有异戊醛、乙醇、异戊醇、3-羟基-2-丁酮、乙酸、正十五烷、正十六烷、正十七烷、1-癸醇，与阪崎肠杆菌相同，而与大肠杆菌和产气肠杆菌不同，结合生理生化特征和分子生物学证据，确定分离菌株 F2-1 为阪崎肠杆菌，GC-MS 的结果为阪崎肠杆菌的快速鉴定提供了参考。色谱柱为 HP-INNOWax（30 m×0.25 mm，0.25 μm）。载气为高纯氦气，流速 1.0 mL/min；分流比 5∶1；进样口温度为 250℃；起始柱温 50℃，保持 2 min，以 7℃/min 升到 180℃，再以 10℃/min 升至 250℃，保持 2 min。质谱条件：EI 源，电子能量 70 eV；离子源温度 230℃；全扫描模式，扫描范围为 33～300 Da。谱库检索采用 NIST。

脂环酸芽孢杆菌属（*Alicyclobacillus*）俗称耐热菌、嗜酸耐热菌、耐热耐酸菌等，其细胞膜的主要脂肪酸成分是环己基脂肪酸（C17：0 或 C19：0）或环庚基脂肪酸，在细菌中比较独特。该菌能引起巴氏灭菌果汁的腐败，使果汁浊度升高、颜色变深，产生难闻气味，从而影响果汁风味，而目前的杀菌条件难以消除该菌，如何在浓缩果汁中快速准确地检测和鉴定脂环酸芽孢杆菌是困扰果汁生产企业的一个难题。李儒等（2013）建立了基于脂肪酸 GC-MS 分析的脂环酸芽孢杆菌鉴定方法，将细菌脂质通过皂化、甲基化处理后提取脂肪酸甲基酯，用 GC-MS 测定脂肪酸的类型及含量，发现 10 株待鉴定菌的色谱图中都含有环己基脂肪酸和环庚基脂肪酸，具有耐热菌特征，并通过与美国典型培养物保藏中心（American Type Culture Collection，ATCC）标准菌株的色谱图比较，鉴定其中 6 株为酸土脂环酸芽孢杆菌（*Alicyclobacillus acidoterrestris*），试验结果与利用 PCR 方法和 Ribroprinter 核糖体基因分型结果相一致，可在实践中应用脂肪酸测定法鉴定脂环酸芽孢杆菌。该研究中，色谱柱为 VF-5 MS（30 m×0.25 mm，0.25 μm）。载气为高纯氦气，流速 1.0 mL/min；分流比 50∶1；进样口温度为 240℃。起始柱温 170℃，保持 1 min，以 3℃/min 升到 270℃。质谱条件：EI 源，电子能量 70 eV；离子源温度 220℃；全扫描模式，扫描范围为 35～500 Da。

GC-MS 是分析各类食品微生物代谢产物的重要工具，其分析效果受到样品及其预处理方法、色谱柱类型及柱长、进样量、分流比、进样温度、程序升温方法、离子源温度、质谱扫描范围、选用质谱数据库等因素的影响，必要时辅以人工谱图解析、标准品对照、保留指数测定，可达到更准确的结果。而 GC×GC-TOF-MS 可极大地增强成分复杂样品的分析能力。

（三）LC-MS 的原理及其在食品微生物代谢产物分析中的应用

液质联用技术就是将液相色谱（HPLC、UPLC 等）与质谱检测器通过接口装置连接起来，同时发挥液相色谱的分离能力和质谱的定性定量能力的分析方法。

相对于配备非质谱检测器的普通液相色谱，它具有以下优点：①分析范围广，质谱近乎是一种通用型检测器，绝大多数化合物在质谱的正离子或负离子模式下都有电离特性，可以被质谱检测到。②定性、定量准确，除了对映异构体等特殊情况，特征离子、质谱图都可用于化合物的较可靠定性，定性能力强于光谱类检测器；普通的高效液相色谱当被检测物质在色谱柱中未实现基线分离时，其定性和定量都是不可靠的，而液质联用在这种情况下还可利用质谱中的特征离子来可靠地定量。③检测灵敏度高，质谱可检测低至 ng/mL 至 pg/mL 级的极微量物质，灵敏度高出多数非质谱检测器 1～3 个数量级。④检测效率高，一般采用比普通 HPLC 更短柱长、更窄直径和更细粒径填料的色谱柱，可在更短时间内完成高质量的分析。相对于气质联用，它的化合物适用范围更广，可用于气质联用不适用的大极性、难挥发、热不稳定化合物的分析（孙静，2018）。

液相色谱-质谱联用仪的基本组成部分包括液相色谱、接口装置（同时也是离子源）和质谱仪（质量分析器）。混合物样品经过液相色谱柱的分离后，流出组分依次通过接口装置进入质谱仪中，在离子源中除去色谱流动相溶剂，溶质被离子化并聚集进入质谱仪（质量分析器），被按质荷比不同得到分离，并被检测器检测，经过计算机系统得到以质谱为检测器的离子强度-保留时间色谱图（即总离子流图）、每个流分的质谱图，具有串联质谱功能的质谱还可测定记录强离子的逐级裂解质谱图（图 5-15）。保留时间、质谱图可用于化合物定性，特征离子强度可用于准确定量（孙静，2018）。类似二维气相色谱-质谱联用，为了进一步改善色谱部分的分离，也有采用两根色谱柱正交分离的二维液相色谱-质谱联用技术。

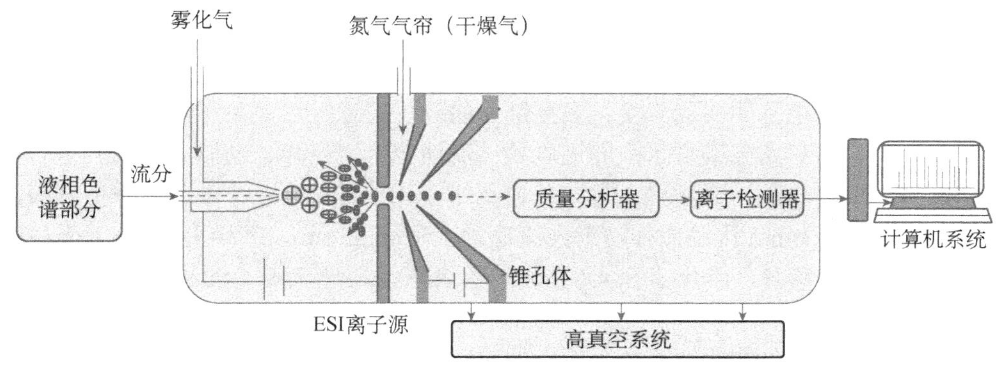

图 5-15　液相色谱-质谱联用仪构成示意图

接口装置在液质联用设备中是联通色谱与质谱的关键元件，自 20 世纪 70 年代以来，已经开发了 20 多种不同原理的液质接口装置，包括液体直接导入接口、连续流动快原子轰击、“传送带式”接口、离子束接口、热喷雾接口、电喷雾离子化接口、大气压化学离子化接口、激光解吸离子化接口及基质辅助激光解吸离子化接口、大气压光电离接口等，目前比较主流的是电喷雾离子化接口（ESI）、大气压化学离子化接口（APCI）、基质辅助激光解吸离子化接口（MALDI）和大气压光电离接口（APPI）。其中 ESI 的原理是：柱后样品流出毛细管喷口，在高电场下形成带电喷雾，在电场力作用下逆向穿过氮气雾化气流，液滴中溶剂在氮气流中挥发，液滴逐渐变小至消失，而液滴内离子之间的库仑斥力增强，最终“爆破”产生单电荷或多电荷离子。一般生物大分子产生多电荷离子，小分子根据外加电场方向（即正、负离子模式）可得［$M+H$］$^+$、［$M+Na$］$^+$、［$2M+H$］$^+$、［$2M+Na$］$^+$或［$M-H$］$^-$等单电荷离子。APCI 的原理为：样品流出毛细管，通过氮气流雾化到加热管中被挥发，加热管放电电极电晕放电使载气分子电离再与溶剂分子反应形成溶剂等离子体，样品分子和等离子体通过氢质子交换被电离，形成［$M+H$］$^+$或［$M-H$］$^-$等离子进入质谱仪。MALDI 的原理是：待测组分与大量易于吸收激光能量的基质小分子混合形成晶体，被脉冲激光束照射后，基质分子迅速汽化，将能量传给被测物质使其汽化和离子化，同时基质分子也作为质子化或去质子化试剂，促进被测物质离子化。APPI 的原理是：利用光子能量电离不易被 ESI 或 APCI 电离的弱极性或非极性小分子，扩大了可被分析的化合物范围及类别（贾玮等，2018）。

液质联用常用的质量分析器有四极杆分析器、离子阱分析器和飞行时间分析器。其中四极杆的离子分离原理是在四极杆上施加叠加的直流电压和射频电压，只有特定质荷比的离子才能稳定振荡通过四极杆到达检测器，通过射频电场扫描来实现不同质荷比离子的检测；离子阱可通过电磁场将离子限定在特定空间区域，并通过改变射频电压等方式来分离不同质荷比离子；飞行时间质谱是一个无场的离子漂移管，离子在其中匀速飞行，不同质荷比的离子飞行速度不同而得到分离。为了实现对离子的逐级裂解分析，增强质谱的结构解析能力，常把相同或不同的质量分析器串联使用。根据质量分析器不同，目前主流的液质联用设备有液相色谱-三重四极杆质谱联用仪、液相色谱-四极杆-飞行时间质谱联用仪、液相色谱-四极杆/线性离子阱-轨道离子阱质谱仪和液相色谱-离子阱-飞行时间质谱仪（宓捷波和许泓，2018）。

为了实现对特定样品的较理想的液质联用分析效果，在选择离子源时需要注意不同类型的化合物选择合适的离子源；并且离子源的正、负离子工作模式也很重要，碱性化合物适合用正离子模式分析，其色谱流动相中常添加少量的甲酸、乙酸或三氟乙酸促进电离，而酸性化合物如含有较多负电基团（氯、溴、多羟基）的分子更适合用负离子模式分析，其色谱流动相中常添加少量的三乙胺或氨水来促进电离；流动相常用甲醇、乙腈、水及其混合物，不应含有不挥发性成分以免污染质谱；色谱柱常用小于 100 mm 的短柱以节省分析时间，使用 ESI 源时，宜选 1～2.1 mm 内径微柱，最佳流速为 1～50 μL/min，若用内径 4.6 mm 柱时应柱后分流。使用 APCI 源时，常用直径 4.6 mm 的色谱柱，最佳流速 1 mL/min（许海舰和刘翠哲，2017）。

液质联用在食品微生物代谢产物分析中的应用非常广泛，如食品中各种真菌和细菌毒素的分析检测、发酵食品中目标产物或功效成分的分析、菌株代谢分析等。

1. LC-MS 在食源致病微生物毒素分析中的应用　　真菌或细菌等食源性致病微生物常常引起食物中毒，这些病原微生物除了通过自身的繁殖，往往还同时通过产生小分子或蛋白质性质的毒素，来干扰人体代谢，导致疾病。而液质联用技术可灵敏地检测菌体的小分子和毒素蛋白，对病原菌毒素进行定性定量分析。

1）*LC-MS 在真菌毒素分析中的应用* 曲霉属、青霉属、镰刀菌属、链格孢属和麦角菌属的食源性致病真菌在环境中分布广泛，很容易在栽培、加工、贮藏过程中污染食物或饲料，产生化学小分子类的真菌毒素并可经食物链积累，造成人或养殖动物食物中毒。这些毒素中最常见的包括来自曲霉的黄曲霉毒素、赭曲霉毒素，来自青霉的橘青霉素、展青霉素（棒曲霉素），来自镰刀菌属的伏马菌素、玉米赤霉烯酮和单端孢霉烯族毒素（T-2 毒素、HT-2 毒素、脱氧雪腐镰刀菌烯醇等），来自链格孢霉的链格孢酚及其衍生物和来自麦角菌的麦角生物碱等。而液质联用在分析这些物质方面具有强大的能力，而且可同时测定多种毒素含量。

黄曲霉毒素（aflatoxin，AF）是主要由黄曲霉、寄生曲霉等产生的一类二呋喃香豆素类化合物，有强致癌作用，目前明确结构的有 17 种，最常见的有 AFB_1、AFB_2、AFG_1、AFG_2、AFM_1、AFM_2。寇琳娜和王浩（2010）采用高效液相色谱-串联四极杆质谱联用技术、同时监测母-子特征离子对的多反应检测（multiple reaction monitoring，MRM）模式建立了植物油中黄曲霉毒素 AFB_1、AFB_2、AFG_1、AFG_2 的同时检测方法。MRM 具有定性定量准确可靠、抗干扰能力强的优点。对这 4 种毒素的检出限均达到 0.5 ng/mL，方法定量下限为 0.5 μg/kg，线性范围为 0.5～25.0 μg/kg，加标回收率为 75.5%～96.9%，相对标准偏差为 1.95%～2.89%。其色谱条件：色谱柱为资生堂 MG Ⅲ-C18（2.1 mm×150 mm，1.8 μm）；流动相为水-甲醇（50∶50）；流速为 0.25 mL/min；柱温为 30℃；进样体积为 20 μL。质谱分析条件：离子源为 ESI 源，正离子模式；检测方式为 MRM；脱溶剂温度为 340℃；氮气流量为 8 L/min；雾化气压力为 275.8 kPa；离子对［AFB_1 为定量 313 / 284.9（m/z），定性 313/284.9、270（m/z）；AFB_2 为定量 315/258.9（m/z），定性 315/258.9、286.9（m/z）；AFG_1 为定量 329/242.8（m/z），定性 329/242.8、242.8（m/z）；AFG_2 为定量 331/312.9（m/z），定性 331/312.9、284.8（m/z）］，碎裂电压为 80 V；碰撞能量为 20 eV/30 eV 或 30 eV/20 eV。

李玮等（2019）采用超高效液相色谱-飞行时间质谱同时测定了牛奶中的 9 种真菌毒素（AFB_1、AFB_2、AFG_1、AFG_2、AFM_1、AFM_2、赭曲霉毒素 A、脱氧雪腐镰刀菌烯醇和玉米赤霉烯酮），牛奶经 1%乙酸乙腈提取、QuEChERS 净化粉净化后用于液质分析，根据 9 种毒素标准品的高分辨分子离子峰、同位素分布、特征子离子信息建立数据库，采用 MasterView 软件实现定性检索；9 种真菌毒素的定量限为 1～20 μg/kg。其色谱条件：色谱柱为 proroshell 120 EC-C18（2.1 mm×150 mm，2.7 μm）；流动相 A 为含 5 mmol/L 乙酸铵、0.1%甲酸的 10%甲醇水溶液，流动相 B 为含 5 mmol/L 乙酸铵、0.1%甲酸的 90%甲醇水溶液，洗脱程序 0～3 min 5% B 线性升至 30% B，3～7 min 由 30% B 线性升至 90% B，7～9 min 90% B，9～9.1 min 90% B 降至 5% B 并维持 1.9 min；流速为 0.4 mL/min；柱温为 40℃；进样体积为 20 μL。质谱分析条件：毛细管电压为 5.5 kV；离子源为 ESI 源，正离子或负离子模式；一级质谱扫描范围（m/z）100～1000；二级质谱扫描范围（m/z）80～800；质谱调谐为正（负）离子模式自动调谐；离子源温度为 550℃。

Monbaliu 等（2010）建立了饲料中多种真菌毒素的超高效液相色谱-三重四极杆串联质谱联用同步分析方法，可同时检测 23 种真菌毒素，包括 AFB_1、AFB_2、AFG_1、AFG_2、赭曲霉毒素 A、脱氧雪腐镰刀菌烯醇、玉米赤霉烯酮、伏马菌素 B_1、伏马菌素 B_2、伏马菌素 B_3、T-2 毒素、HT-2 毒素、雪腐镰刀菌醇、3-乙酰脱氧雪腐镰刀菌烯醇、15-乙酰脱氧雪腐镰刀菌烯醇、双乙酰基草腐镰刀菌醇、镰刀菌酮-X、新茄镰孢菌醇、交链孢霉烯、链格孢酚、链格孢酚甲醚、异烟棒曲霉素 C 和柄曲霉素。对它们的检出限介于 0.7～60.6 μg/kg，近似回收率和精密度符合欧盟非强制执行法案 2002/657/EC 的要求。其色谱条件：色谱柱为 Symmetry C18（2.1 mm×150 mm，5 μm）；流动相 A 为含 5 mmol/L 乙酸铵的水-甲醇-乙酸（94∶5∶1），流动相 B 为含 5 mmol/L 乙酸铵的甲醇-水-乙酸（97∶2∶1），洗脱程序 0～9 min 95% A 线性降至 35% A，7～11 min 由 35% A 线性降至 25% A，11～13 min 100% B，13～23 min 100%降至 5% B 并维持 5 min；流速为 0.3 mL/min；柱温为室温；进样体积为 20 μL。质谱分析条件：毛细管电压为 3.2 kV；离子源为 ESI 源，正离子模式；检测方式为选择反应检测（selected reaction monitoring，SRM）；离子源温度为 150℃；脱溶剂温度为 350℃。

2）*LC-MS 在细菌毒素分析中的应用*　　金黄色葡萄球菌可产生一类小的水溶性分泌蛋白，即金黄色葡萄球菌肠毒素（*S. aureus* enterotoxin，SE），该类毒素具有超抗原活性、较稳定、耐高温，人体摄入几微克便可导致食物中毒，造成了全球性的食品安全问题。蛋白质或多肽类分子在电喷雾质谱中常出现一系列多电荷离子，其全扫描质谱图、系列离子的电荷分布、不同质荷比离子强度比值可用于蛋白质或多肽分子的定性。Sospedra 等（2012）采用 HPLC-三重四极杆质谱联用方法测定了牛奶、果汁中的金黄色葡萄球菌肠毒素 SEA 和 SEB，采用全扫描质谱、系列质荷比选择离子的丰度比，以及保留时间来定性，选择离子强度用于定量，其检出限分别达到 0.5 ng 和 0.2 ng，而定量限均为 1 ng，平均回收率分别为 80.4%～96.3%，单日内的相对标准偏差分别为 1.78%～10.53%和 1.34%～9.34%，果汁和牛奶中的回收率总体处在 69%～99%，适用于低蛋白食品的肠毒素检测。其色谱条件：色谱柱为 Phenomenex Jupiter C4（2.0 mm×250 mm，5 μm）；流动相 A 为 0.5%乙酸水溶液，流动相 B 为含 0.5%乙酸的乙腈，洗脱程序 0～9 min 0%线性升至 30% B，9～10 min 由 30% B 线性降至 20% B，10～13 min 线性降至 0% B，13～18 min 维持 0% B；流速为 0.2 mL/min。质谱分析条件：毛细管电压为 3.0 kV；离子源为 ESI 源，正离子模式；质谱扫描范围（*m*/*z*）600～1300；检测方式为选择离子模式（selective ion recording，SIR）；SEA 的最强丰度系列多电荷离子电荷态（22～35）、质荷比 774.28～1230.82；SEB 的最强丰度系列多电荷离子电荷态（22～38）、质荷比 746.1～1289；平均质量误差不超过 0.5 Da；离子源温度为 150℃；脱溶剂温度为 300℃；氮气流量为 600 L/h；锥孔电压为 3 V。

椰毒假单胞菌产生的米酵菌酸是一种脂肪酸代谢产物，常在变质银耳、谷类发酵制品及薯类制品中引起中毒事件，严重者可致人死亡。覃冬杰等（2020）建立了采用超高效液相色谱-串联质谱测定柳州螺蛳粉中米酵菌酸的分析方法，样品用 75%甲醇超声提取、MAX 固相萃取柱净化用于液质分析，米酵菌酸在 1.050～1050 ng/mL 浓度呈良好线性关系，方法检出限为 0.01 μg/kg，定量限为 0.03 μg/kg，平均回收率为 80.4%～96.3%，相对标准偏差为 1.3%～4.4%。其色谱条件：色谱柱为 Eclipse Plus C18 RRHD（2.1 mm×50 mm，1.8 μm）；流动相 A 为含 0.1%甲酸的 10 mmol/L 甲酸铵溶液，流动相 B 为乙腈，洗脱程序 0～2 min 80% A，2～5 min 由 80% A 线性降至 20% A，5～7 min 维持 20% A，7～8 min 由 20% A 线性升至 80%，8～10 min 维持 80% A；流速为 0.3 mL/min；柱温为 40℃，进样体积为 5 μL。质谱分析条件：毛细管电压为 4.0 kV；离子源为 ESI 源，负离子模式；检测方式为 MRM；离子源温度为 350℃；氮气流量为 8 L/min；雾化气压力为 45 psi（1 MPa=145 psi）；定量离子对为 485.2/441.1（*m/z*）；定性离子对为 485.2/397.0（*m/z*）；碰撞能量为 10 eV。

2. LC-MS 在发酵食品中目标产物、功效成分分析及菌株代谢分析中的应用　作为一种化合物适用范围广泛的色谱-质谱联用技术，LC-MS 在发酵食品或生产菌株中目标产物、功效成分及菌株代谢分析等方面是一种强大的研究手段。

1）发酵食品或生产菌株中目标产物的分析　乳酸菌在食品工业中广泛应用且被公认较为安全，利用乳酸菌开发食品防腐剂是一个重要的思路，目前从乳酸菌中发现了多种抗菌活性物质，液质联用在分析该类物质方面具有较广泛的检测能力。李红娟（2014）在一株具有良好抗食品腐败真菌作用的乳酸菌 *Lactobacillus casei* AST18 中，分离并用超高压液相色谱-四极杆-飞行时间质谱联用技术鉴定了多种潜在的抗真菌活性小分子，包括乳酸、乙酸等小分子有机酸，小分子酯类，芳香杂环类物质，生物碱，以及多种含苯环的小分子有机物，认为乳酸菌发酵液抑真菌性能是由多种小分子化合物协同作用的效果。并通过液质代谢组学手段发现，乳酸菌稳定期之后，肉桂酸、羟基肉桂酸、L-3-苯乳酸、苯乳酸、苯乙酸、对香豆酸、壬二酸、水杨酸、4-羟基苯甲酸、（R）-2,3-二羟基-3-甲基戊酸、甲羟戊酸、cyclo（L-Leu-L-Pro）等物质在抑菌效果的增长方面具有较大的贡献。其色谱条件：色谱柱为 Zobax Eclipse Plus-C18 色谱柱（3.0 mm×100 mm，1.8 μm）；进样量 1 μL；流动相 A 为 0.1%三氟乙酸+5 mmol/L 乙酸铵水溶液，流动相 B 为乙腈，洗脱程序 0～1 min 98% A，1～11 min 由 98% A 线性降至 50% A，11～14 min 由 50% A 线性升至 98%并维持 3 min。质谱条件：毛细管电压为±3.5 kV；离子源为 ESI 源，正/负离子模式；脱溶剂温度为 350℃；氮气流量为 10 L/min；雾化气压力为 45 psi。

上述抗菌物质中，苯乳酸是由乳酸菌、白地霉、丙酸杆菌等微生物产生的具有广谱抗菌活性的小分子化合物，该化合物在奶酪等乳制品、发酵面团、新西兰麦卢卡蜂蜜、泡菜中都存在。张雯等（2020）建立了一种用二维高效液相色谱（2D-HPLC）来分析酸菜、酱瓜、酸奶、甜酒、广式腊肠等发酵食品中苯乳酸含量的便捷方法，并用超高效液相色谱-串联四极杆质谱联用也在上述食品中检测到了该化合物，验证了 2D-HPLC 方法的可靠性。其质谱采用了 MRM 来对标准品和食品样品中的苯乳酸进行确认，具有准确可靠、抗干扰能力强的优点。其液质联用的色谱条件：色谱柱为 Acquity UPLC BEH C18 色谱柱（2.1 mm×50 mm，1.7 μm）；流动相 A 为 0.1%甲酸水溶液，流动相 B 为乙腈，洗脱程序 0～1 min 90% A，1～6 min 由 90% A 线性降至 10% A，6～8 min 维持 10% A，8～10 min 由 10% A 线性升至 90%；流速为 0.3 mL/min。质谱分析条件：毛细管电压为 3.0 kV；ESI 源为负离子模式；检测方式为 MRM；锥孔电压为 26 V；脱溶剂温度为 400℃；氮气流量为 793～800 L/h；锥孔气流量为 148～150 L/h；雾化气压力为 630～700 kPa；碰撞气流量为 0.14 mL/min；定量离子对为 165/147（*m/z*）；碰撞能量为 15 eV。

红曲色素是由红曲霉（*Monascus* spp.）在米饭上发酵产生的一类历史悠久的天然食用色素，具有安全、稳定、价格低廉的优势，广泛应用于肉制品加工、果汁饮料、酱油、腐乳、红醋、化妆品等生产中。刘立增等（2015）采用柱层析、索氏提取和薄层层析从商品红曲色素中获得了初步纯化的红色色素，采用液质联用分析了其成分，根据所测得的 2 个主要色谱峰的分子离子（*m/z* 值 412 和 440）和紫外、荧光最大特征峰值与文献报道的红色素结构进行比对，确定其可能分别为 glycyl-rubropunctain 和甘氨酰红曲红素（glycyl-monascorubrin）。其色谱条件：色谱柱为 X Bridge TM-C18 柱（4.6 mm×150 mm，5 μm）；进样量 5 μL；流动相 A 为纯水，流动相 B 为甲醇，流速为 1 mL/min。质谱条件：毛细管电压为 3.0 kV；离子源为 ESI 源，负离子模式；质量扫描范围（*m/z*）150～1000；离子源温度为 120℃；锥孔电压为 30 V；碰撞能量为 3 eV。

2）*发酵食品或生产菌株中功效成分的分析*　食品微生物可在发酵食品或自身菌体发酵时产生一些有益健康的功效成分，液质联用是测定它们的有效手段。

例如，虫草素是冬虫夏草（*Cordyceps sinensis*）的次生代谢产物，具有显著的抗菌、消炎、抗肿瘤、调节人体免疫等功效，蛹虫草（*C. militaris*）又称北冬虫夏草，它也含有虫草素等冬虫夏草的主要功效成分，药理作用相似，可通过液体深层发酵来生产，作为冬虫夏草的替代品。简利茹和杜双田（2013）建立了蛹虫草发酵液中虫草素的 HPLC 和 HPLC-三重四极杆串联质谱分析方法。其中液质联用方法具有比液相方法更短的虫草素保留时间（液质为 7.8 min，液相为 22.7 min），在均以信噪比为 3∶1 和 10∶1 时的检测能力定义检出限（limit of detection，LOD）和定量限（limit of quantitation，LOQ）时，液质方法的 LOD 和 LOQ 分别为 2.1 μg/L 和 7.8 μg/L，也数倍低于液相方法的 LOD（13.6 μg/L）和 LOQ（53.6 μg/L）；并且液质方法也采用了离子对 252.4/136.1 的多反应检测法来定性定量；可见液质方法具有快速、灵敏且可靠的优点。该研究中液质联用的色谱条件：色谱柱为 ODS（150 mm×2.0 mm，4.6 μm）；流动相为甲醇-0.3%甲酸溶液（25∶75，*V/V*）；流速为 0.6 mL/min；柱温为 30℃；进样量为 1 μL。质谱分析条件：毛细管电压为 5.0 kV；离子源为 ESI 源，正离子模式；检测方式为 MRM；锥孔电压为 27 V；离子源温度为 400℃；辅助气体 GS1 为 50 psi，辅助气体 GS2 为 75 psi；定量离子对为 252.4/136.1（*m/z*）；碰撞能量为 20 eV。

芽孢杆菌可产生丰富的脂肽类化合物，它们作为非挥发性代谢产物可与挥发性小分子相互作用，影响发酵食品的风味。地衣芽孢杆菌是中国白酒生产中影响风味品质的重要微生物之一，其产生的风味成分对白酒品质具有重要贡献。张荣（2014）利用液相色谱、超高效液相色谱-飞行时间-四极杆质谱联用和核磁共振波谱鉴定了地衣芽孢杆菌固态发酵代谢组分中的脂肽类特征产物地衣素，并发现地衣素能够通过大分子-小分子化学相互作用，显著地抑制白酒中小分子香气化合物（十碳以上的乙酯类、己酸和苯酚类化合物）的挥发性。该研究中还建立了超高效液相色谱-串联四极杆质谱联用定量测定白酒中微量地衣素的方法，发现酱香型的茅台、郎酒，以及药香的董酒中地衣素的含量较高，这表明地衣素虽然是非挥发性大分子成分，但在蒸馏过程中也会进入白酒中。该研究中最终用于定量分析白酒中地衣素的液质联用的质谱条件：毛细管电压为 3.5 kV；离子源为 ESI 源，正离子模式；检测方式为 MRM；锥孔电压为 27 V；离子源温度为 120℃；脱溶剂温度为 350℃；氮气流量为 800 L/h；锥孔气流量为 50 L/h；定量离子对为 1036/685.4（*m/z*）。

灵菌红素是黏质沙雷氏菌（*Serratia marcescens*）产生的具有抗癌功效的一种色素。张丹峰等（2015）从鳜鱼肠道中筛选出一株高产红色素的黏质沙雷氏菌，通过超声波辅助乙醇浸提及硅胶色谱分离纯化，从其发酵液中获得纯度超过 95%的红色素，采用紫外可见光全波长扫描、LC-MS 和 FT-IR 图谱鉴定该菌种产红色素的结构。其中高分辨质谱图提供的主要证据为两个主要离子峰 323.5486 和 324.8468（*m/z*），前者为分离离子峰，后者为［$M+H]^+$峰，通过计算得到分子式为 $C_{20}H_{25}N_3O$，与已报道的灵菌红素一致。该研究中液质联用的色谱条件：色谱柱为 Agilent Zorbax SBC-18（50 mm×2.1 mm，1.8 μm）；流动相为甲醇-0.1%甲酸水溶液（70∶30，*V/V*）；流速为 0.35 mL/min；柱温为 25℃。质谱分析条件：毛细管电压为

4.0 kV；离子源为ESI源，正离子模式；质量扫描范围（*m/z*）150～1000；干燥气流速度为10 L/min；干燥温度为350℃；雾化气压力为30 psi；碰撞能量为180 eV。

3）发酵食品中菌株代谢分析　瑞士乳杆菌在发酵乳制品中的应用范围比较广泛，但后酸化严重是其在工业中应用的重要缺陷，同时在一定程度上会损害发酵乳制品的口感和风味。米智慧（2018）从西藏酸牦牛乳制品中分离得到的一株具有益生性状的菌株 *Lactobacillus helveticus* H9，为了探明其发酵特点并为减弱其后酸化提供理论基础，用UPLC Q-Tof MS技术解析了 *L. helveticus* H9的代谢物，结果发现不同时期的氨基酸、维生素和核酸等代谢物差异明显，其中天冬氨酸代谢与肉碱代谢对于 *L. helveticus* H9的发酵过程具有关键的影响。在该项研究中，液质联用的色谱条件：色谱柱为亚乙基桥杂化颗粒BEH C18（2.1 mm×100 mm，1.7 μm）；流动相（质谱正离子模式），流动相A为0.1%甲酸溶液，流动相B为0.1%甲酸乙腈溶液，采用梯度洗脱；流动相（质谱负离子模式），流动相A为0.1%氨水溶液，流动相B为乙腈溶液；进样量为4 μL；流速为0.4 mL/min；柱温为35℃。质谱分析条件：毛细管电压为2.5 kV；离子源为ESI源，正离子模式、负离子模式独立进行；质量扫描范围（*m/z*）50～1000；干燥气流速度为10 L/min；离子源温度为100℃；脱溶剂气温度为350℃；脱溶剂气流量为600 L/h；锥孔气流量为50 L/h；锥孔电压为40 V。各代谢产物的鉴定根据质荷比、保留时间及二级碎片特征，通过Progenesis QI软件在HMDB、ECMDB、YMDB、KEGG及ChemSpider等代谢产物/化合物数据库中进行比较，得以确定。

综上所述，液质联用在成分复杂的食品微生物小分子类及蛋白质性质的代谢产物方面具有广泛的应用，可用于食品中各种真菌和细菌毒素的分析检测、发酵食品或生产菌株中目标产物或功效成分的分析及菌株的代谢分析。色谱柱、流动相、柱温等色谱条件及毛细管电压、正负离子模式、质量扫描范围、锥孔电压、碰撞能量、脱溶剂气流量与温度等质谱参数对于目标物质的检测效果具有重要的影响，其中质谱多反应监测模式（MRM）具有定性定量准确、抗干扰能力强的优点，而系列多电荷离子的全扫描质谱图、系列离子的电荷分布、不同质荷比离子强度比值可用于蛋白质或多肽分子的定性。此外，LC-MS在基于初级和次级代谢产物分析，研究食品微生物代谢组学、蛋白质组方面的应用还有很多（见第六章）。

三、电子鼻技术

（一）电子鼻概述

电子鼻是20世纪80年代发展起来的一种模拟动物嗅觉器官的挥发性物质分析设备，也称仿生嗅觉技术、气味扫描仪。电子鼻主要由气体采集系统、气敏传感器阵列和模式识别系统等三个部分组成，分别相当于人类的鼻腔、嗅觉膜和嗅觉中枢。当挥发性气味分子与传感器阵列的敏感材料接触时，与敏感材料发生反应并产生可采集的信号，不同传感器响应的化合物类型不同，模式识别系统经过智能算法对信号进行分析判别，利用不同风味物质的不同"气味指纹"信息，就可以来区分、辨识不同的气体样本（图5-16）。电子鼻能对复杂的气味进行整体综合判别，具备客观性、不易疲劳、重现性好、操作简单、快速、低成本、无损检测等优点（吴楠京等，2018）。

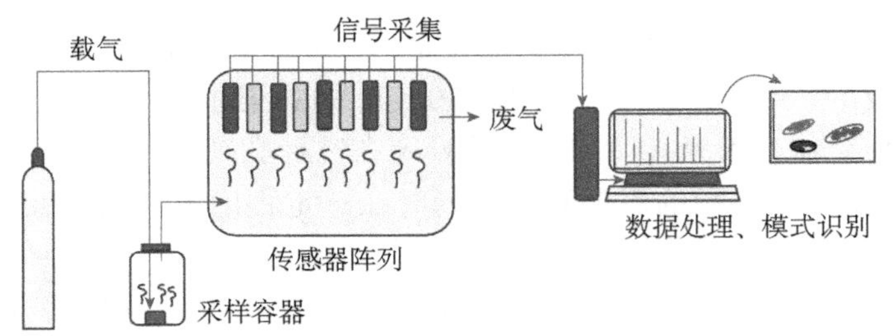

图 5-16　电子鼻构成示意图

电子鼻的气体采集方式有吸附-解吸附模式、静态顶空采集模式、固相微萃取模式、内针动态萃取模式、空气接触模式等。其气敏传感器包括金属氧化物传感器、导电有机聚合物传感器、压电传感器、光学传感器、金属氧化物硅半导体传感器等。气味信息的模式识别算法有基于统计理论的线性算法，如主成分分析法（principal component analysis，PCA）、聚类分析法（cluster analysis，CA）、偏最小二乘法（partial least square，PLS）等，以及非线性算法，如 BP 神经网络（back propagation artificial neural network）、概率神经网络法（probabilistic neural network，PNN）等（吴楠京等，2018）。

电子鼻技术和顶空气相色谱-质谱法都可用于微生物挥发性代谢产物分析。但两者各有优势，电子鼻能对整体的微生物挥发性物质做出响应，却不能对每一种单独的成分进行分析，而顶空气相色谱-质谱法通过毛细管柱的分离和质谱检测能获得微生物每种挥发性成分的分析结果，因此对于复杂微生物挥发性化合物的分析，把两种方法结合起来使用也比较常见。

（二）电子鼻在食品微生物代谢产物分析中的应用

电子鼻在食品微生物代谢产物分析方面应用得越来越多，如食源致病菌的检测、发酵食品风味物质的评价等。

邓高燕等（2011）利用基于金属氧化物传感器阵列的电子鼻技术对同属同种不同菌株的单增李斯特氏菌和副溶血性弧菌的挥发性代谢产物进行了研究，数据通过主成分分析法（PCA）和聚类分析法（CA）处理，结果显示电子鼻能够很好地区分 5 株单增李斯特氏菌的挥发性代谢产物指纹图谱，通过在培养基中添加 NaCl 至饱和，以盐析作用来促进样品气味分子的挥发，也可以实现电子鼻对 5 株副溶血性弧菌挥发性代谢产物的完全区分。该研究表明利用电子鼻结合主成分分析和聚类分析法对食源性致病菌在菌株水平上的区分和鉴定具有一定的可行性。该研究中的电子鼻设备参数为：传感器阵列由 18 根金属氧化物半导体型传感器组成，顶空产生温度 37℃；顶空产生时间 600 s；振荡速度 500 r/min；信号获取总时间 120 s；信号频率 1.0 s；延滞时间 600 s；载气为合成干燥空气，载气流速 150 mL/min；进样体积 2.5 mL；进样速度 2.5 mL/s。

在干熏肉的风味形成过程中快速监测产赭曲霉毒素的微生物非常重要。Lippolis 等（2016）利用金属氧化物半导体电子鼻建立了一种快速、易行、无损方法，来区分受到了产赭曲霉毒素 A 青霉菌株污染和受到不产该毒素青霉菌株污染的干熏肉，通过判别函数分析（discriminant function analysis，DFA）来识别不同气味模式。使用该方法对实验室调制 5 d 的接种不同青霉菌株熏肉制品进行了识别，在检验校准和交叉验证实验中平均识别率达到了 98%和 88%，进一步的验证实验中对工业生产的熏肉制品的识别率达到了 73%。在电子鼻实验基础上，采用顶空固相微萃取-气质联用法对干熏肉制品的挥发性化合物组成进行了剖析，发现了7种挥发性化合物（2-甲基-正丁醇、辛烷、1R-α-蒎烯、右旋柠檬烯、十一烷、肉豆蔻醛和9-Z-十八烯酸甲酯）的构成模式在这两类不同青霉污染肉类有较大差别。该研究中的电子鼻设备参数为：传感器阵列由12根Figaro厚膜金属氧化物半导体型传感器组成，顶空产生温度40℃；顶空产生时间600 s；基线采集时间5 s；信号获取总时间180 s；样品间隔延滞时间180 s；载气为合成空气（80%氮气、20%氧气），湿度为12 g/m^3，载气流速300 mL/min；进样体积2.5 mL；进样时间15 s。

酱油的挥发性物质对其感官特性和质量至关重要。Gao等（2017）采用顶空固相微萃取气质联用和电子鼻来鉴定中国酱油的挥发性风味物质并区分不同发酵工艺生产的12种市售酱油产品、1种纯酱油和1种酸解植物蛋白产品。基于气质联用结果的分层聚类分析（hierarchical cluster analysis，HCA）与电子鼻数据的主成分分析（PCA）结果相似，在评价酱油风味品质和区分不同酱油产品方面，两种方法都很有价值，电子鼻结果的线性判别分析（linear discriminant analysis，LDA）区分效果优于PCA分析结果；并发现广为采用的中国传统低盐固态发酵工艺生产的酱油挥发性风味化合物含量较高盐稀态发酵生产的酱油低，表明这种工艺还有待改善。该研究中电子鼻的参数为：传感器阵列由10根金属氧化物传感器组成，顶空产生温度45℃；顶空产生时间15 min；基线采集时间5 s；信号获取总时间90 s（每根传感器的最大响应点为65 s）；样品间隔延滞时间（传感器清洗再生时间）250 s；每个样品重复测7次，取后5次结果用于分析。

何香婷等（2014）利用金属氧化物电子鼻对酸奶和添加酵母菌发酵乳的风味进行分析检测，并通过主成分分析法（PCA）和线性判别分析法（LDA）分别分析了这两类发酵乳在不同发酵时间和后熟时间的风味特性。两种分析方法的结果都表明每类发酵乳的风味物质随着不同发酵和后熟时间都有很大变化；反映不同传感器响应性的电子鼻八卦图谱揭示添加马克思克鲁维酵母的发酵乳的挥发性风味物质有萜烯类、芳香成分、氮氧化合物及醇类等物质；相较于普通酸奶，添加酵母对发酵乳在不同发酵和后熟时间内的风味物质成分影响很大。该研究中电子鼻的参数为：传感器阵列由10根金属氧化物传感器组成；信号获取总时间72 s；样品间隔延滞时间（传感器清洗再生时间）90 s；载气流速400 mL/min。

四、磁性纳米材料技术

（一）磁性纳米材料技术概述

复杂食品基质中的微量、痕量微生物毒素或致病菌体的检测虽然有很多方法，但简化样品前处理过程，提高检测方法准确性、特异性、灵敏度，乃至实现对食品的直接在线检测等始终是不断追求的目标。而近年来发展迅速的磁性纳米材料特别是磁纳米识别探针技术提供了一种较好的解决途径。

磁纳米识别探针是一类经过一定程度表面修饰，能对目标物进行识别结合的磁性纳米颗粒，由磁纳米核心颗粒和表面修饰物组成。其磁纳米核心颗粒多由Fe、Co和Ni等过渡金属及其氧化物的磁纳米颗粒（magnetic nanoparticle，MNP）组成，尺寸一般介于0.1～100 nm，其中以Fe_3O_4纳米颗粒最为常用，制备纳米粒径Fe_3O_4的主要方法有共沉淀法、水热法、微乳液法和热解法等。表面修饰物可抑制磁纳米核心颗粒的氧化团聚，提高其疏水性、结合能力、功能活性和特异性，有碳表面修饰、表面活性剂修饰、离子液体表面修饰、金属有机化合物骨架表面修饰、氧化物表面修饰、大分子表面修饰、分子印迹表面修饰等不同类型。其中碳表面修饰中的选择性有机小分子表面修饰，以及抗体抗原、核酸、酶等生物大分子修饰和分子印迹表面修饰等特异性修饰使得磁纳米识别探针具有特异性识别目标物质的能力。所谓分子印迹（molecular imprinting technology，MIT），是指使用大分子单体与待测分子（模板）通过交叉偶联聚合后，再除去待测分子，在聚合物里留下特定大小、形状的空穴，从而可用于识别待测分子。核酸适配体是一小段经体外筛选得到的寡核苷酸序列或者短的多肽，能与相应的配体进行高亲和力和强特异性的结合，也可用于磁性纳米核心颗粒的表面修饰，用于特异识别不同大小的分子乃至菌体（王雅楠等，2019；李燕莹等，2019）。

（二）磁性纳米材料技术在食品微生物代谢产物分析中的应用

目前磁纳米识别探针在微生物毒素和菌体检测方面的应用总体可分为两种类型：一种是以磁纳米识别探针为载体，对样品中的毒素或微生物菌体进行富集分离，类似于固相萃取。目标物被特异性表面修饰物识别结合，在外加磁场作用下，负载有目标物的磁纳米识别探针被吸附收集，再被合适的洗脱液解吸，然后在外加磁场作用下，洗脱液中的目标物质与纳米颗粒分开，用于下游的分析测试（图 5-17）。另一种是将磁纳米识别探针作为磁纳米传感器，根据竞争结合等原理可获得目标物质在待检测基质中存在与否的相应信号，结合适当方法对信号进行数字化表达后建立相关关系，实现对目标物质的直接检测（王雅楠等，2019；李燕莹等，2019）。

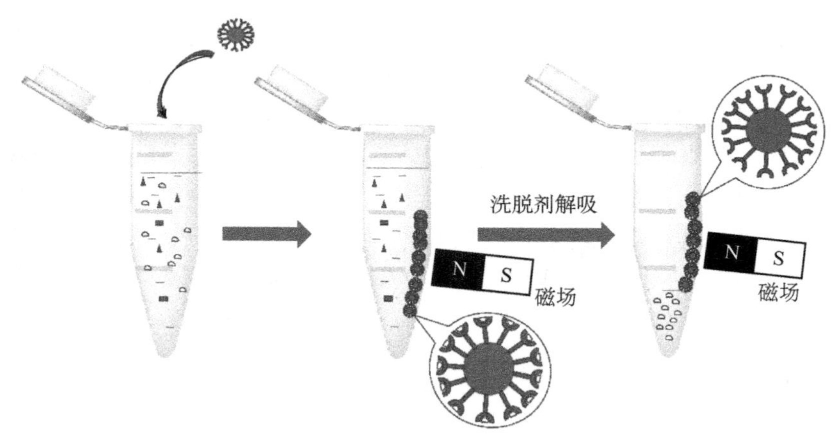

图 5-17　偶联单克隆抗体的磁纳米颗粒用于样品中特定目标分子的富集

棒曲霉素在果汁中非常稳定，这种毒素可引起溃疡、炎症、出血等肠道损伤，苯并呋喃-2-羧酸分子结构与棒曲霉素类似，Yu 等（2017）使用共沉淀法制备 Fe_3O_4 磁纳米颗粒，经过氨基表面功能化，再用苯并呋喃-2-羧酸对其进行表面修饰，用于测定苹果汁中的棒曲霉素，该表面修饰剂可依靠分子间 π—π 键作用吸附棒曲霉素，解吸后用 HPLC 检测，线性范围为 1～400 μg/L，检出限达到 0.15 μg/L，定量限为 0.5 μg/L，回收率为 93.9%～102.6%，相对标准偏差低于 5.3%，优于多数传统前处理方法，并且操作耗时较短。其最佳的吸附条件为 40 mg 吸附剂，50 mL 苹果汁，pH 5，室温吸附 25 min；解吸条件为 500 μL 甲醇，pH 5，室温解吸 4 min。

单克隆抗体修饰的磁纳米识别探针具有很强的特异性，可保证对目标毒素检测结果的准确性，样品回收率和前处理速度也大大提高。例如，Kim 等（2012）应用黄曲霉毒素 B_1

（aflatoxin B_1，AFB_1）单克隆抗体和玉米赤霉烯酮（zearalenone，ZEN）单克隆抗体分别修饰的氨基化的 Fe_3O_4 磁纳米识别探针，用于特异富集玉米及多种成品饲料中的 AFB_1 和 ZEN，然后用于 HPLC 分析，对 AFB_1 的检出限达到 5 ng/mL，在玉米中回收率达到 90%～92%，对 ZEN 的检出限为 10 ng/mL，在玉米中回收率为 99%～100%，而免疫亲和柱前处理对照的回收率仅为 81%～84%（AFB_1）和 86%～88%（ZEN）。而且前处理时间仅需约 5 min，效率远高于免疫亲和柱方法（30 min）。而且这类单克隆抗体修饰的磁纳米探针具有很强的特异性，保证了对目标真菌毒素检测结果的准确性。该研究中吸附条件为 2 mg 偶联了单克隆抗体的吸附剂，5 mL 样品，室温振摇吸附 5 min；解吸条件为 500 μL 甲醇，轻摇，然后用磁铁侧吸除去磁性吸附剂。

经过抗体、核酸适配体等修饰的磁纳米颗粒也可用于富集分离食源致病菌菌体本身。例如，胡雨欣等（2016）采用化学共沉淀法制备了羧基化磁纳米粒子，在此基础上摸索了磁纳米粒子-沙门氏菌多克隆抗体复合物（免疫磁纳米粒子）的最佳偶合条件，以及免疫磁纳米粒子富集分离肠炎沙门氏菌的条件，并将富集到的菌体用于平板菌落计数法检测。发现羧基化磁纳米粒子（51.7 μg/mL）与碳二亚胺/*N*-羟基丁二酰亚胺（0.4 mol/L/0.1 mol/L）、多克隆抗体（1.0 mg/mL）的体积比为 1∶2∶2 时，37℃水浴 40 min，两者达到最佳偶合效果。应用该免疫磁纳米粒子吸附 10^4 CFU/mL 肠炎沙门氏菌，当两者的体积比为 4∶5、孵育时间为 40 min 时，免疫磁纳米粒子对肠炎沙门氏菌的吸附效率可达 94.36%，为肠炎沙门氏菌的富集分离和检测提供了一种更为快捷、高效的方法。陈文玲（2015）则建立了使用核酸适配体功能化的磁纳米粒子（Apt-MNP）富集金黄色葡萄球菌，用于下游的生物发光法检测。发现将 100 μL 的 Apt-MNP（1 mg/mL）与 50 μL 的金黄色葡萄球菌菌悬液（$\leqslant 5\times10^6$ CFU/mL）混合，室温下孵育 10 min，Apt-MNP 对金黄色葡萄球菌的吸附率可达到最高值（99%）。经过 Apt-MNP 浓缩 10 倍的菌液用于 ATP 生物发光法检测，在 2.5×10^2～2.5×10^6 CFU/mL 浓度线性良好（R^2=0.953），检出限可达到 70 CFU/mL。

运用磁纳米识别传感器技术还可以实现食品样品中微生物毒素或菌体的直接检测。例如，Ma 等（2014）构建了 AFB_1 适配体修饰的磁纳米识别探针（Apt-MNP）并将其作为磁纳米传感器，建立了包含这种磁纳米传感器，以及荧光标记适配体互补 ssDNA（单链 DNA）序列的检测体系，当被检测样品中存在目标 AFB_1 时，AFB_1 将竞争性地替代荧光标记适配体互补 ssDNA 序列与磁纳米传感器结合，经过磁分离后游离荧光标记适配体互补 ssDNA 序列进入溶液体系，且荧光强度与被测样品 AFB_1 的含量正相关，可用于对 AFB_1 的定量分析。该方法特异性强、灵敏度高，检出限低至 35 ng/L。该研究中 Apt-MNP 的偶联方法是将经过筛选出的亲和力与特异性最佳的核酸适配体经过生物素标记后，偶联到被抗生物素蛋白表面改性的 Fe_3O_4 磁纳米颗粒上。检测时，300 μL 结合有 FAM-标记的 ssDNA（1 mg/mL）配体的磁纳米识别探针与 700 μL 提取的样品混合后，37℃ 孵育 1 h。然后用磁场分离得到上清液，用 BB 缓冲液洗涤后用于测定荧光。Duan 等（2016）则建立了一种结合了磁纳米颗粒（MNP）和金纳米颗粒（gold nanoparticle，GNP）优点的方法用于检测沙门氏菌。将巯基修饰适配体和生物素修饰适配体分别固定在 GNP 和 MNP 表面；当沙门氏菌存在于样品中时，适配体与沙门氏菌高特异性结合，形成 GNP-适配体-沙门氏菌-适配体-磁珠复合物；磁分离后，导致 GNP 在悬浮液中的含量降低，其 UV 吸光度也会降低。利用该方法得到沙门氏菌的检测范围为 25～10^5 CFU/mL，检出限可达到 10 CFU/mL。

第六章 组学技术在食品微生物学中的应用

第一节 基因组学技术及其应用

一、基因组学

基因组学（genomics）最早是由美国遗传学家托马斯·H. 罗德里克（Thomas H. Roderick）于1986年提出的，主要研究基因组的结构、功能、进化、定位和编辑及其对生物体的影响。早期的基因组学研究致力于确定DNA序列（给定DNA片段上的核苷酸顺序），现已迅速扩展到更功能性的水平——研究表达谱及基因和蛋白质的作用。随着人类基因组计划（HGP）的实施及现有技术的不断完善，基因组学已经成为一个全新的生命科学领域。

基因组学研究的起源可以追溯到20世纪初，约翰森于1909年提出基因的概念。此时，基因是指决定生物体中可遗传性状的遗传物质，同时他还创造了术语基因型和表型。1920年，汉斯·温克勒（Hans Winkler）提出了"基因组"（genome）一词，表示生物体的完整基因组成。鉴定基因的构成物，即所谓的遗传物质，换句话说就是定义组成生物体基因型的基因组，得到高度关注。从Winkler的基因组到证明DNA是遗传物质及建立其三维结构，耗费了几十年的时间。而沃森（J. D. Watson）和克里克（F. H. C. Crick）的里程碑式的发现也通常被视为分子生物学时代或现代生命科学时代的起始。分子生物学的早期理论很简单，通常易于被随后的实验结果所证实。其主要包括发现与基因组复制（DNA聚合酶），基因转录（mRNA，RNA聚合酶和转录因子）和蛋白质合成（tRNA和tRNA合成酶，核糖体和翻译因子）有关的分子机制。结合在20世纪70年代初发现的逆转录酶，这些早期实验结果基本构成了中心法则的遗传信息流。

技术进步使得RNA测序在20世纪60年代变得可行，研究重点首先集中在tRNA和rRNA上。在20世纪60年代末和70年代初，第一个编码蛋白的噬菌体RNA片段的测序完成，在起始和终止信号之间建立基因表达框，利用对应的密码子翻译成氨基酸序列。其后，从RNA噬菌体MS2获得完整的基因组序列又花了6年时间。同时，科学家开发了DNA测序技术，不到一年第一个病毒DNA基因组的序列随之出现。弗雷德·桑格（Fred Sanger）开发了双脱氧测序程序，对能够独立存活的单细胞生物（首先是微生物）的整个基因组进行测序，1992年，首个真核生物酿酒酵母染色体完成基因组测序。这是一个重要的里程碑，首先，不需要蛋白质测序技术，基因组测序为氨基酸序列的预测提供了可靠的途径，包括可能的随机突变的发现；其次，它还为目标基因提供了完整的基因组背景信息，包括邻近的调控区域和相邻功能基因。

获得完整的基因组是基因组测序项目的首要目标，并且是深入了解微生物生理生化等表型特征的第一步。但完整的细菌基因组序列的获取过程充满挑战。最初的基因组序列需要解决一系列基本问题：从成千上万个克隆片段的序列中组装出完整的基因组；寻找策略来填补序列装配中的空白；开发算法沿着DNA序列读取可读框（ORF）；最终对ORF中真正的编码序列（CDS）进行注释。序列装配中缺口的存在反映了克隆序列固有的分布偏向性，直到最近随着单分子测序的出现才得到解决。基因组完整性之所以重要，在于其直接影响目标基因功能的实验验证，也会给基因组之间的比较带来误差。到20世纪90年代末，许多细菌基因组序列信息的积累，使得人们可以从多角度开展全基因组序列的分析和注释。序列分析还从组织、拓扑、复制子数量、GC含量、基因方向等方面提供了原核生物基因组物理性质（结构）的重要参照。

一旦基因组测序完成，首要任务就是确定基因组的组成及其潜在功能，计算机化注释工具（GeneFinder、GenScan和其他一些工具）在这一方面发挥了基础性作用，同时也是识别基因及其结构（内含子、外显子、调节元件等）的基础。完整的功能注释是基因组学的另一个重大挑战，这里讨论的主要是编码蛋白质的DNA。在遗传学早期，孟德尔定律建立后的长达一个世纪中，基因型都是一个抽象的概念，其中基因可以通过特定的特征来定义。而随着时间的推移，在获得第一个完整的基因组序列的同时，数据库中也已经收集了大量已知功能的蛋白质信息，这些蛋白质的编码基因已经被克隆和测序。因此，在序列比对和比较的基础上，可以比较容易地对基因组编码的大部分蛋白质给出功能注释。实际上，一旦蛋白质编码基因序列与蛋白质匹配，就将其分类到某一功能区中，每个区对应于涉及特定细胞过程或一组过程的基因簇。基因簇的相对规模反映了生物体所面临的生理状态和环境压力。这使科学家能够进一步重建新陈代谢途径，确定大量其他信息，并绘制关于有机体生物特性的全局视图。但迄今为止，全基因组注释的结果远远满足不了我们的需要。相当一部分CDS在序列数据库中无法匹配。即使它们被认为是真正的蛋白质编码基因，也被分类为编码功能未知蛋白质的假设基因。随着可用序列数量的增加，可能会在不相关的新的基因组中发现这种假设基因的同源物，增加了它们定义为真实基因的可能性，于是命名可以变为保守的假设基因。目前，假设基因（保守和非保守）仍占已测序细菌基因组中已鉴定基因的1/4～1/3，对它们的真实功能的了解进展非常缓慢。如何发现新功能并将其整合到细胞或生物体的生理过程中，仍然任重而道远，需要创新性的生信分析及实验方法。

基因组学背后的重要推动力量是人类基因组计划（HGP），在20世纪80年代，美国国立卫生研究院（NIH）和能源部（DOE）联手成立了HGP，开发此图的初衷是增强人类准确鉴别遗传性疾病基因的能力。全世界共同努力制定了多阶段计划和目标，其中大多数计划提前2年以上完成，且费用低于最初的预期。HGP的主要目标之一是创造每条人类染色体的基因和物理高分辨率图谱，2000年发布第一个工作草案，2001年人类基因组发布。人类基因组序列（“完美”物理图谱）的完成代表了HGP主要目标的实现。需要了解的是，HGP只是致力于DNA鉴定的基因组计划之一，其他的生物，包括果蝇、线虫、小鼠、斑马鱼、细菌和植物等的序列都陆续得到了鉴定。2017年在北京召开的“第七届世界微生物数据中心学术研讨会”上，由世界微生物数据中心和中国科学院微生物研究所牵头，联合全球12个国家的微生物资源保藏中心，共同发起的全球微生物模式菌株基因组和微生物组测序合作计划正式启动。该计划将在5年内完成超过1万种的微生物模式菌株基因组测序，覆盖超过目前已知90%的细菌模式菌株，建立全球微生物模式菌株基因组测序合作平台［国家微生物科学数据中心（NMDC）］。全球模式微生物基因组数据库（Global Catalogue of Type Strain，gcType）是目前在模式微生物基因组方面数据最为全面、功能最为完善的数据平台。

大量序列数据的积累推动了生物信息学的迅速发展，现在识别基因组中存在的所有基因，分析其表达和功能的资源已经普遍存在。通用术语“功能性”基因组学涵盖了所有使用DNA序列和结构数据解析基因与蛋白质分子特征的方法。例如，DNA微阵列技术的成功实施和大规模的基因表达分析，使得一次性获得数千个基因（可能是基因组中代表的所有基因）转录表达信息成为可能。

同一物种中个体的基因组并不完全相同。基因组中的细微变化称为单核苷酸多态性，即SNP。这些单核苷酸差异，赋予了个体之间的丰富多样性，在某些情况下，可以产生疾病易感性或对某些物质的不耐受性。例如，药物基因组学研究中，综合研究个体的遗传背景及药物对不同患者的影响，最终目的是设计“完美药物”（或“药物的完美组合”）用于特定遗传背景的个体。

令人着迷的是，我们对生物系统的本质了解得越多，解析的DNA序列越多，我们阅读隐藏信息的技能就越多，使得基因组注释的过程成为一个有趣的、永无止境的挑战。

二、基因测序技术

基因组学技术包含测序（建立克隆的物理图谱，序列）和生信分析（序列拼装和注释）两个过程。自从诞生以来，DNA测序技术的发展经历了几代技术的变革。经典的测序方法包括Sanger双脱氧核苷酸链末端终止法及Maxam-Gilbert DNA化学降解测序法，而其他的新的方法包括质谱、杂交测序、芯片等。结构基因组学就是将整个基因组进行遗传图、物理图、转录图、序列图绘制。

第一代测序技术使用的是1977年Sanger等发明的链终止法或Maxam和Gilbert发明的化学降解法，因为其超高精度并可以从头测序、从头组装的特点，以此为基础的毛细管电泳测序方法目前在特定领域仍有着不可取代的作用。Sanger法的缺点是：①测定步骤烦琐。一个步骤重复4次，因此需要大量相同的DNA拷贝，样本需求量大。②不能测定太长的DNA序列。因此，该方法无法进行大规模的DNA测序。

第二代测序技术作为目前市场上主流的DNA测序技术，较第一代测序技术而言，测量通量明显提高。其特点是成本低、通量高、速度快，可以快速产生大量的数据。高通量测序技术的读长普遍较短，在75 bp（单向）和450～800 bp。测序深度可以在一定程度上弥补读长较短所带来的问题，深入并且快速的测序过程也使它们得以成为现今应用最广泛的测序技术。但由于庞大的数据量和复杂的计算过程，后续数据分析耗时更长。

虽然第二代测序技术已经被广泛应用，但是必须以PCR扩增为基础，导致存在引入错误碱基，或改变特定DNA片段丰度的风险，科学家正在致力于新的不需要PCR扩增的测序解决方案。第三代测序技术（也称为next-generation sequencing）以单个DNA分子实时测序为主要特点，对单个荧光分子进行高灵敏度检测，从而快速获得DNA序列信息，也称为超测序或深度测序。目前比较受关注的有：①HeliScope单分子测序，Helicos遗传分析系统是基于荧光测序原理的商业化单分子测序（true single molecule sequencing，tSMS）平台，HeliScope是依赖Helicos单分子测序技术的基因测序仪。基于“边合成边测序”的思想，单分子测序步骤简单，主要包括片段化DNA、在3'端加poly A尾杂交、测序几个步骤，避免了PCR扩增，更能反映样本的真实情况，通量也更高。②单分子实时（single molecule real time，SMRT）测序技术，其核心是SMRT芯片，包含数千个零模波导（zero-mode waveguide，ZMW）单分子检测器件。DNA 片段的测序反应由单个 DNA 聚合酶分子执行，该分子连接到每个 ZMW 的底部，测序时与不同荧光标记的 dNTP、待测序列样品进行合成反应。在 ZMW 的检测区，依据荧光的种类判断 dNTP 的种类。

不同于其他测序方法，纳米孔测序方法不需要对 DNA 进行生物或化学处理，而采用物理方法直接读出 DNA 序列，向着高通量、高读长、低成本、小型化的方向发展。其原理可以简单地描述为：用核酸外切酶切割单链 DNA，单个碱基通过纳米尺度的通道时，会引起通道电学性质的变化。理论上，A、C、G、T 4 种不同碱基的化学性质的差异会导致它们穿越纳米孔时引起电流强度瞬间变化，对这些变化进行检测可以获得相应碱基类型的信息。

三、宏基因组学

宏基因组学（metagenomics）也称元基因组学，这一概念是 Handelsman 于 1998 年首次提出的。宏基因组是指自然环境中全部微生物基因组的总和，其中包含了可培养和不可培养的微生物基因组。宏基因组学技术通过直接提取环境样品微生物的总 DNA，经处理后构建宏基因组文库，再从文库中筛选新的活性物质或者直接进行高通量测序分析。在宏基因组学研究中，借助高通量测序技术和生物信息学工具，能够发现大量不可培养的微生物、丰度相对低的种属，以及新的功能基因或新基因簇，这为全面阐释微生物群落结构及群落代谢特征提供了有力的工具，也为研究环境微生物群落的多样性及功能提供了新的思路，对开发具有应用潜力的新基因具有重要意义。近年来，随着新一代测序技术的出现及基因组测序成本的降低，宏基因组学研究呈现出快速发展的趋势，并在微生物分子生态学及微生物资源利用等领域取得了瞩目的成就。MG-RAST 是由美国阿贡国家实验室开发的对元基因组数据进行储存和分析的一个重要平台，目前已经注释了超过 20 万个元基因组，并开放了 3 万多个元基因组的原始信息。其中，与食品微生物相关的元基因组项目样本主要来自牛奶、奶酪等乳制品及泡菜等发酵食品。进行数据分析的种类既包括利用 16S rRNA 分析元基因组的多样性，又包括对整个元基因组进行测序，分析其群落功能和代谢能力。

宏基因组学分析技术在群落研究中包括两方面的含义：①通过基于焦磷酸测序原理的高通量测序技术，对环境中所有微生物的遗传进化标记［16S rDNA、18S rDNA 及内部转录间隔区（ITS）序列］进行深度测序，从而对微生物群落的结构组成、多样性及群落的动力学进行阐述；②通过构建的宏基因组文库进行鸟枪法（shotgun）测序，然后经过基因的拼接组装获得微生物群落基因组信息，之后通过 KEGG 等代谢途径数据库进行功能注释，挖掘新的功能基因和新的代谢活性物质，进而对群落功能及群落中内部种间代谢进行研究。但是由于环境样品中微生物种类数量众多，文库容量大且复杂，如何有效筛选功能基因和代谢物，还需要不断探索研究。

目前 16S rDNA 序列分析仍是分析环境微生物群落中细菌种属的主要手段，以快速分析微生物群落结构为目的，16S rDNA 高变区宏基因组测序技术得到了快速发展与应用。有研究表明，在微生物群落分析的过程中，16S rDNA 全序列和高变区（V3、V6）序列的分析结果具有较高的相似性，由于这两个高变区片段更短，在进行大量的数据分析时不仅能够提高研究效率，而且成本更低，所以在研究细菌的微生物群落时，高变区仍为研究的焦点。对 16S rDNA 特定的可变区进行克隆建库，然后进行高通量焦磷酸测序，对测序得到的大量序列进行处理后，按照一定的相似度（一般选择 97%）进行聚类，利用目前已有的参考数据库比对得到信息，然后利用多元统计分析手段对微生物群落结构进行归类整理，深层挖掘微生物群落的组成及各成员之间的相互联系。

四、转录组学

基因的表达始于转录，以 DNA 为模板，转录成 RNA（包括 mRNA 和非编码 RNA），最后经转录修饰后翻译成蛋白质，因而转录组提供了特定条件下基因表达的信息，可据此推断生物学过程中功能通路和调控机制。此外，转录组也提供大量的非编码 RNA 信息，包括核糖体 RNA（rRNA）、转移 RNA（tRNA）、核内小 RNA（snRNA）、核仁小 RNA（snoRNA）、微 RNA（microRNA）、长非编码 RNA（lncRNA）等多种功能未知或已知的 RNA，这些 RNA 只能转录，无法表达，在生命过程中发挥重要作用。

高通量转录组学技术主要包括基于杂交的芯片和基于测序的转录组分析。芯片的表达谱分析需要生物样品中的靶探针来杂交，这些探针包括了现有有注释的基因组设计的寡核苷酸，因而可能漏检了未知的、表达丰度不高的、可能是很重要的调节基因，更倾向于靶向分析。而基于测序的转录组分析则是检测完整的转录谱，检测范围相比于芯片广得多；能够获得单个核苷酸分辨率的转录组的精细结构，这方面和基因组学一致，具有超高的分辨率，有助于识别转录区域中的等位基因特异性表达、选择性剪接和单核苷酸多态性。因此，在未来随着主要包括运行时间、错误率及价格等测序成本的持续下降，基于测序的转录本分析将会代替芯片广泛应用于各类研究中。

五、基因组学技术在食品微生物学研究中的应用

早期的食品微生物学研究主要考虑技术行为，产生了大量关于微生物的生理生化性状、功能特性、食品发酵过程参数等信息。基因组序列的可用性和高通量数据的积累不仅给食品微生物的研究带来了方法学革命，也使我们能够在系统水平上理解微生物生理、遗传和进化，其中基于基因组序列信息和详细的生物化学信息而构建的微生物代谢模型，更为食品微生物的综合利用指明了改造方向。

迄今为止，16S rDNA 测序、基因组学和转录组学是用于食品相关微生物分类鉴定和表征的三种基本测序策略。这些测序策略使用不同的下一代测序（next generation sequencing，NGS）平台进行 DNA 和 RNA 序列鉴定。传统上，16S rDNA 测序在了解食物相关微生物组的分类组成方面起着关键作用。通过提供物种水平/菌株水平的表征，宏基因组方法可以获得对微生物组的更好理解。转录组学方法则有助于对单个微生物群中不同微生物群落之间复杂相互作用的功能表征。

1. 微生物基因功能元件的挖掘及机制解析　微生物表达各种跨膜复合物，统称为外排泵，影响其在应激生长条件下的生存。尽管外排泵在抵抗抗生素、消毒剂和防腐剂方面很重要，但是关于它们在食源性微生物中的存在和作用的信息却很少。以克罗诺杆菌属（*Cronobacter*）为例，为了更好地了解属间的系统发育、毒力和外排泵的分布，研究者对多株菌株进行了全基因组测序（WGS）和泛基因组 DNA 微阵列（MA）分析。针对代表外排泵基因座的 156 个基因的靶向 MA 分析表明，所有 7 种克罗诺杆菌都具有种特异性外排泵同源基因。利用 WGS 数据集比较外排泵基因的分布和序列变异，结合系统发育和分子钟分析表明，外排泵基因的获得可能发生在不同的进化事件中，很可能与序列类型（ST）谱系的进

化有关。要么是通过水平基因转移作为独立的进化事件发生，要么在某些情况下，如对于ST83和ST4菌株，可能是通过一个强大的微进化选择过程获得。外排泵活性在克罗诺杆菌的渗透适应、存活和持久性中起着非常重要的作用，参与了蛋白质、重金属和糖的外排等重要的生理过程。了解克罗诺杆菌在广泛环境中的适应机制，最终有可能发展出控制这些微生物对食物污染的方法。

2. 菌种改良和发酵产物的提升　几千年来，人类通过发酵食品安全地食用微生物。然而，直到全基因组测序和基因组学时代的到来，益生菌的作用机制才得以揭示。作为重要益生菌之一，乳酸菌基因组序列的解析，为益生菌组学技术（主要是转录组学、蛋白质组学和宏基因组学）的实施提供了基础。乳酸菌基因组的特点是体积小，从1.23 Mb的*Lactobacillus sanfranciscensis*到4.91 Mb的*Lactobacillus parakefiri*。迄今为止已经收集了200多种实验室乳酸菌菌株的基因组数据。比较基因组学分析揭示了不同菌株间的大量遗传多样性，造成物种间甚至菌株间的表型变化。基因组信息提示乳酸菌种存在多个糖苷水解酶家族，虽然其中许多家族尚未被鉴定。一些乳酸菌保留了有助于营养物质外源摄取的转运基因，以及使微生物能够耐受温度、pH、盐分等环境压力并抑制病原菌的基因。乳酸菌缺乏毒性相关和毒素编码基因，这是其安全性的保障。大量遗传元件，如质粒、结合转座子和噬菌体的存在，影响细菌多种功能，如乳糖和柠檬酸盐代谢、噬菌体抗性、细菌素产生、蛋白质水解等。此外，成簇规律间隔短回文重复序列（clustered regularly interspaced short palindromic repeats，CRISPR）和相关的*cas*基因广泛存在于许多乳酸菌基因组中，使细菌具有了抵抗有害外源DNA的适应性免疫。

在食品工业中，应对不断变化的消费者偏好和新的发酵工艺，乳酸菌的菌种开发是一个连续不断的过程，目的是生产出质地和口感不断提升、添加剂减少、卡路里含量降低、调节酸组成，甚至消除某些不良特性（如抗药性）的产品。由于严格的食品法规和食品安全要求，菌株改良仅限于使用自然策略，如随机突变、适应性进化、优势选择，甚至自然转导和接合系统，包括基因组改组和基因组编辑。基因组学研究成果正被应用于细菌的代谢工程，代谢工程是由基因组序列和用于遗传操作的分子工具构成，以提高生产效价、改变底物利用率、制备新化合物、扩大生物技术应用等。

丝状真菌在食品工业中具有多方面的能力，包括耐应激及有机酸、乙醇、脂肪酸和酶的生产。此外，一些物种产生的次级代谢产物，如抗生素和色素，在医学和食品领域很有价值。另外，一些丝状真菌会引起人类和植物疾病。基因组学的发展扩大了真菌生物生产的潜在应用价值。自2003年有人首次报道了粗糙脉孢菌的基因组序列之后，巢曲霉、烟曲霉和米曲霉等的基因组序列陆续发布。通过对10种具有工业应用价值的曲霉菌的大规模比较基因组学研究表明，它们在碳源利用、次生代谢、有机酸生产和应激反应方面具有显著多样性。开发基因工程工具是有效利用基因组数据的关键，目前，利用标记回收系统和基因组编辑技术实现丝状真菌多基因缺失已成为可能。基于基因组学和最新的分子遗传学、计算生物学工具，真菌代谢工程的未来大有可为。

3. 食品微生物检测　抗生素耐药性（AMR）监测是风险评估计划中的一个关键步骤，主要基于指示微生物的分离以及临床、环境和食品分离菌株的表型特征。然而，这种方法提供的关于AMR驱动机制或*AMR*基因在整个食物链中的存在或传播的信息非常有限。细菌病原体的全基因组测序（WGS）在流行病学监测、疫情检测和感染控制等方面显示出巨大的潜力。此外，全元基因组测序（WMS）允许对复杂的微生物群落进行独立于培养的分析，为 *AMR* 基因的发生提供有用的信息。这两种技术都有助于追踪 *AMR* 基因和可移动的基因元件，为实施定量风险评估提供必要的信息，并有助于确定 AMR 在食物链上的传播热点和途径。用 WGS 或 WMS 方法实施食品 AMR 监测的工作流程见图 6-1。

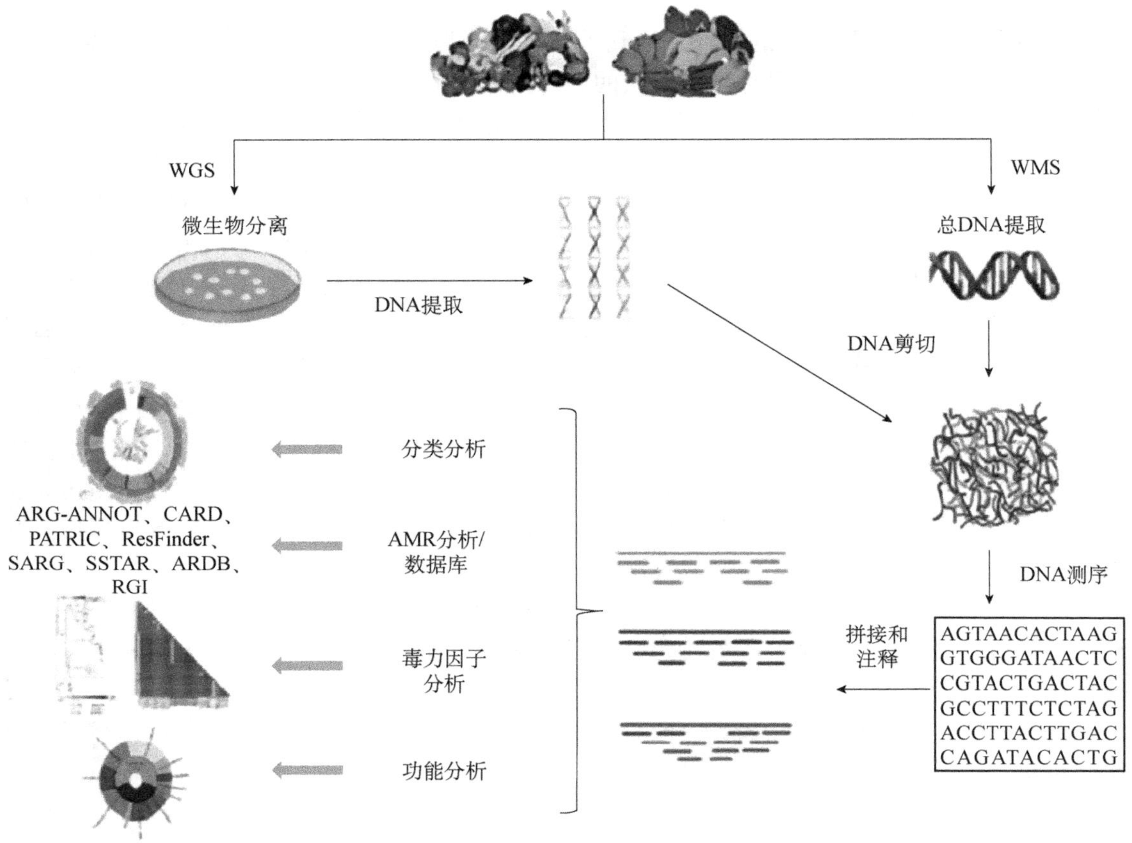

WGS
WMS
微生物分离
DNA提取
总DNA提取
DNA剪切
分类分析
ARG-ANNOT、CARD、PATRIC、ResFinder、SARG、SSTAR、ARDB、RGI
AMR分析/数据库
毒力因子分析
功能分析
DNA测序
拼接和注释
AGTAACACTAAG
GTGGGATAACTC
CGTACTGACTAC
GCCTTTCTCTAG
ACCTTACTTGAC
CAGATACACTG

图 6-1　用 WGS 或 WMS 方法实施食品 AMR 监测的工作流程

ARG - ANNOT. 抗生素耐药基因注释；CARD. 综合抗生素耐药数据库；PATRIC. 病理系统资源整合中心；ResFinder. 抗生素耐药基因和（或）染色体突变数据库；SARG. 结构化抗生素耐药基因参考数据库；SSTAR. 抗菌药物耐药性的序列搜索工具；ARDB. 抗菌药物耐药性基因数据库；RGI. 耐药性基因标识符

下一代测序（NGS）技术在微生物基因组学中的应用不仅限于预测食品样本中微生物的流行程度，还包括阐明微生物如何对不同的食品相关条件作出反应的分子基础，这反过来为预测和控制食品中微生物的生长与存活提供了巨大的机会，同时，也有助于食品生产全过程中的质量监控（表 6-1）。

表 6-1　利用下一代测序技术研究食品中微生物区系

材料来源	国家	测序方法	主要发现
肉鸡柳条	芬兰	16S rDNA 测序（V1～V3）；T-RFLP	腌制过程导致鸡肉微生物组中乳酸菌的增加，从而促进了二氧化碳的产生和酸化

续表

材料来源	国家	测序方法	主要发现
肉鸡柳条	芬兰	16S rDNA 测序（V1～V3）；鸟枪法宏基因组测序	腌制改变了鸡肉条的微生物群落，有利于腐败相关细菌 *Leuconostoc gasicomitatum* 存在
变质的零售食品	比利时	16S rDNA 测序（V1～V3）	描述了零售食品中导致食品意外腐败的嗜冷乳酸菌的特征
商店购买的肉类	美国	鸟枪法宏基因组测序	美国商店购买肉类中常见病毒的特征
牛肉汉堡	意大利	16S rRNA 测序（V1～V3）；PCR-DGGE	基于乳酸链球菌素的抗菌包装减少了特定微生物的丰度，这些微生物产生与腐败相关的代谢产物
生猪肉香肠	法国	16S rDNA 测序（V1～V3）；qPCR	减少盐的用量，结合富含二氧化碳的包装，会降低细菌多样性，导致生香肠更快变质
生牛乳	芬兰	16S rDNA 测序（V1、V2）	与单独在 6℃条件下冷藏相比，用氮气额外冲洗牛乳可以更好地保存牛乳中的细菌多样性
生牛乳	美国	16S rDNA 测序（V4）；qPCR	生乳在低温、短期贮存过程中，微生物群落结构会受到影响
猪肌肉	澳大利亚	16S rDNA 测序（V1、V2）；qPCR	猪肉样品微生物区系以嗜冷腐败菌为主；所有猪肉样品中均存在大肠杆菌，可作为猪肉污染的指示菌种
生牛乳	澳大利亚	16S rDNA 测序（V5～V8）	经过 CO_2 处理的生牛乳样品中，腐败菌的生长至少延迟了 7 d
散装罐装牛奶	美国	16S rDNA 测序（V4）；qPCR；流式细胞术	腐败和产芽孢细菌在所有的奶牛场普遍存在
鲤鱼片	中国	16S rDNA 测序（V3、V4）	基于感官和其他分析，肉桂精油的使用延长了真空包装鲤鱼片保质期约 2 d。但在保质期结束时，与未经处理的样品相比，优势菌群组成无显著差异

注：V. 基因序列中的可变区；T-RFLP. 末端限制片段长度多样性

六、基因组学在其他食品相关技术中的应用

基因组学是从基因的角度，研究生物营养物质的合成和功能性物质发挥的内部调节机理，力求开发优质食品来满足人类生活的需要。自 1990 年人类基因组计划开展至今，许多基因组计划也都陆续开展并完成，如拟南芥基因组计划、水稻基因组计划等。并且随着基因组计划研究的发展和深入，基因组学研究由结构基因组学研究进入了功能基因组学研究。功能基因组学的主要研究内容有基因的识别、鉴定和克隆，包括新策略、新技术、新方法的出现和各种基因组数据库的建立，基因结构与功能及其相互关系的研究和基因表达调控的研究等。发展农业和生物学的根本目的之一是解决人类食物的供应，因此功能基因组研究的开展将引起食品学科和食品产业革命性的发展。植物学家首先在食品工业中利用基因组学技术来调控植物的生物合成途径，现在基因组学的应用已经扩展到农业，并且产生了许多新的应用（例如，生产新的非转基因植物品种的方法；确定遗传标记以指导植物和动物育种计划；探索饮食-基因相互作用以提高产品质量和保证动植物健康）。此外，基因组学也有助于改善食品加工、食品安全和质量保证，以及功能性食品的开发。

1. 提高农业食品品质 基因组学分离出的大量相关基因都与动植物和微生物的生长发育、适应环境的抗逆性及抗病虫害有关，增加了人们对生物的生理机制、调控机制的认识，从而能进一步提高动植物、微生物产品的产量和质量，进而提高食品供应量，拓宽食物来源。目前，已经有多种作物被用于基因组学研究，如粮食作物的水稻、小麦和大豆等，水果蔬菜如番茄、草莓、葡萄，以及家畜的基因组等。除了农业性状相关基因的分离和应用能

促进农业生产，提高作物产量，大量与食品品质相关基因可用于改进食品的味道，优化食品加工的工艺，提高食品营养成分。

植物是人类食物链的基础，植物基因组学和分子生物学的结合为科学家提供了一种改进植物品种的新方法，即通过植物基因组学可以发现并且鉴定相关对改善农业质量和产量有益的新特性基因，再借助新的种植技术，如标记种植和基因修饰等方法，以缩短这些功能特性发挥作用所需的时间或加大功能特性发挥的作用。这种方法比传统的植物育种方法的功能范围更广，精度更高。虽然最初转基因植物的生产纯粹是出于农业经济的原因，以获得对除草剂或病原体（主要是昆虫或病毒）的抗性，但最近该技术的重点是开发高营养的食品原料，即改良植物的营养品质，增进人类健康。例如，通过植物基因组学分析确定并分离出植物中可以促进健康的化合物，防止或延迟严重疾病如动脉硬化或癌症的发作。为了最大限度地发挥植物存在的潜能，植物基因组学和现代种植技术是至关重要的。

通过基因改造可以获得营养益处的一个很好的例子是黄金大米（golden rice），通过转基因技术将胡萝卜素转化酶系统转入大米的胚乳中，使其可获得外表为金黄色的转基因大米，富含胡萝卜素、维生素 A，其优于正常大米的主要功能是可以帮助人体增加维生素 A 吸收。在发展中国家的许多地区，尤其是非洲和东南亚，大米是主要食品，维生素 A 缺乏症是一个重大的公共卫生问题，是儿童可预防失明的主要原因，并可能增加传染病的发生率和严重性。利用基因改造来改善营养性状的另一个例子是转基因番茄。来自牵牛属植物的编码查耳酮异构酶的基因在番茄表皮中过量表达，查耳酮异构酶是一种重要的类黄酮生物合成酶。黄烷醇被认为具有抗氧化特性，食用富含黄烷醇的食物与改善健康，尤其是心血管健康有关。这种番茄品种的改良对其风味无任何影响，在以这种转基因番茄新品种为基础原料的加工中，黄烷醇的含量虽然会遭到一定量的损失，但是仍然能够保持在 65%左右。加工所得的高黄烷醇番茄果实产生的番茄酱中黄烷醇的含量比由标准果实制成的番茄酱高 21 倍。这种转基因番茄新品种为加工新型保健类番茄制品提供了新的可能和原料。

尽管转基因食品为人类提供了营养益处，但公众对这项技术存在质疑和担忧，尤其是在欧洲。现在植物学家找到了利用基因组信息进行作物改良的新方法——定向诱导基因组局部突变技术（targeting induced local lesions in genomes，TILLING）。本质上，TILLING 是一种反向遗传学技术，技术人员不是设计具有特定特征的新品种，而是通过高通量筛选大量天然种质或新的化学诱变群体来鉴定具有所需遗传特征的变体。尽管最初是为二倍体模式生物拟南芥（*Arabidopsis thaliana*）开发的，但 TILLING 也已被成功应用于一系列其他植物物种（大豆、玉米、莴苣和卷叶莴苣、水稻、花生、蓖麻），包括那些具有更复杂基因组的物种，如硬粒小麦（四倍体）和面包小麦（六倍体）。

2. 开发功能性食品　人类基因组和功能性食品的大量流行病学研究表明，某些饮食成分对人类健康有益。这些成分不仅包括人类发育所需的大约 30 种维生素和矿物质，还包括抗氧化剂、不饱和脂肪酸、益生菌等成分。功能性食品对于老人的健康尤为重要。其目标不仅是延长寿命，更是提高老年人的生活质量。基因组学已经为老龄化和人类疾病提供了新的见解。已经证实，老年人受损的一些认知功能（其中约 50%是由基因决定的）与基因产物有关，这些基因产物可能受到食物中存在的成分的影响。食物的原料有时含有对人体健康有负面影响的成分，应该被灭活或去除，如可能引起过敏反应的蛋白质。

完整的人类基因组的知识和快速增长的单核苷酸多态性数据库将告诉我们，尽管人类在基因组水平上有99.9%的同一性，但0.1%的差异意味着我们的30 000个基因中平均每一个都有大约10个变体。这些变体中的一些是中性的，一些可能功能稍差，其他的迟早会导致严重的健康问题。功能性食品有助于将部分功能基因的负面影响降到最低，还可能有助于延缓可能导致严重健康问题的基因变异的出现。

了解食物和食物成分如何调节健康是开发功能食品的核心技术要求。流行病学研究一再表明食物摄入与疾病的发病率和严重程度之间的联系。然而，识别食品中的生物活性成分并确定其作用方式是一项挑战。饮食不仅非常复杂，由许多单独的食物组成，而且每种食物本身都是生物活性成分的复杂混合物。为了帮助理解这种复杂性，营养学家开始转向基因组学研究。例如，高密度的脱氧核糖核酸和蛋白质阵列可以用来描述由整个饮食、饮食成分或单个植物化学物质引起的基因和蛋白质表达的变化。干预后分子变化的比较可能直接有助于识别生物活性成分。它们可以帮助研究人员阐明饮食后的反应基因和反应途径，为体外筛选提供分子靶点，进而可以用来确定饮食和单个食物的生物活性成分。

功能性食品开发的另一个重要方面是评估功效的合适生物标志物的可用性。如果目标是预防而不是治疗健康状况，这一点尤其重要。事实上，以植物甾烷醇/甾醇为基础的功能性食品的最终目标是通过改善心血管健康来降低发病率和死亡率。然而，疗效研究的重点是测量血清低密度脂蛋白胆固醇水平，这是一个公认的心血管疾病风险因素。基因组技术可用于表征疾病状态的发展，以识别新的生物标志物。或者，它们可用于绘制干预的分子和生理反应图，以识别疗效标记。

3. 促进食品工业化生产，保障食品安全　研究人员现在正在使用基因组技术来推动食品加工、食品安全和质量保证的改进。应用包括使用“DNA指纹”来检查食品成分的真实性和验证加工食品的成分，以及开发基于分子的诊断来指导食品加工、预测新鲜产品的保质期和检测微生物污染。

1）*食品加工*　基因组技术的一个相对较新的应用是发现了“过程标记”，即信息分子标记，可用于指导工业生产或改善供应链管理。例如，茶的生产是一个复杂的过程，涉及多个步骤（枯萎、发酵、热处理和干燥），这都可能会影响最终产品的香气和味道。定义这些过程的分子基础将有助于改善目前的制造技术，也有可能开发其他的制造方法。在供应链管理方面，分子标记物可用于预测和改善新鲜农产品的货架期。西兰花是一种流行的绿色蔬菜，众所周知，它的保质期很短，收割后几天内会泛黄并干瘪。基因组学方法已被用于鉴定和表征模型植物物种拟南芥中一系列衰老基因，从而提出了相关信号通路的推定网络。随着对植物衰老分子基础的不断了解，应该能够合理设计生长和收获技术，以改善收获后作物的状态。实际上，从叶片衰老研究中获得的知识已被用于西兰花和生菜的收获后特性表征。

2）*食品安全*　迄今为止，基因组学在食品安全中的应用主要集中在两个领域，即食品成分的安全性评估，以及检测可能导致食品变质或危害人体健康的微生物。食品成分的安全性评估既涉及危害识别，也涉及危害特征（引起不良健康影响所需的暴露水平）。这些数据用于确定特定食品或食品化学成分的最高摄入量。尽管危害分析明显很重要，但是收集适当的数据可能既昂贵又耗时，需要进行详细的毒理学实验，基于研究者的经验累积。在进行毒理学评估时，基因组技术可以带来许多便利。首先，它们的高通量特性意味着可以及时且经济高效地分析多个组织。其次，通过应用转录组学、蛋白质组学和代谢组学，可以研究从基因表达到细胞功能的各种生物学反应。最后，基因组技术可以有效地用作假设生成和假设检验工具，促进更有针对性的毒理学分析，为动物毒理学实验设计提供一定的依据。基因组学在食品安全方面的第二个应用是控制和检测食源性微生物。控制食品中微生物腐败和安全危害的传统方法包括冷冻、热烫、杀菌、腌制和使用防腐剂。然而，随着有机食品和冷冻食品销量的强劲增长，消费者对“自然性”的需求也在不断发展，导致了人们倾向利用更温和的食品保鲜技术。这给食品行业带来了新的挑战。

基因组技术也可以帮助科学家更好地理解细菌的生命周期。定义食源性细菌的作用模式和获得“应激抗性”的机制，进而更合理地设计食品保藏技术。此外，这些信息还可以用来确定食物链中最容易受到微生物污染的区域。

3）*质量保证*　脱氧核糖核酸鉴定作为鉴定植物、动物和包装食品的一种手段，现在已被应用于食品工业。遗传分析的一个应用是作为鉴定和控制传统动物识别系统的一种手段。国家疾病监测和清除工作在很大程度上依赖于传统的动物识别，通常是耳标。然而，传统的方法容易受到诸如标签替换等欺诈行为的影响，并且可能发生动物盗窃和走私。相比之下，DNA 是动物不可分割的一部分，是不可改变的，不仅能够用来验证活体动物，还可以完整追溯到整个食物链中的食品。

遗传分析的第二个应用是食品成分和包装食品的分子认证。消费者在很大程度上依赖食品标签来指导产品选择，尤其是在食品已经加工过的情况下，从而丧失了区分不同成分的能力。例如，传统的巴斯马蒂大米，以其优异的香气和谷物质量而闻名，比杂交巴斯马蒂和非巴斯马蒂大米的市场价格更高，因此，可能出现掺假，用便宜的产品替代优质配料的现象。据报道，在鱼罐头工业中，金枪鱼有可能被劣质的“鲣鱼”品种所替代，而在硬小麦面粉中掺入较便宜的普通小麦面粉是面食工业中的一个问题。食品制造商很难检查配料的合法性，尤其是当明显的外观特征，如鱼头、鱼皮和鱼鳍被去除时。然而，基因分析提供了一个有希望的解决方案。脱氧核糖核酸不仅是一种高度强健的分子，能够承受食品加工的严格要求（如在＞100℃的温度下杀菌），而且存在于动植物的所有部位。

第二节　蛋白质组学技术及其应用

一、蛋白质组学

生物体生命活动最终的效应分子主要是蛋白质。功能基因组和结构基因组研究的目的就是利用已获得的遗传信息推测蛋白质产物及其结构功能。但是，转录产物以十分复杂的形式被剪辑，翻译产物也面临着后续的磷酸化或糖基化等修饰过程，致使蛋白质和 mRNA 之间的相关系数仅为 0.4～0.5。另外，环境对生物体的影响是多因素的，生命发生、衰老、疾病等由多基因调控，基因产物是否及何时被翻译、基因产物的相对浓度等都无法单独依靠基因组分析来完成。故而“基因组时代”的迅猛发展同时激起了人们对“后基因组时代”中蛋白质组研究的需求。而目前已经公开的几千种生物的全基因组序列极大地促进了像基于质谱的蛋白质组学这类后基因组学科的发展。

1994 年，Wilki 和 Williams 第一次提出蛋白质组的概念，蛋白质组（proteome）是指细胞内全部蛋白质的存在及其活动方式，更为清楚的表述是细胞、组织或机体在特定时间和空间上表达的所有蛋白质。作为一门新兴学科，蛋白质组学以蛋白质组为研究对象，在整体水平上研究蛋白质组成与调控的活动规律。目前，包括人心脏和肝脏在内的大量蛋白质组数据库已初步建立，研究所涉及的应用范围包括蛋白质组作图、蛋白质组分鉴定、蛋白质数据库构建、新蛋白质的寻找、蛋白质翻译后修饰的分析、细胞周期、发育、肿瘤发生与发展、环境影响、新药研究等多个领域。微生物蛋白质组学研究的基本目标是鉴定与微生物活动相关的蛋白质。在不同的环境条件下，微生物相关功能基因组得到表达。

首先，与基因组相比，蛋白质组具有多样性，在生命发育不同阶段的细胞蛋白质种类是不一样的，不同组织中细胞表达的蛋白质也有很大差异；其次，细胞蛋白质组是动态的、可变的，即使是同一种细胞在生长与活动的不同时期，在不同条件下，其蛋白质组也是处于不断改变之中，这一特点也就使得对蛋白质组研究的切入点很多、创新性很强。

由于蛋白质组的时空性和可调节性，Cordwell 和 Humphery-Smith 提出功能蛋白质组（functional proteome）的概念，它指的是在特定时间、特定环境和试验条件下基因组所表达的蛋白质。这只是蛋白质组的一部分，是细胞在一定阶段或与某一生理现象相关的蛋白质群体，实际上是把蛋白质组的概念具体化。在这一研究基础上，可不断把许许多多不同的蛋白质群体统计组合，从而描绘出接近于生命细胞的“全部蛋白质”的蛋白质组图谱。从狭义上讲，功能蛋白质组可以指不同时期细胞内蛋白质的变化，比如正常细胞和异常细胞之间，细胞用药和不用药之间的蛋白质水平上的差别，这在疾病研究和药物筛选上很有意义，也是蛋白质组在应用上最具前景的方面。

二、蛋白质组学技术策略

蛋白质组学发展随着蛋白/多肽的色谱分离技术、质谱分析仪器、量化分析所需要的同位素标记及生信分析方法的不断更新换代而改进。蛋白质组学的技术策略分为 3 种：自底向上（bottom-up）、自中向下（middle-down）和自顶向下（top-down）的策略。这 3 种策略和基因组学的策略类似，都需要处理样品和抽提蛋白质、蛋白质处理和获得蛋白质片段、质谱检测与生信分析 4 个步骤。其中，用 bottom-up 策略经双向电泳、液相高效色谱、等电聚焦等方法得到需要的蛋白质碎片之后用胰蛋白酶水解成肽段，经强阳离子交换、等电聚焦等方法分离出目的肽段，这种方法也称鸟枪法蛋白质组学，类似于全基因组鸟枪法测序，因而得名；middle-down 策略中只根据蛋白质片段大小将蛋白质碎片化，之后用限制性水解得到目的大小的肽段进行质谱分析；top-down 策略需要利用双向电泳、高效液相色谱等方法分离蛋白质片段后直接进行质谱检测。bottom-up 策略为全部片段化的蛋白质经过蛋白酶水解后检测，实际是蛋白质的间接检测策略。在这种策略中由于是根据肽段序列来搜寻蛋白质，因而检索到可能不止一种蛋白质。top-down 策略也是对完整蛋白质的分析，在蛋白质修饰及蛋白质异构体的检测方面具有明显的优势。top-down 策略中，由于在气相中蛋白质碎片化、离子化及片段化比较困难，因而不如 bottom-up 策略使用广泛。middle-down 策略比 bottom-up 分析的肽段更大，能最大限度地减少蛋白质间肽的冗余。此外，该策略中大的肽段也有利于蛋白质修饰的分析。总体而言，鸟枪法蛋白质组学在蛋白质及其修饰分析中应用最广，并且主要与 top-down 策略联合使用。在蛋白质的修饰分析中，磷酸化、泛素化、糖基化、乙酰化、甲基化、半胱氨酸还原修饰均需要先富集再检测。

三、定量蛋白质组学

当前蛋白质组学数据的大量公布都依赖于质谱技术的快速发展，包括分辨率、质量准确性、敏感性及扫描速度的显著提升。随着蛋白质组学技术的不断改进和完善，逐步提出了定量蛋白质组学（quantitative proteomics）。定量蛋白质组学是把一个基因组表达的全部蛋白质或一个复杂的混合体系中所有的蛋白质进行精确的定量和鉴定的一门学科，它试图准确地测定蛋白质组间相对含量的差别。定量蛋白质组学研究常用的方法有基于凝胶比较的方法双向凝胶电泳（two-dimensional gel electrophoresis，2DE）、基于质谱的方法 ^{18}O 标记、同位素编码亲和标签技术（ICAT）、相对和绝对定量的等量异位标签（iTRAQ）标记技术和氨基酸同位素标记技术（AACT/SILAC）等。

1. 2DE-MS 途径　　2DE-MS 途径是样品经 2DE 分离，选取凝胶上的蛋白质点经蛋白酶解消化后，再结合肽指纹图谱对蛋白质进行分析鉴定的技术体系。2DE 的第一相为等电聚焦（isoelectric focusing，IEF）电泳，根据蛋白质等电点不同进行分离；第二相为 SDS 聚丙烯酰胺凝胶电泳（SDS polyacrylamide gel electrophoresis，SDS-PAGE），根据蛋白质的相对分子质量进行分离。分离的蛋白质点（spot）用银染或者考马斯亮蓝染色后，用扫描仪把图谱数字化，利用软件处理，得到蛋白质点的强度，据此比较相应蛋白质点在不同样品中的差异表达。然后将有差异的点酶解，用基质辅助激光解吸/电离飞行时间质谱技术（MALDI-TOF-MS）进行分析鉴定。2DE-MS 存在对蛋白质有偏好、重复性差、实验时间长、工作烦琐、无法与质谱形成自动化操作等问题。近年来，荧光双向差异凝胶电泳（two-dimensional difference gel electrophoresis，DIGE）逐渐取代了 2DE 技术。在 DIGE 中，使用不同的荧光染料（Cy2、Cy3、Cy5）标记不同的样品，等量混合后电泳，蛋白质之间的差异可以通过蛋白质斑点不同荧光信号的比率来决定，因此可以直接从一张胶图上得到差异点。它的重复性和灵敏度比 2DE 高，可以省去以往 2DE 需要多次重复的麻烦。但是对极性蛋白质的分辨率仍然很低，同时还存在蛋白质特异的染色效应，一种蛋白质用不同的染料标记时，其标记效率有 19%～34%的变异。

2. ^{18}O 标记　　相对于 2DE 方法，^{18}O、ICAT、iTRAQ 和 AACT/SILAC 都属于稳定同位素标记技术（stable isotope labeling，SIL），使用不同的同位素标记不同来源的样品，这些标记的样品除了同位素的存在导致质量上相差几个单位之外，其他的物理化学性质几乎完全相同，离子化效率也相同，通过比较稳定同位素标记肽和正常肽（或不同同位素的标记肽之间）在质谱图中的强度来获得定量信息。在 ^{18}O 标记技术中，不同来源的两个蛋白质样品分别在 ^{18}O 和 ^{16}O 的水中酶解，酶解过程中，蛋白质酶催化肽 C 端上原来的 ^{16}O 和水中的 ^{18}O 交换，最终 C 端被 ^{18}O 标记，标记了 ^{18}O 的样品和未标记的样品混合做质谱分析。^{18}O 标记的个数和标记效率受到 ^{18}O 的纯度和所用的酶、同位素丰度、肽序列特性及缓冲液等的影响。

3. 同位素编码亲和标签技术　　同位素编码亲和标签技术（isotope coded affinity tag，ICAT）是利用同位素亲和标签试剂共价标记分离的多肽的半胱氨酸残基，然后进行酶解，用多维色谱和串联质谱分析鉴定分离得到的肽段。ICAT 的标签由三部分组成，即生物素标签、同位素标记的链接体和活化基团。ICAT 试剂的差异就在于同位素标签使用了不同的同位素，活化基团负责结合肽的 Cys 残基，生物素标签用于标记后对含 Cys 的肽的分离和富集。蛋白质样品在具有两种不同同位素标签的 ICAT 试剂中标记，样品就被标记上不同数目的 ICAT 标签，混合后做质谱分析。这种方法允许对一个复杂混合物中的所有蛋白质同时进行鉴定，并对存在于两个或多个蛋白质样品中的每种蛋白质的丰度差异进行精确的定量。目前，发展出的 cICAT（cleavable ICAT）使用了 ^{13}C 标记，并且去掉了生物素，和 ICAT 相比，最大限度地避免了同位素效应和化学修饰对肽离子化的干扰。

4. 相对和绝对定量的等量异位标签标记技术　相对和绝对定量的等量异位标签（isobaric tag for relative and absolute quantitation，iTRAQ）是一种多肽体外标记技术。该技术采用 4 种或 8 种同位素编码的标签，通过特异性标记多肽的氨基酸基团，结合串联质谱分析，可同时比较 4 种或 8 种不同样品中蛋白质的相对含量或绝对含量。iTRAQ 包含报告标签、平衡标签和氨基反应标签 3 部分。与 ICAT 类似，氨基反应标签负责和肽的氨基端或 Lys 上的氨基基团反应；平衡标签则负责平衡各种标签之间的质量差，保持整个标签的质量相等；常用的报告标签有 4 个，待比较的 4 种样品用不同的 iTRAQ 标记后，混合做质谱，报告标签的各个峰的强度就代表了相应的肽的强度，可以对 4 个样品同时进行定量。iTRAQ 的一个特点是可以对蛋白质绝对定量，还可同时分离和鉴定成百上千种蛋白质，最大限度地得到蛋白质组的“全组信息”。

5. 氨基酸同位素标记技术　氨基酸同位素标记技术（amino acid-coded mass tagging 或 stable isotope labeling with amino acids in cell culture，AACT/SILAC）和上面这些体外标记的方法不同，它是在细胞培养的时候标记样品（*in vivo*），如 ^{13}C 标记的氨基酸在细胞合成蛋白质时掺入蛋白质中，而不是在蛋白质酶解后再标记（*in vitro*）。

高灵敏度的分离之后往往要求对蛋白质分子的准确及时鉴定。质谱技术由于其所具有的高灵敏度（＜100 fmol）、高准确度（＜0.01%）、快速、易于自动化等其他技术无法比拟的优点，十分适用于凝胶上微量蛋白质的分析。质谱技术的基本原理是样品分子离子化后，根据不同离子间的质荷比（m/z）的差异来分离并确定分子质量。利用基于生物质谱的蛋白质组技术，在包括蛋白质相互作用、全蛋白质组作图及亚细胞器蛋白质组作图、定量蛋白质组研究及蛋白质翻译后修饰等研究方向上都取得了很大的进展。

生物信息学是用数理和信息科学的观点、理论和方法去研究生命现象，组织和分析呈指数增长的生物学数据的一门学科。它以计算机为主要工具，发展各种软件，对 DNA 和蛋白质的序列与结构进行收集、整理、储存、发布、提取、加工、分析和发现。生物信息学由数据库、计算机网络和应用软件三大部分组成。

蛋白质经分离分析后必须通过数据库的查询，才能确定蛋白质是已知或未知，有否翻译后修饰，与同类蛋白质同源性如何等。目前主要的国际数据库包括美国的 GenBank、欧洲的核酸序列数据库（EMBL）、日本的 DNA 数据库（DDBJ）和瑞士的蛋白质序列数据库 SwissProt，分别由美国国家生物技术信息中心（NCBI）、英国剑桥欧洲生物信息学研究所（EBI）、日本国家遗传学研究院（NIG）和瑞士生物信息研究所（SIB）负责管理、维护和运行。除了核酸序列数据库外，前 3 个信息中心同时负责管理和维护蛋白质序列、蛋白质结构、生物医学文献等各种数据库，为世界各国的科学家提供生物信息资源服务。其中，SIB 下属的蛋白质分析专家系统（ExPASy）的万维网（WEB）服务器除了开发和维护 SwissProt 数据库外，也是国际上蛋白质组和蛋白质分子模型研究中心，为用户提供大量蛋白质信息资源。

四、蛋白质组学在食品微生物学中的应用

利用蛋白质组学工具，可以获得基因组、转录组学无法获得的蛋白质的重要信息，如翻

译后修饰、蛋白质-蛋白质相互作用、蛋白质定位、代谢途径等。蛋白质组学分析可以识别蛋白质的精确变化，进而解决微生物种群的复杂性，提供对微生物代谢、细胞途径和微生物适应性的新信息。此外，微生物蛋白质组分析的许多技术，如电泳法、色谱法、质谱法及定量蛋白质组学，有助于蛋白质的分离、表达、鉴定和定量。

基于凝胶的蛋白质组学技术最初用于微生物分类学研究，其后逐渐用于比较机体对外界刺激发生应答的蛋白质组学机制。某些抗生素耐药细菌，如耐甲氧西林金黄色葡萄球菌，已成为对人类健康的主要威胁。通过 SDS 和二维聚丙烯酰胺凝胶电泳（2D-PAGE）分析差异表达的蛋白质，发现当用杀菌剂处理时，诸如 3-羟酰基-CoA 脱氢酶、NAD 结合域蛋白、甲酸 C-乙酰转移酶、3-羟酰基-CoA 脱水酶 FabZ、NAD 依赖性差向异构酶/脱水酶等蛋白质上调，表明细菌蛋白质组参与能量代谢和蛋白质应激，深化了对细菌耐药机制的理解。

利用 SDS-PAGE 和液相色谱-串联质谱（LC-MS/MS）研究铬胁迫下耐金属 *Alcaligenes faecalis* VITSIM2 的差异蛋白质表达，发现鞭毛蛋白和 50S 核糖体 L36 蛋白的差异表达可能有助于机体逃逸重金属毒性。通过 2D-DIGE 分析南极游海假交替单胞菌在低温条件（4℃和8℃）下表达的蛋白质组，发现除了涉及翻译、抗氧化活性、蛋白质去折叠和膜完整性的蛋白质外，冷胁迫下表达的主要蛋白质是触发因子。触发因子有助于新合成肽的快速高效折叠，并且在其他伴侣如 DnaK 和 GroEL 的活性受到抑制时发挥作用。

为了探索瘤胃消化道微生物群落的元蛋白质组，用三氯乙酸沉淀奶牛和肉牛消化液中的蛋白质，并对蛋白质提取物进行 1D-PAGE 和 2D-PAGE 分析。使用 LC-MS/MS 鉴定瘤胃甲烷短杆菌中表达的蛋白质，发现 5,10-亚甲基四氢甲蝶呤还原酶和甲基辅酶 M 还原酶是参与甲烷代谢的关键酶。这些以凝胶为基础的工具在深入了解反刍动物的产甲烷过程和开发减少反刍动物甲烷排放的方法方面起着至关重要的作用。

虽然确定蛋白质含量和蛋白质模式的变化的方法很多，但只有少数技术，如非变性聚丙烯酰胺凝胶电泳（native PAGE），才能用于研究蛋白质相互作用。蛋白质-蛋白质相互作用为我们提供了细菌生理学和致病机制的深度解析。在热自养甲烷球菌中，甲烷作为代谢的最终产物被释放。用非变性聚丙烯酰胺凝胶电泳和十二烷基硫酸钠-聚丙烯酰胺凝胶电泳（SDS-PAGE）分析与产甲烷有关的蛋白质复合物，确定了参与合成代谢、分解代谢和一般细胞过程的蛋白质复合物。2D 凝胶电泳用于研究胆汁胁迫下植物乳杆菌的蛋白质图谱。两种谷胱甘肽还原酶参与保护胆汁盐引起的氧化损伤，一种负责维持细胞膜完整性的环丙烷脂肪酰磷脂合酶、一种胆汁盐水解酶、一种 ABC 转运体和一种 FoF1-ATP 合酶在胆汁相关应激中过度表达。从这些研究中可以看出，基于凝胶的蛋白质组学能够大规模研究蛋白质表达。

相对而言，高度依赖质谱技术的定量蛋白质组学在微生物学研究中的报道越来越多。通过细胞培养中氨基酸的稳定同位素（SILAC）标记来研究马舌衣藻在盐胁迫下的蛋白质表达，发现了与氨基酸代谢有关的代谢应答特征，该研究为高等光合生物的胁迫适应提供了新的见解。SILAC 标记使生物体蛋白质组动力学的研究成为可能。利用 ICAT 技术，比较布氏甲烷类球菌在低温和最适温度条件下的蛋白质组，发现与细胞组分生物合成和产甲烷相关酶的表达受到抑制。这是 ICAT 技术首次用于研究古生菌的冷适应。用 iTRAQ 研究有/无纤维素添加条件下，褐色喜热裂孢菌的蛋白质组成。该技术相对量化了许多水解酶，如纤维素酶、半纤维素酶、糖苷水解酶、蛋白酶和过氧化物酶，以及在能量代谢和细胞壁合成中起作用的蛋白质转运蛋白，显示出定量蛋白质组学在微生物分泌组研究中的重要性。蛋白质组学在微生物学中的部分应用如表 6-2 所示。

表 6-2　利用不同蛋白质组学工具开展的微生物研究

物种	蛋白质组学工具	研究目标
Methanococcoides burtonii	ICAT，LC-MS/MS	有机体冷适应
Methanococcus maripaludis *Porphyromonas gingivalis*	Spectral count	缺乏能量代谢关键酶的突变体与野生型之间，蛋白质丰度进行量化和比较
Pseudomonas fluorescens	2DE，MALDI-TOF	铅、铜和钴存在下的差异蛋白表达
Fusarium graminearium	iTRAQ	真菌毒素诱导条件下的蛋白质组分析
Lactococcus lactis	2DE，MALDI-TOF/TOF	渗透胁迫下差异表达蛋白的研究
Acinetobacter baumannii	2DE，MALDI-TOF/TOF MS	在富铁螯合条件下的蛋白质表达
Synechocystis salina *Chlorella Vulgaris*	SDS-PAGE，native PAGE，LC-MS/MS	UV-B 和温度胁迫对南极和中温菌株分泌蛋白质组的影响
Pseudomonas putida *Pseudomonas monteilli*	2DE，LC-MS/MS	镉暴露后差异表达蛋白的鉴定
Synechocystis sp.	2DE，MALDI-TOF	钴、镉和镍胁迫条件下蛋白质模式的改变
Termitomyces heimii	2D-DIGE，MALDI-TOF/TOF	生物体每个发育阶段的蛋白质谱
Pseudomonas aeruginosa	SILAC	微生物对抗生素的耐药性
Candidatus *Thiodictyon syntrophicum*	2D-DIGE，MALDI-TOF	在有无光照的情况下监测整体蛋白质组的变化
Streptococcus pneumonia	2DE，MALDI-TOF/TOF	鉴定与铜抗性有关的蛋白质
L. lactis subsp. *lactis*	2DE，MALDI-TOF/TOF	镉存在下蛋白质组的研究
Vibrio parahaemolyticus	iTRAQ- 基于 LCMS/MS	不同的生长条件下检查生物体的蛋白质表达模式
Lactobacillus plantarum	iTRAQ	通过比较镉胁迫下抗性植物乳杆菌菌株 CCFM8610 和敏感性植物乳杆菌菌株 CCFM191 的蛋白谱，探讨镉胁迫反应的机制
Anabaena sp.	MALDI-TOF MS/MS	对耐盐鱼腥藻进行生理和蛋白质组学分析
Anabaena azolla	2DE，MALDI-TOF MS/MS	蓝绿藻在盐度下的蛋白质组学特征
A. azolla	2DE	采用不同的蛋白质提取方法和 2DE 技术研究满江红的共生特性

注：DIGE. 差异凝胶电泳；ICAT. 同位素编码亲和标签；LC. 液相色谱；MALDI. 基质辅助激光解吸/电离；MS. 质谱；SDS-PAGE. 十二烷基硫酸钠-聚丙烯酰胺凝胶电泳；TOF. 飞行时间；Spectral count. 基于质谱数的蛋白质半定量；native PAGE. 非变性聚丙烯酰胺凝胶电泳

五、蛋白质组学在其他食品相关技术中的应用

蛋白质组学在一次分析中就可以分离和定量数千种蛋白质，并同时进行单个蛋白质的表征、切割位点鉴定和蛋白质修饰。因此通过蛋白质组学技术对各食品中的蛋白质成分进行分析、定量，可以了解不同食品中蛋白质的各种特征信息，在检测食品营养、食品安全方面具有不可取代的优势。

1. 牛奶及乳制品的检测　乳制品中富含大量蛋白质，因而可以通过检测其中的蛋白质组成和蛋白质活性来鉴别和检测其是否为合格乳。有研究者采用基质辅助激光解吸电离飞行时间质谱技术（MALDI-TOF MS）对山羊奶和驴奶中的蛋白质组进行分析鉴定，以判断山羊奶和驴奶产品的真实性。通过该方法，即使样品中的掺假量很少，也能快速确定出掺假的样品奶，其鉴定掺入其他奶的检测极限为 0.5%。由于 MALDI-TOF MS 方法中没有复杂的样品预处理过程，且检测结果较为快速、灵敏和准确，具有较高的乳制品行业常规分析的应用

潜力。用该技术鉴定新鲜液体奶中是否掺杂了奶粉，对液体乳和复原乳的鉴定极限为1%的掺假样品。

此外，人乳作为新生儿最理想的天然食物，对人乳进行研究可以为母婴健康提供更好的保障。对人乳的蛋白质组学分析，包括其中的蛋白质组成、动态变化，还能比较人乳与其他物种乳汁中的翻译后修饰蛋白的差异。通过对人乳中的免疫组分进行研究，可以反映母亲的身体健康状况，比如当母亲出现乳腺感染等情况时，人乳中会出现相应的免疫和防御蛋白。通过质谱学技术来研究乳腺癌患者与健康捐赠者的乳中蛋白质的差异时，也发现了乳腺癌患者与健康人乳中的显著性差异蛋白，表明人乳蛋白质组学的研究成果，有诊断、评估早期乳腺癌的潜力。

2. 肉制品的检测　蛋白质组学能够分析蛋白质混合物中的蛋白质组分，因而在肉制品中，可以通过蛋白质组学的方法来检测不同种类的肉。例如，通过纳米级快速液相色谱串联四极杆飞行时间质谱（LC-QTOF-MS/MS）技术，对不同肉制品中的20种具有热稳定性的特殊肽标记物进行检测，成功检测出鸡肉、鸭肉和鹅肉，将该方法用于检测鸡肉与猪肉的混合物时，检测极限可以达到1%（*m*/*m*）。此外，在不同的研究中，采用不同的蛋白质组学方法，可以较为精确地检测区分猪肉、牛肉、羊肉、马肉、鸡肉、鸭肉等肉类。可见，蛋白质组学技术在肉制品评估方面有较好的应用前景。

蛋白质组学还能对某一品种的肉的质量进行检测。例如，在牛肉中，肉的大理石花纹（肌内脂肪沉积）、嫩度、肉色等都是评价牛肉是否为高质量牛肉的评价标准。其中大理石花纹由肌内脂肪形成，研究者发现，蛋白质表达上调与下调的动态平衡共同调节脂肪组织。通过蛋白质组学技术对不同脂肪沉积的肌肉进行分析发现，大多影响肌内脂肪沉积的蛋白质均会直接或间接调节重要的生物途径，通过对差异蛋白的作用机理进行研究，可以为改善肉质提供基础。此外，通过蛋白质组学技术对不同嫩度的肉类进行分析，可以发现其中的差异性蛋白质，从而不仅可以更深入地了解影响肉类嫩度的生物学机制，还能进一步改良肉的品质。目前已发现多种蛋白质，如热休克蛋白β-1、肌动蛋白、肌钙蛋白C、肌钙蛋白T、钙/钙调蛋白依赖性3′,5′-环核苷酸磷酸二酯酶1B、肌酸激酶、肌球蛋白1、肌球蛋白2、钙转运ATP酶2C型等蛋白质与肉的嫩度有一定的相关性。其中，热休克蛋白被普遍认为可以作为肉类嫩度的生物标记物，目前的研究表示该蛋白是导致肉类嫩度差异的关键蛋白，其可能的作用机理是热休克蛋白的表达下调可以加速肌肉蛋白降解或解体，从而改善肉的嫩度。肉色是肉类加工处理过程中最重要的特征之一，其中肌红蛋白是维持肉类红色的主要色素。肌红蛋白的脱氧肌红蛋白、氧合肌红蛋白和高铁肌红蛋白这三种氧化还原形式的浓度是影响肉色的主要原因。某些蛋白质可以通过生物体代谢来影响肌红蛋白含量，从而影响肉类的肉色。因此，可以利用蛋白质组学技术对影响肌红蛋白变化的蛋白质进行研究。目前有研究表明葡萄糖磷酸变位酶-1、丙酮酸激酶M2、甘油醛-3-磷酸脱氢酶这三种糖酵解酶与牛肉的肉色变化显著相关。对这些蛋白质进行研究，或许可以找到防止肉色改变的方法。

3. 鱼类的检测　蛋白质组学技术在鱼类中的应用主要是为了研究鱼肉品质变化过程中的蛋白质的作用机制，从而进一步改良鱼类的肉质。鱼类的肉质表现在鱼的肌肉组织特性，如嫩度、多汁性、肌内脂肪含量等，这些特性除了由遗传因素决定之外，还会与“鱼类福利”、饲料组成及死后的加工、贮藏方式有关。所谓“鱼类福利”，就是让鱼类在健康快乐状态下生存和生长发育，鱼的生长环境不同会对鱼类的感官和质构特性产生较大的影响，从而影响鱼的品质。此外，鱼类的宰杀程序和宰杀方式也会对鱼类的产品质量产生影响。另外，鱼类宰杀后的加工方式和储存方式也会影响鱼肉的品质。鱼肉产品贮藏加工过程中蛋白质水解会导致肌肉质构特性发生改变，体现在鱼肉肉质变软，并伴有细菌腐败，会极大地影响鱼肉质量。多种研究表明，基质金属蛋白酶和基质丝氨酸对细胞外基质的降解，钙蛋白酶和组织蛋白酶降解肌原纤维，这些储存过程中发生的生化反应一般被认为是肉质变化的主要原因之一。有研究者采用二维凝胶电泳技术研究新鲜鳕鱼与死后鳕鱼肉质中的蛋白质组学变化，结果表明，鳕鱼死后肌肉中的某些蛋白质水平发生了显著变化，其中肌肉组织的分解产物增加，这表示死鱼肉生化反应过程是由蛋白质变化导致的。因此，蛋白质组学技术对于揭示鱼类死后代谢反应变化与肉质变化之间的关联性具有重要价值。

4. 葡萄酒行业的多种检测　在葡萄酒中使用蛋白质组学技术，可以区分不同种类的葡萄酒及不同年份葡萄所生产的葡萄酒，同时还可以将蛋白质组学用于检测和量化葡萄酒中的添加物。目前葡萄酒行业中的蛋白质组学技术主要用以检测澄清剂或葡萄酒中的特异性蛋白质的存在。酪蛋白和溶菌酶是最常用的两种添加到葡萄酒中去除成品中残留蛋白质的葡萄酒澄清剂。但是酪蛋白和溶菌酶分别是来自牛奶和鸡蛋的常见食物过敏原，因而从2012 年 7 月开始，葡萄酒中澄清剂的含量如果超过 0.25 mg/L，则需要在葡萄酒标签上声明。因此，通过蛋白质组学技术在微量水平上检测这些人工添加蛋白是葡萄酒行业质量安全的重要手段。

然而，虽然蛋白质组学技术理论上可以用于葡萄酒行业中的多种检测，但是蛋白质组学技术在鉴别葡萄酒真伪、种类等方面还没有被大众接受。其中的主要原因是，葡萄酒中的蛋白质会抑制发酵过程；且蛋白质的变性沉淀聚集会导致葡萄酒发生浑浊，瓶装葡萄酒中出现浑浊或絮状物常表示该产品不够稳定，所带来的商业价值也会降低。因此，在葡萄酒的工业加工过程中，常会通过适当的过滤步骤以去除其中残留的蛋白质，从而导致葡萄酒中的蛋白质含量很低，不易被检测。此外，葡萄酒制作过程中常会有外源蛋白质的存在（如酵母、细菌和真菌），这些外源蛋白质的存在进一步复杂化了葡萄酒行业中蛋白质组学技术的应用，增加了葡萄酒的原产地、成分、葡萄品种、葡萄年份的鉴定难度，同时也会增加鉴定结果错误的可能性。因此，在葡萄酒行业中使用蛋白质组学技术，样品的制备，主要是蛋白质的提取和富集等，是至关重要的，不仅会影响蛋白质的数量，还会影响鉴定结果的重现性。

5. 转基因食品及其他制品的检测　目前在植物、动物和微生物中都有转基因食品，其中转基因植物是主要的转基因食品。2010 年转基因作物的种植面积就达到了 1.48 亿公顷，约占地球耕地面积的 10%。但是当涉及转基因食品时，食品安全和质量控制是不得不提的两大要点。另外，改变一个物种的 DNA 是否会导致整个物种的蛋白质组学发生改变也是一个耐人寻味的问题。通过非靶向蛋白质组学技术可以在样品种类未知的情况下，同时比较数百种植物中的蛋白质组成分。例如，通过比较野生型和某种转基因玉米种子中的蛋白质组学特征，发现相对于野生型，转基因玉米中有 43 种蛋白质表达发生了变化。需要指出的是，虽然蛋白质组学技术可以被用来区分转基因食品与野生型食品，有在转基因食品中应用的潜力。但是目前已批准的转基因生物都具备详细的基因组处理记录，如基因插入或基因缺失等，这使得在转基因食品的检测中，使用基因组学技术更加具体，且目前的靶向遗传方法在转基因食品中的研究比蛋白质组学技术成本更低，操作更快，因而目前转基因食品中蛋白质组学技术并不常用。

在保健品中，也常使用蛋白质组学技术进行食品鉴伪，如阿胶、人参、燕窝、蜂蜜等。

第三节　代谢组学技术及其应用

一、代谢组学

代谢组学研究的是生物体（包括细胞、组织或个体）在不同条件下产生的代谢产物的变化，关注的对象是分子质量 1500 Da 以下的小分子化合物。可以认为代谢组学是基因组学、转录组学和蛋白质组学的延伸与终端，并反过来对上游的基因、RNA 及蛋白质进行调控和影响，以及对其自身代谢物的合成产生影响。如果将生物学视为一门信息科学，代谢组学的研究则处于生物信息流的中游，介于基因、蛋白质与细胞、组织之间，在生物信息的传递中起着承上启下的作用，因此被认为与表型是最密切关联的。生物体的生命活动大多发生于代谢层面，代谢物能更多地反映细胞所处的环境（如营养状态、药物）和环境污染等影响。因此，也有科学家将其总结为：基因组学和蛋白质组学告诉你可能发生什么，而代谢组学则告诉你已经发生了什么。

代谢组学是一门快速发展的科学研究领域，代谢组学的概念最早来源于代谢轮廓分析（metabolic profiling），由 Devaux 等于 20 世纪 70 年代提出。随着基因组学的提出和迅速发展，代谢组学（metabolomics）的概念在 1997 年被提出，之后很多科学家开展了这方面的研究。Nicholson 等于 1999 年提出了 metabonomics 的概念，并在疾病诊断、药物筛选等方面做了大量卓有成效的工作，使得代谢组学得到了极大的充实，同时也形成了当前代谢组学的两大主流领域：metabolomics 和 metabonomics。一般认为，metabolomics 是通过考察生物体系受刺激或扰动后（如将某个特定的基因变异或环境变化后）代谢产物的变化或其随时间的变化，来研究生物体系的代谢途径的一种技术。而 metabonomics 是针对生物体对病理生理刺激或基因修饰产生的代谢物质的质和量的动态变化的研究。前者一般以细胞作研究对象，后者则更注重动物的体液和组织。

无论选择什么词语，代谢组学都包括复杂的样品制备、先进的分析工具及多元统计分析。一般而言，代谢组学的研究方法分成两类：用以评估样品中可分析的所有小型化合物（非靶标方法）及系统中特定类别的化合物（靶标方法）。

代谢组学具有以下三方面的特点。首先，基因和蛋白质表达的有效微小变化会在代谢物上得到放大，从而使检测更容易；其次，代谢组学的技术需要一个相对完整的代谢物信息库，但它远没有全基因组测序及大量表达序列标签的数据库那么复杂；最后，代谢物种类要远小于基因和蛋白质的数量，其物质的分子结构也要简单得多。每个生物体中代谢产物大约在 10^3 数量级，而常见的细菌，其基因组中也包含几千个基因。此外，代谢产物在各生物体系中都是类似的。所以代谢组学研究中采用的技术更容易在各领域中得以应用。

二、代谢组学的主要分析方法

代谢组学研究的主要目标之一是鉴定生物标志物。生物标志物可以被定义为在生物体中存在的代谢物，或更具体地说是代谢途径。目前，代谢组学的两种主要分析方法是质谱和核磁共振，而质谱方法又分为气相色谱-质谱联用和液相色谱-质谱联用，虽然如今对代谢物的分析广泛使用质谱方法，但两种方法各有优缺点，能够互补，可以根据实际要求和两种方法的特点来选择。核磁共振检测方法具有样品制备简单，易于定量代谢物水平，非破坏性、无偏，实验可重复性高，可以用于体内检测，需要很少或不需要色谱分离、样品处理或化学衍生化，能够用于新化合物的常规鉴定等优点，特别适用于检测并鉴定相对于液相色谱-质谱联用分析而言较难处理的像糖、有机酸、乙醇等小分子化合物，同位素示踪法时追踪代谢通路及流量。质谱检测因其通过测定物质的质荷比获得待测分子及其片段化后的质量，从而确定物质，在液相或气相色谱分离之前有数千种离子进入质谱仪，从而最大限度地减少信号抑制并提高灵敏度，比核磁共振的灵敏度可以提高 10～100 倍。

三、代谢组学的分析流程

一般来说，所有代谢组学分析都遵循普遍的流程，包括样品制备、代谢物提取、衍生化、分离、检测和数据分析，大量文献中可以找到对该过程每个步骤的详细描述。

1. 代谢物提取　一般而言，食品代谢分析过程遵循靶向或非靶向的方法。非靶向分析的目的是评估系统的整体生物代谢物概况，而不是预测导致系统改变的化合物类型。这种综合方法已应用于多项研究中，以产生可用于分类的化合物。

由于没有检测系统中所有化合物的单一方法，因此对目标化合物进行一种或多种目标分析可能会得到在非靶标分析中丢失的信息。有研究表明，大肠杆菌 O157：H7 和沙门氏菌的生长会对系统中挥发性化合物产生影响。通过对这些挥发物的靶向分析，可以预测肉样中是否存在这些细菌污染。有针对性的分析需要使用与代谢物相容的萃取溶剂，以及纯化和浓缩方法。

提取代谢物概况可以首先通过使用色谱或电泳技术分离确定，或者通过诸如 NMR、电喷雾电离（ESI）-MS 或 IR 光谱等分析技术直接量化。

2. 代谢物组分分析　组分的分离通常通过液相色谱（LC）、气相色谱（GC）或电泳法如毛细管电泳（CE）来实现。液相色谱（LC）如高效液相色谱（HPLC）或超高效液相色谱（UPLC）已成为分析半极性或非极性化合物的首选方法。LC 系统最近也被包括在亲水性化合物的代谢组学分析中。气相色谱适用于低分子质量挥发性化合物。为了增加挥发性，必须诱导非挥发性物质来代替亲水基团，如—OH、—SH 和—NH。毛细管电泳是带电分子的首选，并且通过毛细管电泳可以分析亲水性和半疏水性化合物。

代谢产物通常由核磁共振（NMR）、质谱（MS）、红外光谱、紫外可见光二极管阵列（PDA）检测器和火焰离子化检测器（FID）等系统检测。NMR 是一种非破坏性技术，可以检测和鉴定样品中的化合物。在核磁共振分析中使用纯化合物可以获得最好的结果，而复杂的代谢物混合物可以使用软件进行分析。此外，核磁共振可以对样本和完整组织进行无创分析。然而，仪器缺乏灵敏度是该技术的主要缺陷。化合物的质谱检测灵敏度高。在质谱法中，代谢物需要首先电离，包括使用大气压电离、电喷雾电离、化学电离、光电离、电子碰撞电离或其他方法。各种质谱系统，液相色谱-质谱、气相色谱-质谱和毛细管电泳-质谱，以及飞行时间（TOFMS）、三重四极杆质谱、傅里叶变换离子回旋质谱等都可以选择使用。

PDA 主要在 LC 或 CE 分离后检测化合物，而 FID 则在 GC 分离后检测化合物。使用

PDA 检测化合物的成本较低，但灵敏度要低于 MS。只有在紫外可见光谱（UV-Vis）范围内有吸收的化合物才能被检测出来。与某些 MS 系统相比，FID 可以检测更多的化合物，但是除了在 GC 色谱柱上的保留时间外，无法提供其他与化合物有关的信息。

通过红外检测方法可以对样品进行廉价的无创分析，并已用于农业相关研究的概况分析。但是，检测极限无法与 MS 系统进行比较。

3. 化合物鉴定　对于一些旨在区分不同类型样品的指纹研究，代谢组学分析不需要化合物鉴定。但是，识别感兴趣的化合物可以更好地理解系统的过程和质量。化合物的鉴定取决于用于检测的系统。通过核磁共振技术鉴定化合物是基于独特的化学位移，并且化合物的唯一数字识别号码（ID）通常是通过与数据库或纯标准品进行比较而获得的。同时，核磁共振还能够实现化合物的结构鉴定，包括分子立体化学。

气相色谱-质谱联用（GC-MS）通常采用文库匹配的方法进行化合物鉴定。如果库中有不止一种化合物与目标代谢物匹配，则可以基于使用一种或两种不同类型的色谱柱获得的保留时间进行选择。

使用液相色谱法时，化合物的鉴定仍然具有挑战性。LC-MS 系统中相对同位素丰度的中位误差约为 20%，并且数据库通常依赖于仪器。因此，最常用的方法是将感兴趣化合物的 LC-MS 谱与数据库中的质谱进行比较，如人类代谢组数据库等，通过比较未知化合物与纯标准品的 MS/MS 谱，可以获得化合物的 ID。

LC 或 CE 分离后，PDA 也采用类似的方法进行化合物鉴定。通常将在紫外-可见光谱范围内获得的完整光谱与已发布的紫外-可见光谱数据或纯标准品进行比较，通过比较目标化合物与纯标准品的保留/跃迁时间初步获得化合物的 ID。

4. 数据分析　代谢组学最重要的部分之一是从代谢组学分析得到的化合物库中选择感兴趣的代谢物。数据预处理通常包括反褶积以校正重叠化合物，对齐以校正偏差保留时间，标准化以纠正仪器偏差的化合物强度。

数据预处理后，通常采用单变量或多变量方法进行分析。单变量方法通常确定样本处理中单一化合物水平差异的显著性。方差分析和 t 检验是最常见的选择。其他单变量分析包括定量检测限和单独监测个别代谢物，这种单变量分析在靶向代谢组学中很常见。多元数据分析将所有检测到的化合物或化合物的子集纳入分析。随机森林、神经网络、主成分分析（PCA）、支持向量机、偏最小二乘法（PLS）、判别分析（DA）和典型分析是代谢组学中首选的多元分析工具。

5. 代谢组学数据库　代谢组学分析离不开各种代谢途径和生物化学数据库。与基因组学和蛋白质组学已有较完善的数据库供搜索使用相比，目前代谢组学研究尚无类似的功能完备的数据库。一些生化数据库可供未知代谢物的结构鉴定或用于已知代谢物的生物功能解释，如 Connections MapDB、KEGG、HumanCyc、ExPASy 等数据库。目前的代谢组学数据库主要用于各种生物样本中代谢物的结构鉴定。理想的代谢组学数据库还应包括各种生物体的代谢物组信息及包含代谢物的定量数据。例如，人类代谢组数据库（The Human Metabolome Database）包含了人类体液中超过 1400 种的代谢产物。数据库中每种代谢产物都有其相应的化学、临床、分子生物学和生化数据。

四、代谢组学在食品微生物学中的应用

快速检测被微生物及其毒素污染的食品可以减少食源性疾病的暴发。在非选择性培养基中短时间培养样品，利用 GC-MS 分析代谢产物，借此能够在肉和家禽中检测到大肠杆菌 O157：H7 和沙门氏菌属等微生物。在这项研究中，使用了 CE、HPLC-MS 和 GC-MS 进行分析，但只有在通过 GC-MS 分析挥发物成分后才能进行细菌鉴定。此外，利用固相萃取系统、二极管阵列检测器（HPLC-PDA）和电化学检测技术，检测了谷物中的微生物毒素，如半合成真菌毒素玉米赤霉醇（zeranol）及其类似物。其他类型的真菌毒素，如燕麦、小麦、玉米、面包和玉米片中的毛霉素，使用乙腈/水/乙酸混合物提取后，用已烷脱脂，利用 UPLC-ESI-MS-MS 测出。

食品中的细菌活性可以通过监测腐败反应来评估。腐败微生物的存在是食品保质期和保存温度的决定因素。基于高效液相色谱的靶向代谢分析已用于监测橙汁中植物乳杆菌的腐败。它在腐烂过程中利用糖、苹果酸和柠檬酸来生产大量的乳酸与乙酸。

酸奶是乳制品在保加利亚乳杆菌和嗜热链球菌的作用下经乳酸发酵而成的一种凝固型乳制品。由于乳酸菌发酵，原料中的营养物质发生变化，还会产生各种代谢产物，如乳糖变为乳酸，酪蛋白转变为肽和游离脂肪酸等，从而对酸奶的质地、风味等产生影响。因此，建立一种较好的分析方法，探究酸奶发酵过程中的代谢机理以调控其中的各种反应，显得尤为重要。Settachaimongkon 等经研究发现，以嗜热链球菌和保加利亚乳杆菌的共同培养物为发酵剂所生产的凝固型酸奶中，挥发性和非挥发性的芳香代谢物含量很高。通常认为发酵乳制品中，只能使用乳酸菌，加入酵母则会产生“胀包”现象，有研究将 3 种酵母与酸奶发酵常用菌进行混合发酵，通过 GC-MS 对挥发性代谢产物进行检测，发现酵母的加入可使样品中的挥发性代谢产物及有益脂肪酸含量有所增加，同时还能丰富产品的风味。利用 NMR 技术对酸奶发酵过程中所产生的各种成分进行监测，可为酸奶的分类提供新的标准。

培养基中微生物的鉴定是通过非靶向代谢技术实现的。将基质辅助激光解吸/电离（MALDI）技术与 TOFMS 和典型的鉴定数据分析结合使用，对麦芽提取物琼脂培养基上生长的曲霉进行种属分类，准确率达 95%以上。此外，基于 GC-MS 的脂质代谢分析，以及 PCA 和 PLS 数据分析可以识别分枝杆菌的潜在生物标志物，并利用贝叶斯定理和多元核密度估计建立了一个新的分类模型。

五、代谢组学在其他食品相关技术中的应用

食品成分之间的相互作用在加工之前、之中和之后都受到外部因素的影响。食物基质中所有化合物的物理和化学相互作用决定了产品的最终属性，如感官可接受性、质量、安全性和保质期。因此，通过识别食品成分和相互作用，可以更好地控制和理解食品过程与系统。代谢组学是对化学成分的系统研究，它为确定、量化和识别影响最终产品特性的食品成分提供了系统而全面的方法。而比较代谢组学主要是确定样品分类中涉及的代谢物类型。这对于开发新的可食用植物品种尤其重要，因为人们正在尝试将基因表达与谷物、水果、蔬菜的质量和产量联系起来。

1. 食品加工的代谢组学　在食物的采前、采后和加工过程中，会发生一些成分的变化，代谢组学可以监测这些变化并更好地了解加工的效果。利用基于 GC-MS 的代谢组学研

究了番茄的耐冷性发现，番茄的热处理对低温具有抵御作用，同时阿拉伯糖、果糖-6-磷酸、缬氨酸和莽草酸含量也与耐寒性有关。

一些食品保存技术，如干燥超声波处理，在提高食品货架期的同时，也会改变产品的代谢产物。这些变化中大多数无法表征，但代谢组学技术可以监测这些变化。用 HPLC 和 PDA 对红皮葡萄果实干燥过程中外果皮的变化进行监测，发现脱水过程中黄酮醇和反式白藜芦醇含量增加，而黄烷-3-醇浓度降低。此外，利用基于 HPLC-PDA 的代谢物分析发现超声波处理可以提高牛奶发酵过程中产生的有机酸水平。

食品发酵过程中的变化也能够通过高通量代谢组学技术揭示出来。例如，将代谢组学技术用于酱油生产过程，探究酱油发酵过程中的变化。豆酱的发酵是在多种微生物的作用下完成的，其代谢物与微生物有着密切关系，在这种情况下，Lees 等采用 LC-MS 和气相色谱-飞行时间质谱法（GC-TOF-MS）对两种不同的豆酱生产工艺，进行微生物多样性和代谢组学分析，发现曲霉种群与糖代谢、芽孢杆菌和脂肪酸的代谢有关，而四角球菌和接合酵母与氨基酸代谢有关。在酱油中发现了上百种风味物质，如多肽、氨基酸、有机酸等，由于蛋白质降解作用/糖化作用和美拉德反应，酱油产生了独特的风味、色泽，还涉及脂肪的水解作用，产生了各种醛类、酮类、酯类等具有香气的物质。Yamamotos 等阐述了双肽与酱油风味差异的关系，建立了 LC-MS-MS 分析技术，检测到 237 个双肽，再结合 GC-MS 和变量重要性投影（variable importance in the projection，VIP）相关性评价，发现 Lle-Gln、Pro-Lys、Lle-Glu 等多肽与风味差异的相关性较高。Shigak 等对 25 种酱油进行 LC-MS 和 GC-MS 分析，测定出 427 种化合物，利用 PLS 回归分析和 VIP 相关性检测，发现 *N*-1-脱氧果糖-1-酰基谷氨酸的鲜味比谷氨酸更好。Haradar 等采用 GC-MS 非靶向代谢谱研究酱油中低分子质量亲水性和挥发性化合物的变化，评价酵母和乳酸菌对其组成谱的影响，结果表明乳酸菌对酱油发酵过程中环烯、糠醛、糖醇等多种成分的产生有一定的影响。

2. 食品质量的代谢组学　由于代谢组学可以发现样品间的细微差别，因此可以为食品溯源和成分评价提供定性和定量数据。Cavaliere 等采用 GC-MS 技术对不同产地的橄榄油进行了评价，能有效区分邻近地区生产的橄榄油，并对决定橄榄油质量分级的化合物进行了鉴定。Pongsuwan 等应用 GC-TOF-MS 和正交信号校正与偏最小二乘法技术对日本绿茶进行分级，结果表明该方法能在没有标准品的情况下对绿茶的等级进行准确分级。Woodcock 等结合近红外光谱和模式识别法对不同产地的蜂蜜进行了聚类研究。代谢组学已经为食品成分研究及食品溯源提供了一种全面而强大的分析方法。

高通量代谢组学方法也被用于分析芸薹科等粮食作物。样品以连续流动的方式直接注入 ESI-MS 设备，通过代谢组学技术来建立模型，预测所选质量因素的水平，有研究者用 GC-MS 分析小分子化合物，LC-TOFMS 检测大分子亲水性化合物，离子阱 TOFMS 检测极性脂质，CE-MS 检测离子化合物，建立 PLS 型模型，预测稻米的 10 个品质性状，包括直链淀粉含量、核黄素、α-生育酚和铁含量。此外，利用基于 LC-MS 的代谢组学，针对糖酵解中间产物，开发了评估猪肉质的方法。

食物的真实性也通过代谢组学技术进行了评估。研究者利用 NMR，通过 PCA 和 DA 分析发现，半乳糖、乳糖、乙酸和甘油是意大利坎帕尼亚地区马苏拉里奶酪真实性的标志。同样地，来自不同酿酒商、年份和陈酿过程的葡萄酒样品也通过核磁共振、主成分分析和偏最小二乘法进行了研究。阿玛龙葡萄酒的标记物被报道为几种氨基酸、糖和芳香化合物。

3. 食品安全中的代谢组学 在食品行业，最重要的在于食品安全问题，如今代谢组学已经应用于食品化学和微生物污染的检测。就预防短期和长期疾病而言，如何快速可靠地检测食物中的毒素至关重要。农药和表面活性剂家族通常被应用于农业领域，食品中的农药和表面活性剂残留在社会上引起了广泛关注。利用代谢组学技术，先后在新鲜蔬菜（如卷心菜和黄瓜）、大豆和玉米中检测到有毒表面活性剂（如壬醇乙氧基化物）的残留及其生物转化。

随着食品添加剂的出现，食品安全保障变得越来越具有挑战性。代谢组学为评价新化合物和新工艺的毒性提供了一种候选方法。利用代谢组学技术对转基因食品的代谢产物进行了评价。通常，食品代谢物分布的可变性被评估为受环境因素的影响，如作物年龄、虫害和病毒感染。利用核磁共振和 PCA/PLS 对马铃薯（经过改良以获得更高的支链淀粉相对产量）和玉米（经改良以显示对草甘膦的耐受性）的研究报告表明，转基因作物代谢物分布的差异并不比环境因素造成的差异大。

第七章 微生物在食品生产中的应用

第一节 食品工业常用微生物的种类

微生物种类繁多，有些微生物已经验证是安全的，可以用于食品或食品配料的生产。可用于食品工业的微生物主要包括细菌、酵母和霉菌。

一、食品工业常用的细菌

食品工业最常用的细菌主要有乳酸菌、醋酸杆菌属、丙酸杆菌属和芽孢杆菌属等。

（一）乳酸菌

乳酸菌（lactic acid bacteria，LAB）并非生物学上的分类名词，它是一类可发酵糖，主要代谢产物为乳酸的无芽孢、革兰氏阳性菌的总称。乳酸菌为兼性厌氧菌，广泛存在于人或动物的胃肠道，具有重要的生理功能。在食品加工中，乳酸菌常被用于生产发酵乳制品、发酵肉制品和发酵果蔬制品。另外，乳酸菌也可作为益生菌添加至食品或直接食用。

乳酸菌用于食品发酵具有提高食品的营养价值、改善食品风味、增强保健功能、延长食品保存期等功能。乳酸菌作为益生菌食用则具有营养、抗菌整肠、改善便秘、抗衰老、防癌抗癌等功能。近年来的研究还表明乳酸菌可降低血清胆固醇的含量，从而预防改善动脉硬化引起的心脑血管疾病；另外，乳酸菌对糖尿病、肝病也有一定的预防和辅助治疗作用。

用于食品工业的乳酸菌主要包括乳杆菌属（*Lactobacillus*）、链球菌属（*Streptococcus*）、片球菌属（*Pediococcus*）、明串珠菌属（*Leuconostoc*）和双歧杆菌属（*Bifidobacterium*）5 个属。

1. 乳杆菌属　该属微生物为革兰氏阳性、无芽孢杆菌。细胞形态多样，包括长形、细长状、弯曲形及短杆状，单个存在或呈链状排列。乳杆菌属微生物最适生长温度为30～40℃，为微好氧或耐氧菌。其产酸和耐酸能力较强，在 pH 5.0 或更低情况下能生长，一般最适 pH 为 5.5～6.2。乳杆菌属微生物分解糖的能力很强。食品工业中常见的乳杆菌有干酪乳杆菌（*L. casei*）、嗜酸乳杆菌（*L. acidophilus*）、植物乳杆菌（*L. plantarum*）、保加利亚乳杆菌（*L. bulgaricus*）、瑞士乳杆菌（*L. helveticus*）、米酒乳杆菌（*L. sake*）和发酵乳杆菌（*L. fermentum*）。它们通常用来作为干酪、酸奶等乳制品的生产发酵剂，植物乳杆菌还常用于泡菜等的发酵。

2. 链球菌属　该属乳酸菌为革兰氏阳性、无芽孢球菌，细胞呈球形或卵圆形，细胞成链状排列。链球菌为化能异养，对营养要求复杂。兼性厌氧，最适温度 37℃，一般可在25～45℃条件下生长。链球菌属的细菌多数为有益菌，是生产发酵食品的常用菌种，如嗜热链球菌、乳链球菌、乳脂链球菌等可用于乳制品的发酵。但有些种也是引起食品腐败变质的细菌，如液化链球菌和粪链球菌可引起食品变质；另外还有些种是人畜的病原菌，如引起人类咽喉等病的溶血链球菌和引起牛乳房炎的无乳链球菌。

3. 片球菌属　片球菌属细菌为革兰氏阳性、无芽孢的球菌，成对或四联状排列，罕见单个细胞，但不形成链状。片球菌属微生物为兼性厌氧菌，同型发酵产生乳酸。其温度适应性较好，在25～40℃条件下生长状况良好。它们常用于泡菜、香肠等的发酵，如乳酸片球菌（*P. acidilactici*）、戊糖片球菌（*P. pentosaceus*）、嗜盐片球菌（*P. halophilus*）。但也常引起啤酒等酒精饮料的变质，如啤酒片球菌（*P. cerevisaae*）。

4. 明串珠菌属　该属细菌为革兰氏阳性的球菌，细胞呈圆形或卵圆形，常排列成链状，无芽孢，不运动，兼性厌氧。明串珠菌属微生物适宜生长温度为20～30℃。其在乳中生长缓慢，营养要求复杂，加入可发酵性糖类和酵母汁能促进其生长，为异型乳酸发酵。该属微生物常存在于水果、蔬菜和牛乳中，多数为有益菌。它们能在含高糖食品中生长，可作为制造乳制品的发酵菌剂，如噬橙明串珠菌（*L. citrovorum*）和戊糖明串珠菌（*L. dextranicus*）。肠膜明串珠菌（*L. mesenteroides*）等可利用蔗糖合成大量的荚膜（葡聚糖），常用于酸奶生产以增加酸奶的黏度。另外，戊糖明串珠菌和肠膜明串珠菌可用于生产右旋糖酐，作为代血浆的主要成分，也可以作为泡菜等发酵剂。

5. 双歧杆菌属　双歧杆菌为革兰氏阳性、不规则、无芽孢杆菌，其细胞可呈Y字形、V字形、弯曲状、棒状、勺状等多种形态。该属微生物为严格厌氧菌，对培养条件及营养要求苛刻。其适宜的生长温度为37～41℃，最适pH 6.5～7.0，在pH 4.5～5.0或8.0～8.5不生长。双歧杆菌是1899年法国巴斯德研究所Tisster发现并首先从健康母乳喂养的婴儿粪便中分离出来的。因为其末端常常分叉，故名双歧杆菌。该属微生物主要存在于人和各种动物的肠道内。目前报道的已有32个种，其中常见的是长双歧杆菌（*B. longum*）、短双歧杆菌（*B. breve*）、婴儿双歧杆菌（*B. infantis*）、两歧双歧杆菌（*B. bifidum*）和青春双歧杆菌（*B. adolescentis*）等。双歧杆菌目前已风行于保健饮品市场，许多发酵乳制品及一些保健饮料中常常加入双歧杆菌以提高保健效果。

（二）醋酸杆菌属和丙酸杆菌属

1. 醋酸杆菌属　醋酸杆菌属（*Acetobacter*）微生物为无芽孢杆菌，幼龄菌为革兰氏阴性菌，老龄菌革兰氏染色后则常呈革兰氏阳性。细胞常单个、成对或链状排列，有鞭毛，为专性需氧菌。其最适生长温度为30～35℃。其最优生长碳源为乙醇、甘油和乳酸，有些菌株能合成纤维素。自然界中，醋酸杆菌属细菌主要分布在植物的花、果实、园土等环境，另外还常见于葡萄酒、啤酒、果汁、醋等产品中。该属菌有较强的氧化能力，能将乙醇氧化为乙酸，并可将乙酸和乳酸进一步氧化成CO_2和水，是食醋、葡萄糖酸和维生素C的重要工业菌。

2. 丙酸杆菌属　丙酸杆菌属（*Propionibacterium*）微生物为革兰氏阳性、无芽孢杆菌，不规则，有分枝，有时呈球状，属兼性厌氧菌。其最适生长温度为30～37℃，主要存在于乳酪、乳制品和人的皮肤上，参与乳酪成熟，常使乳酪产生特殊香味和气孔。

（三）芽孢杆菌属

芽孢杆菌属（*Bacillus*）细菌较大（4～10 μm），革兰氏染色阳性，是严格需氧或兼性厌氧菌。食品行业常用的芽孢杆菌属代表菌种有枯草芽孢杆菌（*B. subtilis*）、地衣芽孢杆菌（*B. licheniformis*）和蜡样芽孢杆菌（*B. cereus*）。

芽孢杆菌在食品工业方面的应用广泛，一些芽孢杆菌可以作为益生菌食用。作为益生菌，芽孢杆菌能提高人体对营养的利用效率，提高免疫功能及抑制致病菌。芽孢杆菌还可用于发酵食品。例如，日本用纳豆芽孢杆菌发酵生产纳豆，我国常利用凝结芽孢杆菌低盐腌渍雪里蕻。芽孢杆菌还可以用来生产食品添加剂及酶制剂。此外，芽孢杆菌所产生的抗生素具有广谱抗菌作用，可用于防止食品热加工过程中其他细菌的污染，也可用于防止巴氏杀菌后的再污染，还可用于防止食品发酵过程中的杂菌污染。

二、食品工业常用的酵母

1. 酵母属　酵母属（*Saccharomyces*）酵母营养体是球形、卵形或伸长的细胞，多数为出芽繁殖，可以形成生芽菌丝体，但不形成真菌丝体。有性生殖包括单倍体细胞的融合（质配和核配）和子囊孢子融合。有氧化和发酵两种代谢方式。大多数种发酵多种糖，只有糖化酵母一个种能发酵可溶性淀粉。本属酵母可引起水果、蔬菜发酵。食品工业上常用的酿酒和发酵用酵母多来自本属，如啤酒酵母、果酒酵母、卡尔酵母等。

2. 汉逊氏酵母属　汉逊氏酵母属（*Hansenula*）酵母根据种和培养条件，其营养体细胞可以为单个的椭球形或伸长的细胞，为假菌丝体或真菌丝体。无性繁殖为出芽繁殖。汉逊氏酵母对糖有很强的发酵作用，主要产物不是乙醇而是酯，因而常用于食品增香。

3. 假丝酵母属　假丝酵母属（*Candida*）细胞为球形或圆筒形，有时细胞连接成假菌丝状。多端出芽或分裂繁殖，对糖有强的分解作用，一些菌种能氧化有机酸。该属酵母如产蛋白假丝酵母（*C. utilis*）富含蛋白质和 B 族维生素，常用于食用或饲料用单细胞蛋白及维生素 B 的生产。

三、食品工业常用的霉菌

1. 根霉属　根霉属（*Rhizopus*）菌丝呈分枝状，细胞内无横隔。在培养基上生长时，菌丝伸入培养基质内，长成分枝的假根。连接假根，靠近培养基表面向横里匍匐生长的菌丝称为匍匐菌丝。从假根着生处向上丛生，直立的孢子梗产生孢子囊孢子。根霉能产生大量糖化酶，使淀粉转化为糖，是酿酒工业常用的发酵菌。有些菌种也是甜酒酿、甾体激素、延胡索酸和酶制剂的生产菌。

2. 曲霉属　曲霉属（*Aspergillus*）微生物菌丝无色或呈黑、棕、黄、绿、红等多种颜色，营养菌丝体发达，有隔膜，多分枝，细胞单核或多核。营养菌丝匍匐生长于培养基的表层，无假根。附着在培养基的匍匐菌丝分化出具有厚壁的足细胞。在足细胞上垂直长出分生孢子梗。孢子梗的顶端膨大成半球形、椭圆形或棍棒形等可孕性顶囊。在顶囊周围有辐射状排列的次生小梗，小梗顶端产生一串分生孢子，不同种的孢子有不同的颜色。顶囊、小梗和分生孢子链三者一起构成分生孢子头，分生孢子形状、颜色、大小是鉴定曲霉属的重要依据。曲霉在发酵和食品加工行业中应用广泛，传统发酵食品行业常用于酱油、酒类和食醋的酿造；现代工业中则常用作淀粉酶、蛋白酶和果胶酶的生产，也可作为糖化菌种应用。

3. 毛霉属　毛霉属（*Mucor*）形态结构与根霉相似，菌丝由单细胞组成，无隔膜，呈分枝状，会出现多核。以孢子囊孢子（无性）和接合孢子（有性）繁殖。孢子囊梗直接由菌丝长出，顶端形成孢子囊，内生孢子囊孢子。孢子囊内有球形或近球形的囊轴，囊轴基部与孢囊梗相连处成囊托。大多数毛霉具有分解蛋白质的能力，同时也具有较强的糖化能力。因此，毛霉在食品工业上主要被用来进行淀粉质的糖化和制作腐乳，也可被用于淀粉酶的生产。

4. 木霉属　木霉属（*Trichoderma*）可产生有性孢子（子囊孢子）和无性孢子（分生孢子）。该属的霉菌能产生高活性的纤维素酶，故常用于纤维素酶的制备。木霉是白酒酿造中用作纤维素、半纤维素降解的主要菌种，另外还可以用于纤维素制糖、淀粉加工、食品加工和饲料发酵等方面，有的种能合成核黄素。

5. 地霉属　地霉属（*Geotrichum*）的代表菌株是白地霉，白地霉的形态特征介于酵母和霉菌之间，繁殖方式以裂殖为主，少数菌株间有芽生孢子。生长温度范围广，在5～38℃都可生长，最适生长温度为25℃。生长pH为3～11，最适pH为5～7，具有广泛的生态适应性。单株白地霉具有一定程度的表型可变性，同种内不同菌株呈现遗传多态性，菌落颜色从白色到奶油色，少数菌株为浅褐色或深褐色，质地从油脂到皮膜状。常见于泡菜、腐烂的果蔬及动物粪便中。白地霉可供食用或作饲料，也可用来提取核酸、合成脂肪和生产菌体蛋白。

第二节　细菌在食品生产中的应用

一、乳酸菌和发酵乳制品

发酵乳制品是指原料乳经过杀菌后，接种特定的微生物进行发酵所制成的具有特殊风味的乳制品。它们通常具有良好的风味、较高的营养价值，还具有一定的保健作用，因此深受消费者的欢迎。常见的发酵乳制品有酸奶、奶酪、开菲尔、马奶酒等。

用于乳制品发酵的微生物主要是乳酸菌。乳酸菌的种类繁多，常用于乳制品发酵的有干酪乳杆菌（*Lactobacillus casei*）、保加利亚乳杆菌（*L. bulgaricus*）、嗜酸乳杆菌（*L. acidophilus*）、植物乳杆菌（*L. plantarum*）、乳酸乳杆菌（*L. Lactis*）、乳酸乳球菌（*Lactococcus lactis*）、嗜热链球菌（*Streptococcus thermophilus*）和两歧双歧杆菌（*Bifidobacterium bifidum*）等。

1. 酸奶发酵　酸奶是以新鲜的牛奶为原料，经过杀菌后再向牛奶中添加有益菌（发酵剂），经发酵后冷却灌装的一种牛奶制品。目前市场上酸奶制品多以凝固型、搅拌型和添加各种果汁果酱等辅料的果味型为主。

酸奶的发酵过程是利用乳酸菌将乳糖转化成乳酸，随着乳酸的形成，发酵液的pH逐渐达到酪蛋白的等电点（4.6～4.7），从而使酪蛋白聚集沉降，进而形成半固体状态的凝胶体物质。乳酸菌在代谢过程中产生醛、酸、酯等风味物质。

除了风味改善，跟普通牛奶相比，经过乳酸发酵的酸牛奶在很多方面更加适合人类的营养与健康。

（1）经过乳酸菌的发酵，牛奶中的乳糖和蛋白质部分分解，使人体更易消化和吸收，且可以缓解乳糖不耐症。

（2）酸奶中乳酸菌产生的乳酸有促进胃液分泌、提高食欲、加强消化的功效。

（3）酸奶中的益生菌能抑制肠道内腐败菌的繁殖，并减弱腐败菌在肠道内产生的毒素的毒性。

（4）对服用或注射了大量抗生素，造成菌群失调的人群，酸奶中含有的大量乳酸菌，可以调节肠道有益菌群逐步恢复至正常水平。另外，有研究表明酸奶制品有降低胆固醇的作用，适宜高血脂的人饮用；还有研究表明乳酸菌能减少某些致癌物质的产生，因而有防癌作用。

目前，酸奶发酵最常用的乳酸菌是保加利亚乳杆菌、嗜热链球菌、干酪乳杆菌、乳酸乳球菌、嗜酸乳杆菌、植物乳杆菌及双歧杆菌等。

2. 奶酪的生产　奶酪是一种在乳中加入适量乳酸菌作为发酵剂发酵，再经凝乳酶或其他凝乳剂凝乳，使乳蛋白（主要是酪蛋白）凝固，之后经过切割、搅拌，并排出乳清后制得的新鲜或发酵成熟的乳制品。国际上通常把奶酪分为天然奶酪、再制奶酪和奶酪食品三大类。奶酪的性质与常见的酸牛奶有相似之处，但是奶酪的浓度比酸奶更高，近似固体食物，营养价值也因此更加丰富。奶酪制品含有丰富的蛋白质、钙、脂肪、磷和维生素等营养成分。

在奶酪的生产过程中，发挥作用的主要为乳酸菌，此外通常还包括部分醋酸杆菌和部分霉菌与酵母。其中乳酸菌为奶酪发酵的主导菌，乳酸发酵可以产生乳酸和相应的风味物质。用于奶酪发酵的乳酸菌主要有乳酸链球菌、乳油链球菌、干酪乳杆菌、嗜酸乳杆菌、保加利亚乳杆菌、明串珠菌和丁二酮链球菌等。霉菌主要作为后熟微生物参与奶酪的后熟，主要有干酪青霉、娄地青霉等。不同的微生物发酵产生不同的风味物质，形成不同风味的奶酪。另外，奶酪中还常存在部分酵母，如汉逊氏德巴利酵母、皱褶假丝酵母和接合酵母等，酵母能刺激异型乳酸发酵，使干酪质地松散多孔，对奶酪的质地和风味有积极作用。

3. 开菲尔的发酵　开菲尔（Kefir）又称牛奶酒，它是以牛奶或羊奶为原料，在开菲尔粒或开菲尔发酵剂作用下，经发酵而成的含微量乙醇的发酵乳。开菲尔乳黏稠、均匀、表面光泽，口味新鲜酸甜略带一点酵母味。

开菲尔与普通酸奶最显著的区别是除乳酸菌参与发酵外，还伴有酵母菌引起的轻微的乙醇发酵。此外，开菲尔粒中还有部分醋酸菌和枯草芽孢杆菌，它们和酵母一起，在代谢过程中产生了大量的维生素，因此开菲尔比普通酸奶的维生素含量要高，种类要多。

开菲尔的营养价值：开菲尔的成分中含有乳蛋白质、维生素 A、维生素 B_2、维生素 B_{12}、维生素 B_6、维生素 C、乳酸钙、泛酸、叶酸、核酸、氨基酸、多种游离脂肪酸及其他微量元素。开菲尔的乳酸钙 85%以上为 L（+）型，易被人体所吸收。一般酸奶所含的不易消化的 D（−）-型乳酸钙，世界卫生组织（WHO）已经对新生儿摄食做出限制。

开菲尔的种菌叫作开菲尔粒。开菲尔粒大约有 50%的成分是乳酸菌自身代谢并向胞外分泌、蓄积的黏性多糖，还有大量的水、蛋白质、脂肪及在粒上栖息的大量的益生菌。开菲尔粒中的发酵乳酸菌主要包括乳酸链球菌、乳链球菌二乙酰亚种、酪链球菌、唾液链球菌嗜热亚种、德氏乳杆菌、乳酸杆菌、嗜酸乳杆菌、干酪乳杆菌、嗜热乳杆菌和肠膜明串珠菌等。开菲尔粒中酵母主要包括开菲尔圆酵母、酿酒酵母、热带假丝酵母、德氏有孢圆酵母、乳酸酵母、球形酵母等。另外，开菲尔粒中还有部分醋酸菌和枯草芽孢杆菌。

4. 马奶酒的酸制　马奶酒是用鲜马奶经过乳酸菌和酵母发酵酿制而成的乙醇性乳饮料。其历史悠久，味道酸辣，有舒筋、活血、健胃等功效，被誉为紫玉浆、元玉浆，是“蒙古八珍”之一，曾为元朝时期的宫廷和贵族的主要饮料。相比粮食白酒，草原鲜奶杂质少，不含植物纤维，用其酿出的奶酒所含甲醇、异丁醇、异戊醇等成分极低；铅、汞等重金属不足国家标准的十分之一；甲醛含量几乎为零。故而马奶酒饮后不上头，不伤胃，不损肝，无异象，“豪饮不伤身”。

马奶酒的发酵微生物主要有乳酸菌和酵母。其中乳酸菌主要包括嗜酸乳杆菌、德氏乳杆菌、保加利亚乳杆菌、干酪乳杆菌、弯曲乳杆菌、棒状乳杆菌和玉米乳杆菌。酵母主要为马克西努克鲁维酵母和高加索假丝酵母。

二、发酵果蔬制品

蔬菜发酵历史悠久，我国自公元前 3 世纪就已有发酵蔬菜的生产。发酵蔬菜品种多样，各种白菜、卷心菜、甜菜、萝卜、黄瓜、芹菜、青番茄、辣椒、青豆、菜豆等都可用于生产发酵蔬菜。

发酵蔬菜制品的作用如下。

（1）延长保质期。

（2）乳酸和酵母发酵过程产生醇、醛、酸、酯类物质形成特殊的风味。

（3）发酵制品中存在部分乳酸菌和酵母，对人体健康具有一定的保健作用。

常见的发酵蔬菜制品有酸菜、泡菜、梅干菜等。另外，发酵果蔬汁和食用酵素也是近年来逐渐兴起的发酵果蔬制品。

1. 酸菜的发酵　酸菜是将新鲜蔬菜用一定的加工方法制成具有特定风味的蔬菜制品。其酸香味醇、清淡爽口，富含乳酸菌、膳食纤维等营养物质，采用自然抑菌，不含有防腐剂和色素，是一种绿色天然的健康食品。

酸菜的营养及风味：酸菜最大限度地保留了原有蔬菜的营养成分，富含维生素 C、氨基酸、膳食纤维等营养物质。另外，由于酸菜含有大量的乳酸菌，而乳酸菌是常见的益生菌，因而对人体健康具有一定的保健作用。

酸菜的香气主要是乳酸杆菌将蔬菜中的乳糖分解，大部分乳糖转化成乳酸而使蔬菜变酸，少部分由于分解不完全而生成不同的醛、酮、醇，酸和醇在一定的条件下发生化学反应生成特有的酯，酯类是有特殊香气的，所以品质好的酸菜不但含有酸、醇，还含有酯，因此酸香味醇、开胃生津，深受人们喜爱。

酸菜发酵菌种主要包括乳酸菌和酵母。其中常见的乳酸菌有肠膜明串珠菌、乳酸片球菌、植物乳杆菌、短乳杆菌和粪链球菌。常用的酵母为鲁氏酵母和球拟酵母。

2. 食用酵素的发酵　2016 年中国生物发酵产业协会发布的《酵素产品分类导则》中将酵素定义为：以动物、植物、菌类等为原料，经微生物发酵制得的含有特定生物活性的产品。酵素种类多样，按使用领域可分为食用酵素、农用酵素、环保酵素和日化酵素等。

通俗意义上讲，食用酵素是以新鲜的蔬菜、水果、糙米、药食同源中药等植物为原料，经过榨汁或萃取一系列工艺后，再添加酵母、乳酸菌等食品安全的发酵菌株。发酵工艺包括单菌发酵或者复合菌发酵。发酵后制成含有丰富的糖类、有机酸、矿物质、维生素、酚类、萜类等营养成分及一些重要的酶类等生物活性物质的混合发酵液。

酵素的营养与功效：润肠通便；减肥瘦身；抗炎症作用；血液净化作用；乳酸菌和酵母等益生菌对人体的其他保健作用。

三、发酵肉制品

发酵肉制品是指在自然或人工控制条件下利用微生物发酵作用，产生具有特殊风味、色泽和质地，且具有较长保存期的肉制品。因肉制品在加工过程中经过了生物发酵，由特殊细菌或酵母将糖转化为各种酸和（或）醇，使肉制品的 pH 降低，并经低温脱水使 A_W 下降，因此，通常为发酵干燥肉制品。

发酵肉制品的种类多样，但主要包括发酵香肠和发酵火腿两大类。

发酵肉制品的优势如下。

（1）发酵肉制品由于降低了水分含量和 pH，货架期一般较长。

（2）发酵过程中，肌肉蛋白质被分解成肽和游离氨基酸，因此消化率增加。

（3）肉制品经过微生物发酵，脂肪和蛋白质的降解产生了很多游离脂肪酸和游离氨基酸，这些物质既可以通过自身促进香肠的风味，又可以作为底物进一步产生风味化合物，形成特殊风味。

（4）兽药界广泛应用磺胺，致使磺胺在畜肉内残留，发酵可以使磺胺残留量减少。

（5）乳酸杆菌等益生菌代谢物对人体的其他保健作用。

从发酵和腌制肉品中分离的微生物主要有细菌、酵母和霉菌。其中细菌主要包括乳杆菌属、片球菌属、链球菌属、微球菌属和葡萄球菌属。发酵肉制品中的酵母常用的是汉逊氏德巴利酵母，一般生长在香肠表面，可提高产品的香气指数，可抑制金黄色葡萄球菌。发酵肉制品中的霉菌常用的是青霉属和毛霉属。霉菌通常也生长于香肠表面，具有分泌蛋白酶和脂肪酶的能力，增加产品的芳香成分，赋予产品高品质，另外在香肠表面起隔氧作用，防止酸败。

发酵肉肠微生物的特性：食盐耐受性强，能在高盐环境下生长；能耐受亚硝酸盐，在 80～100 mg/kg 浓度条件下仍能生长；发酵副产物不产生异味；无致病性。

发酵香肠的过程中微生物的作用如下。

（1）乳酸菌起关键作用。乳酸菌生长繁殖过程中产酸，pH 下降，可抑制有害微生物的生长，同时使肉中的蛋白质的持水力下降，保证干燥过程的进行。乳酸菌还会产生微生物抑制因子，抑制致病性细菌的生长。

（2）微球菌和葡萄球菌在干发酵香肠干燥成熟过程中起重要作用。微球菌和葡萄球菌尤其是肉葡萄球菌，能产生多种脂肪酶和蛋白酶，可降解脂肪和蛋白质，对风味的形成至关重要。

（3）某些种类的乳杆菌具有较强的抗氧化活性，可以在一定程度上减轻脂肪氧化现象，防止脂肪过度氧化而影响香肠风味。

（4）微球菌和凝固酶阴性葡萄球菌能将硝酸盐还原为亚硝酸盐，可替代直接添加无机亚硝酸盐。

四、醋酸菌和食醋的生产

食醋（酿造醋）是用粮食等淀粉质为原料，经微生物制曲、糖化、乙醇发酵、乙酸发酵等阶段，酿制而成的一种酸性调味品。

食醋具有杀菌解毒、健胃消食、防暑降温、软化血管、促进血液循环、防治动脉硬化和冠心病等作用。因此食醋不仅是调味佳品，长期食用对身体健康也十分有益。

食醋的品种按产地分，比较著名的有山西陈醋、镇江香醋、四川麸醋、东北白醋、江浙玫瑰米醋、福建红曲醋等；按加工方法又可分为合成醋、酿造醋、再制醋三大类。其中产量最大的是酿造醋。酿造醋的主要成分除乙酸（3%～5%）外，还含有各种氨基酸、有机酸、糖类、维生素、醇和酯等营养成分及风味成分，具有独特的色、香、味。

目前酿醋用的主要原料有：薯类，如甘薯、马铃薯等；粮谷类，如玉米、大米等；粮食加工下脚料，如碎米、麸皮、谷糠等；果蔬类，如黑醋栗、葡萄、胡萝卜等；野生植物，如橡子、菊芋等；其他如酸果酒、酸啤酒、糖蜜等。

传统的食醋酿造除了以粮谷类富含淀粉的物质为主要原料外，还需要疏松材料如谷壳、玉米芯等，以使发酵物料通透性好，利于好氧微生物的生长。

食醋酿造过程的微生物可分为三大类：液化、糖化淀粉的微生物，乙醇发酵的微生物及乙酸发酵的微生物。

传统工艺酿醋（即老法酿醋）利用自然界中野生菌制曲、发酵、液化、糖化，涉及的微生物种类较多，主要有根霉、曲霉、毛霉、犁头霉等。新型工艺酿醋液化、糖化的微生物以曲霉为主，生产中常用的菌株有甘薯曲霉 3.324、宇佐美曲霉 3.758、黑曲霉 3.4309、黄曲霉 3.800、米曲霉 3.042，其主要作用是将原料中淀粉类物质转化为可发酵性糖。

食醋酿造过程乙醇发酵微生物是酵母，主要有汉逊氏酵母和假丝酵母，其主要作用是将霉菌代谢生成的可发酵性糖发酵生成乙醇，此外还有少量有机酸、杂醇油、酯类等物质生成，这些物质对食醋风味的形成有一定作用。

食醋酿造中常用的醋酸菌有：奥尔兰醋杆菌（*A. orleanense*），该菌为法国奥尔兰地区用葡萄酒生产醋的主要菌种，能产生少量的酯，产酸能力较弱，但耐酸能力强。许氏醋杆菌（*A. schutzenbachii*），这是国外有名的速酿醋菌种，制醋工业较重要的菌种之一。该菌产酸高达 11.5%，对乙酸没有氧化作用。恶臭醋杆菌（*A. rancens*），该菌是我国酿醋常用菌株之一。其在液面处形成菌膜，并沿容器壁上升，菌膜下液体不浑浊。一般能产酸 6%～8%，有的菌株副产 2%的葡萄糖酸，并能把乙酸进一步氧化成 CO_2 和水。

此外，食醋酿造过程通常还包括部分芽孢杆菌、乳酸菌和产气杆菌。

食醋风味物质的生成如下。

（1）食醋的香气，食醋的香气成分主要来源于食醋酿造过程中微生物代谢产生的酯类、醇类、醛类、酚类等物质（有的食醋还添加香辛料如芝麻、茴香、桂皮、陈皮等形成风味醋），其中酯类以乙酸乙酯为主；醇类物质除乙醇外，还含有甲醇、丙醇、异丁醇、戊醇等；醛类有乙醛、糠醛、乙缩醛、香草醛、甘油醛、异丁醛、异戊醛等；酚类有 4-乙基愈创木酚等。

（2）食醋的酸味，食醋主体酸味是乙酸。但是因为乙酸是挥发性酸，酸味强，尖酸突出，口感不够柔和，因此食醋通常还含有一定量的不挥发性有机酸，如琥珀酸、苹果酸、柠檬酸、葡萄糖酸、乳酸等，它们的存在可使食醋的酸味变得柔和醇厚。

（3）食醋的甜味，食醋的甜味主要来自淀粉水解产生的，微生物未利用完而残留在醋液中的糖；此外，微生物发酵过程中形成的甘油、二酮等也有甜味。

（4）食醋的鲜味，食醋中因存在氨基酸、核苷酸的钠盐而呈鲜味。其中蛋白质水解产生了氨基酸；而酵母和细菌的菌体自溶后产生出各种核苷酸，如 5′-鸟苷酸、5′-肌苷酸，它们也是强烈的助鲜剂。

五、益生菌和微生态制剂的生产

益生菌是一类在摄入适当数量后会对宿主机体产生益处的活体微生物。通常益生菌通过定殖在人体内，调节宿主某一部位菌群组成而对宿主产生有益的影响。

目前应用最多的是肠道益生菌，肠道益生菌可以通过调节宿主黏膜与系统免疫功能或通过调节肠道内菌群平衡，从而起到促进营养吸收、保持肠道健康的作用。在正常情况下，人体内的肠道微生物形成了一个相对平衡的状态。一些情况下平衡会受到破坏。例如，服用抗生素、放疗、化疗、情绪压抑、身体衰弱、缺乏免疫力等，就会导致肠道菌群失去平衡，某些肠道微生物，如产气荚膜梭菌等在肠道中过度增殖并产生氨、胺类、硫化氢、粪臭素、吲哚、亚硝酸盐、细菌毒素等有害物质，从而进一步影响机体的健康。乳酸菌等益生菌则能抑制人体有害细菌的生长，抵抗病原菌的感染；合成人体需要的维生素，促进人体对矿物质的吸收；产生乙酸、丙酸、丁酸和乳酸等有机酸刺激肠道蠕动，促进排便，防止便秘及抑制肠道腐败作用、净化肠道环境、分解致癌物质、刺激人体免疫系统，因而可以使机体提高抗病能力。

微生态制剂，又称微生态调节剂，包括益生菌、益生元、合生元。微生态制剂具有调整、重建肠道菌群间的微生态平衡，提高肠道防御病原菌的能力，纠正腹泻症状等功能。微生态制剂利用益生菌或益生菌的促生长物质，经特殊工艺制成，可应用于保健和食品领域中，目的是调整微生态失调，保持生态平衡，提高人体的健康水平，以达到防病、治病的效果。

微生态制剂在 20 世纪 70 年代兴起时，普遍认为只有活的微生物才能起到微生态的平衡作用，因此认定微生态制剂是活菌制剂。但随着科学研究的深入，微生态制剂不断发展，大量资料证明，死菌体、菌体成分、代谢产物也具有调整微生态失调的功效。

常用于微生态制剂生产的微生物有：乳酸菌，主要是乳杆菌属和双歧杆菌属的部分种；芽孢杆菌属的凝结芽孢杆菌、地衣芽孢杆菌；酵母等。

1. 双歧杆菌类微生态制剂　双歧杆菌的营养作用如下。

（1）双歧杆菌在人体肠内发酵后可产生乳酸和乙酸，能提高钙、磷、铁的利用率，促进铁和维生素 D 的吸收。

（2）双歧杆菌发酵乳糖产生半乳糖，是构成脑神经系统中脑苷脂的成分，与婴儿出生后脑的迅速生长有密切关系。

（3）双歧杆菌可以产生维生素 B_1、维生素 B_2、维生素 B_6、维生素 B_{12} 及丙氨酸、缬氨酸、天冬氨酸和苏氨酸等人体必需的营养物质，对于人体具有不容忽视的重要营养作用。

双歧杆菌的保健作用如下。

（1）发酵乳糖产生半乳糖，改善部分人群乳糖不耐症，提高消化吸收率。

（2）维护肠道正常细菌菌群平衡，抑制病原菌的生长，防止便秘、下痢和胃肠障碍。研究表明，当两歧双歧杆菌与致病性大肠埃希氏菌、福氏志贺氏菌、沙门氏菌等肠道致病菌共同竞争培养时，对 HeLa 细胞的黏附能力均明显下降。双歧杆菌除与病原菌争夺营养物质和空间位置外，还可通过其代谢产物，以及产生抗生素、细菌素等阻止病原菌的生长。有研究表明双歧杆菌还可以阻断致病菌和毒素的特异性结合位点。

（3）治疗慢性腹泻与抗生素相关性腹泻。双歧杆菌具有调节肠道菌群的作用，可治疗过量使用抗生素导致的抗生素相关性腹泻，对儿童急慢性腹泻也具有很好的治疗作用。

（4）抗肿瘤。双歧杆菌具有抗结肠癌作用，可能通过影响肠道菌群代谢、提高宿主免疫应答；黏附及降解潜在致癌物，预防肠道癌症；改变肠道菌群；产生抗癌抗诱变物质；提高宿主的免疫应答；影响宿主的生理活动来实现。

（5）降低血液中胆固醇水平，防治高血压。

（6）增强人体免疫机能，预防抗生素的副作用。双歧杆菌具有调节免疫功能的作用，主要通过对肠道黏膜的刺激，激活肠道黏膜的免疫系统，使其产生抗体或细胞因子来实现。

（7）抗衰老。双歧杆菌能明显增加血液中过氧化物歧化酶的含量及生物活性，有效促进机体内自由基的清除，抑制血浆脂质过氧化反应，延缓机体衰老。

2. 凝结芽孢杆菌类微生态制剂　凝结芽孢杆菌的功效如下。

（1）非肠内固有的微生物，其在肠道中所起的生理作用是通过分泌多种有益物质，以及与肠道其他益生菌协同作用的结果。

（2）为兼性厌氧菌，当其进入肠道后会消耗游离氧而进行繁殖，有利于厌氧微生物乳酸菌和双歧杆菌的生长，从而调节肠道内微生物菌群的平衡，提高机体的免疫力和抗病力，减少肠道疾病的发生。

（3）在肠道繁殖的过程中会分泌淀粉酶和蛋白酶，促进机体对营养物质的消化和吸收；其产生的B族维生素、氨基酸、短链脂肪酸等物质能增加小肠的蠕动速度，改善肠道的消化功能。

（4）在肠道内定居后还能产生大量凝固素和L-乳酸等抑菌物质，可抑制有害菌的生长，因此对胃肠道炎症有一定的治疗作用。

六、细菌和食品添加剂的生产

1. 氨基酸的生产　氨基酸作为人体生长的重要营养物质，不仅具有特殊的生理作用，而且在食品工业中具有独特的功能。构成蛋白质的氨基酸主要有20多种，在食品工业中应用较多的有谷氨酸、赖氨酸、半胱氨酸、胱氨酸、苏氨酸、精氨酸、缬氨酸、色氨酸、丙氨酸等。

谷氨酸的生产用菌种主要为细菌类微生物，如北京棒状杆菌和钝齿棒状杆菌；赖氨酸的主要生产菌种为棒状杆菌和短杆菌属的各类突变菌及基因工程改造菌株。此外，苏氨酸、缬氨酸、异亮氨酸、色氨酸和组氨酸等氨基酸的生产菌株也多为细菌类微生物。

2. 维生素的生产　维生素是人体为维持正常的生理功能而必须从食物中获得的一类微量有机物质，在人体生长、代谢、发育过程中发挥着重要的作用。食品工业常用的维生素有维生素C、维生素E、维生素A等。

维生素C作为食品添加剂可改变食品风味，保持食品颜色稳定，另外也常用于啤酒等饮料的防腐保鲜。其微生物发酵生产菌株均为细菌。目前维生素C的微生物发酵法生产比较成功的是两步发酵法生产。该法通常以山梨醇为底物，第一步将D-山梨醇氧化生成L-山梨糖，转化微生物常用醋酸杆菌、葡萄糖酸杆菌等。第二步将L-山梨糖转化生成2-酮基-L-古龙糖酸，主要微生物包括葡萄糖杆菌属、假单胞菌属、醋酸杆菌属的部分菌。

3. 细菌多糖的生产　微生物多糖是微生物在生长代谢过程中，在适宜的外部条件下代谢产生的一种多糖物质。微生物多糖具有植物多糖所不具备的优良性质：其生产周期短，不受季节、地域和病虫害限制，且安全无毒、理化性质独特。目前已经发现49属76种微生物可产生胞外多糖，但真正已大量投产的只有黄原胶、热凝多糖、结冷胶等，它们可作为胶凝剂、成膜剂、保鲜剂、乳化剂等广泛应用于食品、制药、化工、环保、石油等领域。

（1）黄原胶：黄原胶别名汉生胶，又称黄单胞多糖，是20世纪70年代发展起来的新型发酵产品。黄原胶以碳水化合物为主要原料，由野油菜黄单胞菌（*Xanthomonas campestris*）

经通风发酵、分离提纯后得到的一种高分子酸性胞外杂多糖。作为天然食品增稠剂和成型剂，其应用越来越广泛。

（2）结冷胶：结冷胶能在极低的用量下即可形成澄清透明、耐 pH、耐高温、热可逆的优良凝胶，是继黄原胶之后开发的另一种新型微生物胞外多糖食用胶，是近年来最有发展希望与潜力的微生物多糖之一。结冷胶的凝胶性能比黄原胶更为优越，另外还具有用量低、热稳定性和耐酸性好、口味好、弹性和硬度的调节性好等优点。1992 年，美国 FDA 批准结冷胶应用于食品中，我国于 1996 年批准其作为食品添加剂使用。目前在中国及其他亚洲国家，结冷胶主要用于悬浮饮料、果冻和软糖；在欧美国家，结冷胶主要应用于甜点凝胶、饮料、软糖和乳制品。结冷胶的生产菌株为少动鞘脂单胞菌（*Sphingomonas paucimobilis*）。

4. 抗菌肽的生产　抗菌肽是由不同氨基酸组成的小分子蛋白质。其具有分子质量小、免疫原性低、机理特殊、易体内降解、不易产生耐药性等优点，在食品工业中具有广阔的应用前景。抗菌肽的来源多样，与动植物源等其他来源相比，微生物源抗菌肽具有种类多、功能多、原料易获取、生产周期短、易于规模化发酵生产等突出优势，因此，微生物抗菌肽更具应用潜力和市场前景。

微生物抗菌肽用于食品保藏可降低食品及原料中有害微生物污染水平，降低食品原料腐败变质等风险，达到防腐保鲜的功能。目前抗菌肽在肉制品、水产、果蔬、面制品、乳品等不同食品的防腐保鲜中均显示出良好的效果。抗菌肽在食品加工环节的应用则集中在降低食品加工中热处理强度、加工环节有害微生物控制、食品性能提高等 3 个方面。

目前，批准在食品工业应用的微生物抗菌肽主要有细菌类的乳酸乳球菌产生的抗菌肽乳酸链球菌素和片球菌抗菌肽片球菌素 PA-1，另外还有链霉菌抗菌肽 ε-聚赖氨酸。乳酸链球菌素是由乳酸乳球菌以蛋白质为原料经发酵提取的一种多肽抗生素物质。其对酵母、霉菌及革兰氏阴性菌的抑制效果不太明显，主要抑制芽孢和革兰氏阳性菌的生长和繁殖。片球菌素 PA-1 是一种广谱的乳酸菌细菌素，它对食品工业中的腐败菌单增李斯特氏菌有强烈的抑制作用，是Ⅱa 类细菌素中研究最深入的一种抗菌肽，作为食品生物防腐剂具有很好的应用前景。

第三节　酵母在食品生产中的应用

酵母在食品工业中占有极其重要的地位。几千年前人类就开始用酵母进行酒类酿造，在现代食品工业中，酵母还是面包、馒头、包子、饼干、糕点等食品优良的发酵剂和营养剂。

一、酵母和面制品发酵

发酵面制品需要面团发酵，其作用如下。

（1）改善面团质构。酵母利用面团中的葡萄糖、果糖、麦芽糖等糖类及面粉中淀粉经α-淀粉酶转化后产生的糖类进行发酵作用，产生 CO_2，使面团体积膨大，结构疏松，呈海绵状结构。

（2）改善面制品的风味。酵母发酵过程中生成多种醛、醇、酸、酯类代谢产物，因而发酵后的面制品带有特殊的发酵香气。

（3）增加面制品的营养价值。在面团制作过程中，酵母中的各种酶对面团中的各种有机物发生作用，将高分子的、结构复杂的物质变成结构简单的、相对分子质量较低、能被人体直接吸收的中间生成物和单分子有机物，如淀粉中的一部分变成麦芽糖和葡萄糖，蛋白质水解成胨、肽和氨基酸等生成物，提高了谷物的营养价值。酵母本身蛋白质含量甚高，且含有多种维生素，也使面包的营养价值增高。

（4）酵母发酵使面团发生一系列物理的、化学的变化后变得柔软，容易延展，便于机械切割和整形等加工。

1. 馒头的制作 馒头是一种把面粉加酵母（或者老面）、水、食用碱等混合均匀，通过揉制、醒发后蒸熟而成的食品，成品外形为半球形或长方形。馒头松软可口，营养丰富，制作简单，携带方便，且面粉经发酵制成馒头更容易消化吸收，因此是许多中国人的日常主食。

1）*老面发酵* 传统的馒头制作采用老面发酵。这是一种很原始的发酵方法，它是靠空气中的野生酵母和各种杂菌来进行面团发酵。发酵在面团中产生大量的有机酸，添加小苏打后，产生 CO_2，与酵母发酵产生的 CO_2 一起，形成了馒头蓬松的结构。老面中的微生物主要有野生酵母、霉菌、乳酸菌、醋酸菌和其他一些好氧的嗜温性细菌。

2）*酵母发酵* 现代馒头制作可以单纯使用酵母一种微生物使面团在 32～35℃的条件下，于 1 h 内充分发酵。纯酵母发酵不会引入未知的可能致病的杂菌，发酵时间容易控制，不会使面团过酸，不用添加碱，也不会破坏面粉中的营养成分。而且，酵母本身的营养成分，如蛋白质、维生素、矿物质的含量都比老面高。从制作程序上讲，活性酵母发酵速度快、质量佳、卫生、易于控制和标准化，对于节省制作时间和更好地控制发酵的过程有比较大的优势。

2. 面包的制作 面包是以面粉为主要原料，以酵母、糖、油脂和鸡蛋为辅料生产的发酵食品。其营养丰富，组织蓬松，易于消化吸收，食用方便，是多数小麦生产地区的主食，几乎世界各国都有生产。

面包和馒头的发酵所用酵母在微生物分类学上属于酵母属、酿酒酵母种（*Saccharomyces cerevisiae*）。面包发酵酵母是一种典型的兼性厌氧微生物，有氧时其呼吸旺盛，将糖氧化分解成 CO_2 和水，并释放能量；而如果环境中 O_2 不足，酵母的有氧呼吸转变为缺氧呼吸，糖被分解为乙醇和少量 CO_2 及能量。面团的发酵过程中两种代谢同时进行。

二、酵母和酒类生产

人类利用酵母酿酒已经具有悠久的历史，在过去，酒一直是人类生活中的主要饮料之一。直至今天，酒的生产和消费仍然为世界经济的繁荣做出了重要贡献。酒的种类，按其性质基本上可分为三大类，即发酵酒、蒸馏酒与配制饮料酒（简称配制酒）：①发酵酒，是指用谷物、果汁等为原料，经发酵而得的低度酒，包括葡萄酒、啤酒、米酒和果酒等。②蒸馏酒，是指把上述发酵原酒或发酵醪，以及酒醅等通过蒸馏而得的高度蒸馏酒液，包括中国的白酒、法国的白兰地、威士忌、荷兰的金酒、伏特加、朗姆酒等。③配制饮料酒，主要是以发酵原酒或蒸馏酒为酒基，配以一定的物料，以呈特定的色、香、味，并经过规定的工艺过程调配而成，包括鸡尾酒、利口酒、药酒等。

1. 白酒 白酒是利用淀粉质原料，利用大曲、小曲、麸曲或纯种酒母为糖化、发酵剂，经过蒸煮、糖化、发酵和蒸馏而得的含高乙醇浓度的无色透明饮料酒。它是世界六大蒸馏酒之一，是中国特有的传统酒类饮品，主要生产和消费都在国内，2018 年白酒销量为 85 亿升，市场巨大。

白酒生产过程中的微生物分三大类：液化、糖化淀粉的微生物，主要是霉菌和部分芽孢杆菌；乙醇发酵的微生物，主要是酵母；生酸生香微生物，主要是乳酸菌和酵母。不同品牌不同产地的白酒所用糖化、发酵剂不同，所涉及的发酵微生物也各不相同，具体如下。

（1）大曲：大曲以小麦，或小麦、大麦和豌豆混合物为原料，大曲主要微生物是曲霉，其次是根霉、毛霉、酵母和细菌。大曲中酵母包括产乙醇能力强的啤酒酵母和产酯生香的产酯酵母，常见的有假丝酵母、异常汉逊氏酵母、产膜酵母、高温产酯酵母、球拟酵母等。大曲中的细菌主要有乳酸杆菌、醋酸杆菌和嗜热芽孢杆菌等。

（2）小曲：小曲以大米粉为原料，主要繁殖的微生物有根霉、毛霉和酵母，还包括少量细菌。小曲的糖化菌主要是根霉，其次是毛霉和犁头霉。酵母包括啤酒酵母和产酯酵母。细菌主要是乳酸菌和醋酸菌。

（3）麸曲：麸曲以麸皮为主要原料，糖化剂主要是米曲霉和黄曲霉，近年来也有利用黑曲霉、根霉、红曲霉和拟内孢霉为糖化剂的，酵母主要包括啤酒酵母和产酯酵母，细菌通常是己酸菌。

白酒生产中所用酵母要有较强的发酵力、较高的耐乙醇能力和耐酸能力，而且成品酒的口味要好。目前生产中常用的酿酒酵母有拉斯 12 号、K 字酵母、南阳 5 号酵母（1300）和南阳混合酵母（1308）。常用的生香酵母有汉逊氏酵母、球拟圆酵母、假丝酵母等。

2. 啤酒　啤酒是以麦芽为主要原料，辅以大米、啤酒花等辅料，经过制麦、糖化、发酵等工序酿制而成的含有 CO_2 和多种营养成分的低度酿造酒。

啤酒含有多种氨基酸、维生素、低分子糖、无机盐和各种酶。这些营养成分很容易被人体吸收利用，产生大量热能，因此啤酒被称为“液体面包”。啤酒是人类最古老的酒精饮料，在世界范围内其消耗量仅次于水和茶，在饮料中排名第三，2018 年全球啤酒产量达 1.91×10^{11} L。

用于啤酒酿造的酵母为酵母属的酿酒酵母，根据其在啤酒发酵液中的性状，可将它们分成两大类：上面啤酒酵母（*Saccharomyces cerevisiae*）和下面啤酒酵母（*Saccharomyces carlsbergensis*）。上面啤酒酵母在发酵时，酵母细胞随 CO_2 浮在发酵液面上，发酵结束时形成酵母泡盖，即使长时间放置，酵母也很少下沉。下面啤酒酵母在发酵时，酵母悬浮在发酵液上，在发酵结束时酵母细胞很快凝聚成块并沉积在发酵罐底。按照凝聚力大小，把发酵结束时细胞迅速凝聚的酵母，称为凝聚性酵母；而细胞不易凝聚的下面啤酒酵母，称为粉末性酵母。影响细胞凝聚力的因素，除了酵母细胞的细胞壁结构外，外界环境（如麦芽汁成分、发酵液 pH、酵母排出到发酵液中 CO_2 的量等）的作用也很重要。目前除了英国、新西兰等少数国家使用上面酵母发酵，其他国家和地区的啤酒厂一般都使用下面啤酒酵母生产啤酒。

3. 葡萄酒　葡萄酒是用鲜葡萄经酵母发酵酿制而成的发酵酒。葡萄酒乙醇含量一般为 8%～22%，是一种营养丰富、酒精度低并具保健作用的饮料。

2018 年全球葡萄酒产量达到 292.3 亿升，欧洲依然占主导地位，接近总产量的 70%。意大利、法国、西班牙及美国是前四大葡萄酒生产国。中国是世界第五大葡萄酒消费国，2018 年消费量约 18 亿升。

葡萄酒的营养与功效如下。

（1）葡萄酒含有糖类、醋类、乙醇及其他醇类、矿物质、有机酸、多种氨基酸及维生素等，适量饮用，除了能够助兴，还可增加营养、促进食欲。

（2）葡萄酒中含有抗氧化成分和丰富的酚类化合物，可防止动脉硬化和血小板凝结，保护并维持心脑血管系统的正常生理机能，起到保护心脏、防止卒中的作用。

（3）葡萄酒可养气活血，使皮肤富有弹性，对女性有很好的美容养颜功效。

（4）红葡萄酒中含有较多的抗氧化剂，能消除或对抗氧自由基，所以具有抗老防病的作用。

（5）葡萄皮中含有白藜芦醇，该物质可以防止正常细胞癌变，并能抑制癌细胞的扩散，因此饮用葡萄酒具一定的抗癌作用。

目前生产葡萄酒所用的酵母在分类学上属于酵母属，啤酒酵母种。该属的许多变种和亚种都能对糖类进行乙醇发酵，并广泛用于酿酒、乙醇、面包酵母等生产中，但各酵母的生理特性、酿造副产物、风味等有很大的不同。

世界上葡萄酒厂、研究所和有关院校优选和培育出各具特色的葡萄酒酵母的亚种与变种，如我国的裕7318酵母、法国的香槟酵母、匈牙利的多加意（Tokey）酵母等。另外，葡萄酒酵母除了用于葡萄酒生产，还广泛用于苹果酒等果酒的发酵生产。

葡萄酒质量的好坏和葡萄品种及酒母有着密切的关系。因此，在葡萄酒生产中除了葡萄的品种外，酵母菌种的选择也非常重要。优良的葡萄酒酵母具有以下特性。

（1）除葡萄本身的果香外，酵母也产生良好的果香与酒香。

（2）具有较高的对二氧化硫的抵抗力。

（3）具有较高的发酵能力，一般可使乙醇含量达到16%以上。

（4）有较好的凝聚力和较快的沉降速度。

（5）能在较低温度下发酵，以保持果香和新鲜清爽的口味。

4. 黄酒　中国的黄酒，也称米酒，是以糯米（或籼米、粳米、黍米）等淀粉质原料经过蒸煮，加入小曲或酒母经糖化、乙醇发酵和压滤而成的酿造酒。

黄酒在世界三大酿造酒（黄酒、葡萄酒和啤酒）中占有重要的一席。黄酒乙醇含量一般为14%～20%，属于低度酿造酒。黄酒含有21种氨基酸，其中包括人体必需的8种氨基酸，此外还含有糖、多肽、B族维生素、矿物质等，营养成分丰富。

黄酒发酵的特点如下。

（1）敞口式多种菌共同发酵。

（2）边糖化边发酵，糖化、发酵同时进行。

（3）高浓度醪液发酵。

（4）低温长时间发酵。

传统工艺黄酒以麦曲（或米曲、红曲）为糖化剂，包含的微生物群有曲霉、根霉、毛霉、酵母和少量细菌。新型工艺黄酒则以纯种麦曲（黄曲霉或米曲霉）为糖化剂，纯种酵母为发酵剂。

黄酒酿造过程中霉菌的作用是产生淀粉酶和蛋白酶，将淀粉和蛋白质降解为糖、肽和氨基酸及有机酸类小分子物质。这些代谢物相互作用赋予黄酒特有的色泽和香味，并为酵母的繁殖提供营养。酵母可利用小分子营养物进行生长并产醇、产酯，赋予黄酒酒香和酯香。

三、酵母产单细胞蛋白

单细胞蛋白是指利用微生物（以酵母为主，还包括少数细菌和霉菌）发酵生产出的微生物菌体细胞。

随着世界人口的不断增长和动植物资源的短缺，从微生物中获得蛋白质（单细胞蛋白）是解决人类蛋白质食物资源的一条重要而有效的途径。多数的酵母对人体无害，且酵母细胞中含有蛋白质、脂肪、糖类、维生素和无机盐等，具有较高的营养价值，是良好的蛋白质资源，可作食用和饲用。

酵母细胞所含的营养物质极为丰富。其蛋白质含量高，如啤酒酵母蛋白质含量占细胞干重的42%～53%，产假丝酵母为50%左右，比大豆高10%～20%，比肉、鱼、奶酪高20%以上。酵母细胞中所含蛋白质氨基酸的含量除甲硫氨酸比动物蛋白低外，其赖氨酸、组氨酸、苯丙氨酸等含量均较高，氨基酸的组成较为齐全，人体必需的8种氨基酸全部具备，尤其是谷物中含量较少的赖氨酸。一般成年人每天食用10～15 g干酵母，就能达到对氨基酸的需要量。酵母细胞含有丰富的糖类物质，除糖原外，还有海藻糖、脱氧核糖、直链淀粉等。此外，酵母细胞还含有多种维生素、矿物质，以及丰富的酶类和生物活性物质如辅酶A、辅酶Q、谷胱甘肽、麦角固醇等，因此酵母是单细胞蛋白的优选菌种。

酵母单细胞蛋白不仅能制成“人造肉”，供人们直接食用，还常作为食品添加剂，用以补充蛋白质或维生素、矿物质等。单细胞蛋白还能提高食品的某些物理性能。例如，意大利烘饼中加入活性酵母，可以提高饼的延薄性能。此外，酵母的浓缩蛋白具有显著的鲜味，已被广泛用作食品的增鲜剂。

单细胞蛋白的优势：

（1）生产效率高，比动植物高成千上万倍，这主要是因为微生物的生长繁殖速率快。

（2）生产原料来源广，一般有以下几类。①农业废物、废水，如秸秆、蔗渣、甜菜渣、木屑等含纤维素的废料及农林产品的加工废水；②工业废物、废水，如食品、发酵工业中排出的含糖有机废水、亚硫酸纸浆废液等；③石油、天然气及相关产品，如原油、柴油、甲烷、乙醇等。

（3）可以工业化生产，它不仅需要的劳动力少，不受地区、季节和气候的限制，而且产量高、质量好。

用于生产单细胞蛋白的微生物以酵母为主，包括产阮假丝酵母、解脂假丝酵母、嗜石油假丝酵母等。其他微生物还包括细菌、霉菌、担子菌、微藻类等。单细胞蛋白生产微生物通常要具备下列条件：①所生产的蛋白质等营养物质含量高；②对人体无致病作用；③味道好并且易消化吸收；④对培养条件要求简单，生长繁殖迅速。

四、酵母生产食品配料和食品添加剂

1. 核黄素　核黄素即维生素B_2，是由异咯嗪衍生而成的一种B族维生素，为黄色针状晶体，味苦，微溶于水，极易溶于碱性溶液。水溶液呈黄绿色荧光，对光不稳定。

维生素B_2是一种人体必需的营养物质，不但参与机体的代谢，还是形成人体器官和组织的表面物质。身体长期缺乏维生素B_2是机体形成肿瘤的直接原因。另外，维生素B_2缺乏还可能引起肝硬化、痔疮、肿块、消化道溃疡等。生长期的幼儿缺乏维生素B_2，不仅会影响到正常发育，还可能会引起缺铁性贫血。而对于围产期妇女来说，维生素 B_2 可以促进胎儿的发育，哺乳期间要补充更多的维生素 B_2，因为在此期间维生素 B_2 用于促进细胞再生和发育。另外，补充适量维生素 B_2 还可以增进视力，强化肝功能，治疗口腔溃疡，调节肾上腺激素的分泌等。

维生素 B_2 产生菌以真菌为主，如阿舒假囊酵母（*Eremothecium ashbyi*）、无名假丝酵母（*Candida famata*）和棉阿舒囊霉（*Ashbya gossypii*），另外细菌中的枯草芽孢杆菌及其基因工程菌也常用作维生素 B_2 的生产菌。

2. β-胡萝卜素和虾青素 β-胡萝卜素，又称维生素 A 原、叶红素，是类胡萝卜素的一种，它是自然界中存在的最普遍也是最稳定的天然色素。

虾青素，又称叶黄素，是一种酮式类胡萝卜素。它广泛存在于生物界中，特别是水生动物如虾、蟹、鱼和鸟类的羽毛中，起显色的作用。

β-胡萝卜素和虾青素的功效及应用如下。

（1）合成维生素 A，类胡萝卜素是维生素 A 的主要来源，维生素 A 具有多种不同的生理功能，在人类的生长发育、改善视力方面起着重要作用。

（2）抗氧化剂，类胡萝卜素含有多个不饱和的双键，因而具有较强的还原能力，可通过清除人体内的氧自由基、降低脂质的氧化程度，从而使细胞的抗氧化状态得到明显提升。

（3）免疫系统调节，类胡萝卜素可提高免疫力，从而增加人体对疾病的抵抗能力。

（4）防癌抗癌，类胡萝卜素对多种癌症具有预防作用，且能显著降低癌症化疗所产生的不良反应。

（5）抗炎，类胡萝卜素通过抑制促炎因子和调节正常 T 细胞表达与分泌，同时抑制转录因子的激活，因而预防、缓解炎症及炎症并发症。

（6）类胡萝卜素在抗高血压、预防心血管疾病等方面也有一定的效果。

β-胡萝卜素和虾青素都是天然的食品添加剂，它们可以用作功能性食品的添加剂，还可以作为食品的保色剂和抗氧化剂用来进行食品着色与保鲜。虾青素作为食品着色剂，由于其色泽艳丽、自然逼真、着色力强，且安全无毒、无异味、口感好、用量少，因此可应用于很多保健品的着色及药片糖衣、胶囊的着色。其也可直接被用于食品尤其是含脂类较多的食品，如食用油脂、人造奶油、冰淇淋、糖果、糕点、挂面、调料等，既有良好的着色效果，又有显著的保质作用。

发酵法生产 β-胡萝卜素主要的微生物有红酵母、三孢布拉氏霉菌（*Blakeslea trispora*）、红假单胞菌。

合成虾青素的微生物菌种主要有：真菌类，红法夫酵母、深红酵母和黏红酵母等；藻类，雨生红球藻、血红裸藻在某些条件下可高产虾青素；另外，乳酸分枝杆菌、短杆菌和海洋细菌等细菌类微生物也可以生产虾青素。

3. 酵母抽提物 酵母抽提物是以食品用酵母为主要原料，以酵母自身的酶或与外加酶的共同作用下，酶解自溶（可再经分离提取）后得到的产品。

酵母抽提物的营养与应用如下。

（1）酵母抽提物富含多种氨基酸、多肽、呈味核苷酸、B 族维生素，不含胆固醇和饱和脂肪酸，营养健康。

（2）增强鲜味，酵母抽提物富含多种氨基酸和呈味核苷酸，其中谷氨酸含量达到 8%左右，呈味核苷酸［腺苷一磷酸（IMP）、鸟苷一磷酸（GMP）］可以达到20%以上，具有很好的增鲜特性。

（3）增强醇厚味及平衡异味，酵母抽提物不仅富含多种氨基酸，同时富含肽类物质，其中“美味肽”及提供鲜美风味的小肽和增强风味的肽等含量丰富，其厚味是其他鲜味剂所无法比拟的；另外，丰富的肽类物质还可以缓冲、平衡不愉快的气味和味道，如鱼肉制品的腥味、烘焙食品的油腻感等。

（4）降盐淡盐，酵母抽提物能够将人体味觉中鲜味受体接受功能放大，同样也能放大钠的咸度效应，因此，添加酵母抽提物的食品，在低盐的情况下，也能满足人们对美味的需求。

（5）耐受性强，酵母抽提物能承受食品加工中一些较剧烈的条件变化，如高温高盐等，其本身不会受到影响，其鲜味不会遭受破坏。

酵母抽提物属于食品配料，由于其营养丰富、加工性能良好，在多种食品如方便面、食用香精、肉制品、酱卤制品、烘焙食品加工中，都得到了广泛的应用。

第四节　霉菌在食品生产中的应用

霉菌在食品加工业中用途十分广泛。很多酿造（或发酵）类调味品、食品、食品配料、食品添加剂，如酱油、酱类、腐乳、豆豉、柠檬酸等，其制作过程都有霉菌的参与。

一、酱油和酱类发酵

1. 酱油　酱油是以蛋白质原料和淀粉质原料为主料，加入水和食盐，经微生物酿造制成的具有特殊色泽、香气、滋味和体态的调味液。

酱油是中国传统的调味品，它的成分复杂多样，除食盐外，还有多种氨基酸、糖类、有机酸、色素及香料等成分，以咸味为主，也有鲜味、香味等，它能增加和改善菜肴的味道，还能增添或改变菜肴的色泽。

酱油酿造主要由两个阶段组成。

第一个阶段是制曲，主要微生物是霉菌。目前常用的有米曲霉、酱油曲霉和黑曲霉。米曲霉含丰富的蛋白酶、α-淀粉酶、糖化酶及谷氨酰胺酶，还含有纤维素酶及半纤维素酶，与酱油的质量及原料的利用率关系密切，是生产酱油的主发酵菌。酱油曲霉中多聚半乳糖羧酸酶活性较高。黑曲霉则含有较高的酸性蛋白酶，可弥补以上两种霉菌的蛋白酶的不足。制曲的目的是使曲霉在曲料上充分生长发育，并大量产生和积蓄所需要的酶，如蛋白酶、肽酶、淀粉酶、谷氨酰胺酶、果胶酶、纤维素酶、半纤维素酶等。这些酶的作用是将蛋白质、淀粉等大分子物质降解为多肽、寡肽、氨基酸及糖类小分子物质，给酵母和乳酸菌提供营养，促进酵母和细菌的生长繁殖并分泌多种酶。

第二个阶段是发酵，主要微生物是酵母和乳酸菌。酵母常用的有鲁氏酵母和球拟酵母。其中鲁氏酵母为发酵型酵母，发酵葡萄糖和麦芽糖生成酱油的风味物质；球拟酵母为酯香型酵母，参与酱醪的成熟。酱油的酿造过程还有部分乳酸菌的参与，如嗜盐片（足）球菌、植物乳杆菌。乳酸菌在生长繁殖过程中产生一定量的乳酸，是酱油的风味物质之一；乳酸还可以和醇类结合生成酯；乳酸的生成可以降低酱醅的 pH，有利于酵母的生长，同时抑制杂菌的生长；乳酸菌和酵母共同作用产生糠醛，赋予酱油特别的风味。

酱油酿造的制曲阶段会产生大量的如蛋白酶、肽酶、淀粉酶、谷氨酰胺酶、果胶酶、纤维素酶、半纤维素酶等。在发酵过程中味的形成主要是这些酶的作用。例如，淀粉酶将淀粉水解成糖，产生甜味；蛋白酶及肽酶将蛋白质水解为氨基酸，产生鲜味；果胶酶、纤维素酶和半纤维素酶等能将细胞壁完全破裂，使蛋白酶和淀粉酶水解得更彻底；谷氨酰胺酶则把无味的谷氨酰胺变成具有鲜味的谷氨酸。

酵母发酵主要生成乙醇，乳酸菌的生长则产生适量乳酸，连同由原料成分及微生物的代谢生成的其他醇、酸、醛、酯、酚、缩醛和呋喃酮等多种物质共同构成酱油复杂的香气。

此外，原料蛋白质中的酪氨酸经氧化生成黑色素，以及淀粉经淀粉酶水解为葡萄糖，其与氨基酸反应生成类黑素，使酱油产生鲜艳有光泽的红褐色。发酵期间的一系列极其复杂的生物化学变化所产生的鲜味、甜味、酸味、酒香、酯香与盐水的咸味相混合，最后形成色香味和风味独特的酱油。

酱油酿造的霉菌应满足的基本条件：不产生真菌毒素；有较高的产蛋白酶和淀粉酶的能力；生长快，培养条件粗放，抗杂菌能力强；不产生异味。

2. 酱类　酱是以豆类、小麦粉、水果、肉类或鱼虾等为主要原料，利用以米曲霉为主的微生物发酵酿制，再经进一步加工而成的糊状调味品。在中国古代，酱在调味品中具有非常重要的地位，据《论语》记载，孔子曾表示“不得其酱，不食”。我们常说的开门七件事“柴米油盐酱醋茶”，酱居其一。现在，由于酱类发酵制品营养丰富，易于消化吸收，既可作小菜，又是调味品，具有特有的色、香、味，且价格便宜，仍然是一种受欢迎的大众化调味品。

目前，我国常见的酱类主要有以小麦粉为主要原料的甜面酱，以及大豆酱、蚕豆酱、豆瓣酱等以豆类为主要原料的调味酱。

酱类发酵分为以下三个阶段。

第一个阶段是制曲阶段，霉菌占绝对优势，主要包括米曲霉、酱油曲霉、高大毛霉和黑曲霉。霉菌在经过蒸煮的大豆和面粉混合物上生长，并且分泌出各种酶包括蛋白酶、淀粉酶等，使大豆中的蛋白质水解为多肽、氨基酸，淀粉水解为糖类。

第二个阶段是发酵初期阶段。在这个阶段中，添加盐水进行发酵，由于食盐浓度较高和氧气的缺乏，霉菌的生长已经基本停止，但由霉菌分泌的各种酶类还继续发挥作用。与此同时，耐盐的乳酸菌和酵母开始大量繁殖。豆酱中的乳酸菌主要为耐盐乳酸菌，如嗜盐四联球菌等。酵母主要有鲁氏酵母和球拟酵母中的豆酱球拟酵母、清酒球拟酵母。乳酸菌和酵母产生协同作用，共同代谢酱醪中的可发酵糖，产生乙醇、乳酸、乙酸等并结合成乳酸乙酯和乙酸乙酯等成香物质。

第三个阶段是酱类的后发酵成熟阶段。由于有机酸等代谢产物的积累，微生物的生长基本停止，但也还存在微弱的代谢活性。这一阶段是酱类各种特殊风味的形成阶段。这一阶段发挥作用的主要是由曲霉产生的大量蛋白酶、淀粉酶及纤维素酶，它们把原料中的蛋白质分解为肽和氨基酸，淀粉变为糖类，在其他微生物的共同作用下生成醇、酸、酯等，形成酱类特有的风味。

二、其他发酵豆制品

除了豆酱和酱油，发酵豆制品还包括腐乳、豆豉、丹贝等食品及调味品。

1. 腐乳　腐乳是以大豆为原料，经过浸泡、磨浆、制坯、培菌、腌坯、装坛发酵制成的。腐乳是营养丰富、风味独特、滋味鲜美、价格便宜的佐餐食品，是中华民族独特的传统调味品，具有悠久的历史。其品质细腻、营养丰富、鲜香可口，深受广大群众喜爱，其营养价值可与奶酪相比，具有东方奶酪之称。

腐乳在全国各地均有生产，如浙江绍兴腐乳、北京王致和腐乳、黑龙江的克东腐乳、上海奉贤的鼎丰腐乳、广西桂林的桂林腐乳、广东水江的水口腐乳、云南路南的石林牌腐乳等。由于各地气候不同，人民生活习惯不同，生产配料不同，因而制成的腐乳形状不一，品种多样。常见的有红豆腐乳、糟腐乳、醉方、玫瑰红腐乳、辣腐乳、臭腐乳、麻辣腐乳等。

腐乳在酿造过程中利用微生物作用发生了复杂的化学变化。通常豆腐坯上培养的毛霉或者根霉，配料中加入的红曲中的红曲霉、面包曲中的米曲霉、酒类中的酵母，以及腌制期间由外界侵入的其他微生物的繁殖会分泌多种酶类。这些微生物酶促使蛋白质水解成可溶性的低分子肽和氨基酸；使淀粉糖化，糖分进一步发酵生成乙醇等醇类物质和多种有机酸；同时辅料中的酒类及添加的各种香辛料等也共同参与作用，从而合成复杂的酯类，最后形成腐乳所特有的色、香、味、体等，使成品细腻、柔糯而可口。

腐乳酿造常用的微生物为毛霉与根霉，所用菌种必备的条件：不产生毒素；生长繁殖快速，且抗杂菌力强；生产的温度范围大，不受季节限制；有丰富的蛋白酶、脂肪酶、肽酶等有益于腐乳质量的酶系；不产生异味，气味正常良好。

2. 豆豉　豆豉是一种古老的传统发酵食品。它以整粒大豆（或豆瓣）为主要原料，经蒸煮后利用毛霉、曲霉或者细菌蛋白酶的作用分解大豆蛋白质，达到一定程度时，再经过加盐、加酒、干燥等方法制成。

豆豉营养丰富，其含有丰富的蛋白质（20%）、脂肪（7%）和碳水化合物（25%），且含有人体所需的多种氨基酸，还含有多种矿物质和维生素等营养物质。豆豉味道鲜美可口，特有的香气可使人增加食欲，开胃增食。

豆豉发酵的微生物有毛霉、曲霉、根霉及细菌（主要为微球菌、乳酸杆菌）。四川的潼川、永川豆豉，都是在气温较低的冬季利用空气或环境中的毛霉菌进行豆豉的制曲。上海、武汉、江苏等地生产豆豉则多接种米曲霉进行发酵。山东临沂豆豉，以及云、贵、川一带民间制作的家常豆豉，则多为细菌发酵豆豉。

3. 丹贝　丹贝是一种以大豆为原料经霉菌发酵而成的带菌丝的黏稠、饼块食品。它起源于印度尼西亚，是印度尼西亚的传统食品。由于丹贝味道鲜美、营养丰富、发酵周期短，有一定的保健功能，近年来逐渐受到东南亚各国、东亚及欧美一些国家的关注，逐步成为世界性食品。

传统方式制作的丹贝中微生物有根霉、部分革兰氏阳性杆菌和芽孢杆菌。用纯培养的方式制作丹贝时通常使用根霉属的少孢根霉发酵。少孢根霉在丹贝生产中能分泌β-葡糖苷酶，分解豆类组织中的异黄酮糖苷，产生异黄酮。丹贝异黄酮具有抗氧化、抗菌、抗肿瘤的功能，美国癌症研究中心已把它列为抗肿瘤药物之一，具防治心脑血管疾病功能。

现代医学和食品营养学的研究结果表明，豆制品发酵之后除了大豆固有的优质蛋白、大豆异黄酮、大豆低聚糖、大豆皂苷、卵磷脂、亚油酸、亚麻酸，以及丰富的钙、铁等营养保健成分外，经过发酵后，营养与保健功能更得以加强。

（1）发酵后的豆制品将蛋白质降解为多肽、低聚肽和氨基酸，营养更丰富，更易于被人体消化吸收。

（2）大豆在发酵过程中生成大量的低聚肽。低聚肽具有清除自由基、抗氧化、抗衰老、防癌症、降血脂、降血压、调节胰岛素等多种生理保健功能。

（3）发酵后的大豆制品具有降低血液胆固醇浓度、减少患冠心病风险的功能成分。例如，发酵豆制品中含有丰富的苷元型异黄酮，它是大豆和豆腐中原有的异黄酮经发酵转化的，但比原有的异黄酮功能性更强，且更易被吸收。

（4）发酵豆制品具有防治阿尔茨海默病的功效成分。人体产生的乙酰胆碱酯酶是分解神经末端传达物质的酶，现代医学认为它的存在与阿尔茨海默病发病有关。有研究者发现，腐乳中具有明显乙酰胆碱酯酶抑制活性。因此发酵的腐乳可能对防治阿尔茨海默病有一定的效果。

（5）发酵豆制品能产生蛋白黑素，蛋白黑素在消化道中显示出类似食物纤维的生理功能。它可以降低血中的胆固醇，促进小肠上皮细胞的代谢及改善肠内菌丛等功能，改善耐糖效果，改善或预防糖尿病。

（6）豆豉纤溶酶，也叫纳豆激酶，最初在日本纳豆中被发现，在我国的细菌型豆豉中也有相似作用的酶。豆豉纤溶酶是在豆豉发酵过程由枯草芽孢杆菌产生的一种丝氨酸蛋白酶，不仅溶血栓能力强，而且无毒副作用，不引起内出血，且半衰期长，可用于治疗和预防血栓病。

（7）另外，在酱油中发现的共轭亚油酸，是大豆中的亚油酸经发酵而变异的一种结合型亚油酸，可以抑制癌症和动脉硬化，预防糖尿病和减少体内脂肪，有重要的生理保健功能。

（8）腐乳中的红曲也是一种功能性较强的生物活性成分。维生素如纳豆中的维生素K_2，印度尼西亚的田北豆豉（天贝）中维生素B_{12}等也都是已知的生理活性物质。

三、霉菌与食品添加剂的生产

1. 有机酸的生产 柠檬酸、乳酸、衣康酸等有机酸作为食品饮料工业酸味剂和防腐剂在食品行业应用广泛。当前世界范围内生产柠檬酸主要通过发酵法，产生柠檬酸的微生物有霉菌、细菌和酵母等，但目前以黑曲霉应用最广。

乳酸生产菌种以细菌和霉菌为主。细菌类乳酸高产菌如德氏乳杆菌、干酪乳杆菌、嗜热凝结芽孢杆菌等，霉菌类高产菌株主要是米根霉。

衣康酸的发酵菌种主要是土曲霉、黑曲霉和衣康酸曲霉。

2. 红曲色素的生产 红曲色素是一种由红曲霉发酵生产的天然功能食用色素。与其他天然色素相比，红曲色素具有纯度高、价格低、着色力强、稳定性好等优点，以及具有防腐功能，因而被广泛地应用于清酒、腐乳、鱼类、肉类、酱油、糕点、糖果、冷饮等食品业的着色。用微生物法生产红曲色素时，是利用大米、大豆为主要原料，由红曲霉经液体发酵再进一步制备获得。

第五节　微生物酶在食品生产中的应用

食品工业用酶制剂的定义为：由植物或动物的可食或非可食部分直接提取，或由传统或经过基因修饰的微生物（包括但不限定于细菌、放线菌和真菌菌种）发酵提取制得，用于加工具有特殊催化功能的生物制品。目前，用于大规模工业化生产的酶制剂绝大部分是用微生物发酵来生产的，只有少数几种酶仍需从动植物中提取。

食品工业是酶的最大应用领域。酶在食品工业中的应用主要有以下几个方面。

（1）用于食品原料生产。例如，淀粉糖的生产，采用不同种类淀粉酶水解淀粉，可以生产出饴糖、麦芽糖、果糖、麦芽糊精、麦芽糖浆、高麦芽糖浆、麦芽糖醇等多种甜味剂。

（2）用于制备生物活性成分，如活性肽、功能性低聚糖的制备。

（3）直接参与食品的加工过程，改善加工工艺，如凝乳酶用于干酪的生产。

（4）增强食品营养，改善食品质量。食品加工中添加某些酶可以改善产品的颜色、风味、质地和稳定性，从而提高食品品质。例如，果汁饮料中添加果胶酶以提高果汁的澄清度；面包中添加脂肪酶以增强面包的香气。

（5）用于食品保鲜。例如，葡萄糖氧化酶可作为除氧剂应用于食品保鲜，延长食品保质期。

（6）降低某些有害物质，提高食品安全性。例如，在面团中添加天冬酰胺酶能够降低焙烤食品中有害物丙烯酰胺的含量。

酶在食品工业中应用的优势如下。

（1）食品酶制剂作为食品添加剂被添加到食物中后，只在加工过程中起作用，而一旦完成了使命，就功成身退，在终产品中消失或失去活力，不会在食品中产生残留危害。

（2）酶催化反应有着高度专一性和高效性，因此酶制剂用量小，经济实用。

（3）酶催化反应条件温和，食品营养成分损失少，易于操作且能耗较低。

一、酶制剂在食品加工方面的应用

目前国内外大规模工业化生产的十几种酶制剂，包括淀粉酶、蛋白酶、脂肪酶、糖化酶、果胶酶、乳糖酶、葡萄糖异构酶、纤维素酶、木聚糖酶、磷脂酶及天冬氨酸酶等。

1. 酶在淀粉类食品加工中的应用

1）*淀粉酶*　淀粉酶是水解淀粉和糖原的一类酶的总称，它包括α-淀粉酶、β-淀粉酶、糖化酶、支链淀粉酶、葡萄糖异构酶等。

淀粉经淀粉酶的催化作用可产生葡萄糖、麦芽糖、麦芽糖浆、麦芽糖醇、糊精、麦芽糊精、低聚糖、果糖等，也可以生成果葡糖浆和环状糊精等。食品工业中，淀粉酶可用于糖浆制造、葡萄糖的生产，也用于啤酒、乙醇生产中淀粉质原料的液化和糖化。淀粉酶还用于果蔬汁加工中的淀粉分解以提高过滤速度。

2）*脂肪酶*　脂肪酶又称甘油酯水解酶，属于羧基酯水解酶类，能够将甘油三酯水解成甘油和脂肪酸，包括磷酸酯酶、固醇酶和羧酸酯酶。微生物脂肪酶是工业用脂肪酶的重要来源，主要的发酵微生物有黑曲霉、假丝酵母等。

脂肪酶能够使面粉中蛋白质形成胶体，从而增加面粉的黏弹性，改善口感。因此，在面类制品加工时添加脂肪酶，可改良面皮，使面皮不易破裂，有透明感，难溶于水，冷冻时不产生破裂等。在面包面团中加入脂肪酶，可释放出单酸甘油酯，延缓腐败，提高面包的保鲜能力。此外，单甘酯和双甘酯的形成也使蛋白质的起泡性质得到改善。

3）*蛋白酶*　面制品加工过程中，在面粉中加入蛋白酶，将蛋白质部分降解为氨基酸和肽，使得面粉蛋白质含量下降，面团筋力降低，满足了饼干、曲奇、比萨等对低筋力面团的需求，另外也使得面粉中的营养更容易消化吸收。

2. 酶制剂在乳品加工中的应用

1）*乳糖酶*　乳糖酶又称β-D-半乳糖苷酶，其作用是将乳糖分解成半乳糖和葡萄糖。工业上使用的乳糖酶制剂通常由大肠杆菌、酵母或霉菌发酵生产。

乳糖酶应用于乳品加工可以将乳糖分解成单糖，解决了以下几个问题：一是有部分人群体内缺少乳糖酶，不能消化乳糖，易引起乳糖不耐症。利用乳糖酶的作用，可将乳糖水解为葡萄糖和半乳糖，以及少量的聚半乳糖，不仅可解决乳糖不耐的问题，还提高了糖的甜度。二是干酪产品在加工中产生的副产物乳清，含有相当多的乳糖，不易利用。利用乳糖酶，可将乳清生产成甜味料或蛋白质饲料，这样可避免其作为废液排放，提高了经济效益，减少了环境污染。三是乳糖在水中溶解度极低，在生产炼乳或冰淇淋等乳制品时，在贮藏或销售过程中常有乳糖的晶体析出，影响产品的外观和口感。在加工中适量添加乳糖酶，不但可以防止结晶现象，还可以增加产品的甜度，减少蔗糖的用量。

2）*脂肪酶*　脂肪酶可以催化解脂、酯交换、酯合成等反应，在乳品加工方面主要应用于干酪生产，以加速干酪的成熟，缩短成熟时间，提高生产效率；脂肪酶水解脂肪释放出大量特征脂肪酸，使干酪产生出特有的香气。脂肪酶作用于奶油加工，以增加奶油的风味。

3）*凝乳酶*　凝乳酶是一种天冬氨酸蛋白酶，可专一地切割乳蛋白中κ-酪蛋白苯丙氨酸-甲硫氨酸之间的肽键，破坏酪蛋白胶束使牛奶凝结。凝乳酶的凝乳能力及蛋白质水解能力使其成为乳制品生产中质构和特殊风味形成的关键酶，被广泛地应用于奶酪和酸奶的制作。

3. 酶制剂在其他蛋白质制品加工中的应用

1）*蛋白酶*　在蛋白质食品的生产过程中，主要使用的酶是各种蛋白酶，如在干酪生产中用的凝乳酶。在鱼制品生产中，应用蛋白酶生产可溶性鱼蛋白粉、鱼露及用三甲基胺氧化酶去除鱼腥味等。在肉类加工中，应用蛋白酶可水解结缔组织嫩化肉类、软化肠衣提高质量，水解肉类蛋白质生产肉汁等。此外，在植物蛋白质改性中也大量使用蛋白酶。

2）*葡萄糖氧化酶*　蛋白质制品加工中最常用的还有葡萄糖氧化酶，用以除去全蛋粉、蛋黄粉或蛋白片中存在的少量葡萄糖，以免葡萄糖与蛋白质产生褐变反应，使蛋白质的溶解度、打擦度和泡沫稳定性降低，影响使用质量。

3）*谷氨酰胺转氨酶*　谷氨酰胺转氨酶又称转谷氨酰胺酶，其可催化蛋白质多肽分子内和分子间发生共价交联，从而改善蛋白质的结构和功能。

肉制品加工过程中使用谷氨酰胺转氨酶，其催化的交联作用可增强火腿肠、香肠等制品的蛋白质网络结构，使其弹性、硬度等物理性质得以提高。面筋生产过程中使用谷氨酰胺转氨酶改变面筋黏弹性，使面筋网络结构加强，淀粉能保持在蛋白质网络中，改善品质并降低淀粉损失。在豆腐生产过程中使用该酶可提高豆腐持水性能，质构好，光滑。

4. 酶在果蔬加工中的应用

1）果胶酶　果胶酶是指能分解植物中主要成分果胶质的一类酶。果胶酶分为两大类：一类可催化果胶解聚，另一类可催化果胶分子中的酯水解。其包括果胶酯酶、内切聚半乳糖醛酸酶、外切聚半乳糖醛酸酶、内切聚半乳糖醛酸裂解酶、外切聚半乳糖醛酸裂解酶、内切聚甲基半乳糖醛酸裂解酶、外切聚甲基半乳糖醛酸裂解酶。果胶酶是水果加工中最重要的酶，应用果胶酶处理破碎果实，可加速果汁过滤、促进澄清等。果胶酶微生物生产菌株主要是曲霉和根霉。

2）纤维素酶　纤维素酶是能降解纤维素的一组酶的总称，主要由外切β-葡聚糖酶、内切β-葡聚糖酶和β-葡糖苷酶组成，还有高活力的木聚糖酶。纤维素酶广泛存在于自然界的生物体中。细菌、真菌、动物体内等都能产生纤维素酶。一般用于生产的纤维素酶多来自真菌，主要来源于木霉属、曲霉属和青霉属。

在果汁加工中使用纤维素酶可以使果蔬中大分子纤维素降解成分子质量较小的纤维二糖和葡萄糖分子，破坏植物细胞壁，使细胞内容物充分释放，提高出汁率，并提高可溶性固形物含量。

3）柚苷酶　柚苷酶是一种能水解柚苷生成柚配基起到脱苦作用的酶，由α-L-鼠李糖苷酶和β-D-葡糖苷酶组成。柚苷酶主要来源于真菌，如黑曲霉、青霉和米曲霉等，少数来源于细菌和酵母。

利用柠檬酶处理可消除橘子汁中柠檬苦素产生的苦味。柚苷是柑橘中的另一苦味的来源，可以在柚苷酶的作用下水解成鼠李糖和普鲁宁，因此在柑橘制品的生产过程中可加柚苷酶去苦。另外，柚苷酶还可用于提高葡萄酒风味，改善某些饮料的香气成分。

二、酶制剂在食品保鲜方面的应用

食品的酶法保鲜由于无毒无害，绿色环保而日益受到关注。酶法保鲜最常用的是脱氧保鲜和杀菌保鲜。常用的酶是葡萄糖氧化酶和溶菌酶。

1. 葡萄糖氧化酶　葡萄糖氧化酶是一种能在有氧条件下专一性地催化β-D-葡萄糖生成葡萄糖酸和过氧化氢的酶。主要生产菌株为黑曲霉和青霉。它是理想的除氧剂，能够有效防止食品变质，而对于已经发生的氧化变质作用，它也可以阻止其进一步发展。葡萄糖氧化酶作为除氧剂被普遍应用于食品保鲜及包装中，以延长食品保质期。目前，在罐装果汁、果酒、啤酒、奶粉等食品脱氧，面粉改良，防止食品褐变等方面，葡萄糖氧化酶都有广泛应用。另外，该酶在食品快速检测及生物传感器上也有应用。

2. 溶菌酶　溶菌酶又称为胞壁质酶，是一种专门作用于微生物细胞壁的水解酶。溶菌酶主要通过破坏细胞壁中的*N*-乙酰胞壁酸和*N*-乙酰氨基葡萄糖之间的β-1,4-糖苷键，使细胞壁不溶性黏多糖分解成可溶性糖肽，导致细胞壁破裂内容物逸出而使细菌溶解。溶菌酶还可与带负电荷的病毒蛋白直接结合，与DNA、RNA、脱辅基蛋白形成复合体，使病毒失活。

由于溶菌酶主要作用于微生物细胞壁，而对没有细胞壁的人体细胞不会产生不良影响，因此适合于各种食品的防腐。另外，该酶还能杀死肠道腐败球菌，提高肠道抗感染能力。同时该菌还能促进婴儿肠道双歧杆菌的增殖，促进乳酪蛋白凝乳利于消化，所以又是婴儿食品、饮料良好的添加剂。目前溶菌酶已在低度酒、香肠、糕点、饮料、干酪、水产品、啤酒、清酒、鲜奶、奶粉、奶油、生面条等生产及防腐保鲜中得到应用。

主要参考文献

白菊红，康建平，张星灿，等. 2019. 多重 PCR 技术在病原微生物检测中的应用. 食品工业科技，40（7）：322-325
白妍，葛雨珺，向迎春，等. 2019. 非热杀菌技术杀灭食品中芽孢效能及机理研究进展. 食品科学，40（15）：314-318
曹潇，赵力超，陈洵，等. 2019. 免疫磁分离技术在食源性致病菌快速检测中的研究进展. 食品科学，40（15）：338-345
岑沛霖，蔡谨. 2012. 工业微生物学. 2 版. 北京：化学工业出版社
常玉华，仇农学. 2011. 基于 PCR 技术快速检测食品微生物的原理方法与应用. 农产品加工，11：4-6
陈婵娟. 2013. 副溶血性弧菌亚致死损伤状态的研究. 上海：上海海洋大学硕士学位论文
陈晨，胡文忠，姜爱丽，等. 2013. 栅栏技术在鲜切果蔬中的应用研究进展. 食品科学，34：338-343
陈峰. 2005. 微生物的群体感应信号分子. 上海农业学报，21（1）：89-102
陈念，赵斌，王乾蕾，等. 2017. 食源性病原及其毒素检测技术研究进展. 安徽农业科学，45（25）：99-104
陈瑞昶，牛祥云，黄金，等. 2020. 羊源肺炎克雷伯菌间接免疫荧光检测方法的建立. 中国兽医学报，40（12）：2342-2347
陈文玲. 2015. 适配体化磁纳米富集及生物发光检测金葡菌. 无锡：江南大学硕士学位论文
邓高燕，喻勇新，潘迎捷，等. 2011. 电子鼻对两种食源性致病菌在菌株水平上区分的研究. 食品工业科技，32（12）：142-145，148
翟清燕，郑世超，李新玲，等. 2019. 乳酸菌的分类鉴定及在食品工业中的应用. 食品安全质量检测学报，10（16）：5260-5265
丁文艳. 2015. 副溶血性弧菌生物膜的形成与抑制研究. 上海：上海海洋大学硕士学位论文
董慧茹. 2016. 仪器分析. 3 版. 北京：化学工业出版社
董庆利，王海梅，Malakar P. K.，等. 2015. 我国食品微生物定量风险评估的研究进展. 食品科学，11：221-229
董庆利. 2009. 食品预测微生物学——过去现在将来. 农产品加工，（3）：38-41
杜娇，叶枫，耿雪冉，等. 2019. 猴头菌液体发酵产 α-半乳糖苷酶工艺优化及其酶学性质. 食用菌学报，26（4）：107-115
段鸿斌. 2015. 食品微生物检验技术. 重庆：重庆大学出版社
樊明涛，张文学. 2014. 发酵食品工艺学. 北京：科学出版社
范梦蝶，王天泽，杜文斌，等. 2019. 山西老陈醋晾晒前、后挥发性香味物质比较分析. 中国食品学报，19（12）：229-242
范晓旭. 2015. 液相色谱-质谱联用技术及应用. 北京：化学工业出版社
方平. 2006. PCR 技术在食源性致病微生物快速检测中的应用. 中国食品工业，（11）：44-46
方舒婷，刘舒芹，向章敏. 2020. 微生物挥发性有机物检测及在食品安全监测中的应用. 食品工业科技，41（16）：353-361
方莹. 2006. 免疫胶体金技术及其在微生物检测中的应用. 中国卫生检验杂志，16（11）：1399-1401
高舸. 2015. 质谱及其联用技术——在卫生检验中的应用. 成都：四川大学出版社
葛晶. 2005. 使用 SPR 生物传感器快速检测大肠杆菌的研究. 长春：吉林大学硕士学位论文
龚频，王思远，陈雪峰，等. 2019. 胶体金免疫层析试纸条技术及其在食品安全检测中的应用研究进展. 食品工业科技，40（13）：358-364
关桦楠，宋岩，龚德状，等. 2019. 基于电化学生物传感器检测食源性致病菌及其毒素的研究进展. 食品研究与开发，40（8）：206-211
郭小鹏，刘涛，徐慧，等. 2019. 单细胞蛋白及其在食品工业中的应用. 食品界，（2）：150-151
郭燕茹，顾赛麒，王帅，等. 2014. 栅栏技术在水产品加工与贮藏中应用的研究进展. 食品科学，35（11）：339-342
郭育齐，赵良忠，尹乐斌，等. 2017. 微生物果胶酶研究及其在食品加工中的应用进展. 邵阳学院学报（自然科学版），10（2）：68-73
郭月红，李洪军，廖洪波，等. 2005. 肉类食品防腐保鲜技术的研究进展. 肉类工业，（2）：30-32
韩晗. 2018. 微生物资源开发学. 成都：西南交通大学出版社
韩俊伟，杜海燕. 2014. 免疫荧光技术原理及应用. 河南畜牧兽医，35（11）：9-10
韩磊，李光辉，吴小慧，等. 2017. 气相色谱法检测活菌型乳酸菌饮料中乙醇质量浓度. 中国乳品工业，45（4）：59-61
韩衍青，徐宝才，徐幸莲，等. 2011. 真空包装熟肉制品中的特定腐败微生物及其控制. 中国食品学报，（7）：154-162
韩月，韩先干，白灏，等. 2013. *rmlA* 基因缺失影响禽致病性大肠杆菌的生物被膜形成. 微生物学报，53（10）：1056-1062
郝鲁江. 2019. 食品微生物检验技术及新进展. 北京：中国纺织出版社
郝小斌. 2011. 副溶血性弧菌活的非可培养状态的研究. 上海：上海海洋大学硕士学位论文
何国庆，贾英民，丁立孝. 2016. 食品微生物学. 3 版. 北京：中国农业大学出版社
何攀，闫冬阁，陈渠玲，等. 2018. 免疫亲和高效液相色谱法测定小麦粉中脱氧雪腐镰刀菌烯醇的方法改进. 现代食品科技，

34（1）：227-232
何培新. 2017. 高级微生物学. 北京：中国轻工业出版社
何维凤. 2014. PCR 技术在快速检测食源性致病菌中的应用. 右江民族医学院学报，36（1）：102-104
何香婷，梁雅洁，牟光庆，等. 2014. 电子鼻技术建立酵母菌发酵乳风味指纹图谱的研究. 食品科技，39（7）：293-299
何小曼，曾繁启. 2008. 免疫磁珠分离技术在微生物学检验中的应用. 中国生物制品学杂志，11（21）：1030-1032
何芸菁. 2017. 饮用水中挥发性有机物（VOCs）检测技术的研究进展. 福建分析测试，26（2）：31-35
贺稚非，霍乃蕊. 2018. 食品微生物学. 北京：科学出版社
贺稚非，李平兰. 2010. 食品微生物学. 重庆：西南师范大学出版社
洪兆鹏，邹小波，石吉勇，等. 2014. 接种不同优势腐败菌的冷藏猪肉中挥发性物质的研究. 食品工业科技，35（6）：111-115
侯红萍. 2016. 发酵食品工艺学. 北京：中国农业大学出版社
侯然，卢士玲，王庆玲，等. 2018. 蛋白质组学在肉类研究中的应用研究进展. 肉类研究，32（11）：53-57
侯宇. 2009. 荧光定量 PCR 技术研究进展及其应用. 贵州农业科学，37（6）：29-32
胡雨欣，郑舒，何早，等. 2016. 免疫磁纳米粒子对肠炎沙门氏菌的富集分离. 食品科学，37（13）：162-167
黄林，陈全胜，张燕华，等. 2013. 冷却猪肉优势腐败菌分离鉴定及致腐能力测定. 食品科学，34（1）：205-209
黄留玉. 2011. PCR 最新技术原理、方法及应用. 2 版. 北京：化学工业出版社
黄明泉，韩书斌，孙宝国，等. 2009. 固相微萃取/气质联机分析郫县豆瓣酱挥发性香成分的研究. 食品与发酵工业，35（4）：147-152
黄青云. 2007. 畜牧微生物学. 4 版. 北京：中国农业出版社
黄甜甜，陆利霞，姚丽丽，等. 2012. 食品中芽孢杀灭新技术. 食品工业科技，33（3）：391-394
黄愈玲，李少彤，龚玉姣. 2010. 间接免疫荧光检测技术检测沙门菌的实验研究. 热带医学杂志，10（8）：935-936，941
霍芳，张志美，王建军，等. 2013. 高效液相色谱-示差折光检测技术研究进展. 家畜生态学报，34（7）：81-84
纪铁鹏，崔雨荣. 2006. 乳品微生物学. 北京：中国轻工业出版社
贾金滏，杨立风，刘光鹏. 2018. 微生物在食品加工中的应用. 食品研究与开发，11：214-219
贾玲华. 2016. 溶藻弧菌生物被膜的形成及其抑制作用的研究. 上海：上海海洋大学硕士学位论文
贾玮，张荣，石琳，等. 2018. 基于二维色谱及其联用技术筛查乳及乳制品中外源性风险物质的分析方法研究进展. 食品工业科技，39（23）：339-345
简利茹，杜双田. 2013. HPLC 与 LC-MS/MS 测定蛹虫草发酵液中虫草素的方法比较. 食品科学，34（14）：276-279
江汉湖，董明盛. 2010. 食品微生物学. 3 版. 北京：中国农业出版社
姜昌富，黄庆华. 2003. 食源性病原生物检测技术. 武汉：湖北科学技术出版社
靳汝霖，武士美，任为一，等. 2017. SPME-GC-MS 法分析不同菌种比例混合发酵对酸乳风味的影响. 中国乳品工业，45（6）：9-14
阚玉敏，蒋娜，白凯红，等. 2020. 细菌有活力但不可培养状态及其机制研究进展. 微生物学通报，47（3）：880-891
康燕，封科军，蒋健晖，等. 2008. 分子信标研究进展. 化学传感器，28（2）：1-11
寇琳娜，王浩. 2010. 液相色谱-串联三重四极杆质谱同时测定植物油中的黄曲霉毒素. 粮油加工，3：15-17
匡珍，李学英，徐春霞，等. 2019. 乳酸菌细菌素研究进展及其在水产养殖和加工中的应用. 食品工业科技，40（4）：292-298
李桂满，张艳，王慧雯，等. 2020. 昆明市首起由疑似肉毒梭菌引起食物中毒的实验室快速检测. 食品安全质量检测学报，11（9）：3009-3013
李红娟. 2014. *Lactobacillus casei* AST18 抗真菌代谢产物分析及抑菌作用研究. 北京：中国农业科学院博士学位论文
李红艳，金燕飞，黄海智，等. 2016. 高效液相色谱-二极管阵列检测器结合固相萃取法快速测定食品中米酵菌酸残留. 食品科学，37（24）：247-251
李华. 2011. 酿造酒工艺学. 北京：中国农业出版社
李惠婧，刘秋，于一芒，等. 2014. 免疫亲和柱-高效液相色谱法同时检测谷物中 T-2 毒素和 HT-2 毒素含量. 食品与发酵工业，40（8）：190-193
李慧琴，黄亚娟. 2019. 食源性病原微生物快速检验技术的应用与研究进展. 食品安全质量检测学报，10（16）：5369-5375
李慧臻，李柏良，李子叶，等. 2019. 乳酸杆菌抗肿瘤作用的研究进展. 食品工业科技，40（2）：342-347
李佳钰，吴雨杭，李昊原，等. 2016. 固相微萃取技术与应用研究进展. 山东化工，45（1）：43-45
李健. 2010. 水溶性红曲黄色素的分离纯化与结构鉴定. 福州：福建农林大学硕士学位论文
李静雯，杜美红，杨寅，等. 2020. 不同粒径的免疫磁珠对食源性致病菌捕获效率的影响. 食品与生物技术学报，39（9）：46-52
李俊英，高喜源. 2016. 水果腐败关键病原微生物检测研究进展. 食品安全质量检测学报，7（9）：3510-3515
李苗云，张秋会，高晓平，等. 2008. 冷却猪肉贮藏过程中腐败品质指标的关系研究. 食品与发酵工业，（7）：168-171
李平兰. 2020. 食品微生物学教程. 2 版. 北京：中国林业出版社
李琼琼，范一灵，宋明辉，等. 2016. 食源性金黄色葡萄球菌肠毒素及其检测方法. 食品安全质量检测学报，7（2）：555-560
李儒，张雅珩，张宇霞. 2013. 应用 GC-MS 技术测定细菌结构脂肪酸鉴定脂环酸芽孢杆菌的研究. 食品工业，34（5）：222-224

李素媛，喻玺，刘恒，等. 2018. 高效液相色谱法测定酵母抽提物中谷氨酸的研究. 安徽农学通报，24（18）：18-19
李伟，王静，胡孔新，等. 2004. 应用胶体金免疫层析技术建立炭疽杆菌芽孢的快速检测方法. 中国国境卫生检疫杂志，27（6）：329-331
李玮，艾连峰，马育松，等. 2019. 超高效液相色谱-飞行时间质谱测定牛奶中9种真菌毒素. 分析科学学报，35（5）：675-678
李燕莹，周庆琼，陈羽中，等. 2019. 磁固相萃取在食品分析中的研究进展. 食品工业科技，40（8）：323-330，336
李尧，张雪梅，党献民，等. 2012. 基质分散固相萃取净化液相色谱检测谷物中赭曲霉毒素A. 粮食与饲料工业，（10）：57-60
李颖，李友国. 2019. 微生物生物学. 2版. 北京：科学出版社
李永凯，张风枰，廖利民，等. 2018. 裂殖壶菌培养物中二十二碳六烯酸含量的测量不确定度评定. 食品研究与开发，39（5）：147-151
李正义，贾俊涛，姜英辉，等. 2016. 微生物挥发性有机化合物及其在线数据库. 食品安全质量检测学报，7（12）：4801-4808
李志明. 2009. 食品卫生微生物检验学. 北京：化学工业出版社
励建荣，李婷婷，王当丰. 2020. 微生物群体感应系统及其在现代食品工业中应用的研究进展. 食品科学技术学报，38（1）：1-11
梁志洲，徐民俊，胡海艳，等. 2011. 酵母破碎液对红曲霉红色素生产能力的影响. 食品与发酵工业，3（12）：37-40
林迪，孙长贵. 2017. 生物膜研究相关进展. 临床检验杂志，35（4）：241-245
刘斌. 2013. 食品微生物检验. 北京：中国轻工业出版社
刘波，陈昌兰，张娟. 2018. 丝衣霉菌所致葡萄罐头腐败及防止对策研究. 中国农村卫生，6（132）：70-71
刘海舟，张素琴. 2000. 细菌信息素研究进展. 应用与环境生物学报，6（3）：288-294
刘红，张明，姜明洪，等. 2015. 活的不可培养细菌及其检测. 饮料工业，18（5）：74-79
刘慧. 2011. 现代食品微生物学. 北京：中国轻工业出版社
刘洁. 2019. 变性淀粉在焙烤食品中的应用. 食品界，2：116
刘锦涛，夏静，喻志学，等. 2020. 食源性致病菌活的不可培养状态检测方法研究进展. 农产品加工，（4）：65-67
刘立增，白正晨，吴宏，等. 2015. 基于液质联用技术的红曲素中红色素成分的研究. 食品工业，36（8）：293-296
刘莉，魏海燕，王紫薇，等. 2020. 3种方法检测食品中致泻性大肠埃希氏菌检测能力验证结果分析. 食品安全质量检测学报，11（17）：6086-6092
刘仁杰，梁珊，李哲，等. 2019. 杀灭芽孢杆菌的方法及机理的研究综述. 食品与发酵工业，45（13）：257-261
刘涛，韦仕静，任杰，等. 2017. 桑葚汁多菌种发酵过程主要成分及抗氧化性的变化. 食品工业科技，38（19）：131-135，141
刘霞，李宗军. 2010. SPR传感器在食品微生物检测中的应用. 食品科学，31（9）：301-305
刘翔，邓冲，侯杰，等. 2019. 酱油香气成分分析研究进展. 中国酿造，38（6）：1-6
刘秀萍，唐雨顺，刘永华，等. 2014. 生猪屠宰加工过程中微生物污染因素及关键控制点分析. 中国兽医杂志，50（9）：72-74
罗心怡，丁清龙，周露. 2020. 两种副溶血性弧菌检测方法的比对. 食品安全质量检测学报，11（16）：174-177
罗云波. 2005. 功能基因组的研究对未来食品产业发展的影响. 农产品加工，（9）：15-16
马迪根 M. T.，马丁克 J. M. 2009. BROCK微生物生物学. 李明春，杨文博译. 北京：科学出版社
马海峰，陶唐平，方林明，等. 2020. 液液萃取-HPLC法测定食品中黄曲霉毒素B_1. 食品工业，41（5）：296-299
马静，张伟尉，李闻，等. 2007. 基于纳米金固定大肠杆菌O157：H7酶免疫传感器的研究. 中国卫生检验杂志，17（12）：2156-2158
马科锋，王红青，贾彦博，等. 2018. 基于蛋白质组学的食品鉴伪技术研究进展. 食品安全质量检测学报，9（14）：3686-3692
马丽娜. 2014. 基于代谢产物的食源性致病菌快速检测技术研究. 长沙：中南林业科技大学硕士学位论文
马良，张宇昊，李培武. 2009. LIF-HPCE法检测食品中的黄曲霉毒素B_1. 食品科学，30（10）：135-139
马岳. 2017. 发酵食品微生物的多样性. 食品安全导刊，5：126-127
马征远，苏琴，杨露，等. 2018. 全球生物传感器研发与应用态势分析. 生物产业技术，5：4-11
毛友辉，朱薇，邓放明，等. 2011. 益生菌的研究进展及其在食品中的应用. 现代生物医学进展，11（20）：3978-3980
梅红，汪艳平，周红雨. 2013. 食源性疾病的潜在病原——受损细菌. 中国保健营养，（2）：148-149
米智慧. 2018. 基于液质联用技术瑞士乳杆菌H9发酵乳代谢组学特性研究. 呼和浩特：内蒙古农业大学硕士学位论文
宓捷波，许泓. 2018. 液相色谱与液质联用技术及应用. 北京：化学工业出版社
宁喜斌. 1998. Nisin高产菌株选育及应用的研究. 沈阳：中国科学院沈阳应用生态研究所博士学位论文
宁喜斌. 2019. 食品微生物检验学. 北京：中国轻工业出版社
牛凯莉. 2013. 基于胶体金免疫层析法的食源性致病菌检测技术的研究. 上海：上海师范大学硕士学位论文
潘秀华，孟宪荣，栗绍文，等. 2014. 单增李斯特菌胶体金免疫层析试纸条的研制. 中国食品卫生杂志，26（2）：115-119
平洋，谭静，王晓瑞，等. 2019. 免疫磁珠技术分离检测熟制食品中的蜡样芽孢杆菌. 食品安全质量检测学报，10（20）：6963-6967
普燕，张富春. 2015. 干酪用牛凝乳酶替代品的研究进展. 食品与发酵工业，41（5）：227-234
曲媛媛，魏利. 2010. 微生物非培养技术原理与应用. 北京：科学出版社
饶瑜，常伟，唐洁，等. 2013. 食品中腐败酵母的研究进展. 食品与发酵科技，49（4）：64-67

桑亚新，李秀婷. 2016. 食品微生物学. 北京：中国轻工业出版社
申瑾，郭家俊，陈翔，等. 2020. 高压热杀菌技术灭活细菌芽孢机理研究进展. 微生物学杂志，40（2）：101-105
沈萍，陈向东. 2016. 微生物学. 8 版. 北京：高等教育出版社
盛龙生. 2016. 有机质谱法及其应用. 北京：化学工业出版社
盛跃颖，陈敏. 2011. 免疫磁珠分离技术在病原微生物检测中的应用. 中国食品卫生杂志，23（5）：478-482
石超，吕长鑫，冯叙桥，等. 2014. 酶联免疫吸附技术在食品检测分析中的研究进展. 食品安全质量检测学报，5（10）：3269-3275
石慧，陈启和. 2019. 食品分子微生物学. 北京：中国农业大学出版社
孙吉浩. 2016. PCR 技术在食源性微生物检测中的应用与发展研究. 生物化工，2（2）：56
孙静. 2018. 高效液相色谱-质谱联用技术（HPLC-MS）研究及应用. 化工设计通讯，44（2）：147-149
孙颖颖，董鹏程，朱立贤，等. 2020. 食源性致病菌快速检测研究进展. 食品与发酵工业，46（17）：264-270
索原杰. 2018. 多重实时荧光 PCR 致病菌检测方法的构建及其在牛奶中的应用. 杭州：浙江大学硕士学位论文
覃冬杰，陈荣珍，卢艺，等. 2020. 超高效液相色谱-串联质谱法测定柳州螺蛳粉中米酵菌酸. 食品安全质量检测学报，11（13）：4273-4278
谭仁祥. 2002. 植物成分分析. 北京：科学出版社
汤贵祥，陈朋友，包鑫，等. 2019. 维生素 K_2 高产菌株的筛选与发酵条件优化. 食品工业科技，40（24）：68-73
唐静，赵丽青，贾俊涛，等. 2020. 奶粉中一株阪崎肠杆菌的鉴定及其挥发性产物分析. 食品安全质量检测学报，11（3）：726-733
陶姝颖，明建. 2012. 虾青素的功能特性及其在功能食品中的应用研究进展. 食品工业，33（8）：110-114
田随安，张向兵. 2009. 高效液相色谱法测定红曲米中莫拉可林 K 的研究. 中国卫生检验杂志，19（9）：1996-1997，2015
田亚晨，王淑娟，马兰，等. 2019. 纳米颗粒在侧流免疫层析技术中的应用研究进展. 食品科学，40（17）：348-356
屠博文，吉俊敏，杜强，等. 2017. 基质辅助激光解析飞行质谱法检测空肠弯曲菌及李斯特菌. 食品科学，38（20）：262-267
王超，孟祥晨. 2007. 分子信标-实时 PCR 法快速检测双歧杆菌的研究. 微生物学通报，34（6）：1163-1168
王春皓，崔传金，谷学静，等. 2020. 检测大肠杆菌的免疫生物传感器研究进展. 分析实验室，39（4）：490-496
王飞飞，吴豪益，林晨，等. 2020. 基于食源性细菌群体淬灭的生物膜控制研究进展. 食品科学，41（9）：290-295
王海明，俞晓，金燕飞，等. 2009. 应用磁免疫技术快速检测食源性沙门氏菌方法研究. 中国卫生监督杂志，16（1）：36-39
王慧琳，周炜城，任聪，等. 2018. 传统发酵食品微生物学研究进展. 生物学杂志，6：1-4
王金鹏. 2016. 荧光标记免疫层析试纸条的研制. 天津：天津科技大学硕士学位论文
王凯，殷涌光. 2007. SPR 生物传感器快速检测沙门氏菌研究初探. 食品科技，9：192-195
王宽，董丰收，吴小虎，等. 2020. 全二维气相色谱-飞行时间质谱应用研究进展. 现代农药，19（2）：6-11，15
王满生. 2016. 脉冲电场作用酿酒酵母亚致死损伤及生理行为研究. 广州：华南理工大学博士学位论文
王瑞琴，陈德昭，韦尚升，等. 2019. 酶在食品工业中的研究进展及应用. 中国调味品，44（4）：184-186
王涛，游玲，赵东，等. 2012. 浓香型白酒酿造相关放线菌挥发性产物分析. 食品科学，33（14）：184-187
王铜，陶晓霞，孟凡亮，等. 2019. 金黄色葡萄球菌肠毒素检测方法新进展. 中国病原生物学杂志，14（12）：1475-1480
王韦岗，唐双双，朱新生. 2014. 高效液相色谱法测定食醋中糖含量与差异性分析. 食品科技，39（7）：300-303
王卫. 2015. 栅栏技术及其在食品加工和安全质量控制中的应用. 北京：科学出版社
王雪宁，万丹丹. 2020. 乳酸菌的功能作用及在食品工业中的应用. 食品安全导刊，264（3）：94
王雅楠，王欣，刘宝林. 2019. 磁纳米识别探针的构造及其在真菌毒素检测中的应用进展. 工业微生物，49（3）：54-60
王亚磊. 2019. 基于免疫磁分离的金黄色葡萄球菌 RPA-LF 快速检测方法的建立. 北京：中国农业科学院硕士学位论文
王一娴. 2013. 快速检测农产品中大肠杆菌 O157:H7 的生物传感方法与仪器研究. 杭州：浙江大学博士学位论文
王钰童，李晖，杨国泰，等. 2019. 基于识别分子的磁分离技术在食源性致病菌分离中应用. 化学通报，82（1）：27-31
魏东芝. 2020. 酶工程. 北京：高等教育出版社
闻一鸣，李志清，童吉宇，等. 2013. 免疫磁珠富集技术联合选择性培养基快速检测单增李斯特菌. 生物工程学报，29（5）：672-680
吴林寰，陆震鸣，龚劲松，等. 2016. 高通量测序技术在食品微生物研究中的应用. 生物工程学报，32（9）：1164-1174
吴楠京，贾文珅，马洁，等. 2018. 仿生嗅觉技术在微生物代谢产物气味检测中的应用研究进展. 分析试验室，37（3）：366-372
吴秀玲，李公斌. 2014. 微生物制药技术. 北京：中国轻工业出版社
吴祖芳. 2017. 现代食品微生物学. 杭州：浙江大学出版社
伍燕华，牛瑞江，赖卫华，等. 2014. 双抗夹心酶联免疫吸附法检测沙门氏菌. 食品工业科技，35（10）：62-65
邢玮玮. 2018. 酶联免疫吸附法在食品安全检测中的应用综述. 柳州职业技术学院学报，18（1）：121-125
熊涛，魏华，乔长晟. 2013. 发酵食品（上）. 北京：中国质检出版社
熊涛，魏华，乔长晟. 2013. 发酵食品（下）. 北京：中国质检出版社
徐群英，翟羽恒. 2020. 高效液相色谱法快速检测小麦中的交链孢酚单甲醚. 食品与机械，36（3）：60-62，118
许海舰，刘翠哲. 2017. 液相色谱-质谱联用技术的研究进展. 承德医学院学报，34（6）：513-516

宣晓婷，丁甜，刘东红. 2015. 食品中亚致死损伤单增李斯特菌的研究进展. 食品科学，36（3）：280-284
杨华. 2019. 冷冻亚致死损伤的金黄色葡萄球菌酸胁迫耐受规律及其调控机制. 郑州：河南农业大学硕士学位论文
杨平，杨迎伍，陈伟，等. 2007. 食品中 4 种致病微生物的多重 PCR 快速检测技术研究. 西南大学学报（自然科学版），29（5）：90-94
杨卫军，张小军，张坤朋，等. 2008. PCR 技术在食品微生物检测中的应用. 安阳工学院学报，4：16-18
杨祖明，王颖，姚明东，等. 2019. 高通量筛选技术在菌种进化中的研究进展. 化工进展，38（5）：343-353
殷文政，樊明涛. 2015. 食品微生物学. 北京：中国农业大学出版社
于光，陈贵连，王文. 1991. 吖啶橙免疫荧光菌团法快速检测鱼贝类副溶血性弧菌的研究. 兽医大学学报，11（4）：365-368
余平. 2012. 免疫学实验. 武汉：华中科技大学出版社
余晓峰，张萍，宗凯，等. 2012. 免疫磁珠法检测脱水蒜制品中沙门氏菌. 食品科学，33（24）：257-259
喻文娟，施春雷，刘玉敏，等. 2013. 副溶血弧菌的热激亚致死损伤与显微红外光谱检测. 分析化学，41（10）：1470-1476
喻勇新，刘源，孙晓红，等. 2010. 基于电子鼻区分三种致病菌的研究. 传感技术学报，23（1）：10-13
袁华伟，杨泽刚，兰著玺，等. 2018. 气相色谱法测定己酸菌发酵液中的己酸等有机酸含量. 酿酒科技，3：102-105
张宸宁. 2019. 大肠杆菌与单增李斯特菌免疫检测方法建立. 天津：天津科技大学硕士学位论文
张春野，张爽. 2019. 罐头食品腐败变质的微生物因素及防控. 现代食品，（7）：6-8
张丹峰，杨培周，姜绍通. 2015. 一株分离自鳜鱼肠道的粘质沙雷氏菌（*Serratia marcescens*）HFUT 1301 的鉴定及灵菌红素的分析. 现代食品科技，31（6）：78-83，204
张凤英，胡继红，刘延岭，等. 2019. 气相色谱-质谱对天然酿造酱油与配制酱油香气成分的分析比较. 中国调味品，44（7）：133-137
张捷，陈广全，乐加昌，等. 2011. 生物传感器在食源性致病菌检测中的应用. 食品工业科技，32（10）：453-457
张兰威. 2015. 发酵食品工艺学. 北京：中国轻工业出版社
张蕾，曾静，魏海燕. 2014. 纳米免疫磁分离-实时荧光聚合酶链式反应快速检测海产品中副溶血性弧菌. 食品科学，35（4）：107-110
张炼辉. 2019. 微生物群体感应系统的研究进展. 华南农业大学学报，40（5）：50-58
张苗苗. 2019. 洁净环境沉降菌分离鉴定及产芽孢杆菌的生物抗性检测. 上海：上海海洋大学硕士学位论文
张楠，朱华栋. 2020. 益生菌对不同病因所致腹泻的防治作用研究进展. 中国全科医学，23（3）：362-368
张荣. 2014. 地衣芽孢杆菌固态发酵产地衣素及风味活性物质对白酒品质的影响. 无锡：江南大学博士学位论文
张思思，陆继伟，王少敏，等. 2016. 国内外真菌毒素检测方法研究现状及进展. 食品安全质量检测学报，7（7）：2575-2586
张天震，刘伶普，李文超，等. 2020. 群体感应系统介导细菌生物膜形成的研究进展. 生物加工过程，18（2）：177-183
张伟，袁耀武. 2007. 现代食品微生物检测技术. 北京：化学工业出版社
张雯，林毅侃，黄雨晴，等. 2020. 在线二维高效液相色谱法测定发酵食品中的苯乳酸. 食品与发酵工业，46（9）：243-249
张璇，鲜瑶. 2011. 免疫磁珠技术及其在食品微生物检测中的应用. 农产品质量与安全，1：40-43
赵爱飞，黄旭镇，叶晓锋，等. 2016. 气相色谱-质谱定量检测水产品腐败菌群体感应 DKPs 信号分子. 微生物学通报，43（2）：343-350
赵常志，孙伟. 2017. 化学与生物传感器. 北京：科学出版社
赵宏，杨柳，赵良娟，等. 2020. 免疫富集联合基质辅助激光解吸电离飞行时间质谱法测定牛奶、鸡蛋中的沙门氏菌. 食品安全质量检测学报，11（9）：2936-2945
赵述淼. 2018. 酿造学. 2 版. 北京：高等教育出版社
赵亚男，曾德新，郭德华，等. 2020. 一种快速鉴别牛肉中大肠杆菌 O157：H7 检测方法的建立及应用. 中国人兽共患病学报，36（4）：272-279
郑瑞生，王曲芳，李昌莲，等. 2019. 气-质联用法分析即食鲍鱼腐败前后挥发性成分的变化. 现代食品科技，35（11）：261-269，299
郑晓冬. 2020. 食品微生物学. 2 版. 北京：中国农业出版社
职爱民，余曼，乔苗苗，等. 2019. 免疫技术在动物源性食品快速检测中的研究进展. 肉类研究，33（50）：60-66
钟华晨，贺银凤. 2020. 群体感应系统调控细菌生物膜的研究进展. 畜牧与饲料科学，41（5）：7-12
钟俊良. 2018. 速冻牛肉丸中大肠杆菌 O157:H7 活的不可培养状态形成机制的研究. 武汉：武汉工程大学硕士学位论文
钟泽澄，王进，张师音. 2020. 多重 PCR 技术研究进展. 生物工程学报，36（2）：171-179
周德庆. 2011. 微生物学教程. 3 版. 北京：高等教育出版社
周世宁. 2007. 现代微生物生物技术. 北京：高等教育出版社
周幸，阿热爱·巴合提，李平兰. 2020. 微生物群体感应系统与食品防腐保鲜. 生物加工过程，18（2）：184-192
朱玲，许喜林，周彦良，等. 2009. 加工肉鸡中沙门氏菌风险评估. 现代食品科技，25（7）：825-829
朱萍，李楠，任婧. 2014. 牛乳中嗜冷菌危害及其检测方法研究进展. 食品安全质量检测学报，5（10）：3142-3148
朱仁俊，石振兴，甘伯中，等. 2010. 凝乳酶的研究进展. 中国乳品工业，38（1）：39-42
Albert B.，Elissavet G.，Le G. F. S.，et al. 2018. Foodborne viruses：Detection，risk assessment，and control options in food

processing. International Journal of Food Microbiology，285：110-128

Alshannaq A.，Yu J. H. 2017. Occurrence，toxicity，and analysis of major mycotoxins in food. Int J Environ Res Public Health，14（6）：632-638

Ankan D. C.，Amitabha D.，Chirosree R. C.，et al. 2012. Label free polyaniline based impedimetric biosensor for detection of *E. coli* O157:H7 bacteria. Sensor Actuat B Chem，171-172：916-923

Beggs M.，Novotny M.，Sampedro S. 1990. A self-performing chromatographic immunoassay for the qualitative determination of human chorionic-gonadotropin（hcg）in urine and serum. Clinical Chemistry，36（6）：1084-1085

Bhagwat A. A. 2003. Simultaneous detection of *Escherichia coli* O157:H7，*Listeria monocytogenes* and *Salmonella* strains by real-time PCR. International Journal of Food Microbiology，84（2）：217-224

Bibek R.，Arun B. 2014. 基础食品微生物学. 4 版. 江汉湖译. 北京：中国轻工业出版社

Bokang C.，Su L.，Qibo W.，et al. 2012. Effect of beta-carotene on immunity function and tumour growth in hepatocellular carcinoma rats. Molecules，17（7）：8595-8599

Brown L.，Ouderaa F. V. D. 2007. Nutritional genomics：food industry applications from farm to fork. British Journal of Nutrition，97：1027-1035

Campion A.，Morrissey R.，Field D.，et al. 2017. Use of enhanced nisin derivatives in combination with food-grade oils or citric acid to control *Cronobacter sakazakii* and *Escherichia coli* O157:H7. Food Microbiology，65：254-263

Chellaiah S. M.，Iyengar M.，Ravi G. I.，et al. 2020. Potential of proteomics to probe microbes. Journal of Basic Microbiology，60（6）：1-13

Chen J.，Tang J.，Liu Z.，et al. 2012. Development and evaluation of a multiplex PCR for simultaneous detection of five foodborne pathogens. Appl Microbiol，112：823-830

Claes N.，Bo L.，Tommy L. 1982. Gas detection by means of surface plasmon resonance. Sensors and Actuators，3：79-88

Crameri A.，Raillard S. A .，Bermudez E.，et al. 1998. DNA shuffling of a family of genes from diverse species accelerates directed evolution. Nature，391（6664）：288-291

D'Alessandro A.，Zolla L. 2012. We are what we eat：food safety and proteomics. Journal of Proteome Research，11（1）：26-36

David R. L.，Marta H. 2013. Real-time PCR in food science：Introduction. Curr Issues Mol Biol，15：25-38

David S. W. 2019. Metabolomics for investigating physiological and pathophysiological processes. Physiological Reviews，99（4）：1819-1875

de Jessica A. F. F. F.，de Jones B. F. M.，de Bernadette D. G. M. F.，et al. 2020. Challenges of teaching food microbiology in Brazil. Brazilian Journal of Microbiology，51：279-288

Du X. P.，Wang C.，Wu L.，et al. 2020. Two-dimensional liquid chromatography analysis of all-*trans*-，9-*cis*-，and 13-*cis*-astaxanthin in raw extracts from *Phaffia rhodozyma*. Journal of Separation Science，43（16）：3206-3215

Duan J.，Liu C.，Su Y. C.，et al. 2006. Evaluation of a double layer agar plate for direct enumeration of *Vibrio parahaemolyticus*. Journal of Food Science，71（2）：77-82

Duan N.，Xu B.，Wu S.，et al. 2016. Magnetic nanoparticles-based aptasensor using gold nanoparticles as colorimetric probes for the detection of *Salmonella typhimurium*. Anal Sci，32（4）：431-436

Elena A. O.，Eleni L.，Adrián A. M.，et al. 2018. The present and future of whole genome sequencing（WGS）and whole metagenome sequencing（WMS）for surveillance of antimicrobial resistant microorganisms and antimicrobial resistance genes across the food chain. Genes，9（5）：1-28

Faulk W. P.，Taylor G. M. 1971. An immunocolloid method for the electron microscope. Immunochemistry，8（11）：1081-1083

Fend R.，Geddes R.，Lesellier S.，et al. 2005. Use of an electronic nose to diagnose mycobacterium bovis infection in badgers and cattle. J Clin Microbiol，43（4）：1745-1751

Finger J. D. A. F. F.，Menezes J. B. F. D.，Franco B. D. G. D. M.，et al. 2020. Challenges of teaching food microbiology in Brazil. Brazillian Journal of Microbiology，51：279-288

Flowers R. S.，Ordal Z. J. 1979. Current methods to detect stressed staphylococci. Food Prot，42：362-367

Fuqua W. C.，Winans S. C.，Greenberg E. P. 1994. Quorum sensing in bacteria：The LuxR-LuxI family of cell density-responsive transcriptional regulators. J. Bacteriol，176：269-275

GaoL H.，Liu T.，An X. J.，et al. 2017. Analysis of volatile flavor compounds influencing Chinese-type soy sauces using GC-MS combined with HS-SPME and discrimination with electronic nose. J Food Sci Technol，54（1）：130-143

Giovanna S.，Aldo C. 2020. Food microbiology：The past and the new challenges for the next 10 years. Frontiers in Microbiology，11：1-3

Gu Q. Q.，Fu L. L.，Wang Y. B.，et al. 2013. Identification and characterization of extracellular cyclic dipeptides as quorum-sensing signal molecules from *Shewanella baltica*，the specific spoilage organism of *Pseudosciaena crocea* during 4℃ storage. J Agr Food

Chem，61（47）：11645-11652

Harsh S.，Raj M. 2013. Review of biosensors for foodborne pathogens and toxins. Sensors and Actuators B，183：535-549

Hartsell S. E. 1951. The longevity and behavior of pathogenic bacteria in frozen foods：The influence of plating media. American Journal of Public Health and the Nations Health，41（9）：1072-1077

Hayes J. C.，Laffey J. G.，Mcneil B. 2012. Relationship between growth of food-spoilage yeast in high-sugar environments and sensitivity to high-intensity pulsed UV light irradiation. International Journal of Food Science &Technology，47（9）：1925-1934

Ignacio O.，Gavin O'.C.，Alain M. 2016. Review on proteomics for food authentication. Journal of Proteomics，147：212-225

Indhupriya S.，Srikant V.，Shiva K.，et al. 2020. Multi-omics data integration，interpretation，and its application. Bioinformatics and Biology Insights，14：1-24

Jaffrès E.，Lalanne V.，Macé S.，et al. 2011. Sensory characteristics of spoilage and volatile compounds associated with bacteria isolated from cooked and peeled tropical shrimps using SPME-GC-MS analysis. Int J Food Microbiol，147（3）：195-202

James M. J.，Martin J. L.，David A. G. 2008. 现代食品微生物学. 何国庆，等译. 北京：中国农业大学出版社

Jay S.，Shankar B.，George M. C.，et al. 2017. Waterston DNA sequencing at 40：past，present and future. Nature，550（7676）：343-345

Ji G.，Beavist R. C.，Novick R. P. 1995. Cell density control of staphylococcal virulence mediated by an octapeptide pheromone. Proc Natl Acad Sci，92：12055-12059

Jodi W. F. L.，Nurul S. A. M.，Kok G. C.，et al. 2015. Rapid methods for the detection of foodborne bacterial pathogens：principles，applications，advantages and limitations. Frontiers in Microbiology，5：770

John L. M.，Rafael B. S.，Arthur S. E.，et al. 2017. The future of NMR-based metabolomics. Current Opinion in Biotechnology，43：34-40

Juan M. C. C.，José I. R.，De C. 2012. Metabolomics in food science. Advances in Food and Nutrition Research，67：1-24

Khan I.，Tango C. N.，Miskeen S.，et al. 2017. Hurdle technology：A novel approach for enhanced food quality and safety—A review. Food Control，73：1426-1444

Kim H. J.，Kim S. H.，Lee J. K.，et al. 2012. A novel mycotoxin purification system using magnetic nanoparticles for the recovery of aflatoxin B_1 and zearalenone from feed. J Vet Sci，13（4）：363-369

Kogure K. 1979. A tentative direct microscopic method for counting living marine bacteria. Can J Microbiol，25：415-420

Lee S. H.，Ryu J.，Shrivastar A. 2013. Simultaneous detection of *Listeria* species isolated from meat processed foods using multiplex PCR. Food Cont，32：659-664

Li J.，Wei Q.，Huang L.，et al. 2020. Mathematical modeling *Pseudomonas* spp. growth and microflora composition variation in *Agaricus bisporus* fruiting bodies during chilled storage. Postharvest Biology and Technology，163：111-144

Li X. F.，Zhu J. C.，Li C.，et al. 2018. Evolution of volatile compounds and spoilage bacteria in smoked bacon during refrigeration using an E-nose and GC-MS combined with partial least squares regression. Molecules，23（12）：3286

Lippolis V.，Ferrara M.，Cervellieri S.，et al. 2016. Rapid prediction of ochratoxin A-producing strains of *Penicillium* on dry-cured meat by MOS-based electronic nose. Int J Food Microbiol，218：71-77

Liu F.，Li Y.，Su X. L.，et al. 2007. QCM immunosensor with nanoparticle amplification for detection of *Escherichia coli* O157:H7. Sensing and Instrumentation for Food Quality and Safety，1（4）：161-168

Lu X.，Liu Q.，Wu D.，et al. 2011. Using of infrared spectroscopy to study the survival and injury of *Escherichia coli* O157：H7，*Campylobacter jejuni* and *Pseudomonas aeruginosa* under cold stress in low nutrient media. Food Microbiology，28（3）：537-546

Lyon W. J. 2001. TaqMan PCR for detection of *Vibrio cholerae* O1，O139，non-O1，and non-O139 in pure cultures，raw oysters，and synthetic seawater. Appl Environ Microbiol，67（10）：4685-4693

Ma X.，Wang W.，Chen X.，et al. 2014. Selection，identification，and application of aflatoxin B_1 aptamer. Eur Food Res Tech，238（6）：919-925

Marta L.，de Maria G. C.，Teresa S. L.，et al. 2019. Food microbiology. Hindawi BioMed Research International，2019：8039138

Martínez-Blanch J. F.，Gloria S.，Esperanza G.，et al. 2011. Detection and quantification of viable *Bacillus cereus* in food by RT-qPCR. European Food Research and Technology，232：951-955

Mattia Z.，Karthik S.，Nicola Z.，et al. 2017. Frontiers of high-throughput metabolomics. Current Opinion in Chemical Biology，36：15-23

Mayville P.，Ji G.，Beavis R. 1999. Structure-activity analysis of synthetic autoinducing thiolactone peptides from *Staphylococcus aureus* responsible for virulence. Proc Natl Acad Sci，96：1218-1223

McGhie T. K.，Rowan D. D. 2012. Metabolomics for measuring phytochemicals，and assessing human and animal responses to phytochemicals in food science. Molecular Nutrition and Food Research，56（1）：147-158

Monbaliu S.，Van P. C.，Detavernier C.，et al. 2010. Occurrence of mycotoxins in feed as analyzed by a multi-mycotoxin LC-MS/MS method. J Agric Food Chem，58（1）：66-71

Mostafa A.，Tanaka Y.，Nishimura K.，et al. 2017. A dual-site gateway cloning system for simultaneous cloning of two genes for plant transformation. Plasmid，92：1-11

Nealson K. H.，Platt T.，Hastings J. W. 1970. Cellular control of the synthesis and activity of the bacterial luminescent system. J Bacterial，104（1）：313-322

Oliver J. D. 2000a. Problems in detecting dormant（VBNC）cells and the role of DNA elements in this response，tracking genetically-engineered microorganisms. Landes Biosciences，Georgetown Texas：1-15

Oliver J. D. 2000b. The viable but nonculturable state and cellular resuscitation. *In*：Bell C. R.，Brylinsky M.，Johnsan-Green P. Microbial Biosystems：New Frontiers. Halifax：Atlantic Canada Society for Microbial Ecology：723-730

Panel F. N.，Hyein J.，Jayanthi G.，et al. 2019. Genome-wide survey of efflux pump-coding genes associated with *Cronobacter* survival，osmotic adaptation，and persistence. Current Opinion in Food Science，30：32-42

Pierre S.，Mathilde T.，Emmanuelle K.，et al. 2005. Tobacco use and associations of beta-carotene and vitamin intakes with colorectal adenoma risk. Journal of Nutrition，135（10）：2468-2472

Rachel M. S.，Steven L. S. 2020. Pan-genomics in the human genome era. Nature Reviews，21：243-254

Rajni H. K.，Lu C.，Tarek D.，et al. 2018. Lactic acid bacteria：from starter cultures to producers of chemicals. Fems Microbiology Letters，365（20）：1-21

Raquel R. A. S.，Robert G. H.，Cicero C. P.，et al. 2020. Laser-induced graphene electrochemical immunosensors for rapid and label-free monitoring of *Salmonella enterica* in chicken broth. Acs Sensors，5（7）：1900-1911

Robinson A. L.，Boss P. K.，Heymann H.，et al. 2011. Development of a sensitive non-targeted method for characterizing the wine volatile profile using headspace solid-phase microextraction comprehensive two-dimensional gas chromatography time-of-flight mass spectrometry. J Chromatogr A，1218（3）：504-517

Rodriguez L. D.，Hernandez M. 2013. Real-time PCR in food science：Introduction. Current Issues in Molecular Biology，15（2）：25-38

Rollins D. M.，Colwell R. R. 1986. Viable but nonculturable stage of *Campylobacter jejuni* and its role in survival in the natural aquatic environment. Appl Environ Microbiol，25：415-420

Romano E. L.，Stolinski C.，Hughes J. N. C. 1974. An antiglobulin reagent labelled with colloidal gold for use in electron microscopy. Immunochemistry，11（8）：521-522

RoMling U.，Kjelleberg S.，Normark S.，et al. 2014. Microbial biofilm formation：A need to act. Journal of Internal Medicine，276（2）：98-110

Ruby Y.，Puneet K. S.，Pratyoosh S. 2018. Metabolic engineering for probiotics and their genome-wide expression profiling. Current Protein and Peptide Science，19：68-74

Ryu J.，Park S. H.，Yeom Y. S.，et al. 2013. Simultaneous detection of *Listeria* species isolated from meat processed foods using multiplex PCR. Food Control，32：659-664

Sarangam M.，Sukla P. 2016. Quorum sensing：a quantum perspective. Cell Commun Signal，10：173-175

Sharma H.，Mutharasan R. 2013. Rapid and sensitive immunodetection of *Listeria monocytogenes* in milk using a novel piezoelectric cantilever sensor. Biosensors and Bioelectronics，45：158-162

Shen Y. F.，Xu L. Z.，Li Y. B. 2021. Biosensors for rapid detection of *Salmonella* in food：A review. Comprehensive Reviews in Food Science and Food Safety，20（1）：149-197

Shi C.，Zhang X.，Zhao X.，et al. 2017. Synergistic interactions of nisin in combination with cinnamaldehyde against *Staphylococcus aureusin* pasteurized milk. Food Control，71：10-16

Somolinos M.，Mañas P.，Condón S.，et al. 2008. Recovery of *Saccharomyces cerevisiae* sublethally injured cells after pulsed electric fields. International Journal of Food Microbiology，125（3）：352-356

Sospedra I.，Soler C.，Manes J.，et al. 2012. Rapid whole protein quantitation of staphylococcal enterotoxins A and B by liquid chromatography/mass spectrometry. J Chromatogr A，1238：54-59

Spielberg F.，Kabeya C. M.，Ryder R. W.，et al. 1989. Field testing and comparative evaluation of rapid，visually read screening assays for antibody to human immunodeficiency virus. Lancet，1：580-584

Theodoros V. 2020. Editorial microbiology of fermented foods and beverages. Foods，9（11）：1660

Updike S. J.，Hicks G. P. 1967. The enzyme electrode. Nature，214（5092）：986

Wakai S.，Arazoe T.，Ogino C.，et al. 2017. Future insights in fungal metabolic engineering. Bioresource Technology，245：1314-1326

Waters C. M.，Bassler B. L. 2005. Quorum sensing：cell-to-cell communication in bacteria. Ann RevCell Dev Biol，21（1）：319-346

Wei C. J.，Zhong J. L.，Hu T.，et al. 2018. Simultaneous detection of *Escherichia coli* O157：H7，*Staphylococcus aureus* and *Salmonella* by multiplex PCR in milk. Biotech，8（1）：76

Wende W.，Min L.，Ming C.，et al. 2017. Development of a colloidal gold immunochromatographic strip for rapid detection of *Streptococcus agalactiae* in tilapia. Biosensors and Bioelectronics，97（15）：66-69

Wenyu S.，Qinglan S.，Guomei F.，et al. 2021. gcType：a high-quality type strain genome database for microbial phylogenetic and functional research. Nucleic Acids Research，49（D1）：D694-D705

Winson M. K.，Camara M.，Latifi A. 1995. Multiple *N*-acyl-L-homoserine lactone signal molecules regulate production of virulence determinants and secondary metabolites in *Pseudomonas aeruginosa*. Proc Natl Acad Sci，92：9427-9431

Wu V. C. H，Fung D. Y. C，Kang D. H.，et al. 2001. Evaluation of thin agar layer method for recovery of acid-injured foodborne pathogens. Journal of Food Protection，64（7）：1067-1071

Xu H. S.，Roberts N.，Singleton F. L.，et al. 1982. Survival and viability of non culturable *Escherichia coli* and *Vibrio cholerae* in the estuarine and marine environment. Microb Ecol，8（4）：313-323

Xu Y. J. 2017. Foodomics：A novel approach for food microbiology. Trace-Trends in Analytical Chemistry，96：14-21

Yu C.，Séamus F.，Sinéad P.，et al. 2017. A review on the applications of next generation sequencing technologies as applied to food-related microbiome studies. Frontiers in Microbiology，8：1-16

Yu Y. W.，Fan Z. F. 2017. Determination of patulin in apple juice using magnetic solid-phase extraction coupled with high-performance liquid chromatography. Food Addit Contam Part A，34（2）：273-281

Yun W.，Joelle K. S. 2016. Culture-independent rapid detection methods for bacterial pathogens and toxins in food matrices. Comprehensive Reviews in Food Science and Food Safety，15（1）：183-205

Zhang L. H.，Murphy P.，Kerr A.，et al. 1993. Agrobacterium conjugation and gene regulation by *N*-acyl-L-homoserine lactones. Nature，362：446-447

Zhang Y. Y.，Fonslow B. R.，Shan B.，et al. 2013. Protein analysis by shotgun/bottom-up proteomics. Chemical Reviews，113（4）：2343-2394